Sabine Fließ

Dienstleistungsmanagement

D1917151

Sabine Fließ

Dienstleistungs-management

Kundenintegration gestalten und steuern

GABLER

Bibliografische Information der Deutschen Nationalbibliothek
Die Deutsche Nationalbibliothek verzeichnet diese Publikation in der Deutschen Nationalbibliografie; detaillierte bibliografische Daten sind im Internet über <http://dnb.d-nb.de> abrufbar.

Prof. Dr. Sabine Fließ ist Inhaberin des Douglas-Stiftungslehrstuhls für Dienstleistungsmanagement an der FernUniversität Hagen.

Bibliothek
der Industrie- und Handelskammer
für München und Oberbayern
Nz 1575/90

1. Auflage 2009

Alle Rechte vorbehalten
© Gabler | GWV Fachverlage GmbH, Wiesbaden 2009

Lektorat: Barbara Roscher | Jutta Hinrichsen

Gabler ist Teil der Fachverlagsgruppe Springer Science+Business Media.
www.gabler.de

Das Werk einschließlich aller seiner Teile ist urheberrechtlich geschützt. Jede Verwertung außerhalb der engen Grenzen des Urheberrechtsgesetzes ist ohne Zustimmung des Verlags unzulässig und strafbar. Das gilt insbesondere für Vervielfältigungen, Übersetzungen, Mikroverfilmungen und die Einspeicherung und Verarbeitung in elektronischen Systemen.

Die Wiedergabe von Gebrauchsnamen, Handelsnamen, Warenbezeichnungen usw. in diesem Werk berechtigt auch ohne besondere Kennzeichnung nicht zu der Annahme, dass solche Namen im Sinne der Warenzeichen- und Markenschutz-Gesetzgebung als frei zu betrachten wären und daher von jedermann benutzt werden dürften.

Umschlaggestaltung: Ulrike Weigel, www.CorporateDesignGroup.de
Druck und buchbinderische Verarbeitung: Krips b.v., Meppel
Gedruckt auf säurefreiem und chlorfrei gebleichtem Papier
Printed in the Netherlands

ISBN 978-3-8349-0024-1

Vorwort

There are no such things as service industries. There are only industries whose service components are greater or less than those of other industries. Everybody is in service.

Theodore Levitt, 1972

Dienstleistungen nehmen im wirtschaftlichen Geschehen einen immer größeren Stellenwert ein. Gerade im Dienstleistungsbereich werden neue Arbeitsplätze geschaffen und neue Dienstleistungsunternehmen entstehen; Unternehmen aus dem produzierenden Bereich wandeln sich vom Hersteller zum Dienstleister und stellen dabei fest, dass das Management von Dienstleistungen andere Anforderungen stellt und andere Vorgehensweisen erfordert.

Mit diesem Buch möchte ich eine theoretisch fundierte und dabei gleichzeitig praxisorientierte Einführung in das Dienstleistungsmanagement geben. Als Kernunterschied zu „Sachgütern" wird die sog. Kundenintegration angesehen, d.h. die Mitwirkung des Kunden an der Erstellung der Dienstleistung.

Das Buch lässt sich grob in zwei Bereiche unterteilen: in einen Grundlagenteil und in einen Managementteil. In den ersten beiden Kapiteln werden die Grundlagen des Dienstleistungsmanagements vorgestellt, d.h. die Merkmale und Besonderheiten von Dienstleistungen sowie die Wettbewerbsvorteile als Grundlage jedes marktlichen Erfolges eines Dienstleistungsunternehmens.

Die folgenden Kapitel orientieren sich am Management-Entscheidungsprozess. Zunächst sind strategische Entscheidungen zu treffen (Kapitel 3), die sich auf die zu bearbeitenden Märkte beziehen. Die Grundlage hierfür bilden die Stärken und Schwächen des Unternehmens, die sich in den Wettbewerbsvorteilen konkretisieren (hier vor allem die Stärken) und die mittels der Wettbewerbsstrategie und der Wertschöpfungskonfigurationen umgesetzt werden. Basis hierfür sind die Ausführungen im zweiten Kapitel.

Die Kapitel 4 bis 7 entsprechen den drei Dimensionen einer Leistung: Leistungsergebnis, Leistungserstellungsprozess und Leistungspotenzial. Sie zeigen, welche Ausgestaltungsmöglichkeiten bestehen und welche Entscheidungen unter welchen Bedingungen wie zu treffen sind. Den Maßstab hierfür bildet der Service Value, der somit die Klammer zwischen strategischen Entscheidungen und operativer Umsetzung bildet.

Als theoretische Basis wird im Wesentlichen die ökonomische Theorie, insbesondere die Neue Institutionenökonomik, herangezogen, die eine fundierte Basis für grundlegende Entscheidungen bildet. Sie wird im Hinblick auf die Ausgestaltung und Umsetzung dieser Entscheidungen ergänzt durch verhaltenswissenschaftliche Erkenntnisse, insbesondere aus den Bereichen der Psychologie und der Sozialpsychologie.

Die Erstellung eines solchen Buches ist nicht die Arbeit einer Einzelnen – so auch hier. Mein Dank gilt den wissenschaftlichen Mitarbeitern und Mitarbeiterinnen des Lehrstuhls für Dienstleistungsmanagements, insbesondere Frau Dipl.-Volksw. Julia Weisser, sowie Herrn Dipl.-Kfm. Maik Fischer, Frau Dipl.-Kffr. Anna Bellot, Herrn Dipl.-Ök. Roman-Marius Kaldich, Herrn Dipl.-Ök. Jens Nesper, Frau Dipl.-Volksw. Silke Scheutzow für ihre Unterstützung und ihre kritischen Kommentare. Mein besonderer Dank gilt Herrn LL.B. Thomas Walter, der als wissenschaftliche Hilfskraft maßgeblich an der Erstellung der Grafiken und der Formatierung beteiligt war. Darüber hinaus möchte ich mich insbesondere bei Frau Miller bedanken, die unermüdlich verschiedene Fassungen Korrektur gelesen hat. Allen danke ich an dieser Stelle sehr herzlich für ihre Unterstützung!

Alle Fehler und Unklarheiten gehen dennoch selbstverständlich zu meinen Lasten.

Ich wünsche allen Lesern eine anregende Lektüre und freue mich auf Feedback und Diskussionen unter folgender Adresse:

Univ.-Prof. Dr. Sabine Fließ
Douglas-Stiftungslehrstuhl für Dienstleistungsmanagement
FernUniversität in Hagen
Postfach 9 40
D-58084 Hagen
Tel. 02331 – 987 2533, Fax 02331 – 987 4494
e-Mail: dlm@fernuni-hagen.de

Sabine Fließ

Inhaltsverzeichnis

Abbildungsverzeichnis

Tabellenverzeichnis

1 Die ökonomische Bedeutung von Dienstleistungen

1.1 Der Trend zur Dienstleistungsgesellschaft

Dienstleistungen nehmen im heutigen Wirtschaftsgeschehen einen immer größeren Stellenwert ein. So zeigt ein Blick auf die Entwicklung der Erwerbstätigenzahlen in Deutschland dass der Anteil der Beschäftigten im Dienstleistungsbereich kontinuierlich gestiegen ist und 2007 ca. 76 % ausmachte (vgl. Abbildung 1-1).

Abbildung 1-1: *Erwerbstätige nach Wirtschaftsbereichen 1957 – 2005, Quelle: Statistisches Bundesamt 2008, https://www-genesis.destatis.de/genesis/online/*

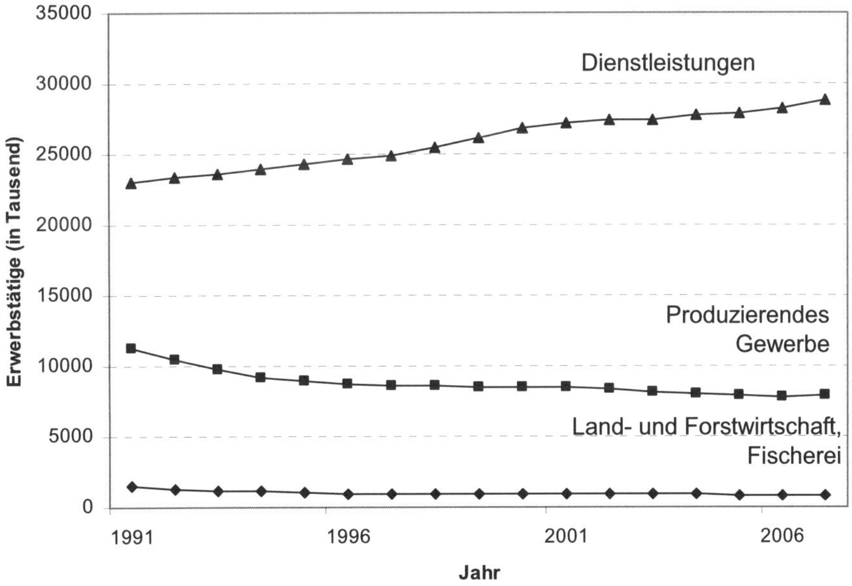

Wie die Veränderung der *Erwerbstätigenstruktur* zeigt, gehen vom Dienstleistungssektor wichtige Impulse für den Arbeitsmarkt aus (vgl. Baethge 2000, S. 149). Selbst in Zeiten schwachen Wirtschaftswachstums hat sich die Zahl der Beschäftigten im Dienstleistungsbereich positiver entwickelt als im produzierenden Gewerbe (vgl. Klodt 1994, S. 123).

Betrachtet man den Beitrag der verschiedenen Wirtschaftssektoren zur *Bruttowertschöpfung*, so zeigt sich auch hier eine zunehmende Bedeutung des Dienstleistungssektors (vgl. Abbildung 1-2). So trug der Dienstleistungsbereich im Jahre 2007 ca. 1.499 Mrd. EUR zur Bruttowertschöpfung bei – was einer Steigerung von mehr als 194% seit 1970 entspricht.

Abbildung 1-2: *Bruttowertschöpfung nach Wirtschaftsbereichen – 1970 bis 2005, Quelle: Statistisches Bundesamt 2008, https://www-genesis.destatis.de/genesis/online/*

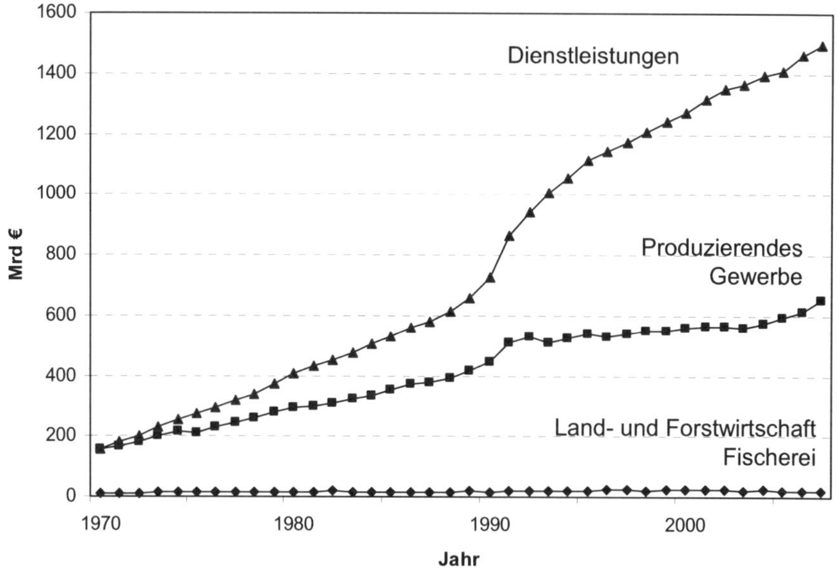

Auch international gehen insbesondere vom Dienstleistungsbereich Wachstumsimpulse auf die Arbeitsmärkte aus: In den Ländern der Europäischen Union wuchs der Anteil der Erwerbstätigen im Dienstleistungsbereich zwischen 2000 und 2003 jährlich mit einer durchschnittlichen Wachstumsrate von 1,7%, während der Anteil der Beschäftigten im verarbeitenden Gewerbe um durchschnittlich 1,2% pro Jahr sank. Im

Jahr 2003 waren in der Europäischen Union ca. 62,4% aller Beschäftigten, d.h. 120 Mio. Menschen, im Dienstleistungssektor tätig, 17,7% (34 Mio.) der Erwerbstätigen waren im verarbeitenden Gewerbe beschäftigt. Mit einem Dienstleistungsanteil von 78% an der Gesamtbeschäftigung und 83% der Bruttowertschöpfung gehört Luxemburg im Dienstleistungssektor zu den Spitzenreitern der Europäischen Union (vgl. Götzfried 2004, S. 1, vgl. o.V. 2005, S. 6 ff.). Bei der Verteilung der Erwerbstätigen über die Sektoren gibt es im Europäischen Vergleich allerdings große Unterschiede. So waren 2004 z.B. in Tschechien 39,4% der Erwerbstätigen im produzierenden Gewerbe tätig und lediglich 56,3% im Dienstleistungsbereich, während z.B. in Österreich nur 27,7% im produzierenden Gewerbe, aber 67,2% im Dienstleistungsbereich beschäftigt waren (vgl. **Fehler! Verweisquelle konnte nicht gefunden werden.**).

Abbildung 1-3: *Erwerbstätigenstruktur 2004 im europäischen Vergleich, Quelle: OECD 2006*

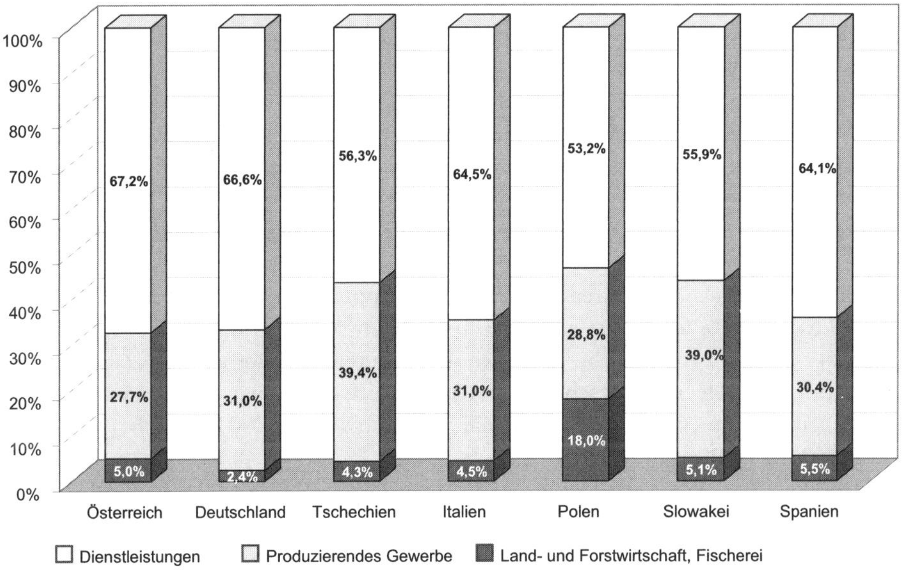

Den Dienstleistungen kommt jedoch eine noch viel größere Bedeutung zu als die Betrachtung der Erwerbstätigenstruktur vermuten lässt. Die amtliche Statistik erfasst nämlich nur diejenigen Erwerbstätigen, die in „reinen“ Dienstleistungsunternehmen beschäftigt sind. [1] Aber auch produzierende Unternehmen erbringen eine Vielzahl von

1 Laut Statistischem Bundesamt umfasst der Sektor Dienstleistungen folgende Bereiche: Handel und Gastgewerbe, Verkehr- und Nachrichtenübermittlung, Kredit und Versicherungsge-

Dienstleistungen, die zum Teil intern verbraucht, zum Teil über den Markt gehandelt werden. Man denke nur an Kundendienst, Service und Wartung, an Beratung, Forschungs- und Entwicklungstätigkeiten, an Marktforschung und Werbung oder Verwaltungsaufgaben. Werden diese Tätigkeiten mit einbezogen, so liegt der sog. Tertiarisierungsgrad bei ca. 80%, d.h. 80% der Beschäftigten sind mit der Erstellung von Dienstleistungen betraut (vgl. Grömling / Lichtblau / Weber 1998, S. 78 ff.). Allein im verarbeitenden Gewerbe wird der Anteil der Erwerbstätigen, die Dienstleistungen erbringen, auf etwa 70% geschätzt.

1.2 Erklärungsansätze der zunehmenden Bedeutung von Dienstleistungen

Nach der weithin bekannten volkswirtschaftlichen *Theorie des sektoralen Strukturwandels* verschiebt sich die Beschäftigtenstruktur im Laufe der Zeit aus dem primären Sektor (Land- und Forstwirtschaft) über den sekundären Sektor (produzierendes Gewerbe) in den tertiären Sektor (Dienstleistungen). Dies wird – je nach Autor – auf unterschiedliche Einkommenselastizitäten (vgl. Fisher 1952, S. 828; Görgens 1975, S. 288 ff.), den technischen Fortschritt des sekundären Sektors oder die Produktionseigenschaften (vgl. Clark 1957; Rasmussen 1983, S. 29 ff.) zurückgeführt. Letztlich kann jedoch keiner der drei Faktoren eine befriedigende Erklärung liefern. Eine hohe Einkommenselastizität gilt nicht für alle Bereiche des tertiären Sektors und die Nachfrage nach Dienstleistungen geht in viel stärkerem Maße von Unternehmen aus als von Konsumenten (vgl. Rasmussen 1983, S. 48; Schmidt 1978, S. 332). Zudem kann die Produktivität auch im Dienstleistungsbereich hoch sein.[2] Schließlich ist die Abgrenzung der Sektoren nicht sauber, da auch produzierende Unternehmen Dienstleistungen erbringen, z.B. Marktforschung, Transport, Verwaltung etc. (vgl. zu weiteren Argumenten Corsten / Gössinger 2007, S. 6 ff.; Görgens 1975, S. 290 f.; Gruhler 1993, S. 29; Klodt 1995, S. 300).

Aus Sicht der von Albach vertretenen *„Theorie der industriellen Dienstleistungen"* ist der Trend zur Dienstleistungsgesellschaft auf den „Angebotsdruck" des industriellen Sektors zurückzuführen (vgl. hierzu und zum Folgenden im Wesentlichen Albach 1989a, S. 3 ff.): Industrieunternehmen befinden sich in einer sich zunehmend verschärfenden Wettbewerbssituation. Auf den Absatzmärkten führt der Wettbewerb zu zu-

---

werbe, Grundstücks- und Wohnungswesen, Vermietung beweglicher Sachen, Erbringung von Dienstleistungen für Unternehmen, Gebietskörperschaften und Sozialversicherung, Erziehung und Unterricht, Gesundheits-, Veterinär- und Sozialwesen, sonstige öffentliche und persönliche Dienstleistungen. Vgl. Statistisches Bundesamt, 2006.

2 So lag die totale Faktorproduktivität im Dienstleistungssektor Deutschlands 1999 sogar über dem Wert der Gesamtwirtschaft. Vgl. Institut der Deutschen Wirtschaft 2000, S. 82.

nehmendem Preisdruck, der sich in steigendem Kostendruck innerhalb der Unternehmen niederschlägt. Den Ausweg aus dieser Situation suchen Unternehmen nun in zwei Richtungen: Dem Preisdruck versuchen sie durch Steigerung des Produktnutzens auszuweichen, dem Kostendruck durch Verlagerung von Teilaufgaben auf kostengünstigere Marktpartner (vgl. Abbildung 1-4).

Abbildung 1-4: *Die „Theorie der industriellen Dienstleistungen", Quelle: Albach 1989a, S. 3 ff.*

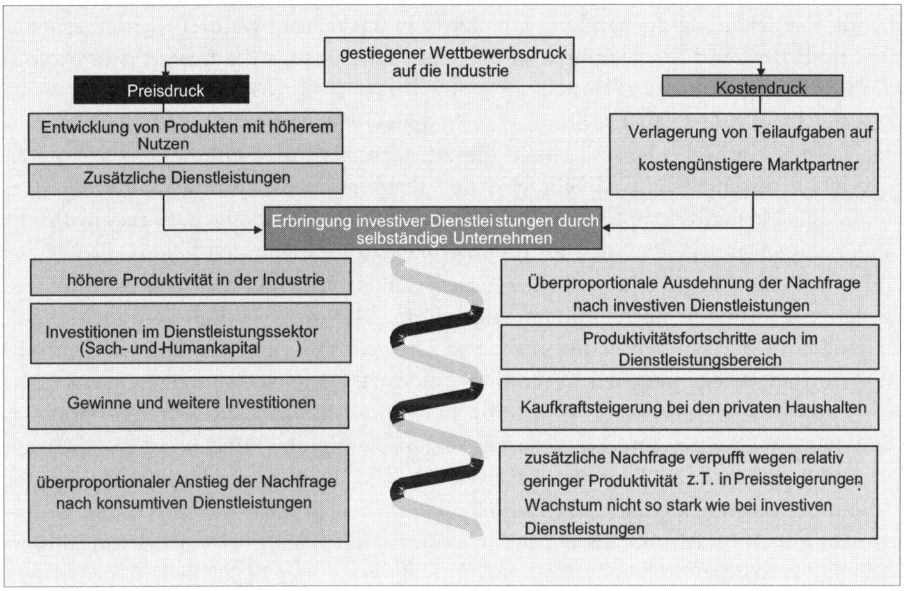

Der Nutzen eines Produktes kann dadurch gesteigert werden, dass zusätzlich zum Produkt sog. produktbegleitende Dienstleistungen angeboten werden. Die Schulung des Bedienungspersonals durch den Anbieter verringert beispielsweise die Gefahr von Stillstandszeiten aufgrund von Bedienungsfehlern, verkürzt die Einarbeitungszeit und beugt Betriebsunfällen vor. Dienstleistungen schaffen aber auch unabhängig vom Produkt einen Nutzen und können als eigenständige Leistungen am Markt angeboten werden.

Neben der Nutzensteigerung durch Dienstleistungen lassen sich die Nutzenmerkmale eines Produktes aber auch durch Produktinnovationen, -variationen und -modifikationen verbessern. Auch diese Nutzensteigerungen sind mit Dienstleistungen verbunden. Für Produktinnovationen etwa werden Forschungs- und Entwicklungsdienstleistungen erbracht und um Ansatzpunkte für Produktmodifikationen zu finden, werden Marktuntersuchungen durchgeführt.

In beiden Fällen können die Dienstleistungen sowohl vom Unternehmen selbst erbracht als auch am Markt eingekauft werden. Bei dieser Make-or-Buy-Entscheidung lassen sich Unternehmen von betriebswirtschaftlichen Überlegungen leiten (vgl. Gruhler 1994, S. 162 ff.). So kommt es etwa zur Übertragung von Dienstleistungen an unabhängige Marktpartner, sog. *„Outsourcing"*, wenn diese die Dienstleistungen kostengünstiger oder in einer besseren Qualität erbringen können. Dabei muss nicht allein der Preis den Ausschlag geben. Auch die Möglichkeit, flexibler auf die Nachfrage zu reagieren, kann eine Rolle spielen: Schließlich müssen bei Eigenfertigung entsprechende Kapazitäten aufgebaut, vorgehalten und ausgelastet werden, was zu erheblichen fixen Kosten führt, während im Fall des Fremdbezugs die Kosten nahezu vollständig variablen Charakter aufweisen (vgl. Gruhler 1993, S. 34-38). Gleichzeitig führt etwa die Möglichkeit der Erzielung von Wettbewerbsvorteilen dazu, dass Unternehmen Dienstleistungscenter einrichten, die zunächst als Cost-Center Dienstleistungen gegenüber verschiedenen Abteilungen des Unternehmens erbringen. Werden Gewinnmöglichkeiten erkannt, so werden Cost-Center später möglicherweise in Profit-Center umgewandelt, die auch an unternehmensexterne Kunden liefern dürfen, bis schließlich eine Ausgründung eigener Gesellschaften mit eigenständiger Marktaufgabe stattfindet, die nur noch kapitalmäßig mit der Muttergesellschaft verbunden sind. So handelt es sich bei den neu gegründeten Dienstleistungsunternehmen in Deutschland zum überwiegenden Teil um unternehmensnahe Dienstleistungen,wie etwa Anbieter von Datenverarbeitung, Forschung und Entwicklung, Unternehmensberatung, Werbung, Architektur- und Ingenieurleistungen, Reinigungs- und Bewachungsdiensten. Die Bedeutung des Dienstleistungssektors wird auch durch die Betrachtung der Neueinstellungen in Deutschland deutlich. So finden sich unter den Top 10 der Unternehmen mit den höchsten Neueinstellungen fast ausschließlich Dienstleistungsunternehmen. So wurden im Bereich Zeitarbeit im Jahr 2007 über 23.000 neue Arbeitsplätze geschaffen. Die Deutsche Lufthansa schrieb 3.000 Stellen aus, McDonald´s besetzte 2.500 neue Stellen (vgl. Giersberg 2007).

Dem Kostendruck versuchen sich Unternehmen dadurch zu entziehen, dass sie Teilaufgaben auf kostengünstigere Marktpartner verlagern. Dies gilt zunächst für Teile der Produktion, die kostengünstiger durch darauf spezialisierte Unternehmen gefertigt werden können. Erfahrungskurveneffekte und Fixkostendegression durch die Bündelung gleichartiger Tätigkeiten, geringere Gemeinkostenblöcke aufgrund geringerer Unternehmensgröße, niedrigere Personalnebenkosten oder niedrigere Lohnkosten aufgrund des Standortes oder des Qualifikationsniveaus der eingesetzten Arbeitskräfte sind mögliche Ursachen der Kostenvorteile. Diese Effekte führen zu einer veränderten Arbeitsteilung zwischen den Unternehmen, die sich – wie oben gezeigt – nicht nur auf die Sachgüterproduktion, sondern auch auf die Erstellung von Dienstleistungen bezieht und in eine höhere Produktivität der Industrie mündet.

Die zunehmende Nachfrage nach Dienstleistungen und die damit einhergehende Möglichkeit Gewinne zu erzielen, zieht immer mehr Aus- und Neugründungen selbstständiger Dienstleister nach sich. Damit verschärft sich auch zwischen den Dienstleistungsanbietern der Wettbewerb. Um in diesem Wettbewerb zu überleben, investieren Dienstleistungsanbieter in Sach- und Humankapital. Durch Standardisierung, Automatisierung und Rationalisierung einerseits sowie Aus- und Weiterbildung und die Einstellung qualifizierter Arbeitskräfte andererseits werden auch im Dienstleistungssektor Produktivitätsfortschritte erzielt. Dies führt zu Gewinnen und zieht weitere Investitionen nach sich. Gleichzeitig sind diese Entwicklungen aufgrund von Beschäftigungs- und Preiseffekten mit einer Kaufkraftsteigerung bei den privaten Haushalten verbunden. Diese Kaufkraftsteigerung mündet aufgrund der hohen Einkommenselastizität der haushaltsbezogenen Dienstleistungen in einen überproportionalen Anstieg der Nachfrage nach konsumtiven Dienstleistungen. Die zusätzliche Nachfrage verpufft jedoch wegen relativ geringer Produktivität zum Teil in Preissteigerungen: Private Nachfrager sind seltener als Industrieunternehmen gewillt, die aufgrund niedrigerer Arbeitsproduktivität auf einem höheren Preisniveau aufrechtzuerhaltenden Preise zu zahlen. Viele Dienstleistungen werden etwa im Rahmen von Nachbarschaftshilfen (Babysitting), Tauschringen (Steuerberatung) oder sogar auf dem Schwarzmarkt (Wohnungsrenovierung) erbracht. Dadurch fällt das Wachstum konsumtiver Dienstleistungen nicht so stark aus wie bei den investiven Dienstleistungen.

Schließlich bleibt die Frage, ob und ggf. wann der Wandlungsprozess zu einem Stillstand kommt, oder anders formuliert: Welches Stadium erreichen wir nach der Dienstleistungsgesellschaft? Eine Antwort lautet, dass dem Konsum tertiärer Güter der Konsum „quartärer Güter", d.h. sozialer, nicht-ökonomischer Güter folgt; Leistungs- und Gewinnstreben wird abgelöst durch humanistische und moralische Grundsätze, die materielle Welt verliert an Bedeutung (vgl. den Überblick bei Decker 1975, S. 39-56). Einer anderen Meinung zufolge haben wir die Dienstleistungsgesellschaft bereits verlassen und leben in der Informationsgesellschaft. So spricht Bleicher von einem quartären Sektor der Wissensgesellschaft, die Kultur und Kommunikation umfasst (vgl. Bleicher 1999, S. 113). Letztlich stellen auch diese Dienstleistungen her: Gersuny und Rosengren unterscheiden daher den tertiären, den quartären und den quinären Sektor. Der tertiäre Sektor umfasst die konsumtiven oder quasi-konsumtiven Dienstleistungen wie Hotels und Restaurants, Frisöre und Schönheitssalons, Reparaturbetriebe und Reinigungen. Der quartäre Sektor beinhaltet alle Dienstleistungen, die die Arbeitsteilung in einer Gesellschaft erleichtern und effektiver machen, wie etwa Transport, Handel, Kommunikation, Finanzen und Verwaltung. Der quinäre Sektor besteht aus allen Dienstleistungen, die den Empfänger dieser Dienstleistungen verändern und gewissermaßen „verbessern". Hierbei handelt es sich um Gesundheitsleistungen, Bildung und Erholung (vgl. Rosengren / Gersuny 1973, S. 4f.).

1.3 Literaturhinweise zum vertiefenden Selbststudium

- Albach, Horst (1989a): Dienstleistungen in der modernen Industriegesellschaft, München 1989.
- Kern, M. (1981): Theorien des internationalen Strukturwandels; in: WISU – das Wirtschaftsstudium, 10. Jg. (1981), S. 595-600.
- Streich, Deryk / Wahl, Dorothee (2006): Moderne Dienstleistungen. Impulse für Innovation, Wachstum und Beschäftigung. Beiträge der 6. Dienstleistungstagung des BMBF, Frankfurt/New York.

2 Kundenintegration - Besonderheit des Managements von Dienstleistungen

2.1 Definitionsansätze von Dienstleistungen

Der Definition von Begriffen kommt im Rahmen der Theoriebildung und -anwendung eine zentrale Bedeutung zu. Begriffsdefinitionen haben im Wesentlichen zwei Aufgaben (vgl. Pawlowski 1980, S. 83):

Zum einen sollen *Begriffsdefinitionen* den Gegenstands- oder Phänomenbereich eingrenzen, der dem definierten Terminus zuzuordnen ist, d.h. sie haben die Frage zu beantworten: Welchen Bereich umfassen Dienstleistungen? Dies ist die Grundvoraussetzung für die Formulierung von Aussagen und die Bildung von Theorien.

Zum anderen sind im Rahmen von Begriffsdefinitionen definitorische Eigenschaften festzulegen, mittels derer bestimmt werden kann, ob ein empirisch beobachtbarer Gegenstand dem Gegenstands- oder Phänomenbereich zugeordnet werden kann. Bei diesen Eigenschaften soll es sich um charakteristische, wesensbestimmende Merkmale handeln, die es erlauben, den Betrachtungsgegenstand von allen anderen Betrachtungsgegenständen zu unterscheiden. Die so erhaltende Definition wird auch als Realdefinition bezeichnet (vgl. Pawlowski 1980, S. 28 ff.). So muss eine Dienstleistungsdefinition in der Lage sein, die Frage zu beantworten, ob es sich beispielsweise bei Strom um eine Dienstleistung handelt oder nicht.

In der Literatur werden als Dienstleistungsmerkmale insbesondere Immaterialität, Flüchtigkeit, fehlende Eigentumsübertragung, mangelnde Lagerfähigkeit, Individualität, Heterogenität, Interaktion sowie Simultaneität von Produktion, Absatz und Verbrauch genannt (vgl. stellvertretend für andere Engelhardt / Kleinaltenkamp / Reckenfelderbäumer 1993). Diese Merkmale lassen sich im Wesentlichen auf zwei übergeordnete konstitutive Merkmale zurückführen:

- Die *Immaterialität des Dienstleistungsergebnisses* sowie
- die *Integrativität des Dienstleistungserstellungsprozesses*, d.h. die Mitwirkung des Kunden an der Leistungserstellung.

2.1.1 Die Immaterialität des Leistungsergebnisses als konstitutives Merkmal von Dienstleistungen

Dienstleistungen werden häufig als *immaterielle Leistungsergebnisse* betrachtet (vgl. Lovelock / Vandermerwe / Lewis 1999, S. 6; Zeithaml / Bitner / Gremler 2006, S. 4). Die Vorstellung der Dienstleistung als immaterielles Gut ist eine der ältesten und geht bereits auf *Say* zurück (vgl. Say 1876, S. 130 ff.). Unter Immaterialität wird dabei die Nicht-Körperlichkeit, Nicht-Greifbarkeit und damit Substanzlosigkeit eines Gutes verstanden (vgl. Hilke 1989, S. 13; Maleri 1997, S. 95 f.). Manche Autoren sprechen auch in Anlehnung an den englischen Begriff von Intangibilität (vgl. Hentschel 1992, S. 25).

Obwohl die Immaterialität als zentrales Merkmal von Dienstleistungen gilt, erweist sie sich bei genauerer Betrachtung als ein wenig trennscharfes Kriterium. Zum einen zeigt eine Studie von Laroche, Bergeron und Goutland bei 472 Studierenden, dass auch sog. materielle Güter immaterielle Leistungsbestandteile besitzen (vgl. Laroche, Bergeron und Goutland 2001, S. 35). Zerlegt man die Immaterialität in die drei Dimensionen „mental intangibility" (mentale Immaterialität), „physical intangibility" (stoffliche Immateralität) und „generality" (Abstraktions- und Allgemeingültigkeitsgrad), so weisen selbst als sehr materiell eingestufte Leistungen, wie etwa Jeans, Computer oder CDs, einen hohen Abstraktionsgrad oder einen hohen Grad mentaler Immaterialität auf. Darüber hinaus weisen auch Leistungen, die nach landläufiger Meinung zu den Dienstleistungen zählen, durchaus materielle Bestandteile auf (vgl. Berekoven 1983, S. 30; Meyer 1983, S. 20 ff.; Zeithaml / Bitner / Gremler 2006, S. 4 ff.). Dies zeigt, dass die Immaterialität zwar eher ein Merkmal von Dienstleistungen darstellt, keineswegs aber ausschließlich auf Dienstleistungen zutrifft.

Das Merkmal der Immaterialität ist eng mit dem ebenfalls in der Literatur aufgeführten Merkmal der *Flüchtigkeit* verbunden. Aufgrund der Intangibilität lassen sich Dienstleistungen nicht oder nur sehr schwer speichern bzw. auf Lager legen. Ausnahmen bilden etwa Konzertmitschnitte auf CD oder DVD.

Dienstleistungen sind somit keine rein immateriellen Leistungsergebnisse, sondern enthalten materielle und immaterielle Leistungsbestandteile zu unterschiedlichen Teilen (vgl. u.a. Engelhardt / Kleinaltenkamp / Reckenfelderbäumer 1993, S. 400), die ein *Leistungsbündel* ergeben (vgl. Corsten / Gössinger 2007, S. 21 ff.; Engelhardt / Kleinaltenkamp / Reckenfelderbäumer 1993, S. 402 ff.; Woratschek 1996, S. 59). Manche Autoren gehen daher auch dazu über, Dienstleistungen als Leistungsergebnisse anzusehen, die überwiegend immaterielle Komponenten aufweisen (vgl. Homburg / Garbe 1996, S. 255), und weisen darauf hin, dass sog. „reine" Dienstleistungen selten auftreten (vgl. Shostack 1982; Hilke 1989, S. 8; Rushton / Carson 1989, S. 28).

2.1.2 Die Integrativität als konstitutives Merkmal der Dienstleistung

Unter der Integrativität wird die *Mitwirkung des Kunden im Leistungserstellungsprozess* verstanden. Sie gilt im Dienstleistungsbereich als unverzichtbar; dies bedeutet, dass die Erbringung bzw. Erstellung einer Dienstleistung immer die Mitwirkung des Kunden erfordert oder – anders formuliert – ohne die Mitwirkung des Kunden kann eine Dienstleistung nicht erbracht werden (vgl. Berekoven 1974, S. 37; Engelhardt / Kleinaltenkamp / Reckenfelderbäumer 1993, S. 403; Kleinaltenkamp 1998, S. 39).

So muss die Kundin dem Frisör beispielsweise sagen, wie sie ihre Haare geschnitten haben möchte; sie muss persönlich anwesend sein und ihren Kopf zur Verfügung stellen, da ja die Dienstleistung ohne ihre Haare und ohne ihre persönliche Anwesenheit nicht erbracht werden kann. Ggf. hilft die Kundin auch, indem sie Bürsten oder andere Hilfsmittel anreicht.

Nur durch das gemeinsame Zusammenwirken von Kunde und Dienstleister kann die Dienstleistung erbracht werden; es findet also ein gemeinsamer Wertschöpfungsprozess statt (vgl. Abbildung 2-1).

Abbildung 2-1: *Kundenintegration als gemeinsamer Wertschöpfungsprozess*

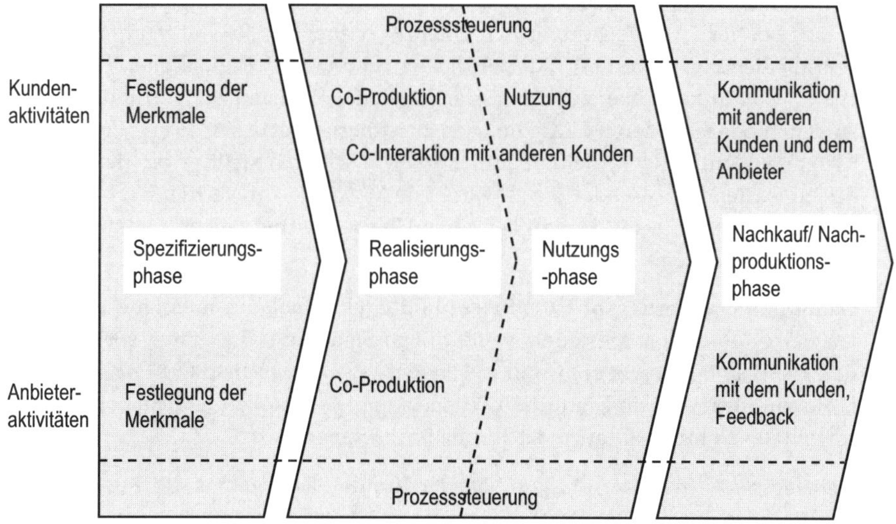

Wie Abbildung 2-1 zeigt, lässt sich der Dienstleistungsprozess vereinfachend in vier verschiedene Phasen unterteilen (vgl. Backhaus / Voeth 2007, S. 349ff.; Corsten 1985;

Van Raaij / Pruyn 1998), wobei der Kunde in jeder dieser Phasen in unterschiedlichem Umfang mitwirken kann (vgl. Fließ / Wittko / Kudermann 2006):

- *Spezifizierungsphase*: In dieser Phase werden die Anforderungen an die Dienstleistung formuliert, Erwartungen werden entwickelt und die Inputs werden festgelegt. So wird beispielsweise festgelegt, welches Problem der Unternehmensberater zu lösen hat oder wie die Urlaubsreise des Kunden aussehen soll.

  Der Kunde kann in dieser Phase die Art und Merkmale der Dienstleistung bestimmen. Die Intensität der Kundenmitwirkung in dieser Phase entscheidet über den *Individualisierungs- bzw. Standardisierungsgrad* der Leistung. Äußert der Kunde spezifische, individuelle Anforderungen (und geht der Anbieter darauf ein), so entsteht eine individuelle Dienstleistung. Im Extremfall kann der Kunde sogar Einfluss auf die einzusetzenden Ressourcen des Anbieters nehmen. Dies ist etwa der Fall, wenn der Kunde den Einsatz eines namentlich genannten Mitarbeiters der Unternehmensberatung verlangt oder Anforderungen an die Qualifikation stellt, z.B. Branchenerfahrung. Nimmt der Anbieter hingegen die Spezifizierung der Art und Merkmale der Dienstleistung unabhängig von individuellen Kundenwünschen für eine größere Gruppe von Kunden vor (und wird dies von den Kunden akzeptiert), so ist die Dienstleistung standardisiert.

- *Realisierungsphase*: In dieser Phase wird die Dienstleistung erstellt. Der Unternehmensberater entwickelt das Strategiekonzept; die Urlaubsreise wird durchgeführt. Der Kunde wirkt passiv oder aktiv an der Erstellung der Leistung mit. So integriert er sich bei der Untersuchung durch einen Arzt eher passiv, während er in einem Selbstbedienungsrestaurant aktiv Aufgaben übernimmt (vgl. Eiglier / Langeard 1999, S. 38). Er kann aber auch Objekte, Tiere oder Pflanzen zur Verfügung stellen, an denen oder mit deren Hilfe die Dienstleistung erbracht wird (vgl. Engelhardt / Kleinaltenkamp / Reckenfelderbäumer 1993, S. 401). So stellt er bei der Wartung das zu wartende Auto oder die zu wartende Maschine zur Verfügung, beim Frisör seinen Kopf bzw. seine Haare, bei einer Überwinterung seiner Zimmerpflanzen ebendiese Pflanzen.

  Damit die Realisierungsphase effizient und effektiv abläuft, müssen die Aktivitäten der *Co-Produktion* gesteuert werden. Die Steuerungsaktivitäten sorgen dafür, dass die Beteiligten wissen, wann welche Beiträge an welchem Ort und in welcher Form zu erbringen sind, um die Dienstleistung zu erstellen. Die Steuerung kann sowohl der Anbieter als auch der Kunde übernehmen.

- *Nutzungsphase*: In dieser Phase erhält der Kunde das Ergebnis der Realisierungsphase und nutzt es. Der Beratungskunde nutzt das Strategiekonzept des Unternehmensberaters; der Tourist freut sich an seinen Urlaubserinnerungen, seinen Urlaubsfotos und profitiert von der gewonnenen Erholung.

  Dienstleistungen sind häufig durch die Simultaneität von Produktion und Verbrauch, die auch als uno-actu-Prinzip bezeichnet wird, gekennzeichnet (vgl.

Hilke 1989, S. 13). Daher können Realisations- und Nutzungsphase direkt ineinander übergehen, indem der Kunde die Dienstleistung bereits während des Realisierungsprozesses nutzt bzw. verbraucht. Man denke etwa an den Restaurantbesuch, bei dem die Zubereitung der Speisen in enger zeitlicher Verbindung zum Servieren und dem Genuss der Gerichte steht.

Während der Realisierungs- und der Nutzungsphase kann es auch zur Interaktion mit anderen Kunden kommen (*Co-Interaktion*). So unterhalten sich manchmal Kunden eines Einzelhandelsgeschäfts, während sie in der Warteschlange stehen, miteinander oder helfen sich gegenseitig beim Suchen oder der Auswahl der Produkte (vgl. Grove / Fisk 1997).

- *Nachkauf- bzw. Nachproduktionsphase*: Die erhaltene Dienstleistung, das Leistungsergebnis, wird vor dem Hintergrund der in der Spezifizierungsphase formulierten Erwartungen und Anforderungen bewertet. Der Beratungskunde beurteilt das Strategiekonzept, der Tourist seinen Urlaub; der Anbieter bewertet den Prozessverlauf und das produzierte Ergebnis. Die Kundenmitwirkung in der Nachkaufphase kann sich auf Rückmeldungen gegenüber dem Anbieter beziehen, etwa in Form von Beschwerden, aber auch in Form von Lob. Darüber hinaus kommuniziert der Kunde mit anderen (potenziellen) Kunden (Word-of-Mouth).

Die Mitwirkung des Kunden an der Leistungserstellung kann als bedeutsamstes Merkmal von Dienstleistungen angesehen werden (vgl. beispielsweise Chase 1978/95, S. 96; Hilke 1989, S. 12 f.; Meyer 1993, S. 183 f.). Die Bedeutung, die der Kundenmitwirkung für die Dienstleistungserstellung zukommt, spiegelt sich auch in verschiedenen Begriffsneuschöpfungen. So sprechen manche Autoren von „Kundenintegration" bzw. „Customer Integration" (Kleinaltenkamp / Fließ / Jacob 1996), andere von der Partizipation des Kunden (vgl. Grönroos 1990, S. 80) oder der „Integrativität" (Engelhardt / Freiling 1995a und 1995b; Kleinaltenkamp 1997b; Woratschek 1996). Der gesamte Prozess wird auch als Co-Creation (vgl. Prahalad / Ramaswamy 2004), integrative Leistungserstellung (vgl. Kleinaltenkamp 1997a), interaktive Wertschöpfung (vgl. Reichwald / Piller 2006) oder integrative Wertschöpfung bezeichnet. Um den Prozess der Zusammenarbeit zwischen Anbieter und Kunde zu betonen, ziehen Eiglier und Langeard die Begriffe „service" und „production" zu „servuction" (Eiglier / Langeard 1999, S. 8) zusammen und insbesondere angelsächsische Autoren sprechen vom Co-Producer bzw. Koproduzenten (vgl. Cowell 1984, S. 219; Rodie / Schultz 2000) oder Prosumer (zusammengezogen aus „producer" und „consumer", vgl. Toffler 1980, S. 272 ff.). Auch die Bezeichnungen „part-time employee" (Mills / Moberg 1982; Mills / Chase / Margulies 1983; Mills / Morris 1986) oder „partial employee" (Bateson 1985; Kelley / Skinner / Donnelly 1992, S. 199) als Bezeichnung für den Kunden finden sich und stellen die Bedeutung der Mitwirkung heraus.

Mit Hilfe des Merkmals der Kundenmitwirkung lassen sich auch andere in der Literatur genannte Merkmale von Dienstleistungen erklären (vgl. S. 9):

Die *mangelnde Lagerfähigkeit* resultiert ebenfalls aus der für die Erstellung der Dienstleistung erforderlichen Mitwirkung des Kunden, da ja gerade diese Mitwirkung eben nicht lagerfähig ist. Auch die Interaktion ist ein Begleitumstand der Kundenmitwirkung, da sich Anbieter und Nachfrager über die Art und Weise der Mitwirkung, die zeitliche Abfolge und den Ort verständigen müssen.

Die *Heterogenität* von Dienstleistungen ist auf die Heterogenität der von den Kunden eingebrachten Objekte, Tiere, Pflanzen, Informationen und Tätigkeiten zurückzuführen. Die Arztdiagnose variiert in Abhängigkeit vom Gesundheitszustand des Tieres, die Reinigung hängt von der Art der Verschmutzung des Objekts ab, die Art der Maschinenreparatur von der Maschine und ihren Mängeln, der Haarschnitt variiert in Abhängigkeit von den Wünschen der Kunden. Verschärft kann Heterogenität der Dienstleistung auftreten, wenn es sich um eine von Personen erbrachte Dienstleistung handelt, da dann auch die Schwankungen hinsichtlich der Leistungsfähigkeit und -bereitschaft der ausführenden Personen zum Tragen kommen. Nicht jeder Frisör kommt mit jedem Haar zurecht und kann die Wünsche seiner Kunden erfolgreich umsetzen. Schließlich ist auch die *fehlende Eigentumsübertragung* damit verbunden, dass die Dienstleistung häufig mit Hilfe des Kunden bzw. an seinen Objekten und Besitztümern erbracht wird. Hierdurch findet in vielen Fällen kein klarer rechtlicher Übergang der Leistung vom Anbieter auf den Nachfrager statt, denn im Gegensatz zum Produkt ist das Objekt (falls es vorhanden ist) nur Träger der Dienstleistung.

Allerdings ist mit dem Merkmal der Mitwirkung von Kunden ein ähnliches Problem verbunden wie mit dem der Immaterialität: Es gibt durchaus Leistungen, an denen der Kunde mitwirkt, ohne dass hierunter Dienstleistungen im landläufigen Sinne verstanden werden. Dies ist immer dann der Fall, wenn es sich um Auftragsleistungen handelt, deren Ergebnis als überwiegend materiell anzusehen ist (vgl. Mengen 1993, S. 28 ff.). Beispiele hierfür sind die Erstellung von Fabrikanlagen, das Verzinken von Stahlträgern oder die Anfertigung von Maßanzügen. Hierbei spezifiziert der Kunde die Leistung und stellt ggf. auch Objekte zur Verfügung (z.B. die Stahlträger). Das Ergebnis ist aber überwiegend materieller Natur.

Dienstleistungen lassen sich in Kombination der beiden Merkmale „Immaterialität des Leistungsergebnisses" und „Integrativität des Leistungserstellungsprozesses" (= Mitwirkung des Kunden an der Erstellung und Erbringung der Dienstleistung) wie folgt definieren:

> **Definition**: Eine Dienstleistung ist eine Leistung, für deren Erstellung und/oder Erbringung die Mitwirkung des Kunden (= Integration in den Leistungserstellungsprozess) unabdingbar ist. Die Integration erfolgt, indem der Kunde (a) aktiv als Person Leistungen erbringt und/oder (b) ein oder mehrere Objekte, Tiere, Pflanzen oder seinen Körper zur Verfügung stellt, so dass an diesem/n eine Veränderung vorgenommen wird und/oder (c) Informationen zur Verfügung stellt, so dass die zu erbringende Leistung spezifiziert wird. Das aus diesem Prozess entste-

hende Leistungsergebnis ist durch überwiegend immaterielle Anteile gekennzeichnet.

Bei den der Dienstleistungsdefinition zugrunde liegenden Merkmalen der Immaterialität des Leistungsergebnisses und der Integrativität des Leistungserstellungsprozesses entscheidet die Art der Ausprägung darüber, ob es sich um eine Dienstleistung handelt oder nicht. Allerdings ist eine trennscharfe Abgrenzung auch mit Hilfe der beiden konstitutiven Merkmale der Immaterialität und der Integrativität nicht möglich. Daher werden die beiden Merkmale auch als Grundlage einer Leistungstypologie herangezogen (vgl. Engelhardt / Kleinaltenkamp / Reckenfelderbäumer 1993).

2.1.3 Dienstleistungen als Bestandteil einer einheitlichen Leistungstypologie

In der Leistungstypologie nach Engelhardt, Kleinaltenkamp und Reckenfelderbäumer bilden die beiden Merkmale „Immaterialitätsgrad des Leistungsergebnisses" und „Integrativitätsgrad des betrieblichen Leistungsprozesses" die beiden Achsen eines zwei-dimensionalen Raumes (vgl. Abbildung 2-2).

Die Immaterialitätsachse ist durch die beiden Extrempunkte materieller und immaterieller Leistungsergebnisse gekennzeichnet. Hierbei ist zu beachten, dass wohl vollständig immaterielle Leistungsergebnisse auftreten können, z.B. der Wissenszuwachs aufgrund der Teilnahme an einer Schulungsmaßnahme, nicht aber vollständig materielle Leistungsergebnisse (vgl. Engelhart / Kleinaltenkamp / Reckenfelderbäumer 1993a, S. 416 ff.). Jedes materielle Leistungsergebnis, wie etwa die Werkzeugmaschine, enthält immer auch einen immateriellen Leistungsbestandteil, etwa das in der Werkzeugmaschine enthaltene Know-how.

Die Integrativitätsachse weist die beiden Extrempunkte der integrativen und autonomen Leistungserstellung auf. Von integrativer Leistungserstellung ist zu sprechen, wenn ein Kunde am Leistungserstellungsprozess mitwirkt. Demgegenüber findet autonome Leistungserstellung ohne die Mitwirkung eines Kunden statt (vgl. Engelhart / Kleinaltenkamp / Reckenfelderbäumer 1993a, S. 416 ff.). Wie Abbildung 2-2 zu entnehmen ist, existieren keine ausschließlich autonomen Leistungsprozesse. Jeder Leistungserstellungsprozess bedarf zumindest in der Absatzphase der Kundenmitwirkung. So muss der Kunde selbst beim Ziehen einer Zigarettenpackung aus dem Automaten die Geldkarte in den Automaten einführen, um an die Packung zu gelangen.

Durch Kombination der Extremausprägungen der beiden Achsen gelangt man nun zu vier Grundtypen von Leistungen (vgl. Engelhart / Kleinaltenkamp / Reckenfelderbäumer 1993a, S. 416 ff.):

Abbildung 2-2: *Dienstleistungen als Bestandteil einer einheitlichen Leistungstypologie, in Anlehnung an Engelhardt / Kleinaltenkamp / Reckenfelderbäumer 1993, S. 417*

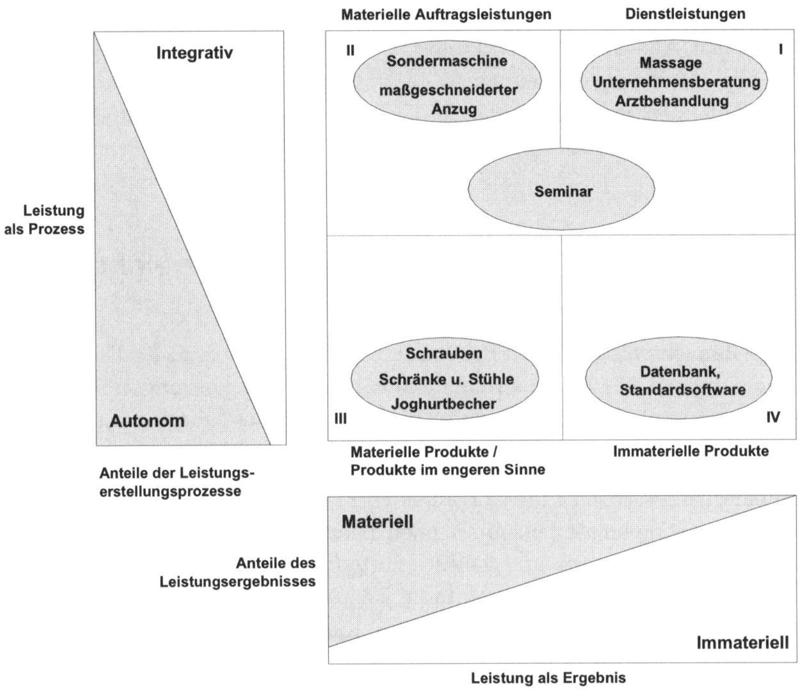

Typ I umfasst Leistungen, die in hohem Maße oder sogar ausschließlich immaterielle Leistungsbestandteile enthalten und an deren Erstellung bzw. Erbringung der Kunde in hohem Maße beteiligt ist. Diese werden hier als *Dienstleistungen* bezeichnet. Ein Beispiel aus dem Business-to-Business-Bereich[3] stellt etwa die Unternehmensberatung dar, bei der der Kunde vielfältige Informationen bereitstellen muss und deren Ergebnis, etwa die Empfehlung einer Marketingstrategie, hochgradig immateriell ist. Im Business-to-Consumer-Bereich wären hier die Arztbehandlung oder die Massage einzuordnen.

Typ II beinhaltet Leistungen, an deren Erstellung der Kunde ebenfalls in hohem Maße beteiligt ist, deren Leistungsergebnisse jedoch im Gegensatz zum Typ I einen hohen Anteil materieller Leistungsbestandteile aufweisen. Sie werden hier als *materielle Auf-*

3 Business-to-Business bezeichnet Leistungen, die von Unternehmen an Unternehmen verkauft werden. Demgegenüber umfasst der Business-to-Consumer-Bereich solche Leistungen, die an Konsumenten verkauft werden.

tragsleistungen bezeichnet (vgl. ähnlich Mengen 1993, S. 28 ff). Ein Beispiel aus dem Business-to-Business-Bereich stellt die Sondermaschine dar, bei der der Kunde Wünsche äußert (Integration von Informationen) oder sogar Materialien für Versuche zur Verfügung stellt. Das Ergebnis, die Maschine, ist hochgradig materiell. Ein Beispiel aus dem Business-to-Consumer-Bereich ist der maßgeschneiderte Anzug oder die Handtasche nach den Wünschen der Kundin.

Typ III sind solche Leistungen zuzuordnen, deren Leistungsergebnis in hohem Maße materielle Bestandteile aufweist und die weitgehend autonom produziert werden können. Sie lassen sich als *materielle Produkte* oder *Produkte im engeren Sinne* bezeichnen. Beispiele hierfür sind Schrauben, Joghurtbecher, Schränke und Stühle.

Typ IV schließlich bezieht sich auf solche Leistungen, die weitgehend autonom erstellt werden und deren Leistungsergebnis einen hohen Anteil immaterieller Bestandteile beinhaltet. Sie können als *immaterielle Produkte* bezeichnet werden. Hierzu zählen etwa Datenbanken oder Standardsoftware, die erstellt werden können, ohne dass Informationen konkreter Kunden notwendig sind. Erst bei der Nutzung der Datenbanken oder Standardsoftware wird der Kunde aktiv.

Jegliche Leistung lässt sich nun anhand der beiden Achsen positionieren. Dabei ist zu beachten, dass es sich bei vielen Leistungen genau genommen nicht um Einzelleistungen handelt, sondern um Leistungsbündel, die zu unterschiedlichen Teilen auf autonomen und integrativen Leistungsprozessen basieren sowie materielle und immaterielle Leistungsbestandteile enthalten (vgl. Engelhardt / Kleinaltenkamp / Reckenfelderbäumer 1993, S. 407; Kleinaltenkamp 1998, S. 40).

> **Beispiel**: Ein Seminar setzt sich aus einem integrativen Teil mit Vorträgen und Diskussionen zusammen, der zu einem hochgradig immateriellen Leistungsergebnis führt (Wissenszuwachs). Gleichzeitig jedoch werden Seminarunterlagen benutzt (materielles Leistungsergebnis), die entweder vor Seminarbeginn bereits produziert wurden (autonome Leistungserstellung) oder – wie etwa Mitschriften, Diskussionsdokumentationen an Metaplanwänden - während des Seminars gemeinsam erarbeitet werden (integrative Leistungserstellung).

Im Schwerpunkt beziehen sich die folgenden Ausführungen auf Leistungen vom Typ I. Viele der im Folgenden gewonnenen Erkenntnisse können jedoch auch auf Leistungen des II. und des IV. Quadranten bezogen werden, da hier ebenfalls die Merkmale der Integrativität und der Immaterialität zum Tragen kommen.

2.2 Ausgewählte Dienstleistungstypologien

Obwohl alle Dienstleistungen durch die Mitwirkung des Kunden an der Erstellung bzw. Erbringung der Leistung und ein überwiegend immaterielles Leistungsergebnis charakterisiert sind, zeigt ein Blick in die Realität die dennoch verbleibende Heterogenität. Man denke nur an Autoreparaturen, die Überwinterung von Pflanzen, eine Urlaubsreise, eine Massage, die Entwicklung einer Werbekampagne, Transport von Gütern oder Menschen oder eine Theateraufführung.

Sicherlich existieren im Hinblick auf das Management dieser Dienstleistungen bzw. der sie anbietenden Unternehmen grundlegende Prinzipien, die sich auf alle Dienstleistungen anwenden lassen. Auf der anderen Seite jedoch sind auch Unterschiede zu beachten, die zu spezifischen Anforderungen an das Dienstleistungsmanagement führen. Um den Unterschieden und der Vielfalt von Dienstleistungen in der Realität Rechnung zu tragen, sind in der Literatur verschiedene Typologien entwickelt worden.

Diese Typologien lassen sich wie folgt unterscheiden (vgl. die Überblicke bei Corsten / Gössinger 2007, S. 32 f.; Kasper / van Helsdingen / de Vries 1999, S. 46 ff.; Kleinaltenkamp 1998, S. 41 ff.; Meffert / Bruhn 2006, S. 41 ff.):

- *Art der herangezogenen Merkmale* (vgl. Pawlowski 1980, S. 108 ff.): Klassifikatorische Kriterien lassen lediglich die Erfüllung oder Nicht-Erfüllung eines Kriteriums zu, z.B. personenbezogene Dienstleistungen (z.B. Massage, Zahnbehandlung) versus objektbezogene Dienstleistungen (z.B. Autoreparatur, Rasenpflege). Komparative Kriterien verwenden unterschiedliche Ausprägungen eines Kriteriums, z.B. Dienstleistungen mit hoher Interaktion (z.B. Beratungsgespräch) versus geringer Interaktion (z.B. Banküberweisung per Internet).
- *Zahl der zugrunde liegenden Merkmale*: Eindimensionale Typologien verwenden lediglich ein Merkmal zur Unterscheidung verschiedener Dienstleistungstypen, während mehrdimensionale Typologien mindestens zwei Merkmale heranziehen.
- *Inhaltliche Ausprägung der Kriterien*: Angebotsbezogene Kriterien setzen auf der Anbieterseite an und unterscheiden etwa zwischen Profit- und Non-Profit-Dienstleistungen. Nachfragerbezogene Kriterien setzen dementsprechend an der Nachfragerseite an. Sie differenzieren etwa zwischen konsumtiven Dienstleistungen, die sich an Endverbraucher richten, z.B. Kino, oder investiven, industriellen oder funktionellen Dienstleistungen, manchmal auch als Produktivdienstleistung bezeichnet, die sich an Unternehmen richten, z.B. Buchhaltung, Call Center.

Abbildung 2-3 gibt einen Überblick über ausgewählte Typologien, die in der Forschung und/oder Praxis besondere Bedeutung gewonnen haben.

Bei den folgenden Ausführungen wird im Wesentlichen auf unterschiedliche Ausprägungen der Kundenmitwirkung abgestellt, ohne dass jedoch hieraus eine konkrete Dienstleistungstypologie abgeleitet wird.

Abbildung 2-3: Überblick über ausgewählte Dienstleistungstypologien

Autor	Dimension	Systematisierungs-kriterium	Dienstleistungstypen	Beispiel	Art des Kriteriums	Inhaltliche Ausprägung
Maister / Lovelock	zwei-dimensional	Individualisierungsgrad Ausmaß des Kundenkontakts	Vier Typen: 1) Geringer Kundenkontakt, geringer Individualisierungsgrad (Factory) 2) Hoher Kundenkontakt, geringer Individualisierungsgrad (Mass Service) 3) Geringer Kundenkontakt, hoher Individualisierungsgrad (Job Shop) 4) Hoher Kundenkontakt, hoher Individualisierungsgrad (Professional Service)	Zu 1) Fast-Food-Restaurant Zu 2) Theater, Pauschalreise Zu 3) Versicherung Zu 4) Rechtsberatung	komparativ	Art der Kundenmitwirkung
Meffert	zwei-dimensional	Individualisierungsgrad, Interaktionsgrad	Vier Grundtypen von Leistungen, z.B.: 1) Customized - unabhängig 2) Customized - interaktiv 3) Standardisiert - unabhängig 4) Standardisiert - interaktiv	Zu 1) Denkmalschutz, Versicherungspaket Zu 2) Unternehmensberatung, Privatunterricht Zu 3) Kinovorführung, Standardsoftware Zu 4) Cluburlaub, Vorsorgeuntersuchung	komparativ	Art der Kundenmitwirkung
Lovelock	zwei-dimensional	Art des Leistungsobjekts, Art der Leistungserstellung	Vier Dienstleistungstypen: 1) People processing 2) Possession processing 3) Mental stimulus processing 4) Information processing	Zu 1) Restaurants, Fitness Center Zu 2) Reparaturservice Reinigungsunternehmen Zu 3) Theater, Informationsdienste Zu4) Bankwesen, Rechtsberatung	klassifikatorisch	angebotsorientiert
Corsten	mehr-dimensional	Lagerfähigkeit, Simultanität, Standortgebundenheit, Individualität, Konkretisierbarkeit	acht versch. Dienstleistungstypen, z.B.: Typ III „Nominalgüterdienstleistungen" oder Typ VII „Informationsdienstleistungen auf persönlicher Grundlage"	z.B.: Typ III: Vergabe von Krediten Typ VII: Persönliche Kontoauskunft am Schalter	klassifikatorisch	angebotsorientiert
Mills / Moberg	mehr-dimensional	Informationsmenge /~qualität, Art der Entscheidungsfindung, Interaktionsdauer, etc.	drei versch. Typen von DL-Unternehmen: 1) Maintenance-interactive service organizations 2) Task-interactive service organizations 3) Personal-intensive service organizations	Zu 1) Banken, Versicherungen Zu 2) Werbeagenturen Forschungseinrichtungen Zu 3) Schulen, Weiterbildungsinstitute	komparativ	angebotsorientiert

2.3 Managementrelevante Perspektiven der Kundenintegration

Managementrelevante Besonderheiten von Dienstleistungen resultieren aus der Integration des Kunden in den Dienstleistungsprozess. Die *Kundenintegration* ist ein Charakteristikum des Dienstleistungsprozesses. Dieser wird daher im Folgenden besonders beleuchtet, um die Arten der Unsicherheit und die daraus resultierenden Managementanforderungen abzuleiten. Jeder Dienstleistungsprozess kann aus den folgenden drei Perspektiven betrachtet werden (vgl. Fließ 2004; vgl. ähnlich Kleinaltenkamp 1997b, S. 87 ff.):

- Der *produktionswirtschaftlichen Perspektive*, bei der die technische Kombination der internen und externen Produktionsfaktoren im Vordergrund steht,
- der *austauschbezogenen* oder *Marketing-Perspektive*, bei der die Markttransaktion zwischen Anbieter und Nachfrager im Mittelpunkt steht, und
- der *organisatorischen Perspektive*, bei der die Arbeitsteilung zwischen Anbieter und Nachfrager sowie innerhalb des Anbieterunternehmens den Betrachtungsgegenstand bildet.

Bei den drei Perspektiven handelt es sich um eine analytische Trennung, die vorgenommen wird, um für das Management von Dienstleistungen zentrale Probleme detaillierter analysieren zu können; in der Realität greifen alle drei Perspektiven ineinander. Die drei Perspektiven stellen die Basis für die Ableitung von Managementimplikationen dar.

2.3.1 Die produktionswirtschaftliche Perspektive der Kundenintegration

Die produktionswirtschaftliche Perspektive knüpft an den drei Dimensionen einer jeden Leistung an: dem Leistungspotenzial, dem Leistungserstellungsprozess und dem Leistungsergebnis (vgl. Engelhardt 1989, S. 278 ff.; Hilke 1989, S. 10 ff.; Meyer 1991, S. 197; Corsten / Gössinger 2007, S. 21 f.; Kleinaltenkamp 1998a, S. 34). Die für Dienstleistungen typischen Besonderheiten werden im produktionstheoretischen Grundmodell abgebildet. Dieses folgt einer anbieterzentrierten Sichtweise.

Das *produktionswirtschaftliche Grundmodell* geht davon aus, dass zunächst das Leistungspotenzial in Form der Leistungsbereitschaft vorhanden ist. Im Leistungserstellungsprozess werden dann die internen Faktoren des Anbieters aus dem Leistungspotenzial sowie weitere Faktoren des Anbieters mit den sog. externen Faktoren des Kunden kombiniert, um das Leistungsergebnis zu erstellen (vgl. Abbildung 2-4).

Abbildung 2-4: *Integrative Leistungserstellung, in Anlehnung an Kleinaltenkamp 1997a, S. 351*

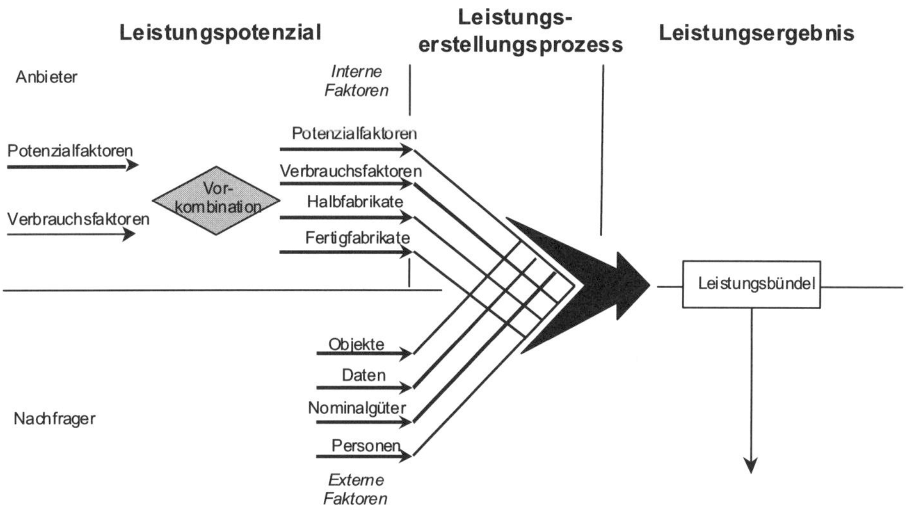

Unter dem *Leistungspotenzial* ist die Fähigkeit und Bereitschaft einer Organisation, eines Unternehmens, aber auch einer Non-Profit-Organisation, zu verstehen, eine Leistung zu erbringen. Es wird aus produktionswirtschaftlicher Sicht auch als Bereitstellungsleistung bezeichnet und beinhaltet die Fähigkeit und Bereitschaft zur Ausübung einer Tätigkeit. Das Leistungspotenzial besteht aus den internen Potenzial- und Verbrauchsfaktoren sowie ihren Vorkombinationen (vgl. Corsten / Gössinger 2007, S. 28 u. S. 128; Engelhardt / Kleinaltenkamp / Reckenfelderbäumer 1993). Es handelt sich somit um eine der eigentlichen Leistungserstellung zeitlich und sachlich vorgelagerte Kombination der internen Produktionsfaktoren des Anbieters, um die Leistungsbereitschaft des Unternehmens herzustellen (vgl. vgl. Corsten 1985, S. 135 ff; Corsten / Gössinger 2007, S. 28 und S. 128).

Potenzialfaktoren sind solche Produktionsfaktoren, die an der Produktion mitwirken, indem sie Werkleistungen abgeben oder das Produktionsgeschehen erst ermöglichen. Sie gehen selbst aber nicht in die Leistungsergebnisse mit ein (vgl. Busse von Colbe / Laßmann 1975, S. 66 f.). Zu den Potenzialfaktoren zählen bei einem Arzt beispielsweise die Praxisräumlichkeiten (Empfangsbereich, Sprechzimmer, Labor und Wartezimmer), Möbel, technische Geräte und die dort beschäftigten Personen.

Verbrauchsfaktoren gehen im Produktionsgeschehen unter oder verändern ihre Eigenschaften (vgl. Busse von Colbe / Laßmann 1975, S. 66 f.). Verbrauchsfaktoren spielen im Vergleich zu den Potenzialfaktoren in den meisten Dienstleistungsbranchen eine eher untergeordnete Rolle (vgl. Corsten / Gössinger 2007, S. 114). Verbrauchsfaktoren sind bei einer Arztpraxis Spritzen, Verbandsmaterial, Medikamente, Narkosemittel, aber auch Papier, Stifte, Radiergummis, Terminkalender oder Strom.

Wie Abbildung 2-4 verdeutlicht, werden Potenzial- und Verbrauchsfaktoren im Rahmen des Leistungspotenzials vom Anbieter zu einer *Vorkombination* zusammengefügt. Die Vorkombination führt zu Halb- und Fertigfabrikaten, die zum Bestandteil des Leistungspotenzials werden. Als Vorkombination können bei einem Arzt vorbereitete Verbände, Diagnoseprogramme im Computer oder die eingerichteten Wartezimmer in einer Praxis angesehen werden. Bei jeder dieser Maßnahmen ist eine Kombination von Potenzialfaktoren (Räume, Personen, Computer u.ä.) untereinander und mit Verbrauchsfaktoren (Papier, Strom u.ä.) erforderlich.

In der Phase der Vorkombination wird die *Leistungsbereitschaft* zur Erfüllung der erwarteten Dienstleistungsnachfrage durch Auswahl und Verfügbarmachung interner Produktionsfaktoren aus dem generellen Leistungspotenzial des Anbieters hergestellt (vgl. Corsten / Gössinger 2007, S. 128). Der Anbieter kann die Vorkombination autonom planen und vollziehen (vgl. Engelhardt / Kleinaltenkamp / Reckenfelderbäumer 1993, S. 460 f.; Kleinaltenkamp 1997b). Die Herstellung der Leistungsbereitschaft ermöglicht die Ausführung der Leistungserstellung und hat somit einen vorbereitenden Charakter.

Im *Leistungserstellungsprozess* wird das Leistungspotenzial durch den Kunden aktiviert, um die Leistung zu produzieren. Die bereits vorkombinierten Potenzial- und Verbrauchsfaktoren werden gemeinsam mit weiteren internen Faktoren sowie den vom Nachfrager zur Verfügung gestellten externen Faktoren miteinander kombiniert, um die Dienstleistung zu erstellen (vgl. Corsten / Gössinger 2007, S. 110 ff.; Engelhardt / Kleinaltenkamp / Reckenfelderbäumer 1993a, S. 398). So aktiviert der Patient durch seinen Arztbesuch das Leistungspotenzial des Arztes. Wenn er seine Beschwerden schildert und der Arzt aufgrund dieser Informationen in Kombination mit seinem Wissen und seinen Erfahrungen zu einer Diagnose gelangt, werden Informationen und Körper des Kunden mit dem Know-how des Arztes kombiniert. Als externe Faktoren sind in diesem Beispiel der Patient (Körper, Handlungen) sowie seine Informationen anzusehen. Als interne Faktoren gelten der Arzt mit seinem Wissen und seiner Erfahrung.

Die Aktivierung des Leistungspotenzials erfolgt dabei durch den/die externen Faktoren des Kunden. Bei *externen Faktoren* handelt es sich um Produktionsfaktoren, die dem Anbieter vom Kunden für die Dauer des Leistungserstellungsprozesses zur Verfügung gestellt werden und die der Anbieter einsetzt und mit seinen internen Faktoren kombiniert, um die Dienstleistung zu erbringen (vgl. Engelhardt / Kleinaltenkamp / Reckenfelderbäumer 1993a, S. 401). Externe Faktoren werden auch als „Fremd-

Faktoren" (Berekoven 1974, S. 59; Hilke 1989, S. 12) oder „Objektfaktoren" (Kern 1976) bezeichnet.

Analog zu den vom Anbieter im Rahmen des Leistungspotenzials eingesetzten Faktoren lassen sich auch bei den externen Faktoren Potenzialfaktoren und Verbrauchsfaktoren unterscheiden (vgl. Maleri 1997, S. 185). Potenzialfaktoren geben Werkleistungen ab, gehen aber selbst nicht in das Produktionsgeschehen mit ein. Dies ist der Fall, wenn der Kunde Tätigkeiten im Leistungserstellungsprozess übernimmt, z.B. sich am Buffet sein Abendessen zusammenstellt. Verbrauchsfaktoren gehen selbst in das Produktionsgeschehen mit ein und werden Bestandteil der Dienstleistung; häufig wird die Dienstleistung an ihnen erbracht. Dies gilt etwa bei einer Tätowierung, bei einer Autoreparatur oder einer Textilreinigung. Der Körper, das Auto oder das Kleidungsstück sind Bestandteil der Dienstleistung; diese wird an den externen Faktoren Körper, Auto und Kleidungsstück erbracht.

Externe Produktionsfaktoren, auch als externe Faktoren bezeichnet, sind durch folgende Merkmale gekennzeichnet (vgl. Kleinaltenkamp / Haase 1999, S. 168):

- Der Faktor ist an den *konkreten Nachfrager* gebunden, der diesen in den Prozess einbringt. Im Gegensatz zu den internen Faktoren des Anbieters kann er nicht über den Beschaffungsmarkt erworben werden und ist auch nicht durch vergleichbare Faktoren anderer Nachfrager zu ersetzen (vgl. Maleri 1997, S. 149 f.; Kleinaltenkamp / Haase 1999, S. 168; vgl. anders Altenburger 1980, S. 82). Der Frisör kann nur die Haare des Kunden schneiden; diese können nicht durch die Haare anderer Personen ersetzt oder am Markt gekauft werden.

- Der Einsatz des Faktors ist auf einen *konkreten Prozess der Leistungserstellung* beschränkt. Dies bedeutet auch, dass der externe Faktor dem Anbieter nur vorübergehend, d.h. zeitlich begrenzt, zur Verfügung gestellt wird. Der Frisör kann nur für die Dauer des Haarschnitts über die Haare des Kunden verfügen.

- Der Faktor wird entweder mit internen Faktoren in einem Transformationsprozess kombiniert oder in den Dienstleistungsprozess integriert. Unter der *Transformation* wird dabei eine Zustandsveränderung des externen Faktors verstanden (vgl. Carp 1974, S. 37 ff.; anders Gerhardt 1987, S. 73), die dem Nachfrager einen Nutzen stiftet, etwa bei der Reparatur einer Maschine oder dem Haarschnitt eines Frisörs.

Die *Integration* bezeichnet die Bereitstellung oder Einbringung, ohne dass der externe Faktor in irgendeiner Form verändert wird, wie dies etwa der Fall ist, wenn ein Tierhalter sein Tier während der Diagnose des Tierarztes festhält; durch die Diagnose wird der Zustand des Tieres nicht verändert (vgl. Mengen 1993, S. 25; vgl. ähnlich Kleinaltenkamp / Haase 1999, S. 171 f.).

Es lassen sich die in Tabelle 2-1 dargestellten Arten externer Faktoren und ihrer Veränderungen unterscheiden (vgl. zu anderen Einteilungen der Produktionsfaktoren Maleri / Frietzsche 2008, S. 128).

Tabelle 2-1: *Arten externer Faktoren und ihre Veränderungen*

Externe Faktoren	Transformation (externer Faktor wird verändert)	Integration (externer Faktor wird nicht verändert)	Abgabe von Werkleistung (externer Faktor wirkt aktiv mit)
Personen	z.B. Operation, Schulung, Haarschnitt	z.B. Besuch einer Theateraufführung	z.B. Selbstbedienung im Restaurant, Spezifizierung von Dienstleistungswünschen
Objekte	z.B. Maschinenreparatur, Gebäudereinigung	z.B. Kontrolle von Gebäuden durch Wachdienst	z.B. Laptop, der vom Nachfrager zur Verfügung gestellt wird
Tiere	z.B. Operation, Therapie	z.B. Untersuchung beim Tierarzt, Urlaubsbetreuung von Tieren	z.B. ein Hund aus dem Publikum führt im Zirkus Kunststücke vor
Pflanzen	z.B. Baumschnitt	z.B. Überwinterung	
Daten	z.B. Auswertung einer Marktforschungsstudie	z.B. Daten, die dem Wirtschaftsprüfer zwecks Prüfung überlassen werden	z.B. Daten/ Informationen, die in einer Kampagne verwendet werden und so aktiv Reaktionen hervorrufen
Nominalgüter (Geld)	z.B. Geldanlage in Fonds, Kauf von Aktien	z.B. Aufbewahrung von Banknoten im Safe	

Manche Autoren rechnen den externen Faktoren auch die *Rechte* zu, die der Nachfrager dem Anbieter für die Dauer des Leistungserstellungsprozesses einräumt (vgl. Engelhardt / Kleinaltenkamp / Reckenfelderbäumer 1993, S. 401).

Rechte werden hier nicht der Produktions-, sondern der Austauschperspektive zugeordnet. Darüber hinaus kann zwischen Daten und Informationen als externen Produktionsfaktoren differenziert werden. *Daten* sind strukturierte, meist quantitative Informationen. Sie werden wie Rohmaterial im Rahmen des Leistungserstellungsprozesses be- oder verarbeitet (vgl. Maleri / Frietzsche 2008, S. 98). Beispiele hierfür sind die vom Unternehmer dem Steuerberater zwecks Erstellung einer Steuerbilanz übermittelten Angaben (vgl. Hilke 1989, S. 12). Daten stellen Produktionsfaktoren im engeren Sinne dar. *Informationen*, die vom Nachfrager in den Leistungserstellungsprozess eingespeist werden, sind zweckorientiertes Wissen (vgl. Kleinaltenkamp 1993, S. 106 f.). Sie werden eingesetzt, um den Verlauf des Dienstleistungsprozesses zu gestalten und zu steuern. Sie sind zum einen der Austauschperspektive, zum anderen der Organisationsperspektive zuzurechnen. In der Austauschperspektive spezifiziert der Nachfrager die Leistung; Informationen des Nachfragers, sog. *externe steuernde Prozessinformationen* (vgl. Kleinaltenkamp 1993, S. 108 f.), dienen damit der Individualisierung der

Dienstleistung. In der Organisationsperspektive dienen sie der Steuerung des Leistungserstellungsprozesses, d.h. der Koordination der Beteiligten. Externe steuernde Prozessinformationen werden im jeweiligen Kapitel ausführlicher behandelt und werden hier nicht als externe Produktionsfaktoren angesehen.

Externe Faktoren können als mehrdimensionale Verbunde auftreten (vgl. Corsten 1985, S. 127; Engelhardt / Kleinaltenkamp / Reckenfelderbäumer 1993a, S. 402). So werden Daten für die Steuererklärung oft auf einem Datenträger übermittelt (Objekt) und vom Kunden vorher zusammengestellt (Werkleistung).

Werden Leistungen nicht für Einzelpersonen, sondern für eine Vielzahl von Personen erbracht, sprechen wir von *kollektiven Dienstleistungen* (vgl. Corsten / Gössinger 2007, S. 36.). Hierbei wird nicht nur ein externer Faktor, d.h. eine Person integriert, sondern eine Vielzahl von externen Faktoren bzw. Personen gleichzeitig. Museumsausstellungen und -führungen, Kino- und Theatervorstellungen, Konzerte, Vorträge und Vorlesungen stellen typische Kollektivdienstleistungen dar, da die Leistung in Anwesenheit einer ganzen Gruppe von Kunden erstellt wird.

E-Services sind dadurch gekennzeichnet, dass der Leistungserstellungsprozess über das Internet abläuft. Damit sind die zu integrierenden externen Faktoren auf Informationen beschränkt. Anders formuliert bedeutet dies, dass bisher offline erbrachte Dienstleistungen nur dann als E-Services angeboten werden können, wenn es gelingt, die notwendigen externen Faktoren zu digitalisieren (vgl. Fließ / Völker-Albert 2003).

Der Leistungserstellungsprozess mündet in ein *Leistungsergebnis*, das geeignet ist, dem Nachfrager einen Nutzen zu stiften (vgl. Corsten / Gössinger 2007, S. 22 f.). Wie bereits oben dargestellt, handelt es sich beim Leistungsergebnis weniger um eine Einzelleistung als vielmehr um ein *Leistungsbündel*, das aus Leistungsbestandteilen unterschiedlicher Materialitäts- bzw. Immaterialitätsgrade besteht. Diese Leistungsbestandteile können sich durch Kundenmitwirkung in unterschiedlichem Umfang voneinander unterscheiden. Der Nutzen ist meist immaterieller Art. Er besteht beispielsweise im Wissenszuwachs durch einen Museumsbesuch, den Genuss einer Theatervorstellung oder eines Essens, der Freude an der Funktionsfähigkeit des Pkws oder der selbstbestimmten Anreise zum Kunden bei Nutzung eines Mietwagens. Der Nutzen aus dem gleichen Leistungsergebnis kann von Kunde zu Kunde variieren.

2.3.2 Die austauschbezogene Perspektive der Kundenintegration

Die austauschbezogene Perspektive beschäftigt sich mit der *Markttransaktion* zwischen Anbieter und Nachfrager. Unter einer Transaktion wird die Erreichung einer Übereinkunft über die Art, den Zeitpunkt und den Ort der zu übertragenden Verfügungsrechte an bestimmten Leistungsmerkmalen sowie der Vollzug dieser Übereinkunft verstanden (vgl. Alderson 1965, S. 75 ff.).

Im Mittelpunkt einer Transaktion steht somit die Spezifizierung und Übertragung von Verfügungsrechten. *Verfügungsrechte* können sich auf folgende Aspekte beziehen:

- Spezifizierung von Verfügungsrechten an Leistungsergebnissen auf Absatzmärkten. Hierbei geht es um den Absatz von Dienstleistungen, d.h. den Tausch zwischen dem Anbieter und dem Nachfrager einer Dienstleistung.
- Spezifizierung von Verfügungsrechten an Leistungsergebnissen und/oder Ressourcen auf Beschaffungsmärkten. Hierbei steht die Beschaffung von Potenzialfaktoren (Kapital, Personal, Anlagegüter) und Verbrauchsfaktoren (Fertigprodukte, Halbfertigprodukte, Rohmaterial).

Ausgangspunkt ist die Überlegung, dass weder der Kunde noch der Anbieter ein Interesse an dem Tauschobjekt an sich haben, sondern dass es beiden vielmehr darum geht, Nutzen aus dem Tauschobjekt zu ziehen. Dieser Nutzen ist mit dem Verfügungsrecht über das Tauschobjekt bzw. die Tauschobjekte verbunden. Hierbei ist der Kunde daran interessiert, Verfügungsrechte im Hinblick auf die Dienstleistung zu erhalten, um daraus einen Nutzen für sich zu ziehen, z.B. erneute Mobilität als Nutzen des reparierten Autos, Sättigung, Genuss und Bequemlichkeit aus dem servierten Essen. Demgegenüber will der Anbieter das Verfügungsrecht über die vom Käufer zu entrichtende Gegenleistung, i.d.R. den Kaufpreis, erreichen.[4] Gegenstand der Transaktion ist somit der Tausch von Leistung und Gegenleistung bzw. den mit der Leistung und Gegenleistung verbundenen Verfügungsrechten.

Im Rahmen des *Property Rights-* oder *Verfügungsrechtsansatzes* werden Verfügungsrechte als Rechtsbündel aufgefasst, das aus den folgenden Einzelrechten besteht (vgl. z.B. Furubotn / Pejovich 1974, S. 4; Haase 2000, S. 59; Homann / Suchanek 2000, S. 141):

1. Dem Recht, ein Gut zu nutzen und andere von seinem Gebrauch auszuschließen (*ius usus*),
2. dem Recht, die Erträge der Nutzung einzubehalten bzw. sich die Erträge aus der Nutzung anzueignen (*ius usus fructus*),
3. dem Recht, Form und Substanz des Gutes zu ändern (*ius abusus*),
4. dem Recht, das Gut einschließlich der daran bestehenden Verfügungsrechte ganz oder teilweise anderen zu übertragen, i.d.R. zu veräußern (*ius successionis*).

Beispiel: Ein Eigentümer eines Fitness-Centers verfügt über folgende Verfügungsrechte an seinen Ressourcen: Wenn er Eigentümer seines Grundstücks und seines

---

4 Denkbar ist auch, dass der Käufer die Gegenleistung in Form von Naturalien oder Arbeiten leistet, z.B. „Hand gegen Koje" beim Segeln, wo der Kunde auf dem Schiff mitarbeitet und dafür unentgeltlich eine Übernachtungsmöglichkeit erhält.

Gebäudes ist, hat er das Recht, die Räumlichkeiten zu nutzen und diese nur seinen Kunden zu öffnen; gleiches gilt für die Geräte (ius usus). Er hat das Recht, sich die Erträge aus seinem Geschäft, d.h. aus der Überlassung der Nutzung anzueignen, d.h. die Einnahmen zu behalten (ius abusus fructus). Er hat das Recht, die Form und die Substanz seiner Ressourcen zu verändern, beispielsweise mehr oder weniger oder andere Fitnessgeräte aufzustellen (ius abusus). Er hat darüber hinaus das Recht, die Fitnessgeräte an andere zu verkaufen (ius successionis).

Im Rahmen des Property-Rights-Ansatzes wird unterstellt, dass „all private owners have strong incentives to use their property rights in the most valuable way" (Alchian / Demsetz 1973, S. 22). Der größte Anreiz, die beste Verwendung für den Einsatz der Ressourcen und/oder Güter[5] zu finden, ist dann gegeben, wenn die individuellen Verfügungsrechte vollständig spezifiziert und nicht abgeschwächt sind, d.h. alle vier Einzelrechte jeweils vollständig einem Individuum zugeordnet sind (vgl. Demsetz 1967, S. 347; Alchian / Demsetz 1973, S. 17; vgl. auch Elsner 1986, S. 8; Haase 2000, S. 60). Dies wird auch als *perfektes individuelles Verfügungsrecht* bezeichnet (vgl. Haase 2000, S. 60 und die dort angegebenen Quellen) und ist im Falle des Privateigentums gegeben. Zu beachten ist dabei, dass perfekte Verfügungsrechte zwar exklusiv, aber keineswegs unbeschränkt sind (vgl. Furubotn/Pejovich 1972, S. 1140). Vielmehr werden der Nutzung der Verfügungsrechte durch den institutionellen Rahmen, in den die Wirtschaftssubjekte eingebettet sind, Grenzen gesetzt (vgl. Coase 1992, S. 717).

Beispiel: So darf der Inhaber des Fitness-Centers die Räumlichkeiten nur so nutzen, dass Sitte und Anstand nicht verletzt und Anlieger nicht gestört werden. Darüber hinaus muss er aus seinen Einnahmen Umsatzsteuer und – je nach Rechtsform – Einkommens- oder Körperschaftssteuer an das Finanzamt abführen. Somit ist das Recht, die Erträge der Nutzung zu behalten, eingeschränkt. Des Weiteren darf er die Substanz oder Form der Geräte nur so verändern, dass beispielsweise keine Verletzungsgefahr für den Nutzer besteht. Und schließlich ist das Recht des Verkaufs ebenfalls durch geltende Gesetze eingeschränkt.

Im Rahmen der Transaktion versucht jeder der Beteiligten, die Property Rights zu seinen Gunsten zu gestalten, da die Property Rights seinen Nutzen bestimmen und damit den Wert der erhaltenen Leistung. Dabei ist der Nutzen des Gutes umso höher, je vollständiger die Zuordnung von Rechten erfolgt – am höchsten bei absoluter Verfügungsgewalt, d.h. wenn alle Rechte bei einer Person konzentriert sind (vgl. Demsetz 1967, S. 347; Alchian / Demsetz 1973, S. 17). Der Eigentümer eines Hauses hat umfassendere Verfügungsrechte als der Mieter eines Hauses; Ersterer darf das Haus veräußern, Letzterer nicht.

Häufig werden vom Anbieter vordefinierte Verfügungsrechtskombinationen angeboten, zwischen denen der Nachfrager wählen kann; allerdings kann es auch zu individuell ausgehandelten Verfügungsrechten kommen. Die Spezifierung der Verfügungs-

5 Güter umfassen hierbei auch Dienstleistungen.

rechte bietet die Möglichkeit für den Anbieter sich im Wettbewerb von seinen Konkurrenten zu differenzieren.

Beispiel: Im Fall des Fitness-Centers kann der Eigentümer die Nutzungsrechte seiner Kunden (ius usus) einschränken, z.B. im Hinblick auf die Zugangszeiten (Öffnungszeiten). Er kann die Verfügungsrechte durch Kooperation mit anderen Fitness-Centern örtlich erweitern, so dass Kunden seines Fitness-Centers auch Fitness-Center an anderen Orten nutzen können, oder sie auf seine Räumlichkeiten begrenzen. Er kann Kunden durch entsprechende Vereinbarungen daran hindern, die Mitgliedschaft an andere, z.B. Freunde oder Verwandte, zu übertragen oder die Mitgliedschaft sogar zu verkaufen; er kann aber auch gerade diese Übertragung zulassen (ius successionis).

Da an der Erstellung der Dienstleistung der Kunde immer in irgendeiner Form beteiligt ist, werden auch dem Anbieter *Verfügungsrechte an den externen Faktoren* übertragen. Allerdings sind diese nicht vollständig. Häufig erhält er das zeitlich eingeschränkte, auf die Dauer des Leistungserstellungsprozesses beschränkte Recht, den externen Faktor zu nutzen, d.h. zu integrieren (ius usus). Sofern der externe Faktor transformiert wird, verfügt der Anbieter auch über das Recht, die Form des externen Faktors zu verändern (ius abusus). Dies gilt beispielsweise bei der Autoreparatur. Das Recht, den externen Faktor ganz oder teilweise anderen zu überlassen, gilt für die Autoreparatur nur eingeschränkt (ius successionis). So darf zwar der Automechaniker am Auto arbeiten und es für eine Probefahrt nutzen; die Nutzung des reparierten Wagens für seinen eigenen Urlaub oder der Verkauf des Wagens ist jedoch bei einer Reparatur nicht eingeschlossen, sondern bedarf gesonderter Vereinbarungen. Hinsichtlich der Erträge der Nutzung müssen die Rechte ebenfalls verhandelt werden; so kann die Werkstatt sicherlich über das bei der Reparatur gewonnene Wissen frei verfügen, hinsichtlich der ebenfalls damit verbundenen Kaufpreiszahlung müssen sich Anbieter und Nachfrager jedoch einigen.

Der Nachfrager kann die Art der Nutzung und Veränderung seiner externen Faktoren genau spezifizieren und an Bedingungen knüpfen. Aus der Sicht des Nachfragers verbleiben also die Property Rights weiterhin bei ihm; er verzichtet lediglich partiell und vorübergehend zugunsten des Anbieters auf sie (vgl. Cowell 1984, S. 26; Engelhardt / Freiling 1995a, S. 906; Hilke 1989, S. 12; Kleinaltenkamp 1997b, S. 99; Kleinaltenkamp / Haase 1999, S. 169).

Die Art der Überlassung wird in der Regel durch explizit oder implizit abgeschlossene Verträge spezifiziert, wie sie etwa Dienstverträge und Werkverträge darstellen. Im Übrigen ist die zeitweilige Übertragung partieller Verfügungsrechte in den weiteren rechtlichen Rahmen wirtschaftlicher Tätigkeiten eingebunden, wie sie etwa durch das BGB vorgegeben werden.

Die jeweiligen Verfügungsrechte beziehen sich dabei nicht auf die Dienstleistung oder die externen Faktoren als solche, sondern auf bestimmte Merkmale und Eigenschaften der Dienstleistung bzw. der externen Faktoren, die Nutzen stiften. So übernachtet beispielsweise der/die Geschäftsreisende im Hotel, um ungestört und ruhig schlafen zu können und am nächsten Tag ausgeruht seine/ihre Aufgaben wahrnehmen zu können. Daher muss die Übernachtung bestimmten Anforderungen genügen: lauter Straßenlärm und grölende Betrunkene stören die Nachtruhe, ein zu hartes oder zu weiches Bett und ein zu kaltes oder zu warmes Zimmer gefährden den erholsamen Schlaf.

Die Spezifierung der Merkmale, die Aushandlung bzw. Vereinbarung der Verfügungsrechte, aber auch die Überprüfung, ob die Anforderungen erfüllt worden sind, ist Bestandteil der Transaktion. Dies erfordert die Interaktion der Tauschpartner.

> **Beispiel:** Welche Brisanz der richtigen Spezifizierung von Property Rights zukommt, zeigt sich beispielsweise in der Genforschung. Darf ein Arzt Gewebe- oder Blutproben, die er einem Patienten für einen speziellen Zweck entnommen hat (z.B. Bluttest), ohne Einwilligung des Patienten für andere Tests im Rahmen der Genforschung verwenden oder nicht? Darf er die aus den Gewebeproben gewonnenen Forschungsergebnisse dann auf dem freien Markt verkaufen? Hierbei geht es um die Spezifizierung der Property Rights, insbesondere des ius abusus und des ius successionis, am externen Faktor.

2.3.3 Die organisatorische Perspektive der Kundenintegration

Die organisatorischen Perspektive fokussiert die Arbeitsteilung zwischen den Beteiligten sowie die Bewältigung der aus den unterschiedlichen Informations- und Interessenlagen der Partner entstehenden Koordinations- und Motivationsprobleme. Daraus resultieren folgerichtig drei Aufgabenbereiche: Arbeitsteilung, Koordination und Motivation.

Die zentrale im Rahmen der *Arbeitsteilung* zu beantwortende Frage lautet: wer übernimmt welche Aufgaben? Die Entscheidung über die Arbeitsteilung kann aus Sicht des Anbieters auf zwei Ebenen getroffen werden:

- Arbeitsteilung zwischen Anbieter und Nachfrager
- Arbeitsteilung auf der Anbieterseite.

Hinsichtlich der Arbeitsteilung zwischen Anbieter und Nachfrager besteht bei vielen Dienstleistungen ein substitutiver Spielraum innerhalb bestimmter, durch die Art der Dienstleistung vorgegebener Grenzen. Eine Mindestmitwirkung des Nachfragers ist jedoch immer gegeben. So muss bei einer Pizzeria der Nachfrager mindestens die Bestellung aufgeben, bei einer Autoreparatur ist der zu reparierende Wagen erforderlich.

Unterschiedliche Ausgestaltungsformen der Arbeitsteilung sind mit unterschiedlichem Nutzen für den Nachfrager und unterschiedlichen Verfügungsrechtskonstellationen für Anbieter und Nachfrager verbunden. So macht es hinsichtlich des erhaltenen Nutzens einen Unterschied, ob ich als Nachfrager die Pizza im Restaurant bestelle und dort verzehre oder ob die Pizza nach Hause geliefert wird.

Die Arbeitsteilung wirkt sich auch auf die Steuerung des Dienstleistungsprozesses aus. Hierbei kommt der Disposition der Ressourcen besondere Bedeutung zu. Unter der *Disposition* werden dabei die leitenden, lenkenden und anordnenden Tätigkeiten verstanden, die sich auf die Kombination der eingesetzten Faktoren beziehen (vgl. Gutenberg 1983, S. 3). Der dispositive Faktor bezieht sich auf die Personen, die die Disposition ausüben (vgl. Gutenberg 1983, S. 5). Die vorherrschende Aufgabe des dispositiven Faktors besteht somit in der Kombination von Elementarfaktoren bzw. – betrachtet man Kundenintegrationsprozesse – in der Kombination interner und externer Faktoren. Grundlegend können im Rahmen von Dienstleistungsprozessen zwei Formen der Disposition unterschieden werden: die integrative Disposition und die autonome Disposition.

Integrative Disposition liegt vor, wenn die Dispositionsfreiheit des Anbieters durch den Kunden eingeschränkt wird (vgl. Kleinaltenkamp 1997a, S. 350 f.; 1997b, S. 89 f.). Aufgrund seiner Mitwirkung im Dienstleistungsprozess gewinnt der Nachfrager Einfluss auf die Gestaltung und Steuerung der einzusetzenden internen Produktionsfaktoren des Anbieters. Entscheidet sich der Unternehmensberater aufgrund der Forderungen eines Kunden, Mitarbeiter mit Erfahrungen bei der Lösung ähnlicher Probleme einzusetzen, handelt es sich um integrative Disposition. Seine Entscheidung ist durch die Äußerungen des Kunden bestimmt worden.

Bei der *autonomen Disposition* trifft der Anbieter demgegenüber allein die Entscheidung über die Gestaltung und den Einsatz der für die Dienstleistungserstellung notwendigen Ressourcen. Entscheidet der Unternehmensberater vor dem ersten Kontakt mit dem Kunden, eine seiner bereits vorbereiteten Präsentationen über das Leistungsspektrum und die Referenzen des Unternehmens mitzunehmen, so handelt es sich um autonome Disposition.

Entscheidend ist, dass die tatsächlichen Aktivitäten des Kunden bzw. Nachfragers die Dispositionsfreiheit des Anbieters einschränken. Disponiert der Anbieter „spekulativ", d.h. in der Erwartung bestimmter Wünsche des Marktes, also der noch nicht anwesenden Nachfrager, über seine Ressourcen, handelt es sich nicht um integrative, sondern um autonome Disposition. Dies ist bei der Entscheidung des Beraters für eine bestimmte Präsentation beim Kunden der Fall.

Integrative und autonome Disposition trennen somit – neben dem Kontakt zum Nachfrager – auch Leistungserstellungsprozess und Leistungspotenzial. Im Leistungserstellungsprozess wird aufgrund der Mitwirkung des Nachfragers integrativ disponiert, im Leistungspotenzial wird autonom disponiert.

Integrative Disposition erfolgt über die steuernden Informationen. In Dienstleistungsprozessen wird die dispositive Funktion teilweise vom Kunden über die steuernden externen Prozessinformationen wahrgenommen (vgl. Fandel / Blaga 2004, S. 9). Indem der Kunde das zu lösende Problem (austauschbezogene Informationen) und/oder den Problemlösungsweg spezifiziert (faktorkombinationsbezogene Informationen, vgl. Möller 2004, S. 160 ff.), greift er steuernd in den Leistungserstellungsprozess ein. Die Informationen dienen dazu, den weiteren Verlauf des Prozesses zu bestimmen und wirken auch auf den Ressourceneinsatz ein. Wenn die Geschäftsleitung des Nachfragerunternehmens dem Unternehmensberater ihre Situation beschreibt und das zu lösende Problem darstellt, dann resultieren daraus Konsequenzen für die weiteren Aktivitäten des Beraters: er plant seine weitere Vorgehensweise, disponiert seine Ressourcen in zeitlicher, quantitativer und qualitativer Hinsicht.

Die Entscheidung über die Arbeitsteilung auf Anbieterseite wird auf zwei Ebenen getroffen. Zum einen muss der Anbieter festlegen, ob er alle Aktivitäten selbst durchführt, ob er die Dienstleistung gemeinsam mit Partnern erbringt oder ob er die Dienstleistung oder Teile komplett an andere Unternehmen auslagert. Die organisatorischen Lösungen bewegen sich aus Sicht der Transaktionskostentheorie zwischen *Hierarchie* (Eigenerstellung) und *Markt* (vollständige Auslagerung an andere Anbieter). Letzteres wird auch häufig als Outsourcing bezeichnet (vgl. Jacob / Kleinaltenkamp / Leib, 1997, S. 34 ff.).

Für die Dienstleistungen bzw. Dienstleistungsanteile, die er selbst erbringt, ist die Arbeitsteilung innerhalb des Unternehmens festzulegen. Hierbei geht es zum einen um die Trennung zwischen ausführenden und dispositiven Tätigkeiten (vertikale Arbeitsteilung) sowie um die Teilung der Aufgaben zwischen verschiedenen Abteilungen oder Stellen (horizontale Arbeitsteilung).

Die *Koordinationsaufgabe* resultiert aus den aufgrund der Arbeitsteilung entstehenden Wissensdefiziten (Jost 2000, S. 175 ff.). Dieses Nicht-Wissen der Tauschpartner ist zu überbrücken, indem die Tätigkeiten aufeinander abgestimmt werden (Picot / Dietl / Franck 1999, S. 7 f.). So weiß beispielsweise der Kunde häufig nicht, welche einzelnen Schritte und Aktivitäten der Unternehmensberater unternimmt, um eine zu empfehlende Strategie zu entwickeln und kann dies auch nicht kostenlos in Erfahrung bringen. Daher erfordert die Arbeitsteilung zwischen Kunde und Anbieter im Interesse eines gemeinsamen Ziels, z.B. der Erstellung einer Dienstleistung, die Abstimmung oder Koordination der Aktivitäten.

Wissensdefizite bestehen bei einer arbeitsteiligen Erstellung von Dienstleistungen auch auf der Anbieterseite. Der Mitarbeiter, der den Reparaturauftrag des Kunden angenommen hat, kann ein anderer sein als der Mitarbeiter, der die Reparatur der Maschine vornimmt. Werden die benötigten externen Faktoren auf der Nachfragerseite von mehreren Personen vorbereitet (Unternehmen, Familie) und dem Anbieter zur Verfügung gestellt, so ist eine entsprechende Koordination auch beim Nachfrager erforderlich. Zur Koordination des Verhaltens bzw. der Aktivitäten aller Beteiligten

(Anbieter/Nachfrager, Vorgesetzte/Mitarbeiter) werden Koordinationsinstrumente eingesetzt (vgl. hierzu Fließ 2006a, S. 106 ff.).

Die *Motivations-* bzw. *Anreizaufgabe* resultiert daraus, dass nicht alle Interessen der am Tausch Beteiligten harmonieren, sondern gemeinsame und konfligierende Interessen gleichzeitig vorliegen (vgl. Homann / Suchanek 2001, S. 7 f.). Konfligierende Interessen können zu einem Nicht-Wollen der Transaktionspartner führen; es entsteht ein Motivationsproblem (Jost 2000, S. 178; Göbel 2002, S. 31). Das Motivationsproblem kann sich darin äußern, dass ein Tauschpartner versucht, seine Interessen zum Nachteil des anderen Tauschpartners durchzusetzen. So könnte beispielsweise der Unternehmensberater auf eine Standardempfehlung zurückgreifen, die nur in Grundzügen an die spezifische Situation des zu beratenden Unternehmens angepasst ist. Der Kunde könnte nach Erhalt des Strategievorschlags die Zahlung des Beraterhonorars herauszögern, bis sich gezeigt hat, ob die Empfehlung sich bewährt. Stellt er fest, dass sich die Situation des Unternehmens nicht verbessert, könnte er versucht sein, den Kaufpreis zu mindern.

Beide Tauschpartner sind hierbei bestrebt, den jeweils anderen zu einem Verhalten zu motivieren, das dem jeweiligen eigenen Interesse entspricht. Hierzu ist der andere jedoch nur bereit, wenn seine eigenen Interessen dadurch nicht verletzt werden, er sich also durch das Verhalten nicht schlechter stellt.

2.3.4 Die Perspektiven der Kundenintegration

Die drei Perspektiven der Kundenintegration überlappen sich in den vier Phasen des Kundenintegrationsprozesses (vgl. Abbildung 2-5).

In der *Spezifizierungsphase* werden die Verfügungsrechte vereinbart; es wird geprüft, ob die Faktorausstattung auf Anbieter- und/oder Nachfragerseite vorhanden ist; gleichzeitig wird die Arbeitsteilung zwischen Anbieter und Nachfrager verhandelt bzw. festgelegt.

In der *Realisierungs- und Nutzungsphase* werden die Verfügungsrechte ggf. weiter spezifiziert und dann übertragen. Dies betrifft sowohl die Verfügungsrechte an den internen Produktionsfaktoren des Anbieters als auch an den externen Produktionsfaktoren des Kunden. Die weitere Spezifizierung sowie die Übertragung der Verfügungsrechte erfolgen parallel zur Durchführung des Co-Produktionsprozesses zwischen Anbieter und Nachfrager. Hierbei werden die externen Faktoren des Nachfragers integriert und/oder transformiert; ggf. wirkt der Kunde aktiv am Produktionsprozess mit, indem er Werkleistungen abgibt. Dies folgt der festgelegten Arbeitsteilung zwischen Anbieter und Kunde. In der Kombination von internen und externen Produktionsfaktoren entsteht das Leistungsergebnis – die Dienstleistung bzw. das Leistungsbündel. Gleichzeitig werden die Arbeitsteilung und der Kombinationsprozess von internen und externen Faktoren gesteuert. Dies kann sowohl durch den Anbieter als auch durch den Nachfrager erfolgen.

Abbildung 2-5: *Perspektiven der Kundenintegration*

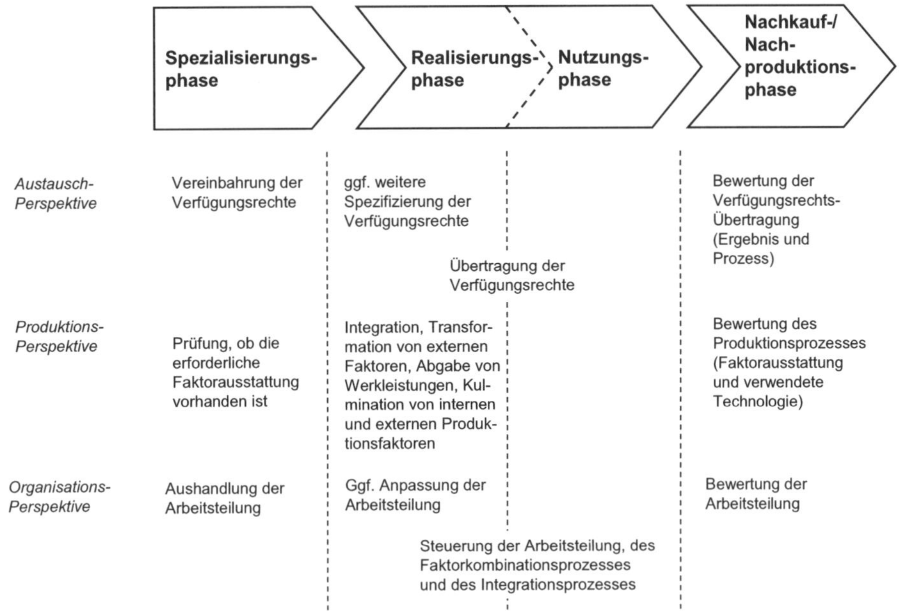

In der *Nachkauf- bzw. Nachproduktionsphase* werden die Verfügungsrechtsübertragung, die Durchführung und das Ergebnis des Produktionsprozesses sowie die Arbeitsteilung bewertet. Bewertungen können sowohl durch den Anbieter als auch den Nachfrager abgegeben werden. So kann der Kunde nach einem Restaurantbesuch zu einem differenzierten Urteil über die Leistungen des Anbieters gelangen: die Qualität des Essens beurteilt er sehr positiv (Ergebnis des Produktionsprozesses), vom Service hätte er sich jedoch mehr Aufmerksamkeit gewünscht (Durchführung des Produktionsprozesses). Geärgert hat er sich, dass das Dessert bereits ausverkauft war (Verfügungsrechte).

Die Kundenintegration stellt dabei besondere Anforderungen an das Management von Dienstleistungen. In der Austauschperspektive stellt die Spezifizierung und Übertragung von Verfügungsrechten an den externen Produktionsfaktoren des Kunden eine Besonderheit des Dienstleistungsmanagements dar. Aus der Produktionsperspektive stellt die Kombination der internen und externen Produktionsfaktoren, d.h. das Management des Co-Produktionsprozesses besondere Anforderungen an das Dienstleistungsmanagement. Aus der Organisationsperspektive stellt die Festlegung und Steuerung der Arbeitsteilung zwischen Anbieter und Kunde eine Besonderheit des Dienstleistungsmanagements dar. Aus den Besonderheiten der Kundenintegration resultieren Anforderungen, die sich auch auf die Gestaltung und Steuerung des autonomen Bereichs auswirken.

2.4 Aufgaben und Ziele des Dienstleistungsmanagements

Der *Begriff des Managements* wird in der betriebswirtschaftlichen Literatur vielfältig definiert (vgl. die Übersicht bei Macharzina / Wolf 1005, S. 37 ff.). Im Folgenden soll ein funktionaler Managementbegriff im Gegensatz zu einem institutionellen Managementbegriff zugrunde gelegt werden. Dies bedeutet, dass die Managementaufgaben bzw. -funktionen im Mittelpunkt des Interesses stehen, nicht die Personengruppe, das „Management", die diese Aufgaben wahrnimmt. In funktionaler Hinsicht kann Management als Steuerung von Unternehmen in Märkten betrachtet werden. Die Steuerung erfolgt mit dem Ziel, das Überleben des Unternehmens in seinen Märkten zu sichern. Hierzu ist die Koordination der Unternehmens-Umwelt-Beziehung notwendig (vgl. Macharzina / Wolf 2005, S. 12 ff). Als *zentrale Managementaufgaben* können in Anlehnung an Bleicher die Gestaltung, Steuerung und Entwicklung von Unternehmen herausgestellt werden (vgl. Bleicher 2001, S. 54-58).

Die *Gestaltungsaufgabe* besteht darin, einen (institutionellen) Rahmen zu schaffen, der es der Unternehmung ermöglicht, die Dynamik und Komplexität der Märkte zu bewältigen. Hierzu zählen bei einem Dienstleistungsunternehmen etwa die Schaffung entsprechender organisatorischer Strukturen und Prozesse, um mittels der vorhandenen Ressourcen (Personen, Technologien, Maschinen, Gebäude) Dienstleistungsangebote zu kreieren, zu realisieren, am Markt einzuführen und dort regelmäßig anzubieten. Die übergeordnete und allgemeine Zielsetzung der Gestaltungsaufgabe ist die Sicherung des Überlebens des Unternehmens. Hierzu ist es notwendig, dauerhafte Erfolgspotenziale zu schaffen und zu nutzen. Es geht somit um Wachstums- und Gewinnziele der Unternehmung. Die Gestaltungsaufgabe lässt sich mit der Frage „Was soll getan werden?" umreißen.

Die *Steuerungsaufgabe* umfasst die Bestimmung von Zielen sowie die Planung, Durchführung und Kontrolle zur Zielerreichung geeigneter Maßnahmen. Sie beinhaltet die Analyse von Abweichungen, die Ergreifung entsprechender Maßnahmen sowie die Kontrolle des Erfolges und entspricht damit der Controllingaufgabe. Wesentliche Bedeutung kommt hierbei der Steuerung mit Hilfe von Kennzahlen zu, so dass die im Rahmen der Gestaltungsaufgabe ergriffenen Maßnahmen im Hinblick auf ihre Eignung, das übergeordnete Ziel des Überlebens im Markt, zu bewerten sind.

Die *Entwicklungsaufgabe* bezieht sich auf die Anpassung und vorausschauende Gestaltung der Ressourcen, Angebote, Prozesse und Strukturen des Dienstleisters, um für künftige Marktentwicklungen gerüstet zu sein. So investieren Unternehmen in neue Märkte, stellen Mitarbeiter ein und qualifizieren dieses vorausschauend weiter, um auch in Zukunft über Wettbewerbsvorteile verfügen zu können.

Die Durchführung der Gestaltungs-, Steuerungs- und insbesondere der Entwicklungsaufgabe erfolgt unter Unsicherheit: Niemand kann in die Zukunft schauen; daher ist das Verhalten anderer Unternehmen, Lieferanten, Kunden oder Wettbewerber, die Entwicklung der gesetzlichen Rahmenbedingungen oder die Entwicklung technologischer Innovationen immer mit Unsicherheiten behaftet, was um so gravierender ist, als genau diese Entwicklungen die Zukunft des zu steuernden Unternehmens maßgeblich beeinflussen können. Unsicherheiten finden sich aber auch innerhalb von Unternehmen. So ist es unsicher, ob Mitarbeiter die von der Unternehmensleitung geplante Strategie auch in der intendierten Vorstellung umsetzen oder wie sich Mitarbeiter bei Veränderungen von Organisationsstrukturen verhalten.

Als Herausforderung des Managements kann daher die *Bewältigung von Unsicherheit* angesehen werden. Unsicherheiten lassen sich nach ihrer Intensität in parametrische, strukturelle und radikale Unsicherheiten unterscheiden (vgl. Fließ 2001, S. 233 ff., S. 260 ff. und die dort angegebene Literatur).

Parametrische Unsicherheit bezieht sich auf die Veränderung bekannter Parameter, etwa auf veränderte Preise oder Qualitäten einer bestimmten gegebenen Gruppe von Dienstleistungen, z.B. Eintrittspreise fürs Kino und Qualität der Sitze, Produktivität der Arbeitnehmer oder benötigte Personalkapazität. Die Parameter (Preis, Qualität, Produktivität, Kapazität) sind bekannt, während ihre Ausprägungen (Preishöhe, Qualitätsausmaß, Kapazitätsgröße oder -auslastung) unbekannt sind. Parametrische Unsicherheit weist die geringste Intensität der Unsicherheit auf.

Strukturelle Unsicherheit ist gegeben, wenn sich die Gegebenheiten in einem Maße verändern, dass nicht nur die Ausprägungen der Parameter unbekannt sind, sondern die Parameter selbst. Die Struktur verändert sich, ein Modell wird gewissermaßen durch ein anderes abgelöst und neue Parameter treten auf. So ist es beispielsweise unbekannt, ob und wenn ja, wann neue Wettbewerber auf einem Markt auftreten und wie sie sich verhalten werden. Bei der Einführung einer neuen Dienstleistung ist die Reaktion der Abnehmer unbekannt; unbekannt ist weiterhin, welche Merkmale der Dienstleistung ausschlaggebend sind für die Akzeptanz.

Sprunghafte Veränderungen sind die Ursache *radikaler Unsicherheit*. Hier werden durch das Handeln von Marktpartnern neue Strukturen geschaffen, die vorab nicht einmal denkbar waren. Revolutionäre Auswirkungen hatte die Nachrichtentechnik, der die durch das Internet hervorgerufenen radikalen Veränderungen im Kauf- und Kommunikationsverhalten sowie in den Geschäftsmodellen der Anbieter zu verdanken sind. Diese Entwicklung kann sich durch die Möglichkeiten des Web 2.0 und die dadurch veränderten Verhaltensweisen von Unternehmen und Konsumenten noch weiter verstärken.

Die Bewältigung radikaler und struktureller Unsicherheiten ist Aufgabe des strategischen Managements; die Bewältigung struktureller und parametrischer Unsicherheiten ist Aufgabe des operativen Managements. Die Bewältigung dieser Unsicherheiten kann zum einen durch ihre Reduktion geschehen, indem beispielsweise durch Marktforschung oder enge Kundenkontakte Informationen beschafft und somit parametrische und u.U. auch strukturelle Unsicherheit reduziert werden. Hierbei kommt dem Risikomanagement zunehmende Bedeutung zu. Sie kann aber auch durch aktive Gestaltung bewältigt werden. Dies ist beispielsweise der Fall, wenn ein Unternehmen Flexibilität schafft durch seine organisatorische Struktur, die Entwicklung innovativer Dienstleistungsangebote und/oder die Qualifikation der Mitarbeiter, die es ihm erlaubt, sich aktiv auf sich verändernde Situationen einzustellen oder sogar gezielt solche Situationen herbeizuführen, auf die es selbst mittels seiner Ressourcen und Kapazitäten vorbereitet ist, seine Wettbewerber aber nicht.

Abbildung 2-6 gibt zeigt die Aufgaben des Dienstleistungsmanagements und gleichzeitig die Struktur des Buches.

Abbildung 2-6: *Aufgaben des Dienstleistungsmanagements und Struktur des Buches*

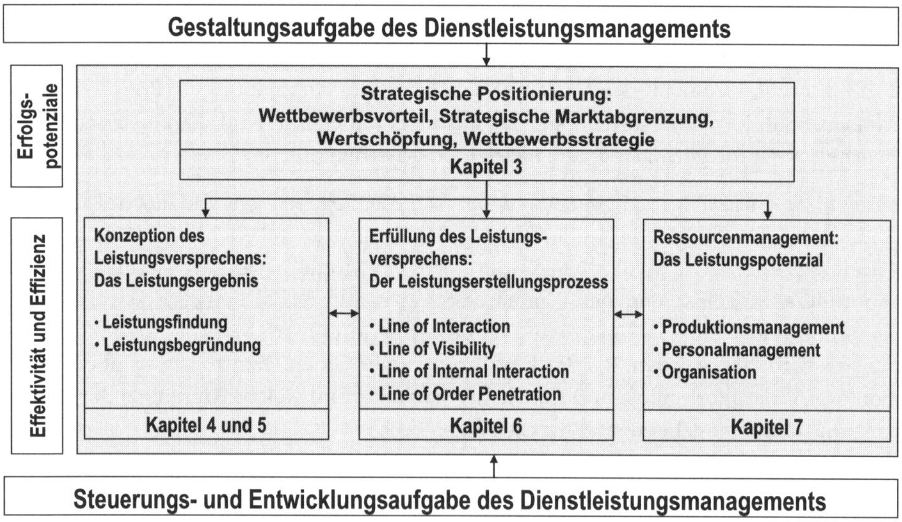

Effektivität ist eine Maßgröße für die Zielerreichung (vgl. Scholz 1992, S. 533). Maßnahmen sind dann effektiv, wenn sie geeignet sind, bestimmte vorgegebene Ziele zu erreichen oder – anders ausgedrückt – wenn „eine zielsystemoptimale Abstimmung von Maßnahmen und Ressourcen bewerkstelligt"(Dellmann 1992, S. 121) wird. Im Rahmen der Effektivität wird somit die Eignung des Mitteleinsatzes für bestimmte Ziele betrachtet (vgl. zu anderen Auffassungen Ahn / Dyckhoff 1997; Welge / Fessmann 1980).

Effizienz beschreibt die Input-/Output-Relation der eingesetzten Faktoren. Der Faktoreinsatz wird dann als effizient betrachtet, wenn durch den Einsatz eines Produktionsfaktors, z.B. menschliche Arbeitskraft, kein höherer Output erzielt werden kann oder wenn ein gegebener Output nicht mit einer geringeren Faktormenge erreicht werden kann. Effizienz wird im betriebswirtschaftlichen Kontext als Inputminimierung bei gegebenem Output oder Outputmaximierung bei gegebenem Input aufgefasst.

2.5 Theoretische Basis des Dienstleistungsmanagements

Im Rahmen dieses Buches werden verschiedene Theorien herangezogen werden. Theorien haben dabei im Rahmen der Betriebswirtschaftslehre zwei zentrale Aufgaben:

- Die Erklärung beobachtbarer Phänomene, Zustände und menschlicher Verhaltensweisen (*explikative Aufgabe*) und
- die Formulierung von Empfehlungen für die Gestaltung der betrieblichen Praxis (*pragmatische Aufgabe*).

Um diesen Aufgaben gerecht zu werden, strebt die Wissenschaft nach allgemeinen explikativen (= erklärenden) Aussagen (vgl. Popper 1994, S. 31). *Theorien* bestehen aus einem aufeinander abgestimmten und inhaltlich und logisch zusammenhängenden Aussagesystem, dessen Sätze in der Regel als Wenn-Dann-Beziehungen formuliert sind. „Wenn" gibt dabei die Bedingung an, unter der der sich anschließende Part gilt. Theorien besitzen umso mehr Allgemeingültigkeit, je weniger eingeschränkter die Wenn-Bedingung formuliert wird. Theorien können dieser Anforderung in unterschiedlichem Maße gerecht werden. Sie können sich auf unterschiedliche Gegenstandsbereiche beziehen und unter mehr oder weniger einschränkenden Bedingungen Erklärungen liefern. So kann ein theoretisches Konstrukt wie das wahrgenommene Risiko – manche Autoren sprechen auch von der Risikotheorie (vgl. Homburg / Krohmer 2006, S. 123 ff.) – zur Erklärung des Kaufverhaltens unter Unsicherheit herangezogen werden. Es handelt sich dann um eine Theorie zur Erklärung des Kaufverhaltens (Gegenstandsbereich) unter Unsicherheit (einschränkende Bedingung der Gültigkeit). Sie liefert keinen Erklärungsbeitrag, wenn Sicherheit vorliegt (Begrenzung des

Gültigkeitsbereiches). Ihre Aussagekraft kann ausgedehnt werden, wenn sich zeigt, dass sie neben dem Erklärungsbeitrag zum Kaufverhalten auch einen Erklärungsbeitrag beispielsweise zum Entscheidungsverhalten liefert.

Neben der Forderung nach Allgemeingültigkeit werden an die generellen Aussagen verschiedene Anforderungen gestellt, die sich – je nach wissenschaftstheoretischer Position der Autoren – unterscheiden. Popper als Hauptvertreter des *Kritischen Rationalismus* geht davon aus, dass das Wissen der Menschen fehlbar ist und die als generell formulierten Aussagen der empirischen Überprüfung bedürfen. Dabei sind sie so zu formulieren, dass sie falsifizierbar sind, d.h. dass die Aussagen in der Realität überprüft und ggf. verworfen werden können. Aussagen sind nie verifizierbar, da das Wissen der Menschen fehlbar ist (vgl. Popper 1994, S. 198 ff.). Popper geht weiterhin von einer ontologischen Welt aus, d.h. die Realität existiert unabhängig vom Betrachter und die Aussagen, die sich auf diese Realität beziehen, können daher auf empirischem Wege, d.h. durch den Abgleich mit der Realität, geprüft werden. Ein an der Realität geprüftes und bisher nicht falsifiziertes Aussagensystem wird als Gesetzesaussage oder nomologische Hypothese bezeichnet (vgl. Raffée, 1974, S. 30). Eine logisch miteinander verknüpfte Menge von Gesetzen stellt eine Theorie dar. Hiervon abweichende wissenschaftstheoretische Perspektiven sind etwa der *Konstruktivismus*, der davon ausgeht, dass der Mensch die Welt in seiner Vorstellung „konstruiert", die Welt zwar möglicherweise unabhängig von uns existiert, aber für den Betrachter bzw. Handelnden in der Welt aber nicht erfahrbar ist (vgl. Fried 2005). Das Handeln wird vielmehr durch die Vorstellung des Einzelnen bestimmt, wie die Welt beschaffen ist.

Im Rahmen des Dienstleistungsmanagements werden verschiedene Theorien herangezogen, die vereinfacht in ökonomische und verhaltenswissenschaftliche Theorien unterteilt werden. Unter dem Begriff der Verhaltenswissenschaft werden dabei Theorien aus der Psychologie, Sozialpsychologie und Soziologie zusammengefasst, die in der Betriebswirtschaftslehre Anwendung finden.

Ökonomische Theorien führen menschliches Handeln im Wesentlichen auf das Rational Choice-Paradigma zurück. Ein *Paradigma* ist nach Kuhn eine Hauptströmung, die viele Wissenschaftler in ihrer Forschungsarbeit zugrunde legen (Kuhn 1976, S. 25 f.). In einer Wissenschaft können mehrere Paradigmata in Konkurrenz zueinander stehen (vgl. Loitisberger 2002). Das *Rational-Choice-Paradigma* besagt vereinfacht, dass allen Handlungen von Menschen Wahlentscheidungen zugrunde liegen. Bei der Wahl zwischen Alternativen werden – bewusst oder unbewusst, tatsächlich oder angestrebt – Kosten und Nutzen gegeneinander abwogen; es wird die Alternative gewählt, die den größten Netto-Nutzen stiftet. *Verhaltenswissenschaftliche Theorien* führen demgegenüber das Verhalten von Menschen u.a. auf affektive (gefühlsmäßige) und kognitive (gedankliche) Prozesse zurück. Kaufentscheidungen beispielsweise lassen sich nicht allein auf Kosten-Nutzen-Überlegungen zurückführen, ihnen liegen vielmehr nicht beobachtbare affektive und kognitive Prozesse – wie etwa die Befriedigung von Bedürfnissen, die Vermeidung von Ängsten oder erlernte Verhaltensweisen – zugrunde.

Ökonomische Theorien setzen einige wenige *Annahmen* an die Stelle der nicht direkt beobachtbaren affektiven und kognitiven Prozesse. So geht die *Neue Institutionenökonomik* etwa von bekannten und stabilen Präferenzen, intendierter Rationalität (Anwendung des Rational Choice-Paradigmas), unvollkommener Information, begrenzter Informationsverarbeitungskapazität, eigennutzmotiviertem Verhalten und dem Ziel der Nutzen- bzw. Gewinnmaximierung aus. Verhaltenswissenschaftliche Theorien versuchen die Fülle der affektiven und kognitiven Prozesse zu erfassen, die bestimmten Verhaltensweisen zugrunde liegen.

Tabelle 2-2: *Überblick über im Lehrtext verwendete Theorien*

	Verhaltenswissenschaftliche Theorien	**Ökonomische Theorien**
Kapitel 2	– Austauschtheorie	– Produktionstheorie – Property-Rights-Ansatz – Organisationstheorie
Kapitel 3	– Austauschtheorie	– Marktprozesstheorie – Rational Choice – Transaktionskostentheorie – Resource-based View / Competence-based View
Kapitel 4	In diesem Kapitel werden Methoden und Instrumente dargestellt, die auf den in Kapitel 3 behandelten Theorien basieren	
Kapitel 5	– SOR-Modell, wahrgenommes Risiko	– Informationsökonomie
Kapitel 6	– Skripttheorie – Austauschtheorie – Interaktionstheorie – Rollentheorie – Wahrnehmungstheorie, Umweltpsychologie	– Produktionstheorie – Transaktionskostentheorie
Kapitel 7	– Anreiz-Beitrags-Theorie – Theoretisches Konstrukt „Involvement“	– Prinzipal-Agenten-Theorie

Ökonomische Theorien können aufgrund der wenigen Verhaltensannahmen eindeutige Aussagen darüber machen, welche Alternativen unter den getroffenen Annahmen zur Nutzenmaximierung geeignet sind bzw. den Nutzen maximieren. Handlungen werden als Wahl zwischen Alternativen begriffen. Ökonomische Theorien geben Handlungsempfehlungen unter spezifizierten Bedingungen; ihre Erklärungskraft ist begrenzt. Verhaltenswissenschaftliche Theorien versuchen die Fülle der Realität zu erklären; ihre Empfehlungskraft ist begrenzt (vgl. Kaas 1994).

Ökonomische Theorien können herangezogen werden, um grundlegende Entscheidungen zu treffen. Sie haben ihre Grenzen dort, wo es um die konkrete Ausgestaltung geht.

Tabelle 2-2 gibt einen Überblick über die wesentlichen im Lehrtext verwendeten Theorien.

2.6 Zusammenfassung

Immaterialität und Integrativität werden als konstitutive Merkmale von Dienstleistungen betrachtet. Die meisten darüber hinaus in der Literatur zu findenden Merkmale können auf diese beiden Dimensionen zurückgeführt werden. Immaterialität bezieht sich auf das Leistungsergebnis, während Integrativitität die Mitwirkung des Kunden an der Erstellung der Dienstleistung bezeichnet und ein Merkmal des Dienstleistungsprozesses darstellt. Integrativität oder Kundenintegration hat stärkere Konsequenzen für das Management von Dienstleistungen als Immaterialität.

Es können drei managementrelevante Perspektiven der Kundenintegration unterschieden werden, die zu unterschiedlichen Aufgaben in den vier Phasen der Kundenintegration führen: die produktionswirtschaftliche Perspektive, die austauschbezogene Perspektive und die organisatorische Perspektive. Kundenintegration in der produktionswirtschaftlichen Perspektive ist dadurch gekennzeichnet, dass der Kunde externe Produktionsfaktoren in den Dienstleistungsprozess einbringt. Als externe Produktionsfaktoren treten Personen, Objekte, Tiere, Pflanzen, Daten und Nominalgüter auf, die jeweils transformiert oder integriert werden und ggf. auch Werkleistungen abgeben können.

Die austauschbezogene Perspektive stellt die Spezifizierung und Übertragung von Property Rights in den Mittelpunkt. Aussgangspunkt ist die Überlegung, dass der Kunde die Verfügungsrechte über eine Dienstleistung anstrebt. Verfügungsrechte können dem Nachfrager vollständig oder nur teilweise übertragen werden. Sie bilden die Basis für die Preisforderung des Anbieters. Im Rahmen der Dienstleistungserstellung sind neben den Verfügungsrechten des Kunden bezüglich der Dienstleistung auch die Verfügungsrechte des Anbieters hinsichtlich des externen Faktors zu spezifizieren und zu übertragen.

Gegenstand der organisatorischen Perspektive der Kundenintegration ist die Arbeitsteilung von Anbieter und Nachfrager, die aus der Mitwirkung des Kunden resultiert: Es ist zu regeln, wer welche Aufgabe während des Dienstleistungsprozesses übernimmt. Hieraus resultiert die Besonderheit der integrativen Disposition, indem der Anbieter über die externen Produktionsfaktoren des Kunden nicht autonom disponieren kann. Darüber hinaus sind die Aktivitäten der Beteiligten zu koordinieren; ggf. ist auch die Motivation, d.h. die Überwindung von Willensbarrieren, erforderlich.

Das Management der produktionswirtschaftlichen, austauschbezogenen und organisatorischen Perspektive erfordert Gestaltungs-, Steuerungs- und Entwicklungsaufgaben. Diese Aufgaben finden unter Unsicherheit statt, die sich in parametrische, strukturelle und radikale Unsicherheit unterscheiden lässt. Die Bewältigung der parametrischen und strukturellen Unsicherheit ist Aufgabe des operativen Managements, die Bewältigung der strukturellen und radikalen Unsicherheit ist Aufgabe des strategischen Managements.

Zur Steuerung des Unternehmens im Hinblick auf die Gestaltungs- und Entwicklungsziele kann die Balanced Scorecard eingesetzt werden, die die finanzwirtschaftliche Perspektive, die Kundenperspektive, die Prozessperspektive und die Entwicklungsperspektive des Unternehmens widerspiegelt.

Zur Unterstützung der Managementaufgaben dienen Theorien, die vereinfacht in ökonomische und verhaltenswissenschaftliche Theorien unterschieden werden.

2.7 Literaturhinweise zum vertiefenden Selbststudium

- Bleicher, Knut (2004): Das Konzept integriertes Management. Visionen, Missionen, Programme, 7. Auflage, Frankfurt (Kapitel 5 und 6, S. 276-452).
- Corsten, Hans / Gössinger, Ralf (2007): Dienstleistungsmanagement, 5. vollständig überarbeitete und wesentlich erweiterte Auflage, München (Kapitel 3, S. 110-231).
- Demsetz, Harold (1967): Toward a Theory of Property Rights; in: American Economic Review, 57 (1967), 2, S. 347-359.
- Engelhardt, Werner H. / Kleinaltenkamp, Michael / Reckenfelderbäumer, Martin (1993a): Leistungsbündel als Absatzobjekte; in: Zeitschrift für betriebswirtschaftliche Forschung, 45. Jg., S. 395-426.
- Göbel, Elisabeth (2002): Neue Institutionenökonomik, Stuttgart (Teil II Kapitel 3, S. 66-97).

- Jost, Peter-J. (2000): Ökonomische Organisationstheorie. Eine Einführung in die Grundlagen, Wiesbaden (Kapitel 1 u. 2, S. 9-59).
- Kleinaltenkamp, Michael (1994): Typologien von Business-to-Business-Transaktionen – Kritische Würdigung und Weiterentwicklung; in: Marketing ZFP, Heft 2, S. 77-88.
- Lovelock, Christopher / Vandermerwe, Sandra / Lewis, Barbara (1999): Service Marketing. A European Perspective, Upper Saddle River (Kapitel 1-3, S. 1-65).
- Maleri, Rudolf / Frietzsche, Ursula (2008): Grundlagen der Dienstleistungsproduktion, 5. Auflage, Berlin u.a.
- Zeithaml, Valarie A. / Bitner, Mary Jo / Gremler, Dwayne. D. (2006): Services Marketing. Integrating Customer Focus across the Firm, 4. Auflage, New York 2006.

3 Strategische Entscheidungen: Wettbewerbsvorteil und Wertschöpfung

3.1 Die Marktprozesstheorie als theoretische Basis

Eines der bekanntesten Marktmodelle der ökonomischen Theorie stellt das neoklassische Marktmodell dar. Wie alle Modelle ist auch das Marktmodell eine vereinfachende Abbildung der Realität. Modelle versuchen grundsätzlich die für das Verständnis der Realität relevanten Elemente und die zwischen ihnen bestehenden Beziehungen abzubilden. Um die Komplexität des Modells gegenüber der Realität zu reduzieren, werden im Modell Annahmen über die Realität getroffen, wie etwa die Annahme vollkommener Information, die dem neoklassischen Marktmodell zugrunde liegt. Annahmen müssen nicht realistisch sein, sollten aber im Zuge der Komplexitätsreduktion sinnvoll sein.

Das *neoklassische Marktmodell* beruht auf sehr vereinfachenden Annahmen (vollständige Information, fehlende Präferenzen, unendlich schnelle Anpassungsgeschwindigkeiten, vollständig rationale Entscheidungen) und ermöglicht daher ein grundlegendes Verständnis für die Marktmechanismen. Die Realität ist natürlich sehr viel komplexer.

Während die Neoklassik nach den Bedingungen fragt, unter denen sich ein Gleichgewicht einstellt, stellt die *Marktprozesstheorie*[6] den Wettbewerbsprozess in den Mittelpunkt. Dabei werden einige Annahmen der Neoklassik aufgehoben, während andere Annahmen beibehalten werden. So verfügen die Marktteilnehmer nicht über vollständiges Wissen und besitzen persönliche, sachliche, räumliche und zeitliche Präferenzen. Nachfrager verfolgen aber weiterhin das Ziel der Nutzenmaximierung, Anbieter das Ziel der Gewinnmaximierung. Präferenzen verändern sich nicht.

---

6 Die Marktprozesstheorie wird auch als Österreichische Marktprozesstheorie, Neue Österreichische Schule (New Austrian School) oder Austrianismus bezeichnet. Zu ihren Vertretern gehören u.a. Israel M. Kirzner, Ludwig M. Lachmann, Murray N. Rothbard und George L. S. Shackle.

Die im Marktprozess handelnden Wirtschaftssubjekte sind Anbieter und Nachfrager. Beide suchen nach jeweils für sie vorteilhaften Tauschgelegenheiten, bei deren Wahrnehmung sie sich jeweils besser stellen als vorher (vgl. hierzu und zum Folgenden Kirzner 1978, S. 7 ff.). Was eine vorteilhafte Gelegenheit ausmacht, wird dabei von der subjektiven Einschätzung des jeweiligen Akteurs bestimmt sowie seinem Wissen über auf dem Markt angebotene bzw. nachgefragte Gelegenheiten überhaupt. Die Wirtschaftssubjekte verfügen bei der Entwicklung ihrer Pläne über nur unvollkommenes Wissen. Weder kennen sie alle am Markt vertretenen Akteure, die vorteilhafte Austauschgelegenheiten anbieten und suchen, noch sind ihnen die jeweiligen Wirtschaftspläne dieser Akteure bekannt. Aufgrund der Erwartung in Bezug auf die Entscheidungen anderer werden Wirtschaftspläne aufgestellt, die sich dann bei näherer Kenntnis der tatsächlichen Entscheidungen zum Teil als ausführbar, zum Teil als unvorteilhaft oder nicht ausführbar erweisen. Dies gilt sowohl für die Anbieter, die keine oder nicht genügend tauschwillige Nachfrager treffen, als auch für die Nachfrager, die kein ihren Erwartungen entsprechendes Angebot entdecken. Es besteht ein Ungleichgewicht in dem Sinne, dass nicht alle Pläne der Anbieter eine Entsprechung in den Plänen der Nachfrager finden und vice versa, Marktteilnehmer somit auf eine Realisierung verzichten (vgl. Hayek 1952, S. 54-64). Der Marktprozess stellt einen Lernprozess dar (vgl. von Mises 1940/1980, S. 297), innerhalb dessen die Wirtschaftssubjekte Wissen über die Pläne der anderen Marktteilnehmer gewinnen und auf dieser Basis ständig Revisionen ihrer eigenen Pläne vornehmen (vgl. Kirzner 1978, S. 7 ff.).

In jedem Moment handeln Wirtschaftssubjekte am Markt und verändern dadurch die Wissenskonstellation, so dass es nicht möglich ist, jemals vollständiges Wissen über den jeweiligen Zustand des Marktes zu erwerben (vgl. Lachmann 1984, S. 45 f.). Die Unwissenheit der Marktteilnehmer in Bezug auf die Pläne anderer eröffnet neue Möglichkeiten des Handelns. Kirzner meint hierzu: „In einer Marktwirtschaft steht der vollständigen Koordination des Handelns und der Entscheidungen der vielen Marktteilnehmer jederzeit ein gewaltiges Ausmaß an Unwissenheit im Wege. Wahrscheinlich gibt es für einen wechselseitig vorteilhaften Tausch unzählige Gelegenheiten, die nicht bemerkt werden ..." (Kirzner 1978, S. 175; vgl. auch Lachmann 1984, S. 65).

Der Wettbewerb der Anbieter bei der Suche nach attraktiven Tauschgelegenheiten ist eng mit dem unternehmerischen Element verknüpft. Dieses besteht darin, dass ein Markthandelnder über die Fähigkeit verfügt, neue attraktive Tauschgelegenheiten zu entdecken und diese gewinnbringend zu nutzen (vgl. Kirzner 1978, S. 60 ff.). Hierzu muss er nicht notwendigerweise Ressourceneigentümer sein. Vielmehr gibt es drei Typen von Unternehmern (vgl. Picot / Schneider / Laub 1989, S. 365 f.):

- *Ressourcenkoordinator*: Der Ressourcenkoordinator nutzt attraktive Tauschgelegenheiten, indem er andere Unternehmen mit der Produktion von Gütern oder Dienstleistungen beauftragt, deren Angebot er als attraktiv für andere Marktteilnehmer beurteilt. Er erzielt seine Gewinne im Grunde durch den Abschluss entsprechender Verträge und profitiert von der Diskrepanz zwischen den Preisen auf den Beschaffungs- und den Absatzmärkten (sog. Arbitragegewinne). Dies gilt im Übrigen auch für den Einsatz von Kapital; er muss kein Eigentümer der Ressource „Kapital" sein, um Unternehmergewinne zu erzielen; diese Rolle können Banken übernehmen. Vielmehr entsteht der Unternehmergewinn immer aus der Entdeckung bisher unerkannter Gewinngelegenheiten.

- *Marktarbitrageur*: Er bezieht seine Gewinne daraus, dass er Unterschiede in den Austauschpräferenzen von Wirtschaftssubjekten kompensiert und Angebots- und Nachfrageseite koordiniert. Durch seine Tätigkeit als Marktöffner und Marktüberbrücker steigert er die Markttransparenz und trägt zur Senkung der Transaktionskosten bei. Beispiele für Marktarbitrageure sind Handelsunternehmen, die durch die Sortimentsgestaltung unterschiedlichen Nachfragerpräferenzen Rechnung tragen. Im Lebensmitteleinzelhandel konzentrieren sich Discounter auf preisbewusste Käufer, während Spezialitätengeschäfte, wie Weinhändler oder Feinkostgeschäfte, sich auf qualitätsbewusste Käufer ausrichten. Durch ihre Sortimentsgestaltung koordinieren sie die Angebots- und Nachfrageseite bei gleichzeitiger Reduktion von Transaktionskosten, insbesondere Anbahnungs- und Vereinbarungskosten für die Nachfrager.

- *Informationsarbitrageur*: Er zieht seine Gewinne aus Informationsvorsprüngen, indem er Informationen sammelt und bündelt und sie an die entsprechenden Marktbeteiligten weiter leitet. Somit werden Informationen verfügbar, die vorher aufgrund sehr hoher Suchkosten nicht wahrgenommen wurden. Der Informationsarbitrageur sichert sich durch den Erwerb und die Weiterleitung neuer Informationen Wettbewerbsvorteile gegenüber seinen Konkurrenten. Beispiele für Informationsarbitrageure sind Immobilienmakler oder Preisagenturen, aber auch Firmen, wie Google, die die verschiedensten Informationen für Konsumenten zur Verfügung stellen. Dem Nutzer ist es somit ohne hohen Zeit- und Kostenaufwand möglich, Informationen zu verschiedenen Bereichen zu finden, die für ihn sonst nicht verfügbar wären. Durch das Verfügbarmachen aktueller Informationen und der ständigen Ausdehnung des Informationsangebotes ist es Google so möglich Wettbewerbsvorteile zu erlangen.

Gewinne lassen sich natürlich auch aus dem Besitz von Ressourcen erzielen; diese Gewinne sind jedoch keine Unternehmergewinne, d.h. Gewinne aus der Rolle des Unternehmers, sondern Gewinne, die aus der Rolle des Ressourceneigentümers resultieren. Sie werden als ökonomische Renten bezeichnet (vgl. hierzu die Ausführungen zum Ressourcenvorteil unter Kapitel 3.3).

3.2 Das ökonomische Grundmodell des Markttausches

Da die Markthandelnden nach den für sie vorteilhaften Tauschgelegenheiten suchen, bei deren Wahrnehmung sie sich jeweils besser stellen als vorher (vgl. hierzu und zum Folgenden Kirzner 1978, S. 7 ff.), stellt sich die Frage, wann eine Tauschgelegenheit als vorteilhaft anzusehen ist. Betrachten wir zunächst den Nachfrager. Die Vorteilhaftigkeit einer Tauschgelegenheit ist gegeben, wenn die folgenden drei Bedingungen erfüllt sind (vgl. Plinke 2000b, S. 40 ff.) .

1. Bedingung: Durch den Tausch muss sich der Nachfrager besser stellen als vor dem Tausch. Der Tausch muss einen Wert für ihn schaffen. Ein solcher Wert wird dann erzeugt, wenn der mit dem Angebot verbundene Nutzen größer ist als die mit dem Angebot verbundenen Kosten.

Hintergrund dieser Bedingung ist, dass Nachfrager oder Anbieter nur dann tauschen, wenn sie sich verbessern. Dies ist nur dann der Fall, wenn sie mehr erhalten (Nutzen) als sie hergeben (Kosten). Dies wird von Alderson als *Law of Exchange* bezeichnet (Alderson / Martin 1965, S. 121). Aus dem Marketing wird diese Relation als Preis-Leistungs-Verhältnis bezeichnet – eine Formulierung, die jedoch etwas ungenau ist, betrachtet man die in die Beurteilung des Nachfragers eingehenden Nutzen- und Kostenkomponenten.

Der *Nutzen* resultiert für den Nachfrager aus folgenden Quellen (vgl. Plinke 2000b, S. 50):

1. Dem *Dienstleistungsergebnis,* welches häufig auch Vertragsgegenstand ist, z.B. gereinigtes Kleid,
2. dem *Dienstleistungsprozess,* der aus der Durchführung des Austausches und der Erstellung der Leistung besteht, z.B. freundliche Unterhaltung mit der Mitarbeiterin der Reinigung,
3. der *(Nach-)Nutzungsphase,* in der Folgewirkungen der Dienstleistungen auftreten, z.B. Freude beim Tragen des Kleides, Komplimente für das Kleid.

Die dem Nachfrager entstehenden *Kosten* resultieren ebenfalls aus diesen Quellen; sie werden auch als Total Customer Costs bezeichnet:

- Dem *Dienstleistungsergebnis,* welches häufig Vertragsgegenstand ist, d.h. zu zahlender Preis für ein gereinigtes Kleid,
- dem *Dienstleistungsprozess,* der aus der Durchführung des Austausches und der Erstellung der Leistung besteht, z.B. Unfreundlichkeit der Mitarbeiter, Schwierigkeiten bei der Einigung über die Art der Reinigung, Unsicherheit angesichts des Hinweises, dass u.U. Etiketten oder Knöpfe beschädigt werden können,

- der *(Nach-)Nutzungsphase*, in der Folgewirkungen der Dienstleistungen auftreten, z.B. verlorene oder beschädigte Knöpfe, nicht entfernte Flecken.

Der Wert entsteht für den Nachfrager aus der Gegenüberstellung von Nutzen und Kosten der Dienstleistung. Dies wird auch als *Customer Surplus* (Mehrwert, vgl. Priem 2007, S. 220) oder *Service Value* (vgl. Cronin / Brady / Brand 1997 und die dort angegebene Literatur) bezeichnet. In Verbindung mit Bedingung 1 (s. S. 46) soll dabei der Nutzen der Dienstleistung höher sein als die Kosten, damit sich der Nachfrager durch einen Tausch verbessert. Dies bedeutet, dass der Service Value positiv sein muss, um Bedingung 1 zu genügen.

Es können technisch-funktionale, ökonomische, psychologische und soziale Nutzen- und Kostenkomponenten unterschieden werden. Abbildung Tabelle 3-1 zeigt diese im Überblick; Tabelle 3-2 erläutert diese anhand eines Beispiels für einen Restaurantbesuch mit Freunden.

Tabelle 3-1: *Nutzen- und Kostenkomponenten von integrativ erstellten Leistungen aus Kundensicht, in Anlehnung an Plinke 2000a, S. 45 und S. 50*

Art des Wertes / Quelle des Wertes	Nutzen	Kosten
Wert des Vertragsgegen standes (Leistungsergebnis, Dienstleistung im engeren Sinne)	Nutzung aus dem Vertragsgegenstand: Technischer, ökonomischer, sozialer und psychologischer Nutzen aus den Property-Rights des angebotenen Leistungsbündels	Kosten des Vertragsgegenstandes: Preis für das Leistungsbündel, Kosten während der Nutzungsdauer
Wert der Durchführung des Austausches (Dienstleistungsprozess)	Transaktionsnutzen: Technischer, ökonomischer, sozialer und psychologischer Nutzen aus dem Leistungserstellungsprozess	Transaktionskosten: Anbahnungs-, Durchsetzungs-, Kontroll-, Anpassungskosten sowie Messkosten in Bezug auf den Anbieter sowie die Bereitstellung und Integration der externen Faktoren
Wert der Folgewirkung ((Nach-) Nutzungsphase)	Nutzen aus Folgewirkungen des Austauschs: Sicherheit, Senkung der Transaktionskosten bei künftigen Transaktionen, Freude, soziale Anerkennung für Weiterempfehlung	Kosten aus Folgewirkungen des Austauschs: Später auftretende Nachteile aus der Nutzung des bzw. dem Kauf der Dienstleistung

Der Begriff der *Transaktionskosten* stammt dabei aus der Transaktionskostentheorie (vgl. Picot / Dietl 1990). Sehr vereinfacht geht die Transaktionskostentheorie davon aus, dass die Nutzung von Märkten mit Kosten verbunden ist, sog. Transaktionskosten. Transaktionskosten bezeichnen dabei Kosten, die durch die Anbahnung, Durchsetzung, Kontrolle und Anpassung der Verfügungsrechte entstehen. Anbahnungskosten etwa umfassen Informationskosten des Nachfragers, um einen geeigneten Anbieter zu finden, z.B. Suche nach einem Restaurant. Durchsetzungskosten bezeichnen Kosten, die entstehen, um die vereinbarte Verfügungsrechtskombination durchzusetzen, z.B. Kosten für die Entwicklung und den Abschluss von Verträgen. Kontrollkosten entstehen durch die Überprüfung der vereinbarten und erhaltenen Verfügungsrechte. Anpassungskosten entstehen, wenn die vereinbarten Verfügungsrechte nicht übertragen wurden und eine Anpassung erforderlich wird, z.B. Kosten einer Beschwerde. Der Begriff der Messkosten entstammt einer spezifischen Richtung der Transaktionskostentheorie, der Messkostentheorie (vgl. u.a. Barzel 1982), und bezeichnet Kosten, die entstehen, um Qualität zu überprüfen. So kann die Prüfung der Qualität des Restaurants vor dem Restaurantbesuch Messkosten verursachen, etwa Kosten der Suche nach Restaurantbewertungen im Internet.

Tabelle 3-2: *Mögliche Nutzen- und Kostenkomponenten am Beispiel eines Restaurantbesuchs mit Freunden*

	Nutzen	Kosten
Leistungsergebnis	– Funktional-technisch: Sättigungsgefühl, kein Durstgefühl, Geschmack des Essens, Nicht-Kochen-Müssen, Zeitersparnis, Erholung – Psychologisch: Genuss, nette Unterhaltung, befriedigte Neugier – Sozial: soziale Akzeptanz	– Funktional-technisch: Preis für Essen und Getränke, Trinkgeld – Psychologisch: Beschwerde ist nötig – Sozial: Anerkennung / Missachtung der Anderen wegen Beschwerde
Dienstleistungsprozess	– Funktional-technisch: Bequemlichkeit der Sitzgelegenheit, Höhe des Tisches, etc., Beratung / Empfehlung des Servicepersonals – Psychologisch: Freude am Service , Sich-gut-Fühlen, Atmosphäre des Restaurants – Sozial: Essen mit Freunden, Unterhaltung	– Funktional-technisch: Suchkosten des Restaurants, Verschmutzung der Schuhe bei dreckigem Parkplatz, Lärmbelästigung, Geruchsbelästigung – Psychologisch: Anstrengung bei der Suche des Lokals, Anstrengung bei Auswahl der Speisen und Getränke, Stress bei vollem Lokal – Sozial: Ambiente gefällt den Freunden nicht, Stimmung ist

		schlecht
(Nach-) Nutzungsprozess	– Funktional-technisch / ökonomisch: Verträglichkeit des Essens und der Getränke, Kenntnis des Prozesses im Restaurant, gesparte Kosten für Essen und Getränke bei einer Einladung – Psychologisch: Nette Erinnerung – Sozial: Gespräche mit Anderen über das Restaurant, Möglichkeit das Restaurant zu empfehlen, gestiegenes Ansehen	– Funktional-technisch / ökonomisch: Übelkeit nach dem Essen bzw. am nächsten Tag, überzogenes Konto – Psychologisch: Unangenehme Erinnerung – Sozial: Ansehen in der Gruppe ist gesunken, da den Gästen das Restaurant nicht gefiel

Der *Service Value* entsteht aufgrund eines Bewertungsvorganges des Nachfragers, der mehr oder weniger bewusst erfolgt (vgl. Holbrook 1994, S. 26 ff.):

- Der Service Value basiert auf den Präferenzen des Nachfragers. Diese resultieren aus den Kaufmotiven des Nachfragers, z.B. Besuch eines Restaurants, weil er Hunger hat oder Ansehen eines Kinofilms zum Vergnügen.
- Der Service Value resultiert nicht aus dem Besitz, sondern aus den Verfügungsrechten über die Dienstleistung (vgl. Kapitel 2.3.2). So ist nicht der Besitz des Theaterabonnements wertvoll, sondern die Möglichkeit der Nutzung desselben.
- Der Service Value ist relativ, und zwar in mehrfacher Hinsicht: (1) er ist subjektiv in dem Sinne, dass er sich aufgrund der unterschiedlichen Präferenzen der Nachfrager unterscheiden kann; bei Business-to-Business-Dienstleistungen etwa kann er sich zwischen den Buying-Center-Mitgliedern, d.h. den an der Kaufentscheidung Mitwirkenden, unterscheiden (vgl. Ulaga / Chacour 2001); (2) er ist situationsbezogen in dem Sinne, dass die Bewertung der Nutzen- und Kostenkomponenten von der jeweiligen Situation abhängt, in der er bewertet wird. So stellt er sich vor dem Kauf bzw. vor der Inanspruchnahme der Dienstleistung anders dar als nach Inanspruchnahme, z.B. Urlaubsreise.
- Der Service Value beruht auf einer Subjekt-Objekt-Beziehung. Dies bedeutet, dass der Wert der Dienstleistung nicht losgelöst vom Betrachter festgestellt werden kann, sondern sich aus der Beziehung zwischen dem Nutzer/Käufer der Dienstleistung und der Dienstleistung selbst ergibt. Der Wert der letzten Urlaubsreise resultiert beispielsweise aus der damit verbundenen Erholung, aber darüber hinaus aus den vielen Erinnerungen, die damit verbunden sind, z.B. den Personen, die der Reisende dort kennengelernt hat, den Erlebnissen, die er hatte etc.

Neben der 1. Bedingung muss, damit aus Nachfragersicht ein Verfügungsrechtstausch zwischen Anbieter und Nachfrager zustande kommen kann, auch die 2. Bedingung erfüllt sein

> **2. Bedingung:** Der Wert des Angebots bzw. das Verhältnis von Nutzen und Kosten muss dem Anspruchsniveau des Nachfragers mindestens entsprechen.

Nach der Austauschtheorie von Thibaut und Kelley misst der Nachfrager alle Handlungsalternativen an seinem Anspruchsniveau (vgl. Thibaut / Kelley 1959, S. 21 ff.). Das Anspruchsniveau des Nachfragers wird geprägt durch seine Anforderungen an die Dienstleistung, seine Erwartungen und Erfahrungen. Die Anforderungen an die Dienstleistung resultieren aus der Verwendung der Dienstleistung.

> **Beispiel**: So soll bei einem Geschäftsessen mit wichtigen Kunden das Restaurant über ein bestimmtes Image und eine bestimmte Atmosphäre verfügen; die angebotenen Speisen und Getränke sollen hochwertig sein, aber nicht zu ausgefallen. Der Service soll freundlich sein, aber nicht aufdringlich.

Bei den Erfahrungen kann es sich sowohl um eigene als auch um Fremderfahrungen handeln. Fremderfahrungen sind beispielsweise Erfahrungsberichte anderer Käufer auf Kongressen, in Gesprächen, in User-Groups, in Virtual Communities im Internet, Testberichte in Fachzeitschriften, Erzählungen von Freunden und Bekannten.

Erwartungen werden auch geprägt durch die Kommunikationspolitik der Anbieter. Übersteigt nun die angebotene Austauschrelation das Anspruchsniveau des Nachfragers, so wird der Nachfrager zum Käufer. Wird das Anspruchsniveau nicht erreicht, verzichtet der Nachfrager auf den Erwerb.

Die Bedingungen 1 und 2 geben an, wann der Nachfrager überhaupt bereit ist zu kaufen. Ist eine der beiden Bedingungen nicht erfüllt oder sogar beide, nimmt der Nachfrager von einem Kauf Abstand. Bedingung 3 gibt nun an, von welchem Anbieter der Nachfrager kauft – vorausgesetzt, es gibt mehrere Anbieter, die Bedingung 2 erfüllen.

> **3. Bedingung:** Der Nachfrager kauft bei dem Anbieter, der ihm den größten Wert bietet, d.h. der das für ihn günstigste Verhältnis von Nutzen und Kosten bzw. den höchsten Service Value bietet. Er kauft bei Anbieter A, wenn das Verhältnis von erwartetem Nutzen und erwarteten Kosten bei einem Tausch mit Anbieter A größer ist als bei einem Tausch mit den Wettbewerbern.

Der Nachfrager sieht sich häufig, da in den meisten Märkten Wettbewerb herrscht, nicht nur einem, sondern mehreren Angeboten gegenüber. Sein Interesse besteht darin, seinen Nutzen zu maximieren. Daher wird er das Angebot wählen, das den für ihn größten Wert darstellt. Hierzu prüft er für jedes Angebot die Bedingungen 1 (Nutzen ≥ Kosten) und 2 (Nutzen/Kosten ≥ Anspruchsniveau) und vergleicht darüber hinaus die Angebote miteinander. Auch die Alternative, eine bestimmte Leistung selbst zu erbringen, kann als ein solches konkurrierendes Angebot betrachtet werden.

Bei der Betrachtung der Nutzen- und Kostenkategorien aus Kundensicht ist Folgendes zu beachten:

- Da die Bewertung vor der Kaufentscheidung stattfindet, handelt es sich jeweils um erwartete Größen. Diese Erwartungen sind mit Unsicherheit behaftet.
- Die Wahl und die Bewertung der Kosten- und Nutzenkategorien hängen von dem vom Nachfrager zu lösenden Problem bzw. seinem zu befriedigenden Bedürfnis ab. Aus diesem ergeben sich die Anforderungen an das Leistungsangebot des Anbieters und im Hinblick auf das Problem wird auch die Eignung einer angebotenen Problemlösung beurteilt (vgl. Plinke 2000a, S. 15 ff.). An ein Mittagessen unter Zeitdruck werden andere Anforderungen gestellt als an ein Geschäftsessen mit Kunden oder ein Essen im Freundeskreis.
- Die Beurteilung der angebotenen Nutzen- und Kostenelemente durch den Käufer ist subjektiv. Hinsichtlich der gleichen Problemlösung, z.B. Restaurant, können sich die Wahrnehmung der Nutzen- und Kostenelemente, ihre Bewertung und ihre Gewichtung voneinander unterscheiden.

  Sie wollen beispielsweise mit Freunden abends in ein Restaurant gehen. Das Lokal, das Sie vorschlagen, ist als Szenetreffpunkt bekannt, und Sie versprechen sich einen unterhaltsamen und abwechslungsreichen Abend. Einige aus Ihrer Gruppe halten das Restaurant für zu laut, zu voll und zu teuer.

Darüber hinaus haben auf die Beurteilung angebotener Leistungen weitere Faktoren Einfluss: Der Informationsstand des Kunden, die ihm zugänglichen Informationen, der Zeitdruck, unter dem die Entscheidung getroffen werden muss, die Zahl der an der Kaufentscheidung beteiligten Personen und ähnliches (vgl. Fließ 2000, S. 286 ff.).

Für den Anbieter gelten die obigen Überlegungen analog:

> **1. Bedingung:** Durch den Tausch muss sich der Anbieter besser stellen als vor dem Tausch.

Aus Anbietersicht stellt der Gewinn, der aus einer Tauschgelegenheit gezogen werden kann, die Werterhöhung dar. Somit müssen die Erlöse die Kosten übersteigen. Der Erlös entspricht dabei in erster Linie dem Preis abzüglich Rabatte, Skonti, Boni etc., die in den Zahlungsbedingungen geregelt werden. Darüber hinaus können Erlöse aber auch nicht-monetäre Formen annehmen, etwa wenn der Anbieter eine Referenz für seine Leistungen gewinnt oder einen besonderen Imagezuwachs verzeichnen kann dadurch, dass gerade dieser Kunde mit ihm einen Vertrag abgeschlossen hat. Durch die Referenz bzw. den Imagezuwachs können u.U. weitere Nachfrager als Kunden gewonnen werden.

Da Unternehmen i.d.R. mit mehreren Nachfragern Austauschbeziehungen unterhalten, muss die einzelne Transaktion nicht notwendigerweise einen Gewinn abwerfen, sondern in der Summe aller Transaktionen muss die Summe der Erlöse die Summe der Kosten übersteigen.

> **2. Bedingung:** Der Wert des Angebots bzw. das Verhältnis von Nutzen und Kosten muss dem Anspruchsniveau des Anbieters mindestens entsprechen.

Auf der Anbieterseite wird das Anspruchsniveau durch die Gewinnvorgabe gebildet. Der Anbieter strebt einen angemessenen, zufriedenstellenden oder maximalen Gewinn an. Dies hat folgende Handlungskonsequenz: Der Anbieter wählt den Nachfrager, der bereit ist für seine Leistung den Preis zu zahlen, der zum angemessenen Gewinn führt, oder – bei maximalem Gewinn - den höchsten Preis zu zahlen bereit ist. Aufgrund der individuellen Nutzenvorstellungen im Hinblick auf eine Leistung, unterschiedlicher Kenntnisstände des Marktes und der dort angebotenen Preise und unterschiedlicher Anspruchsniveaus können die Preisbereitschaften verschiedener Nachfrager differieren. Der Anbieter wird sich auf den Nachfrager als Käufer konzentrieren, der bereit ist einen höheren Preis als andere zu zahlen. Hierbei wird zunächst eine einzelne Markttransaktion unterstellt, bei der eine einzelne Leistung zu einem noch auszuhandelnden Preis getauscht wird. Betrachtet man mehrere Nachfrager, so stellt sich die Entscheidung des Anbieters anders dar.[7]

> **3. Bedingung:** Der Anbieter verkauft an den Nachfrager, der ihm den größten Wert bietet, d.h. der das für ihn günstigste Verhältnis von Nutzen und Kosten bietet. Er verkauft an den Nachfrager X, wenn das Verhältnis von erwartetem Nutzen und erwarteten Kosten bei einem Tausch mit dem Nachfrager X größer ist als bei einem Tausch mit anderen Nachfragern.

Auch hier wird eine Einzeltransaktion unterstellt, bei der der Anbieter zwischen unterschiedlichen Nachfragern wählt. Dies ist etwa der Fall bei Auftragsleistungen und Kapazitätsengpässen. Beispiele sind die Unternehmensberatung oder Werbeagentur, die individuelle Dienstleistungen auch individuell verhandeln. Bei standardisierten Dienstleistungen, die sich an einen größeren Markt richten, geht es um die Auswahl von Nachfragergruppen (Zielmärkte, Marktsegmente), die der Anbieter bearbeiten will (vgl. zur Marktsegmentierung und Positionierung Kapitel 4).

Das ökonomische Grundmodell des Markttausches bildet die Grundlage für die Ableitung von Wettbewerbsvorteilen des Anbieters.

---

7 Die hieraus resultierenden Entscheidungen der Marktabgrenzung, Positionierung etc. werden weiter unten behandelt.

3.3 Der Wettbewerbsvorteil des Anbieters

Auf Käufermärkten muss ein Anbieter, der als Unternehmer auf dem Markt nach attraktiven Tauschgelegenheiten sucht, in der Lage sein, die drei Bedingungen des Tausches aus Sicht des Nachfragers zu erfüllen:

- Der von ihm angebotene Nutzen muss aus Sicht des Nachfragers größer sein als die mit seinem Angebot verbundenen Kosten.
- Sein Angebot muss aus Sicht des Nachfragers das Anspruchsniveau des Nachfragers übersteigen.
- Der von ihm angebotene Wert der Dienstleistung (Service Value), d.h. das Verhältnis von Nutzen und Kosten, muss aus Sicht der Nachfrager größer sein als bei seinen Wettbewerbern.

Hierbei sind zwei Betrachtungsrichtungen zu unterscheiden:

- Die Bewertung des Angebots durch den Kunden im Vergleich zu anderen Anbietern - hier steht das Angebot einer *attraktiven Tauschrelation* im Vordergrund. Dies wird als Kundenvorteil des Anbieters bezeichnet (vgl. Plinke 2000a, S. 78 ff.),
- die Fähigkeiten des Anbieters, solche attraktiven Austauschgelegenheiten dauerhaft anzubieten. Dies wird als *Ressourcenvorteil des Anbieters* bezeichnet (vgl. Plinke 2000a, S. 77 ff.) und bildet die Grundlage für die Erfüllung der drei Bedingungen des Tausches aus Anbietersicht, d.h. die Grundlage für die Realisierung von Gewinnen.

Beide Vorteile zusammen bilden den Wettbewerbsvorteil des Anbieters (vgl. Plinke 2000a, S. 81 ff. und S. 89).

3.3.1 Der Kundenvorteil des Anbieters

Der Kundenvorteil besteht darin, dass ein Anbieter eine bessere Nutzen-Kosten-Relation (einen höheren Service Value oder ein besseres Preis-Leistungs-Verhältnis) aus Sicht des Kunden anbietet als seine Wettbewerber. Hierzu stehen ihm im Prinzip drei Wege offen:

- Er kann dem Nachfrager bei gleichen Kosten einen höheren Nutzen bieten als andere Anbieter.
- Er kann dem Nachfrager bei gleichem Nutzen niedrigere Kosten bieten als andere Anbieter.
- Er kann dem Nachfrager sowohl einen höheren Nutzen als auch niedrigere Kosten bieten als andere Anbieter.

Somit ergeben sich im Hinblick auf den Kundenvorteil folgende Vor- und Nachteilspositionen des Anbieters (vgl. Abbildung 3-1). Eine unterlegene Kostenposition aus Sicht des Kunden, die etwa durch einen höheren Preis und/oder höhere Transaktions- und Folgekosten entsteht, kann durch eine überlegene Nutzenposition, die etwa aufgrund besonderer, einzigartiger Leistungsmerkmale besteht, kompensiert werden. Ebenso kann eine unterlegene Leistung durch einen niedrigeren Preis als der des Wettbewerbers (bei sonst gleichen Transaktions- und Folgekosten) aufgefangen werden.

Abbildung 3-1: *Vor- und Nachteilspositionen des Anbieters im Hinblick auf den Kundenvorteil, Quelle: Plinke 2000a, S 81*

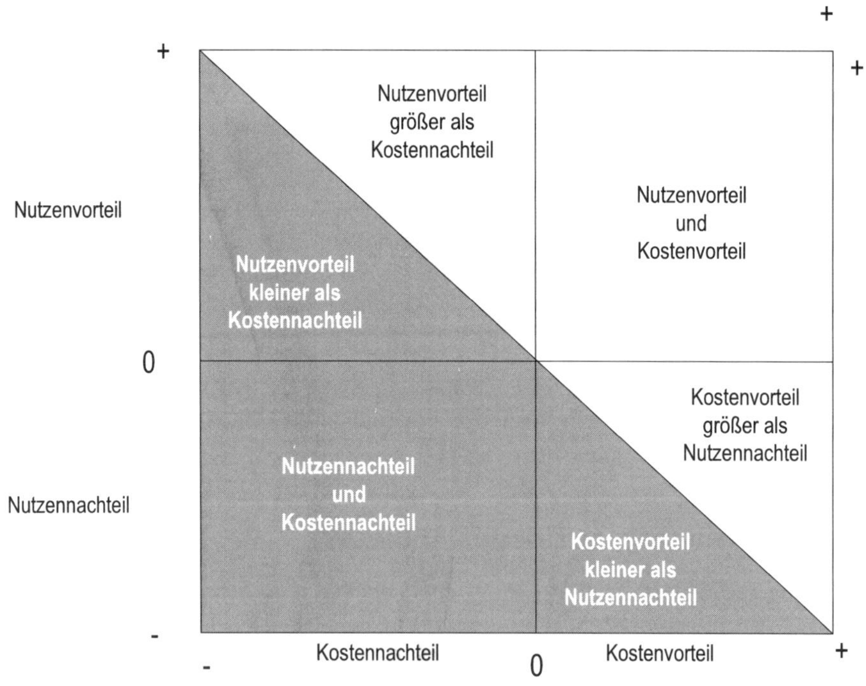

Darauf basieren auch die Marketingstrategien, die in Kapitel 3.7 behandelt werden.

Beispiel: Ein Logistikunternehmen (A) ist erst seit kurzem am Markt und bietet seinen Kunden eine schnellere, zuverlässigere und pünktlichere Lieferung ihrer Transportgüter als seine Wettbewerber und dies alles auch noch zu einem günstigeren Preis. Hat dieses Logistikunternehmen einen dauerhaften Wettbewerbsvorteil? Nach den Erkenntnissen des vorangegangenen Abschnittes hat es zumindest einen Kundenvorteil: Es bietet seinen Kunden einen höheren Kundennutzen als seine Wettbewerber und verschafft ihm gleichzeitig einen Kostenvorteil. Es stellt sich die Frage, wie es um seine Ressourcen bestellt ist. Kann es die schnellere, zuverlässigere und pünktlichere Lieferung dauerhaft anbieten? Dies hängt offenbar von seiner Ressourcenausstattung ab.

Um im Wettbewerb des Marktes zu bestehen, ist es im Interesse des Anbieters, nicht nur kurzfristig, sondern dauerhaft über Wettbewerbsvorteile zu verfügen.

Dauerhafte Wettbewerbsvorteile gründen auf gegenüber dem Wettbewerb überlegene Ressourcen des Anbieters.

3.3.2 Der Ressourcenvorteil des Anbieters

Aus Sicht des *Resource Based View* und seiner Weiterführung, dem *Competence-based View*, kann der Ressourcenvorteil des Anbieters auf die Heterogenität der Ressourcen bzw. Fähigkeiten (capabilities) eines Unternehmens im Vergleich zu anderen Unternehmen zurückgeführt werden (vgl. ausführlich Freiling 2001). Ressourcen sind dadurch gekennzeichnet, dass es sich nicht nur um den Besitz von Produktionsfaktoren handelt, sondern dass diese Faktoren so verändert und miteinander kombiniert werden, dass hieraus unternehmensspezifische und damit einzigartige Faktoren des Unternehmens entstehen. Die Ressourcen eines Unternehmens setzen sich aus den folgenden Elementen zusammen:

- *Assets*: Sie bezeichnen Vermögensgegenstände, die im Hinblick auf die Entdeckung und Nutzung von Marktgelegenheiten und die Begegnung von Bedrohungen verfügbar und nützlich sind. Assets sind tangible oder intangible Vermögensgegenstände, die ein Unternehmen nutzen kann, um seine Leistungen am Markt zu entwickeln, zu produzieren und anzubieten (vgl. Freiling 2001, S. 14).

- *Skills*: Skills bezeichnen die Fähigkeiten von Menschen im Sinne einer koordinierten Handlungsfolge, die in einem gegebenen Kontext zielführend ist (vgl. Nelson / Winter 1982, S. 82).

- *Routinen*: Sie umfassen übliche Verhaltensweisen von Organisationsmitgliedern („Repertoire“ dieser Organisationsmitglieder) sowie Muster wiederholter Aktivitäten im Zusammenwirken verschiedener Organisationsmitglieder (vgl. Nelson / Winter 1982, S. 97). Routinen dienen der Koordination der Skills verschiedener Unternehmensmitglieder. Routinen treten – in Anlehnung an die Management-Aufgaben - als Produktions- oder Gestaltungsroutinen, Steuerungsroutinen und Veränderungsroutinen auf (vgl. Nelson / Winter 1982, S. 16 ff.).

- *Fähigkeiten*: Fähigkeiten oder „Capabilities" umfassen zum einen die Routinen der Unternehmen, beinhalten aber darüber hinaus auch die Fähigkeiten einer Unternehmung, die bisher noch nicht genutzt worden sind.

Die Fähigkeiten des Unternehmens entwickeln sich aus seiner Anfangsausstattung. Die Anfangsausstattung entsteht aus der Unterschätzung der Fähigkeiten einer Ressource durch die Mehrheit der Unternehmen. Sie ist auf Glück, besondere Voraussicht (vgl. Rumelt 1984; Barney 1986) oder unternehmerische Findigkeit zurückzuführen (vgl. Kirzner 1978, S. 29). Der Preis einer Ressource bemisst sich auf dem Markt nach den durch ihren Einsatz generierbaren Erlösen. Indem ein Unternehmer als Erster oder sogar Einziger die noch ungenutzten Potenziale der Ressource erkennt, kann er sie zu einem Preis erwerben, der niedriger liegt als die aus dieser Ressource generierbaren Erlöse und so höhere Renten erwirtschaften als andere Anbieter. „Als ökonomische Rente werden jene Zahlungen an einen Produktionsfaktor definiert, die über die Mindestzahlung hinausgehen, welche notwendig ist, damit der Faktor angeboten wird" (vgl. Varian 2001, S. 389).

Die auf der Anfangsausstattung eines Unternehmens basierende Ressourcenkombination entwickelt sich im Lauf der Zeit zu einer unverwechselbaren und einzigartigen Kombination, die die Grundlage für dauerhafte Wettbewerbsvorteile bildet. Dabei bildet das Wissen um die Einsatz- und Weiterentwicklungsmöglichkeiten eine zentrale Basis. Dieses Wissen ist nicht immer explizit, d.h. bewusst und artikulierbar, sondern weist auch implizite nicht artikulierbare Bestandteile auf. So wie ein Mensch nicht erklären kann, warum und wie er atmet, so können etwa Arbeiter nicht alle Handgriffe des Produktionsablaufes erklären. Dieses implizite oder idiosynkratische Wissen, auch als „tacit knowing" (vgl. Polanyi 1985, S. 9) oder „tacit knowledge" (vgl. Bea 2000, S. 362) bezeichnet, führt dazu, dass die Imitation bestimmter Verfahrensweisen nicht notwendigerweise zu den gleichen Ergebnissen führt. So kann es etwa passieren, dass ein nach den gleichen Prinzipien und mit den gleichen Maschinen und Routinen arbeitendes Dienstleistungsunternehmen in Deutschland funktioniert und in China nicht, ohne dass genau festgestellt werden könnte, wo die Ursachen für dieses Versagen zu suchen sind.

Durch den Einsatz der Anfangsausstattung werden *Renten* realisiert. Grundsätzlich können Ricardianische Renten und Monopolrenten unterschieden werden. *Ricardianische Renten* sind Renten, die sich aus der Knappheit der Inputfaktoren ergeben. Monopolrenten resultieren aus der Knappheit oder Einzigartigkeit des Outputs. *Monopolrenten* entstehen somit, wenn ein Anbieter ein einzigartiges Leistungsangebot am Absatzmarkt anbietet und dieses eine höhere Nachfrage erzeugt als durch das Angebot befriedigt werden kann. Der Begriff der Rente stammt aus der mikroökonomischen Theorie. Im betriebswirtschaftlichen Kontext kann man auch von Gewinnen sprechen, die auf den Einsatz fixer, quasi-fixer oder knapper Ressourcen oder einen Monopoloutput zurückzuführen sind.

Realisierte Renten (Gewinne) ziehen aufgrund ihrer Höhe andere Interessenten (Unternehmen) an. Daher wird sich der Ressourceneigner bemühen, seine Ressourcen zu schützen, um dauerhaft höhere Renten (Gewinne) als andere erwirtschaften zu können. Hierzu versucht er *Barrieren* aufzubauen, die seine Wettbewerber daran hindern, seine Renten zu zerstören. Bei vollkommenem Wettbewerb würde nämlich die Tatsache der höheren Renten dazu führen, dass sich das Angebot an knappen Ressourcen erhöht – die Ricardianischen Renten würden langfristig zerstört oder – anders formuliert – der Ressourcenvorteil wäre nicht dauerhaft, sondern lediglich vorübergehender Natur. Bei freiem Wettbewerb ohne Marktbarrieren bewegen sich die Ressourcen dorthin, wo sie ihre höchsten Renten erwirtschaften, so dass mit der Zeit ein Überangebot gerade dieser Ressourcen entsteht und dieses Überangebot zu einer Zerstörung Ricardianischer Renten führt.

Um die Erosion der Renten bzw. Gewinne zu verhindern, werden Barrieren genutzt oder aufgebaut. Es können drei Arten von Barrieren unterschieden werden:

- Substitutionsbarrieren,
- Imitationsbarrieren,
- Mobilitätsbarrieren.

Eine erste Barriere gegen die *Substitution von Ressourcen* stellt ihre Einzigartigkeit und ihre Knappheit dar; dann können diese Ressourcen nicht durch gleichartige Ressourcen ersetzt werden. Um im Wettbewerb um die Renten knapper und einzigartiger Ressourcen zu bestehen, sind Unternehmen jedoch nicht auf die Substitution durch gleichartige Ressourcen angewiesen. Vielmehr können rivalisierende Unternehmen sog. strategisch äquivalente Ressourcen entwickeln (vgl. Barney 1986). Strategisch äquivalent sind Ressourcen dann, wenn sie es einem Unternehmen ermöglichen, die gleiche Strategie zu implementieren wie seine Wettbewerber. Einkaufszentren auf der grünen Wiese, die die begrenzten Grundstücke in der Innenstadt substituieren, sind ein Beispiel für strategisch äquivalente Ressourcen.

Neben der Substitution der Ressourcen besteht auch die Möglichkeit, die Ressourcen zu imitieren. Imitationsbarrieren setzen diesen Handlungsalternativen Widerstände entgegen. Folgende Imitationsbarrieren begründende Effekte können unterschieden werden:

- *Kostenvorteile durch Ressourcenakkumulation* (Economies of Resource Accumulation; vgl. Dierickx / Cool 1989): Diese entstehen dadurch, dass, sobald ein Unternehmen einen Anbietervorteil entwickelt hat, ein dynamischer Prozess in Gang gesetzt wird, der den Abstand zu anderen Unternehmen ständig vergrößert. Sie treten als Mengeneffizienzen („asset mass efficiencies“) und als Synergieeffekte zwischen Ressourcen („interconnectedness of asset stocks“) auf.

  Bei den Mengeneffizienzen handelt es sich um *Erfahrungs-* oder *Lernkurveneffekte*. Der Erfahrungs- oder Lernkurveneffekt besagt, dass mit jeder Verdoppelung der kumulierten Ausbringungsmenge die wertschöpfungsbezogenen Stückkosten um ca. 20 bis 30% sinken (vgl. Abbildung 3-1). Der Erfahrungskurveneffekt bezieht sich nicht nur auf die Produktion, sondern kann in allen Bereichen eines Unternehmens auftreten. Ursachen des Erfahrungskurveneffektes sind Lerneffekte und steigende Arbeitseffizienz, Spezialisierung und Methodenverbesserung, bessere Ausnutzung vorhandener Einrichtungen, veränderte Kombination von Produktionsfaktoren sowie Redesign der angebotenen Leistung und Standardisierung dieser Leistung (vgl. Plinke 2000b, S. 23).

Kostenvorteile durch Ressourcenakkumulation können – neben Mengeneffizienzen – auch durch Synergieeffekte hervorgerufen werden. Synergien entstehen, wenn eine Ressource zur Produktion heterogener Dienstleistungen eingesetzt werden kann. So kann das Filialnetz einer Bank zum Vertrieb sowohl von Finanzdienstleistungen als auch von Versicherungen genutzt werden.

Einzigartige historische Bedingungen dieses Akkumulationsprozesses können Hindernisse aufrichten, die Wettbewerbern die Imitation erschweren: *Pfadabhängigkeiten* zeigen, dass früher getroffene Entscheidungen die Zahl künftiger Alternativen verringern und dadurch Imitationsbarrieren aufbauen (Arthur 1989). Time compression economies liegen vor, wenn Zeitvorsprünge nicht durch erhöhten Ressourceneinsatz kompensiert werden können. Dies ist beispielsweise bei Forschungs- und Entwicklungsinvestitionen der Fall, bei denen eine Verdoppelung der Investitionssumme nicht zu einer Halbierung der Entwicklungszeit führt (vgl. Cool / Costa / Dierickx 2002, S. 60).

Schließlich lassen sich *Imitationsbarrieren* durch Rechte aufbauen, wie Patente, Copyrights oder Lizenzen. Allerdings können Unternehmen das Rentenpotenzial dieser Rechte ausschöpfen, indem sie die Rechte verkaufen, statt sie selbst zu nutzen (vgl. Cool / Costa / Dierickx 2002, S. 61). Während Rechte bei vollkommen spezifizierten Property Rights[8] handelbar sind, gilt dies für Ressourcen nicht gleichermaßen.

Mobilitätsbarrieren verhindern, dass Ressourcen über den Markt in die Verwendung wandern, in der sie die höchsten Renten erzielen; sie sorgen für den Verbleib im Unternehmen und sichern daher Ricardianische Renten. Es sind Ressourcen zu unterscheiden, die vollständig immobil (perfectly immobile), und solche, die unvollständig mobil (imperfectly mobile) sind. Ressourcen, die vollständig immobil sind, können nicht gehandelt werden. Dies sind Ressourcen, deren Property Rights nicht vollständig spezifiziert sind. Die vollständige Spezifizierung von Property Rights ist problematisch bei intangiblen Ressourcen und bei idiosynkratischen (spezifischen) Ressourcen, die bis zu dem Ausmaß idiosynkratisch sind, dass sie außerhalb der Unternehmung keine andere Verwendung haben und daher auch keinen Wert entfalten können.

---

8 Bei vollkommen spezifizierten Property Rights handelt es sich um solche Verfügungsrechte, bei denen alle vier Komponenten (ius usus, ius usus fructus, ius abusus und ius successionis) in einer Hand liegen.

Ressourcen, die unvollständig immobil sind, können zwar gehandelt werden, aber sie besitzen einen höheren Wert innerhalb des Unternehmens als auf dem Markt (vgl. Peteraf 1993, S. 183 f.; Cool / Costa / Dierickx. 2002, S. 59). Ein Beispiel hierfür ist die Beherrschung der unternehmensspezifischen Routinen, die innerhalb des Unternehmens wertvoll, in anderen Unternehmen einen nur geringen Wert besitzt, da sich dort andere Routinen entwickelt haben.

Voraussetzung für eine eingeschränkte Mobilität ist, dass es sich um spezifische Ressourcen mit hoher Quasi-Rente handelt und dass zumindest eine der Ressourcen unternehmensspezifisch ist, also nicht einfach über den Markt bezogen werden kann (vgl. Peteraf 1993, S. 184). Spezifische Faktoren oder Ressourcen sind dadurch gekennzeichnet, dass ihr Einsatz in einer Verwendung einen höheren Wert erzeugt als in einer anderen Verwendung. Die Wertdifferenz zwischen den beiden Verwendungen wird als Quasi-Rente bezeichnet und gilt als Indikator des Ausmaßes der Faktor- oder Ressourcenspezifität (vgl. Williamson 1985. S. 55).

Substitutions-, Imitations- und Mobilitätsbarrieren sind eine Quelle dauerhafter Wettbewerbsvorteile.

Ob eine Ressource einen Ressourcenvorteil begründet, lässt sich mit Hilfe des von Barney entwickelten *VRIO-Schemas* analysieren (zum Folgenden vgl. Barney 2007, S. 138 ff.). VRIO setzt sich aus den Anfangsbuchstaben von Value, Rareness, Imitability und Organization zusammen. Die infrage kommenden Ressourcen werden anhand der folgenden vier Fragen überprüft (vgl. Abbildung 3-2). Nur, wenn alle Fragen mit „ja" beantwortet werden können, kann mit Hilfe der zu beurteilenden Ressource ein Ressourcenvorteil begründet werden.

Abbildung 3-2: *Die VRIO-Analyse, in Anlehnung an Barney 2007, S 138*

V	**Value:** Versetzen die Ressourcen und Fähigkeiten das Unternehmen in die Lage, Bedrohungen oder Chancen der Umwelt zu bewältigen ?
R	**Rareness:** Ist die Ressource selten?
I	**Imitability:** Sehen sich Unternehmen ohne diese Ressource oder Fähigkeit einem Kostennachteil gegenüber, wenn sie versuchen diese Ressource oder Fähigkeit zu erwerben ?
O	**Organization:** Ist das Unternehmen so organisiert, dass es das komplette wettbewerbliche Potenzial der Ressource oder Fähigkeit ausschöpfen kann ?

„Value" bezieht sich auf die Eignung der Ressource oder Fähigkeit, die vom Markt ausgehenden Unsicherheiten zu bewältigen. Hierbei werden Chancen und Bedrohungen unterschieden. „Rareness" bezieht sich auf die Möglichkeit, die infrage stehende Ressource oder Fähigkeit zu substituieren, somit auf die Frage nach Substitutionsbarrieren für die Wettwerber. „Imitability" bezieht sich auf die Wahrscheinlichkeit, dass andere Unternehmen diese Ressource oder Fähigkeit nachahmen können und zeigt somit Interaktionsbarrieren an. „Organization" bezieht sich auf die Fähigkeit des Unternehmens, die Ressource oder Fähigkeit richtig einzusetzen und auszuschöpfen. Hier wird eine Verbindung zu den Routinen und Capabilities des Unternehmens sichtbar. Wertvolle, einzigartige und nicht-imitierbare Ressourcen können nur dann einen Ressourcenvorteil begründen, wenn der Anbieter sie auch ihrem Wert entsprechend einzusetzen bzw. „auszubeuten" vermag. Allein der Besitz einer Ressource begründet noch keinen Vorteil.

Eine Ressource oder Fähigkeit begründet dann einen dauerhaften Ressourcenvorteil, wenn alle vier Fragen mit „ja" beantwortet werden können.

3.3.3 Strategische Positionierung zur Generierung von Wettbewerbsvorteilen

Wettbewerbsvorteile entstehen durch die Kombination von Kunden- und Ressourcenvorteil und lassen sich durch eine geschickte strategische Positionierung des Anbieters generieren. Die strategische Positionierung entspricht der Definition des Geschäftsbereiches, in dem der Anbieter tätig sein will. Um die Geschäftstätigkeit zu definieren („defining the business") schlägt Abell ein dreidimensionales Analyseraster vor, das aus den folgenden drei Dimensionen besteht (zu den folgenden Ausführungen vgl. Abell 1980):

- *Funktionserfüllung*: Welche Funktion will der Anbieter mit seinen Leistungen erfüllen, welches Problem seiner Kunden will er lösen, welches Bedürfnis will er befriedigen?
- *Kundengruppen*: Welche der möglichen Kundengruppen will er bearbeiten und wie sind die Kundengruppen sinnvoll einzuteilen?
- *Technologie*: Mit welcher „Technologie" will der Anbieter die ausgewählte Funktion erfüllen. Der Begriff „Technologie" ist dabei nicht im rein technischen Sinne zu sehen, sondern bezeichnet in allgemeiner Form die Art und Weise, ein Problem zu lösen.

Die drei Dimensionen spannen einen Rahmen auf, innerhalb dessen sich ein Unternehmen strategisch positioniert.

Jede strategische Positionierungsentscheidung eines Unternehmens kann als Quader in diesem dreidimensionalen Raum dargestellt werden, wobei dieser Quader je nach Positionierung unterschiedlich tief, hoch und breit sein kann.

Abbildung 3-3: *Strategischer Positionierungsraum nach Abell, Quelle: Abell 1980, S. 30*

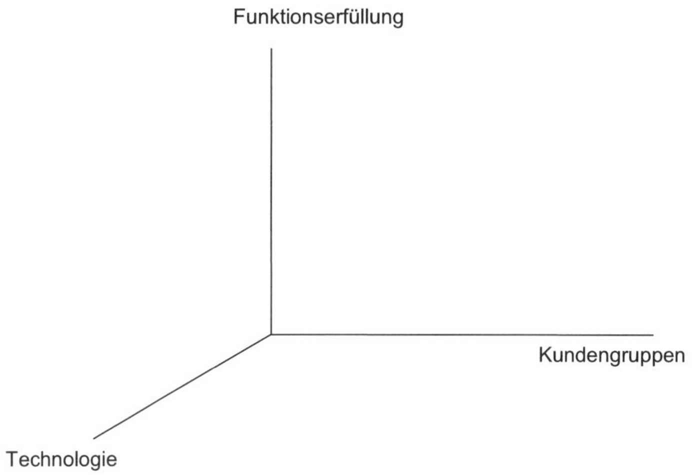

Beispiel: Die Dienstleistung eines Facility-Management-Anbieters kann folgendermaßen in den Abellschen Raum eingeordnet werden (vgl. Abbildung 3-4). Die Funktionserfüllung eines Facility-Management-Anbieters liegt grundsätzlich darin, die Funktionsweise von Gebäuden sicherzustellen. Das bedeutet, dass für die Sicherheit des jeweiligen Gebäudes Sorge getragen wird, dass Strom, Licht, Wasser jederzeit verfügbar sind und dass das Gebäude sauber gehalten wird. Auf der Achse der Kundengruppen kommen für einen Facility-Management-Anbieter beispielsweise folgende Kundengruppen in Frage: Gewerbliche Unternehmen (klein/mittelständisch, groß) und Öffentliche Einrichtungen, die ebenfalls nach der Größe differenziert werden können. Auf der „Technologie"-Achse kann beispielsweise im Bereich Sicherheitstechnik entweder der persönliche Wachschutz angeboten werden oder aber ein Alarmsystem, welches die Sicherung von Gebäuden dadurch erreicht, dass die Fenster und Türen mit einem Schutz versehen werden (Außenhautsicherung) im Vergleich zu einem Alarmsystem, welches die Sicherung von Gebäuden dadurch erreicht, dass ein Alarmsignal ertönt, wenn jemand das Gebäude betritt, die sog. Innenraumsicherung. Der Anbieter kann sich als Systemanbieter positionieren, indem er alle Leistungen, die zu dieser Funktionserfüllung gehören, anbietet. Insgesamt kann sich der Anbieter durch seine Positionierung auf einzelne Funktionen (beispielsweise nur Gebäudesicherung) oder Technologien (persönlicher Wachschutz) oder Kundengruppen (kleine und große gewerbliche Unternehmen) spezialisieren.

In der Positionierungsentscheidung des Anbieters wird festgelegt, welche Funktionen der Anbieter abdecken möchte, ob und wenn ja, auf welche Kundengruppe sich der Anbieter beschränken möchte und mit welcher Technologie der Anbieter die Leistung erbringen möchte.

Abbildung 3-4: *Strategischer Positionierungsraum eines Facility-Management-Anbieters*

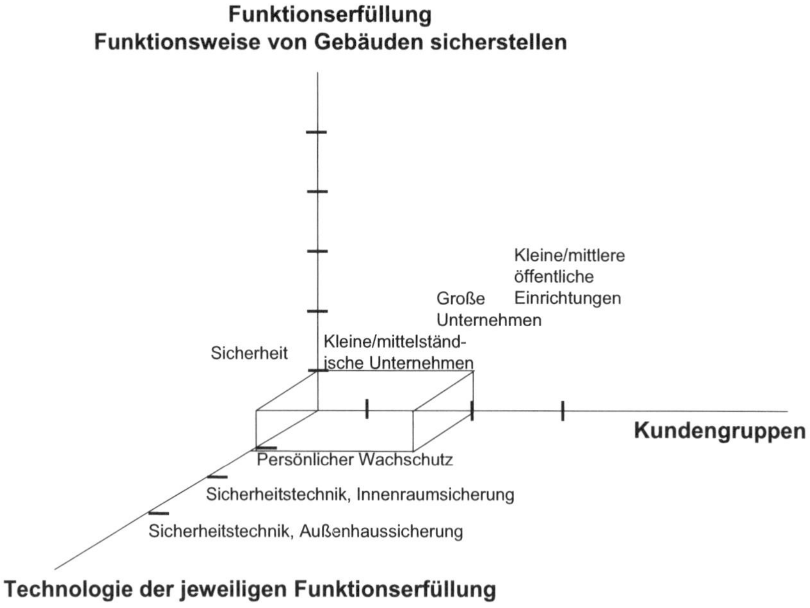

Auf der Grundlage dieser strategischen Positionierungsentscheidung lassen sich nun neben den relevanten Kundengruppen auch die relevanten Wettbewerber bestimmen. Relevante Wettbewerber sind diejenigen Anbieter, die durch ihre strategische Positionierungsentscheidung Überschneidungsbereiche mit dem eigenen Positionierungsraum haben, also solche Anbieter, die in dem Analyserahmen von *Abell* (1980) die gleiche Funktion bei der gleichen Kundengruppe mittels derselben oder einer anderen Technologie erfüllen.

Der Anbieter „wählt" die Wettbewerber, mit denen er konkurrieren will. Die strategische Positionierung hängt somit eng mit dem Wettbewerbsvorteil des Anbieters zusammen. Funktionserfüllung und Kundengruppe bilden die Basis des Kundenvorteils; Funktionserfüllung und Technologie repräsentieren den Ressourcenvorteil. Die Kundengruppen und die Funktionserfüllung sind so zu wählen, dass der Anbieter im Vergleich zu seinen Wettbewerbern einen Kundenvorteil generieren kann. Die Funktionserfüllung und die Art der Technologie sind so zu wählen, dass die Ressourcenvorteile des Anbieters zum Tragen kommen. Die beiden Dimensionen „Kundengruppe" und „Funktionserfüllung" repräsentieren somit den Markt, während die beiden Dimensionen „Funktionserfüllung" und „Technologie" das Leistungsspektrum, das Angebot des Anbieters repräsentieren.

Abbildung 3-5: *Kundengruppenspezialist versus Funktionsspezialist am Beispiel der Beratung*

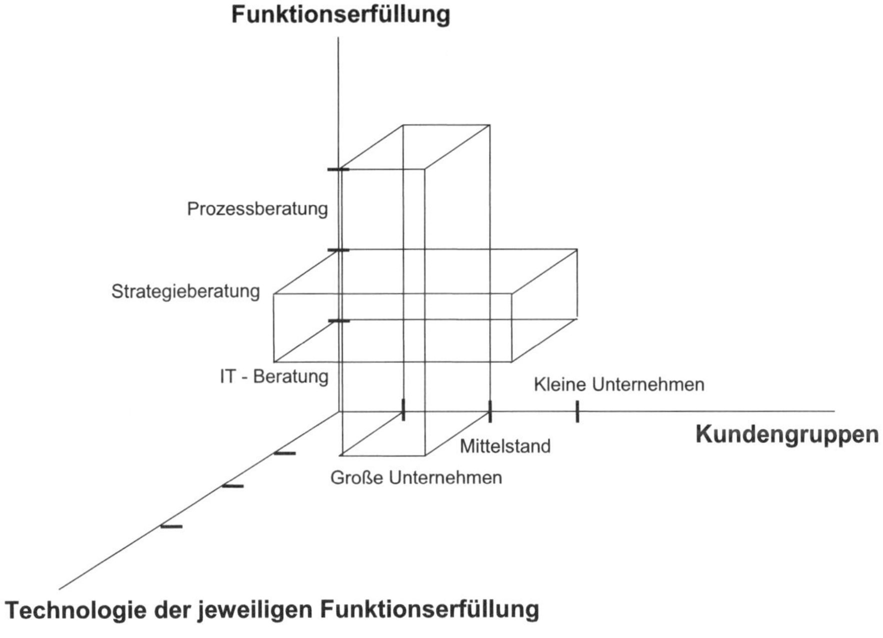

Wie Abbildung 3-5 zeigt, können Anbieter ihre jeweilige Positionierung unterschiedlich wählen. Kundengruppenspezialisten erfüllen mehrere Funktionen gegenüber einer Kundengruppe: sie spezialisieren sich auf die jeweiligen Bedürfnisse bzw. Probleme einer ausgewählten Gruppe von Kunden, die sie besonders gut kennen lernen, so dass sie durch diese Kenntnis einen Kundenvorteil generieren können. Funktionsspezialisten weisen demgegenüber Wettbewerbsvorteile durch die besondere Beherrschung einer einzelnen Funktion auf, die sie verschiedenen Kundengruppen anbieten. Generalisten (in der Abbildung nicht dargestellt) würden demgegenüber mehrere Funktionen bei mehreren Kundengruppen erfüllen.

Im obigen Beispiel stehen die beiden Anbieter in Konkurrenz zueinander. In dem Überschneidungsbereich besteht eine enge Konkurrenz zwischen ihnen, in den Bereichen, in denen sie sich nicht überlappen, eine weniger enge Konkurrenz, aber immer noch eine Konkurrenzbeziehung. Warum? Für einen Mittelständler, der eine Strategieberatung sucht, kommen grundsätzlich beide Anbieter infrage. Welchen er wählt, hängt davon ab, ob für ihn die Funktionsspezialisierung oder die Kundengruppenspezialisierung wertvoller ist. Ein Funktionsspezialist kann die Kenntnis anderer Kundengruppen einbringen, ein Kundengruppenspezialist die Kenntnis anderer Funktionen.

3.4 Das Strukturmodell des Wettbewerbsvorteils

Wie die obigen Ausführungen gezeigt haben, gehorchen Kundenvorteil und Ressourcenvorteil des Anbieters unterschiedlichen „Gesetzen". Abbildung 3-6 zeigt das Strukturmodell des Wettbewerbsvorteils.

Der *Kundenvorteil* wird auf dem Markt erzielt und gibt die Einschätzung des vom Anbieter angebotenen Austauschverhältnisses durch den Kunden wieder. Er beruht auf den Outputvorteilen des Anbieters gegenüber seinen Wettbewerbern und begründet Monopolrenten. Die *Outputvorteile* sind die Ergebnisse der Ressourcenausstattung und –kombination. Bei Dienstleistungsunternehmen sind dies die überwiegend immateriellen Leistungsergebnisse (Dienstleistungen) und die dorthin führenden Prozesse der Kundenintegration.

Der Kundenvorteil stellt die Basis der *Kundenbindung* dar. Kundenbindung basiert auf einer freiwilligen Bindung des Kunden, etwa durch Kundenzufriedenheit oder auf einer erzwungenen Bindung, die durch hohe Wechselbarrieren verbunden mit hohen Wechselkosten des Kunden erzeugt wird. Kundenbindung führt zu Gewinnvorsprüngen (vgl. Reichheld / Sasser 1991, S. 109f.). Mit jedem weiteren Jahr, das zufriedene Kunden dem Unternehmen treu bleiben, bescheren sie ihm wachsende Gewinne. Um Abwanderung der Kunden zu verhindern, müssen die Unternehmen höhere Kundenvorteile als die Konkurrenz bieten. Die damit steigende Qualität bewirkt eine Kundenbindung, wodurch das Unternehmen mit dem Kunden vertraut wird und den Kunden effizienter bedienen kann.

Abbildung 3-6: *Quellen und Wirkungen von Wettbewerbsvorteilen des Unternehmens, in Anlehnung an Plinke 2000a, S. 74*

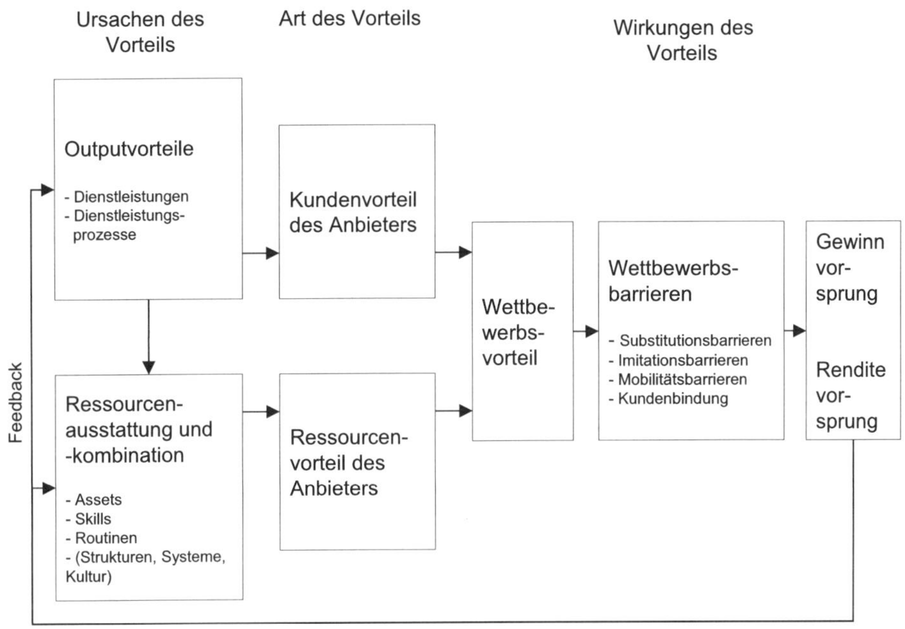

Beispiel: Kreditkartengesellschaften wenden für das Anwerben eines neuen Kunden ca. 51 $ auf. Da neu gewonnene Kunden ihre Karten anfangs nur sehr zögerlich nutzen, bringt das den Gesellschaften nur einen Grundgewinn. Im zweiten Jahr steigt die Rentabilität erheblich, denn je mehr die Kunden mit der Karte vertraut sind und je zufriedener sie mit dem gebotenen Service sind, desto häufiger wird die Karte genutzt. Mit jedem Jahr werden mehr Einkäufe getätigt und der Gewinn steigt steil an (vgl. Reichheld / Sasser 1991, S. 109).

Der *Ressourcenvorteil* wird im Unternehmen generiert und beruht auf einer dem Wettbewerb überlegenen Ressourcenausstattung und –kombination (vgl. Abbildung 3-6). Die Ressourcen des Unternehmens gilt es daher gegen Abwanderung, Imitation und Substitution zu schützen. Der Ressourcenvorteil des Anbieters ist auf die einzigartige *Ressourcenausstattung und –kombination* des Anbieters zurückzuführen. Diese schlägt sich in den Ressourcen (Kapital, Humanressourcen, Maschinen etc.) und „Capabilities" nieder, deren Kombination sich in den Strukturen (Organisationsstruktur, rechtliche Struktur etc.), den Systemen (Informationssystem, Führungssystem etc.), den Prozessen (Innovationsprozesse, Dienstleistungsprozesse etc.) und der Unternehmenskultur widerspiegelt. In einigen Veröffentlichungen werden auch die sog.

Kernkompetenzen eines Unternehmens besonders hervorgehoben (vgl. Prahalad / Hamel 1990), ohne dass jedoch Übereinstimmung bezüglich des Begriffsinhaltes bestünde (vgl. etwa die Übersicht bei Steven / Behrens 2000, S. 454). Allgemein können unter Kernkompetenzen solche Ressourcen und Fähigkeiten verstanden werden, die die zentrale Grundlage für das am Markt angebotene Leistungsspektrum des Unternehmens bilden und den Wettbewerbsvorteil gegenüber den Konkurrenten begründen (vgl. Teece / Pisano / Shuen 1997, S. 516).

Auch wenn Unternehmen durch jeweils einzigartige Ressourcenausstattungen und -kombinationen gekennzeichnet sind und selbst wenn diese gegen Substitution, Imitation und Mobilität geschützt sind, ist dies dennoch kein Garant für einen immer währenden Wettbewerbsvorteil. Vielmehr ist der Marktprozess gerade dadurch gekennzeichnet, dass sich findige Unternehmer nach neuen Gewinnmöglichkeiten umsehen. Unternehmer entwickeln neue Technologien, ersinnen neue Möglichkeiten der Dienstleistungserbringung oder der Befriedigung von Kundenbedürfnissen oder senken ihre Kosten durch neue Beschaffungsquellen, neue Produktionsstätten oder Veränderung der organisatorischen Prozesse (vgl. Schumpeter 1997, S. 100 ff.). Wie Shackle betont, sind der Kreativität nur Grenzen durch die Vorstellungskraft der Handelnden gesetzt (vgl. Shackle 1957).

> **Beispiel:** Mittlerweile bieten sogenannte Coaches für nahezu jede Lebenslage Hilfe im Alltag an. Coaches kümmern sich um Einkäufe, Fitness und selbst um Seitensprünge. Vom sogenannten Personal Shopping, Personal Training und Inhouse Coaching, über Benimmkurs-Wochenenden, Arrangements von Seitensprüngen, Kuschelkurse, über Ausrichtung von Kindergeburtstagen und Training in ökonomischer Zeitgestaltung finden sich vor allem in Großstädten vielfältige Angebote. Die Branche hat ihren Ursprung in Amerika und deckt alle Aspekte individueller Lebenskultur ab. Es handelt sich dabei um die Vermittlung von „Know How", also dem Wissen, wie man etwas macht. Gerade Aufsteiger, die sich in einem Alltag wiederfinden, auf den sie ihre Kinderstube nicht vorbereitet hat, zahlen gerne viel Geld für ein persönliches Coaching.

Der Ressourcenvorteil begründet *Markteintrittsbarrieren* für neue Wettbewerber. Je größer er ist, desto teurer wird es für den Wettbewerb, eine vergleichbare Ressourcenausstattung zu erwerben oder selbst aufzubauen. Die notwendigen Investitionen amortisieren sich u.U. nicht mehr.

Ressourcenvorteile und Kundenvorteile wiederum begründen Imitationsbarrieren (vgl. Dierickx / Cool 1989). Häufig wird behauptet, dass Dienstleistungen leichter imitierbar sind als andere Leistungen (Agarwal / Erramilli / Dev 2003). Wie die obigen Ausführungen zeigen, muss dies jedoch nicht notwendigerweise so sein. Da jedes Unternehmen über eine einzigartige Ressourcenausstattung und –kombination verfügt, kann gerade diese Barrieren aufbauen, die eine Imitierbarkeit der Dienstleistung erschweren. Darüber hinaus können auch Dienstleistungsunternehmen einzigartige Leistungsergebnisse und Prozesse generieren, die eine Imitierbarkeit erschweren.

Hohe Barrieren und hohe Kundenloyalität führen zu *dauerhaften Vorsprüngen* in *Gewinn* und *Rentabilität*. Den erwirtschafteten Gewinn können diese Unternehmen wiederum in die Ressourcenausstattung und –kombination und darauf basierend in überlegene Dienstleistungen und Dienstleistungsprozesse investieren (vgl. Abbildung 3-6).

3.5 Wertschöpfungskonfigurationen zur Erzielung von Wettbewerbsvorteilen

Zur Erzielung von Wettbewerbsvorteilen ist nicht nur das Vorhandensein einzigartiger, nicht imitierbarer und substituierbarer Ressourcen notwendig, sondern die Ressourcen müssen die ihnen innewohnenden wettbewerblichen Potenziale auch entfalten können (vgl. Barney 2007, S. 148 ff.), sie müssen entsprechend organisiert werden. Diese Entfaltung wettbewerblicher Potenziale zeigt sich in der Konfiguration wertschöpfender Aktivitäten, die die Basis für Anbieter- und Kundenvorteile und für die Strategie des Unternehmens bildet. Eine Strategie kann in Anlehnung an Barney als Muster der Ressourcenallokation verstanden werden, das ein Unternehmen in die Lage versetzt, seine Überlebensfähigkeit auf dem Markt zu erhalten oder zu verbessern. Eine „gute" Strategie in diesem Sinne ist eine solche, die Bedrohungen (threats) neutralisiert, Chancen (opportunities) ausnutzt, indem die Stärken des Unternehmens (strengths) nutzt und Schwächen (weaknesses) vermeidet (vgl. Barney 2007 S. 11).

Die Grundlage für die Ausgestaltung und Umsetzung von Wettbewerbsvorteilen bei Dienstleistungsunternehmen stellt die strategische Wertschöpfungskonfiguration dar.

Bei der Konfiguration wertschöpfender Aktivitäten können im Dienstleistungsbereich nach Stabell und Fjeldstad drei Formen unterschieden werden: die Wertkette, der Wertshop und das Wertnetzwerk (vgl. Stabell / Fjeldstad 1998).

3.5.1 Die Konfiguration als Wertkette

Die *Wertkette* nach Porter bildet das Ursprungskonzept der Wertschöpfungskonfiguration (vgl. Porter 2000). Ausgangspunkt ist die Überlegung, dass sich Wettbewerbsvorteile eines Unternehmens aus der Gesamtheit der Wertaktivitäten eines Unternehmens ergeben. Diese Aktivitäten werden in der Wertkette entsprechend dem physischen Durchlaufprinzip angeordnet und hinsichtlich ihres Beitrages zur Wertschöpfung des Unternehmens in zwei Kategorien unterteilt (vgl. Abbildung 3-7) (Porter 2000, S. 69 ff.):

Primäre Aktivitäten sind solche Aktivitäten, die den Wert der Inputfaktoren durch Transformation erhöhen und somit einen Wert schaffen, der über dem der eingesetzten Faktoren liegt. Sie dienen der Herstellung und Vermarktung des Endproduktes.

Unterstützende Aktivitäten dienen der Bereitstellung der Inputfaktoren und schaffen die Infrastruktur des Unternehmens, ohne die die primären Aktivitäten nicht ausgeübt werden könnten.

Zu den primären Aktivitäten werden üblicherweise die Eingangslogistik (Empfang, Lagerung, Distribution von Betriebsmitteln), die Operationen oder Produktion (Umwandlung des Inputs in die endgültige Leistung), die Ausgangslogistik (Sammlung, Lagerung und physische Distribution der Endprodukte), Marketing und Vertrieb (Bereitstellung von Mitteln, um Abnehmer zum Kauf des Produktes zu veranlassen) und der Kundendienst (Dienstleistungen zur Förderung oder Werterhalten des Produktes) gerechnet. Zu den unterstützenden Aktivitäten zählen die Beschaffungsaktivitäten der Inputfaktoren (Einkauf), die Technologieentwicklung (Produkt-, Verfahrensverbesserungen), die Personalwirtschaft (Rekrutierung, Einstellung, Aus- und Weiterbildung, Vergütung von Mitarbeitern) sowie die Unternehmensinfrastruktur (Geschäftsführung, Planung, Rechnungswesen, EDV) (vgl. Porter 200, S. 70 ff.).

Abbildung 3-7: *Die Konfiguration von Wertschöpfungsaktivitäten als Wertkette, (Quelle: Porter 2000, S. 68)*

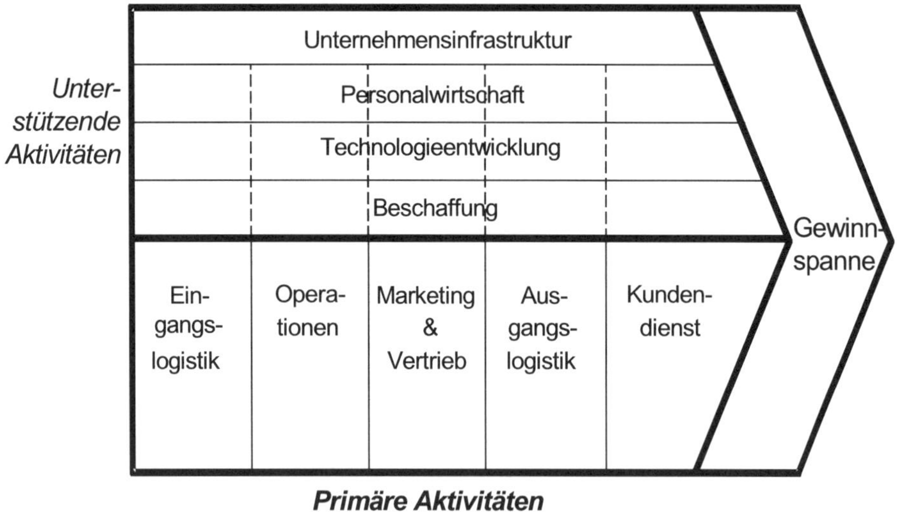

Primäre und unterstützende Aktivitäten verursachen auf der einen Seite Kosten und erweisen sich als Kostentreiber, schlagen sich aber aufgrund ihrer Wertschöpfung und ihrer Werttreiberfunktion auch in den Erlösen des Unternehmens nieder. Um einen Wettbewerbsvorteil zu erzielen, sind die Wert schöpfenden Aktivitäten Porter zufolge so zu konfigurieren, dass sie dem Unternehmen entweder einen Kostenvorteil gegenüber seinen Wettbewerbern verschaffen oder zu einer Differenzierung seines Leistungsangebots am Markt beitragen, das sich in einer höheren Zahlungsbereitschaft der Nachfrager dieser Leistungen niederschlägt (vgl. Porter 2000). Entsprechend dieser beiden Grundausprägungen des Wettbewerbsvorteils können die beiden Strategien der Kostenführerschaft und der Differenzierung unterschieden werden (vgl. Porter 2000).

Die Wertkette stellt Porter zufolge ein allgemeines Raster zur Darstellung von Wertschöpfungsaktivitäten dar (vgl. Porter 2000, S. 67), das an die Besonderheiten des jeweiligen Unternehmens anzupassen ist. Dementsprechend werden von vielen Autoren die primären Aktivitäten meist im Hinblick auf Dienstleistungsunternehmen spezifiziert (vgl. Volk 1997, S. 33; Volz / Marti 2001, S. 9 f. Dreyer / Oehler 2002, S. 14 ff.). Allerdings ergibt sich bei der Erstellung von Dienstleistungen eine andere Chronologie der Aktivitäten (vgl. Armistead / Clark 1993, S. 225). Dienstleistungen stellen Leistungsversprechen dar, so dass die Marketing- und Vertriebsaktivitäten der eigentlichen Leistungserstellung (Operationen, Produktion) vorgelagert sind. Die Eingangslogistik bezieht sich bei Dienstleistungen auf den oder die vom Kunden zur Verfügung zu stellenden externen Faktor/en, etwa die Person beim Hotelaufenthalt. Die Ausgangslogistik fehlt aufgrund der Notwendigkeit der Integration externer Faktoren und der damit verbundenen Gleichzeitigkeit von Konsum und Produktion (sog. Prosuming) häufig völlig. Daher plädieren beispielsweise Fantapié Altobelli und Bouncken dafür, die primären Aktivitäten im Hinblick auf die Dienstleistungsspezifika neu zu unterteilen und differenzieren in Akquisition, Eingangslogistik, Kontaktphase und Nachkontaktphase (vgl. Altobelli / Bouncken 1998). Ein Beispiel für diese Art der Wertkettenstrukturierung zeigt Abbildung 3-8.

Die Wertkette basiert auf dem Prinzip der *sequentiellen Fertigung* derart, dass Y erst in Angriff genommen werden kann, nachdem X abgeschlossen wurde. Diese als kontinuierliche und aufeinander aufbauende Abfolge von Produktionsschritten wird auch als *Production-Line-Approach* bezeichnet (vgl. Kapitel 6.3.3). Thompson spricht von einer Long-linked Technology (vgl. Thompson 1967, S. 15). Beispiele für die Anwendung der Wertkette im Dienstleistungsbereich sind Hotels, Kinos, Waschstraßen oder Fast-Food-Restaurants. In diesen Fällen ist die Abfolge der Aktivitäten in einer Sequenz organisiert.

Abbildung 3-8: *Wertkette von Best Western Hotels, Quelle: Bouncken and Altobelli 1998, S. 294*

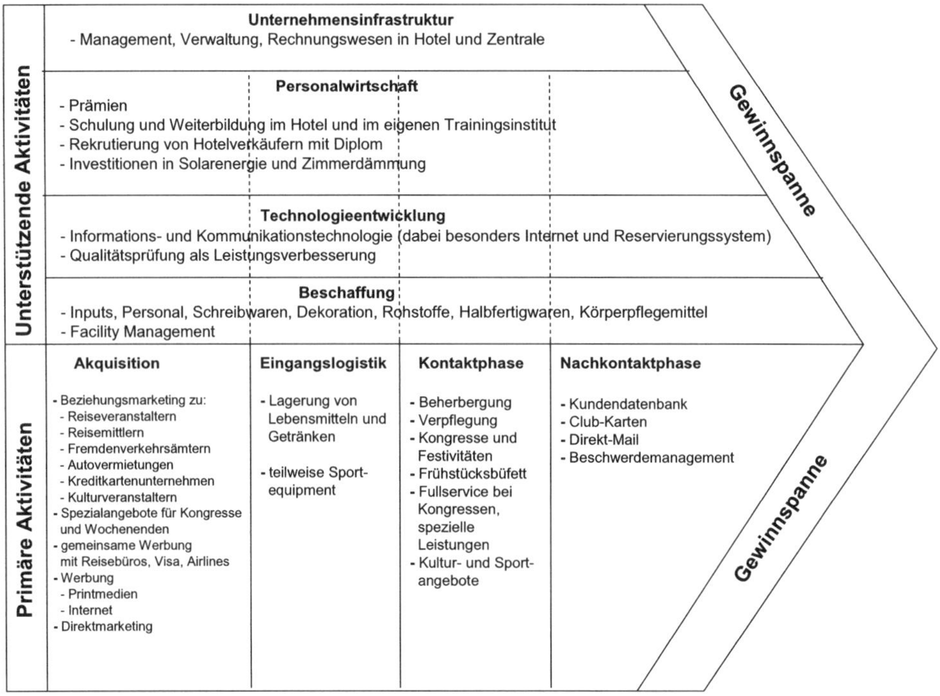

Der Wettbewerbsvorteil der Wertkette resultiert in erster Linie aus *Skaleneffekten* (*Economies of Scale*). Skaleneffekte lassen sich dann erzielen, wenn die Kapazitäten ausgelastet sind, so dass die Aufgabe des Marketings und des Vertriebs darin besteht, die Nachfrage und die Kapazitätsauslastung zur Deckung zu bringen. Sie können durch die Substitution von Arbeit durch Kapital und Lerneffekte erhöht werden. *Verbundeffekte* der Ressourcennutzung (*Economies of Scope*) lassen sich durch vertikale Integration erzielen (Stabell / Fjeldstad 1998, S. 419).

3.5.2 Die Konfiguration als Wertshop

Wertshops sind Wertschöpfungskonfigurationen, die auf die Lösung eines Kundenproblems fokussiert sind. Während im Mittelpunkt der Wertkette die „Produktion" einer Dienstleistung steht, orientieren sich die *primären Aktivitäten* beim Wertshop am Problemlösungsprozess. Sie werden etwa in die Phasen der Problemfindung und Akquisition, der Problemlösung, der Auswahl der Problemlösungsalternativen, der Ausführung und der Bewertung und Kontrolle unterschieden (vgl. Abbildung 3-9), wobei sich auch andere Bezeichnungen finden (vgl. Stabell / Fjeldstad 1998, S: 424; Woratschek / Roth / Pastowski 2002, S. 61).

Nicht die sequentielle Abfolge von Aktivitäten wie bei der Wertkette, sondern die *iterative, zyklische und häufig interaktive Aktivitätenfolge* ist kennzeichnend für den Wertshop. Die Wertschöpfung erfolgt durch den Einsatz geeigneter Problemlösungstechnologien, wobei sich die Probleme von Kunde zu Kunde unterscheiden und somit individuelle Lösungen erforderlich sind. Thompson spricht in diesem Fall von einer Intensive Technology (vgl. Thompson 1967, S. 17). Individuelle Lösungen werden durch die individuelle und vom Kunden angestoßene Kombination von Ressourcen generiert.

Abbildung 3-9: *Beispiel eines Wertshops – die Arztpraxis, in Anlehnung an Stabell / Fjeldstad 1998, S. 425*

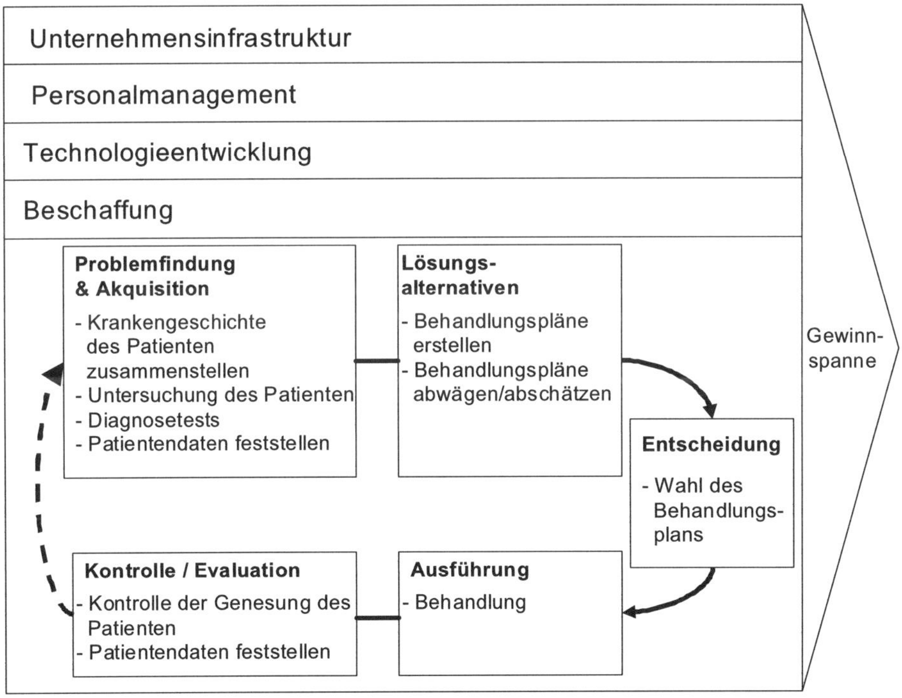

Da die Lösung eines Kundenproblems und nicht der Preis dieser Lösung im Vordergrund steht, beruhen Wettbewerbsvorteile auf Wert schaffenden Aktivitäten (*Werttreiber*) und nicht auf Kostenvorteilen. Die Konfiguration der Wertschöpfung als Wertshop ist dementsprechend charakteristisch für *individuelle Dienstleistungen*, d.h. Dienstleistungen mit einem hohen Integrationsgrad bzw. einer hohen Kundenmitwirkung. Beispiele für Anbieter solcher Dienstleistungen sind Ärzte, Unternehmens- und Rechtsberatungen, Krankenhäuser oder Aus- und Weiterbildungsinstitutionen.

Unsicherheit besteht sowohl auch auf Anbieterseite als auch auf Nachfragerseite, da aufgrund der Individualität und manchmal auch Singularität der Kundenprobleme die Lösung erst erarbeitet werden muss und nicht von vornherein feststeht. Wettbewerbsvorteile beruhen bei dieser Art von Geschäft vor allem auf der Reputation des Anbieters, die dem Nachfrager die Qualität der Leistung signalisiert und daher einen Wert schafft. Aus Sicht des Resource-based View ist neben der Schaffung von Reputation auch die Problemlösungskompetenz des Anbieters von Bedeutung.

3.5.3 Die Konfiguration als Wertnetzwerk

Im *Wertnetzwerk* zielt die Konfiguration der Wertschöpfungsaktivitäten auf die Verbindung verschiedener Nachfrager. Der Anbieter übernimmt als Intermediär die Etablierung, Überwachung und Beendigung der Kontakte zwischen den Nachfragern. Kontakte können direkter Natur sein, wie bei der Telefongesellschaft, die Telefonverbindungen zwischen zwei Nachfragern herstellt; Kontakte können aber auch indirekter Natur sein, wie etwa beim Filialsystem einer Bank, das sowohl Geldanlegern als auch Kreditnehmern Zugang zu einem Ressourcenpool einer Filiale eröffnet (vgl. Stabell / Fjeldstad 1998, S. 427 f.). Wertnetzwerke überbrücken unterschiedliche Präferenzen und stellen daher die Wertschöpfungskonfiguration zur Marktarbitrage dar (vgl. zur Marktarbitrage Kapitel 3.1). Weitere Beispiele für Wertnetzwerke sind Logistikunternehmen, Versicherungsgesellschaften, Post- und Paketdienstleistungen, aber auch Auktionshäuser im Internet wie Ebay oder Handelsunternehmen wie Amazon. Der Wert für den Nachfrager ergibt sich aus der Beteiligung der anderen Nachfrager am Netzwerk, woraus eine besondere Bedeutung von Kapazitäten und Standards resultiert. Nicht das Unternehmen ist das Netzwerk, sondern das Unternehmen bietet Netzwerkdienstleistungen an.

Im Mittelpunkt des Wertnetzwerkes stehen sog. *mediating technologies*, d.h. verbindende Technologien (Thompson 1967, S. 16), die in standardisierter Art und Weise zur gleichen Zeit eine vielfache Zahl von Kunden, die in Zeit und Raum verteilt sind, miteinander verbinden. Die *primären Aktivitäten* des Wertnetzwerks umfassen die Netzwerkpromotion und das Vertragsmanagement, die Netzwerkservices und die Netzwerkinfrastruktur (vgl. Abbildung 3-10). Die Aktivitäten im Rahmen der Netzwerkpromotion und des Vertragsmanagements dienen der Akquisition und Bindung von Netzwerkteilnehmern. Die Netzwerkservices enthalten zusätzliche Nutzen stiftende Leistungen des Anbieters für die Netzwerkteilnehmer, die von diesen meist gegen zusätzliche Entgelte genutzt werden können, aber nicht müssen. Die Basis der Leistungserbringung bildet die Infrastruktur, die nicht notwendigerweise – wie bei der Telekommunikation – aus einer technologischen Basis bestehen muss, sondern auch einfach auf einem Netzwerk aus Kontakten und Verbindungen beruhen kann. Die Trennung der primären Aktivitäten in diese drei Schichten ist eine analytische Trennung; alle Aktivitäten werden simultan erbracht, wobei häufig mehrere Netzwerkintermediäre gleichzeitig tätig sind. So werden etwa internationale Telefonverbindungen mittels der Infrastruktur mehrerer regionaler, nationaler und internationaler Telefongesellschaften erbracht. Die Koproduktion, Überlappung und Verknüpfung der Aktivitäten ist kennzeichnend für das Wertnetzwerk. Abbildung 3-10 zeigt die Ausgestaltung eines Filialsystems einer Bank als Wertnetzwerk.

Abbildung 3-10: *Beispiel eines Wertnetzwerks – das Filialsystem einer Bank, Quelle: Stabell / Fjeldstad 1998, S. 430*

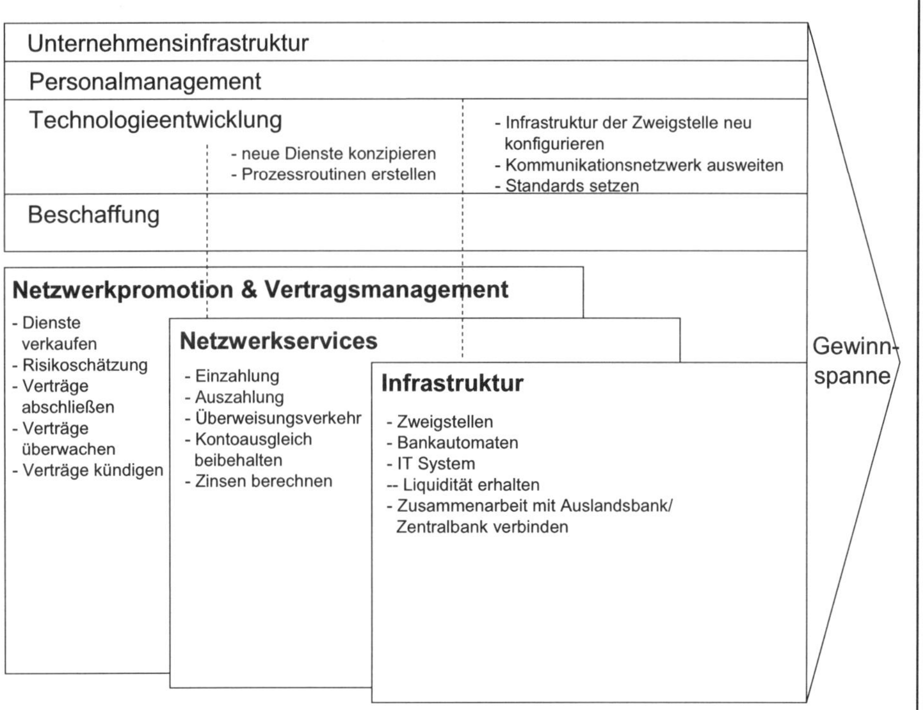

In Wertnetzwerken sind *Werttreiber* und *Kostentreiber* gleichermaßen von Bedeutung. Hierbei sind insbesondere die Zahl der Netzwerkteilnehmer, die Auslastung der Kapazitäten, die Synchronisation und Dimensionierung der primären Aktivitäten im Hinblick auf die Bedürfnisse der Netzwerkteilnehmer sowie Verbindungen zu anderen Netzwerken und Lerneffekte bezüglich der Eigenschaften, Verhaltensweisen und Bedürfnisse der Netzwerkteilnehmer von besonderer Bedeutung.

Beispiel: Eine Versicherungsgesellschaft kann um so niedrigere Prämien anbieten, je mehr Versicherungsnehmer sie hat, unter denen das Risiko der Versicherungsfälle aufgeteilt werden kann; daher stellt die Zahl der Versicherungsnehmer einen Werttreiber dar, wobei gesunde Krankenkassenmitglieder die kranken Mitglieder mitfinanzieren. Gleichzeitig steigt die Zahl der Krankheitsfälle mit der Zahl der Mitglieder; somit stellt die Zahl der Versicherungsnehmer auch einen Kostentreiber dar. Der Erfolg des Netzwerkes hängt u.a. davon ab, ob es gelingt, die Leistungen so zu konfigurieren, dass sie den unterschiedlichen Bedürfnissen der Versicherungsnehmer entgegen kommen, z.B. Versicherungsnehmer mit hohem und niedrigem Risiko, mit guter und schlechter Gesundheit (Synchronisation und Dimensionierung der Leistung; Verbindungen zwischen den drei Schichten der primären Aktivitäten). Gleichzeitig wird der Erfolg auch dadurch bestimmt, in welchem Maße es gelingt, die Netzwerkteilnehmer richtig auszuwählen, einzuschätzen und in die ihrem Verhalten entsprechenden Risikoklassen einzuordnen. Hierbei kommen insbesondere Lerneffekte bezüglich der Auswahl von Netzwerkteilnehmern und Überwachungen hinsichtlich der Inanspruchnahme der Leistungen zum Tragen.

3.5.4 Wertkette, Wertshop und Wertnetzwerk im Vergleich

Die Wertschöpfungskonfiguration zeigt, durch welche primären Aktivitäten der Gewinn eines Unternehmens erwirtschaftet wird. In der Wertkette, im Wertshop und im Wertnetzwerk werden Wertschöpfungsaktivitäten in unterschiedlicher Weise konfiguriert. Dementsprechend unterscheiden sich die primären Aktivitäten voneinander und auch die Wettbewerbsvorteile beruhen auf unterschiedlichen Quellen. Tabelle 3-3 gibt einen abschließenden Überblick über die Charakteristika der drei Wertschöpfungskonfigurationen.

Obwohl bei *Stabell* und *Fjeldstad* Wertkette, Wertshop und Wertnetzwerk als typisch für bestimmte Branchen erscheinen, muss dies nicht notwendigerweise so sein. Möglicherweise dominieren in bestimmten Branchen bestimmte Wertschöpfungskonfigurationen; grundsätzlich können aber gerade durch die Organisation der Wertschöpfungsaktivitäten als Wertkette, Wertshop oder Wertnetzwerk neue Geschäftsmodelle entwickelt werden.

Tabelle 3-3: *Merkmale der Wertschöpfungskonfigurationen Wertkette, Wertshop und Wertnetzwerk, in Anlehnung an Stabell / Fjeldstad 1998, S. 415*

	Wertkette	Wertshop	Wertnetzwerk
Werterzeugung	Transformation von Inputs in Dienstleistungen	Lösung von Kundenproblemen	Verbindung von Kunden
Technologie	long-linked-technology	intensive technology	mediating technology
Primäre Aktivitäten	Marketing, Eingangslogistik, Operationen, Dienstleistungen	Problemfindung und -akquisition, Problemlösung, Auswahl, Ausführung, Kontrolle und Bewertung	Netzwerkpromotion und Vertragsmanagement, Netzwerkservices, Infrastrukturoperationen
Aktivitätenlogik	Sequentiell	Zyklisch, spiralförmig	Simultan, parallel
Kostentreiber	Skaleneffekte, Kapazitätsauslastung		Skaleneffekte, Kapazitätsauslastung
Werttreiber		Reputation, Kompetenz	Skaleneffekte, Kapazitätsauslastung
Wertstruktur der Branche	Verbundene Ketten	Durch Empfehlungen verbundene Shops	Überlappende und verknüpfte Netzwerke

Beispiel: Die meisten Restaurants sind als Wertkette organisiert, unabhängig davon, ob es sich um ein Selbstbedienungsrestaurant, eine Fast-Food-Kette oder ein Restaurant mit Bedienung in der gehobenen oder mittleren Preiskategorie handelt. Vereinzelt gibt es aber auch Restaurants, die als Wertshop organisiert sind. Hier kann der Kunde Wünsche und Präferenzen äußern und erhält ein ganz individuell auf ihn und seine Gäste abgestimmtes Menü, wobei sich die Eingriffsmöglichkeiten des Kunden bis auf die Beschaffung der Zutaten erstrecken. Ein als Wertnetzwerk organisiertes Restaurant würde vor allem Kontakte zwischen den Restaurantbesuchern herstellen – hier sind etwa Blind-Date-Dinners anzusiedeln (http://www.blind-date-dinner.de).

3.6 Mehrstufige Wertschöpfungketten

Sowohl innerhalb der Wertkette als auch innerhalb eines Wertshops oder eines Wertnetzwerkes können Wertschöpfungsaktivitäten arbeitsteilig erbracht werden. So können Aktivitäten im Rahmen der Wertkette eines Hotels von anderen Anbietern übernommen werden, z.B. wird die Hotelwäsche von einem Wäschedienst gewaschen. Effiziente und effektive Arbeitsteilung führt zu Wettbewerbsvorteilen.

Jedes Unternehmen ist in eine *mehrstufige Wertschöpfungskette* auf Märkten eingebunden. Diese resultiert daraus, dass es ökonomisch wenig sinnvoll ist, alle benötigten Leistungen in einem Unternehmen herzustellen. So stellt ein Freizeitpark etwa nicht alle Leistungen selbst her, sondern überlegt, welche der Leistungen, wie landschaftliche und architektonische Gestaltung, Produktion der Attraktionen, Konzeption und Umsetzung der Werbekampagne oder das Drucken der Tickets, er selbst übernimmt und welche er von anderen Unternehmen einkauft. Die Spezialisierung der verschiedenen Anbieter führt dazu, dass es nicht effizient ist, alle Leistungen selbst zu erstellen. Vielmehr stellen die Leistungen des einen Unternehmens den Input für die Wertschöpfung eines anderen Unternehmens dar. Am Ende der Wertschöpfungskette verknüpfter Unternehmen steht die Bedürfnisbefriedigung des Konsumenten. Ein Freizeitpark beispielsweise kann als Wertnetzwerk konfiguriert sein, bei dem der Freizeitparkbetreiber auf der einen Seite den Anbietern von Freizeitattraktionen (Schiffsschaukel, Riesenrad, Achterbahnen) sowie von Speisen und Getränken (Imbissbuden, Restaurants u.ä.) eine Infrastruktur, das Parkgelände mit landschaftlicher Gestaltung und baulichen Gegebenheiten sowie Stromversorgung, Wegen etc. zur Verfügung stellt. Durch die Zusammenstellung konzipiert er ein Angebot, das für Besucher attraktiv ist. Die Schausteller als Betreiber der Attraktionen lassen diese wiederum bei einem entsprechenden Unternehmen bauen. Die hierzu benötigten Rohstoffe werden auf dem Rohstoffmarkt eingekauft, wo sie von den Rohstofflieferanten angeboten werden. Die mehrstufige Wertschöpfungskette ist in Abbildung 3-11 dargestellt.

Abbildung 3-11: *Die Einbindung des Anbieters in die Wertschöpfungskette des Marktes, in Anlehnung an Haase / Kleinaltenkamp 2004, S. 88*

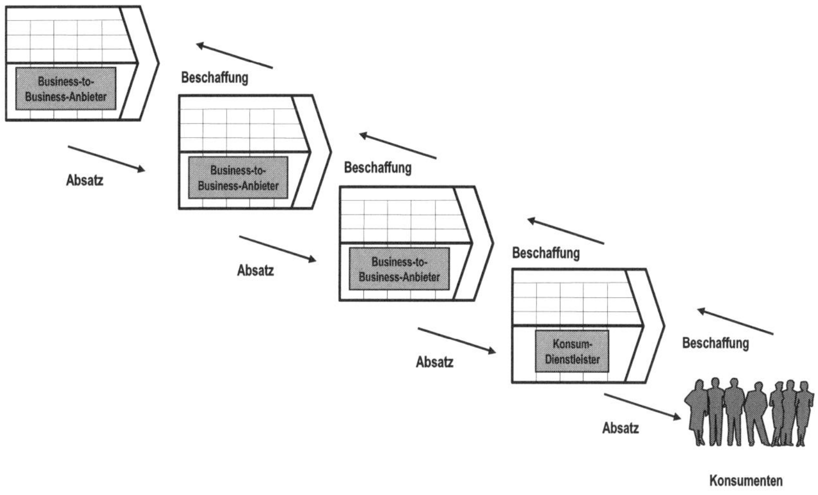

Aufgrund der Arbeitsteilung und der Spezialisierung bilden sich in allen Märkten mehrstufige Wertschöpfungskonfigurationen heraus. Die Konzentration auf die jeweiligen Kernkompetenzen führt dabei zum einen dazu, dass es zu einer Auslagerung von Aktivitäten auf andere Anbieter kommt: Leistungen werden nicht mehr selbst erstellt, sondern von außen zugekauft. Gründe hierfür können zum einen darin liegen, dass ein anderer Anbieter die vergleichbare Leistung zu einem niedrigeren Preis anbietet, zum anderen, dass ein anderer Anbieter eine bessere Leistung zu erstellen in der Lage ist als das Unternehmen selbst. Das Beispiel des Reinigungsunternehmens ist ein Fall für die Reduktion der Gesamtkosten durch eine Auslagerung. Die Konzeption einer Werbekampagne durch eine Werbeagentur mag ein Beispiel für eine Leistung sein, die ein Unternehmen aufgrund mangelnden Know-hows nicht selbst erstellen könnte. Abbildung 3-12 zeigt die Konsequenzen der Konzentration eines Unternehmens aufgrund seiner stärkeren Spezialisierung, was zu einer Zerlegung der Wertkette und damit der Auslagerung von Aktivitäten an andere Unternehmen führt. Dies wird in der Literatur auch unter den Begriffen der Gestaltung der Leistungs- oder Fertigungstiefe (vgl. Picot / Franck 1991; Benkenstein 1994), dem Grad der vertikalen Integration (vgl. Klein / Crawford / Alchian 1978; Klein 1998; Benkenstein / Henke 1993), der Make-or-Buy-Entscheidung (vgl. Walker / Weber 1984; Fischer / Hüser / Mühlenkamp / Schade / Schott 1993) oder dem Begriff des Outsourcing diskutiert.

Neben einer Auslagerung von Aktivitäten kann es auch zu einer Integration neuer Aktivitäten in das Unternehmen kommen. Eine solche „Einlagerung" von Aktivitäten kann durch Fusionen, Zukauf oder Selbsterstellung erfolgen.

Abbildung 3-12: *Konzentration und Zerlegung von Wertketten, Quelle: Haase / Kleinaltenkamp 2004, S. 98*

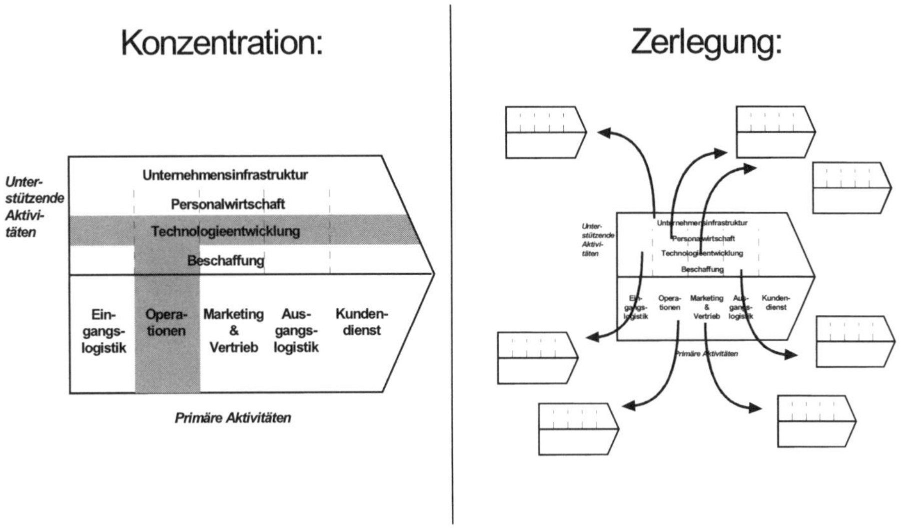

Das Management der mehrstufigen Wertschöpfungskette wird als *Supply Chain Management* bezeichnet (vgl. Krüger / Steven 2000, S. 503). Aufgabe des Supply Chain Managements ist die organisatorische und informatorische Optimierung des Güter-, Informations- und Geldflusses über die Wertschöpfungsstufen hinweg (vgl. Schinzer 1999, S. 848). Zielsetzungen sind Kostenreduktionen (z.B. Senkung von Lagerhaltungs- und Betriebskosten aller Partner in der Wertschöpfungskette), Zeitersparnisse (Minimierung der Gesamtdurchlaufzeit, aber auch von Bearbeitungs- und Planungszeiten, time-to-market), Steigerung der Kundenzufriedenheit (Erhöhung der Kundenzufriedenheit durch schnellere Reaktionen, Liefertreue etc.) sowie Verbesserung des Frühwarnsystems (z.B. frühzeitigere Reaktionen aufgrund besserer Informationsvernetzung (vgl. Schinzer 1999, S. 858).

3.7 Wettbewerbsstrategien

Die Wettbewerbsstrategie ist Ausdruck von Kundenvorteil und Ressourcenvorteil und hat das Ziel, diese Vorteile dauerhaft am Markt zur Geltung zu bringen und damit die Wettbewerbsposition des Anbieters auszubauen und zu sichern. Porter unterscheidet zwischen zwei grundlegenden Wettbewerbsstrategien: der Differenzierungsstrategie und der Kostenführerschaft (vgl. Porter 2000, S. 27; Porter 1999, S. 70 f.).

3.7.1 Differenzierungsstrategie und Kostenführerschaft

Wettbewerbsstrategien setzen am *Kundenvorteil* des Anbieters an. Hierbei hat der Anbieter grundsätzlich zwei Optionen: (1) er kann dem Kunden eine gleichwertige Leistung zu einem geringeren Preis anbieten oder (2) er kann dem Kunden zu einem vergleichbaren Preis (incl. Folgekosten, Transaktionskosten etc.) wie seine Wettbewerber eine bessere Leistung offerieren. In beiden Fällen schafft er in den Augen des Kunden einen im Vergleich zu seinen Wettbewerbern höheren Wert. Diese Zusammenhänge wurden bereits in der ersten Hälfte des letzten Jahrhunderts von dem Nationalökonomen Ludwig von Mises erkannt: „Der Unternehmer kann seinen Konkurrenten im Wettbewerb nur dadurch zuvorkommen, daß er darauf bedacht ist, billiger und besser den Markt zu versorgen. Billiger, das bedeutet reichlichere Versorgung; besser, das bedeutet Versorgung mit bisher nicht auf den Markt gebrachten Waren"(von Mises 1940/1980, S. 277).

Tabelle 3-4: Differenzierungsmöglichkeiten im Dienstleistungsbereich

Differenzierungsfaktor	Beispiel
Image	Star-Frisör
Prestige	Preis der Dienstleistung als Qualitätsindikator
Dauer der Unternehmens-existenz	Langjährige Unternehmensexistenz von Mc Donald's
Markteintritt	Innovator / First-Mover wird als „Standard der Branche" von Kunden wahrgenommen
Marktanteil	Markenführer als „Branchenprimus"
Markenaufbau	Deutsche Post als „Traditionsmarke" für Postdienstleistungen
Besonderheiten bei der Leistungserbringung	Express-Service von Logistikdienstleistern; besonders aufmerksame Bedienung im Restaurant

Kernangebotsbegleitende Leistung	Leistungsbegleitende Konsumentenkredite; Hol- und Bringservice
Werbung	Prominente Persönlichkeit als Werbeträger
Dienstleistungsumgebung	Besondere / individuelle Gestaltung des Wohnbereichs in einer Seniorenpflegeeinrichtung
After-Sales-Service	Kostenloses Nachschneiden beim Frisör

Setzt der Anbieter darauf, dem Nachfrager einen Nutzenvorteil zu verschaffen, so wird dies von Porter als *Differenzierungsstrategie* bezeichnet. Konzentriert sich der Anbieter auf niedrigere Kosten, die in Form niedrigerer Preise (incl. aller damit für den Kunden verbundenen Kosten) an den Nachfrager weitergegeben werden, so wird dies als Kostenführerschaft bezeichnet (vgl. Porter 2000, S. 27 ff.; Porter 1999, S. 70 ff.). Um erfolgreich zu sein, muss sich der Anbieter für eine dieser Strategien entscheiden.

Ein Anbieter, der die Differenzierungsstrategie verfolgt, versucht ein aus Sicht der Kunden einzigartiges und unverwechselbares Angebot zu offerieren. Diese Einmaligkeit stellt für den Kunden einen Wert dar, für den er bereit ist, einen höheren Preis zu zahlen. Für die Einmaligkeit des Angebots wurde auch der Begriff der *Unique Selling Proposition* (USP) geprägt (vgl. Nieschlag / Dichtl / Hörschgen 2002, S. 239 f.). Die Differenzierungsmerkmale können sich auf vielfältige Weise äußern. Freizeitparks, Restaurants und Kinos können auf unverwechselbare Erlebnisse setzen, eine Fluggesellschaft kann Bequemlichkeit und Freundlichkeit in den Mittelpunkt stellen oder ein besonders weitreichendes Verbindungsnetz, eine Reinigung kann besonders zuverlässig oder besonders schnell reinigen oder dem Kunden einen Hol- und Bringservice offerieren. Tabelle 3-4 gibt Beispiele für Differenzierungsmöglichkeiten im Dienstleistungsbereich.

Tabelle 3-5: *Mögliche Ursachen von Kostenvorteilen, in inhaltlicher Anlehnung an Porter 2000, S. 106 ff.*

Ursache	Erläuterungen/Beispiel
Betriebsgrößenbedingte Kostendegression	Tätigkeiten können mit wachsendem Geschäftsvolumen anders oder rationeller ausgeführt werden oder Kosten für immaterielle Anlagewerte wie Werbung können über ein größeres Dienstleistungsvolumen amortisiert werden
Fixkostendegression bei steigender Auslastung	Bspw. werden die kurz-/ mittelfristig fixen Personalkosten auf mehr Dienstleistungserbringungen verteilt
Kostendegression bei Auftragsbündelung	Transportaufträge in eine bestimmte Region können gebündelt und dadurch kostengünstiger durchgeführt

	werden
Kostendegression aufgrund von Lerneffekten	Erlernte Dienstleistungsprozesse können effektiver / effizienter durchgeführt werden; daraus resultieren u.U. Prozessverbesserungen, die zu Effizienzsteigerungen führen
Kostendegression aufgrund von Koordinierung und Optimierung von Aktivitäten innerhalb der Wertekette (horizontale Verknüpfung)	So könnte durch eine parallele Ausführung von vormals zeitlich getrennt durchgeführten Aktivitäten Kosten eingespart werden; bspw. werden Eintrittskarten für ein Konzert direkt beim Kauf ausgestellt und es entfällt die spätere Ausstellung und Zusendung von Tickets.
Kostendegression aufgrund von Koordinierung und Optimierung von Aktivitäten zwischen Lieferant bzw. Vertriebskanal und Unternehmen (vertikale Verknüpfung)	Bspw. können durch die Just-in-Time-Anlieferung von frischen Produkten durch den Gemüsehändler die Kosten für den Pizzabäcker sinken, da er (a) nicht so viele Waren auf Lager halten muss und (b) die Gefahr geringer ist, dass die beim Pizzabäcker gelagerten Waren in nachfrageschwachen Zeiten verderben.
Kostendegression aufgrund von Verflechtungen	Bspw. können ein gemeinsames Marketing und ein gemeinsamer Vertrieb für die Dienstleistungen von Schwestereinheiten zur Kostendegression führen, wie dies bspw. die Allianz mit ihren Sparten Versicherungen und Bank (Dresdner Bank) realisiert.
Kostendegression aufgrund von Integration oder Outsourcing	Durch die Integration von bspw. einem Lieferanten lassen sich Kosten für die Vorleistungen reduzieren, weil u.a. Transaktionskosten reduziert werden können. Durch Outsourcing von bspw. Vorleistungen an einen externen Lieferanten können aber auch Kosten eingespart werden, wenn dieser die Vorleistung kostengünstiger erbringen kann.
Kostendegression aufgrund der Beschränkung des Umfangs und / oder der Vielfalt einer Dienstleistung	Statt ein breites Angebot zu offerieren, beschränkt sich der Dienstleister auf einige ausgewählte Leistungen, z.B. bieten Fluggesellschaften wie Easy Jet nur den reinen Transport von A nach B, Getränke und Essen müssen dagegen gesondert bezahlt werden.
Kostendegression aufgrund der Standortwahl	Wahl des Firmensitzes oder einer Niederlassung in einer sogenannten B-Lage des Stadtzentrums.
Außerbetriebliche Faktoren beeinflussen die Kostensituation	Dies sind u.a. staatliche Vorschriften, Steuererleichterungen oder andere finanzielle Anreize; so konnte das Überlandtransportgewerbe in den USA in den 1980er Jahren aufgrund von rechtlichen Änderungen Lastzüge mit doppelten Anhängern einsetzen und so bis zu 10% Kosten einsparen.

Um höhere Preise als seine Wettbewerber am Markt durchsetzen zu können, muss das Unternehmen immer wieder nach neuen Differenzierungsmöglichkeiten suchen. Mit dieser Strategie gehen die entsprechenden Investitionen zur Erreichung einzigartiger Leistungsmerkmale einher, was die Erstellung kostspieliger macht als die Leistungserstellung eines Kostenführers. Allerdings geht man aufgrund der Einzigartigkeit des differenzierten Angebots auch von abnehmender Preiselastizität der Nachfrager aus. Um dennoch höhere Gewinne zu erzielen, muss der Anbieter eine seinen Wettbewerbern vergleichbare Kostenposition erreichen. *Porter* bezeichnet dies als vollständige oder annähernde Kostenparität (vgl. Porter 2000, S. 41). Die Strategie der Differenzierung kann in ihrer Ausgestaltung auch die Form einer Qualitätsführerschaft oder Technologieführerschaft annehmen und wird auch als Präferenzstrategie bezeichnet (vgl. Becker 2006, S. 182 f.).

Ein Anbieter, der die Strategie der *Kostenführerschaft* verfolgt, strebt das Ziel an, der kostengünstigste Anbieter der Branche zu werden. Die Ursachen des *Kostenvorteils* können in Abhängigkeit von der Branchenstruktur vielfältig sein und basieren auf der Ressourcenkombination des Anbieters (Ressourcenvorteil des Anbieters). Tabelle 3-5 gibt einen Überblick über Ursachen möglicher Kostenvorteile. Bei der Strategie der Kostenführerschaft muss der Anbieter seine Preise deutlich unter die der Konkurrenz senken. Liegen seine Kosten nicht in gleichem Maße unter den Kosten seiner Wettbewerber, so erzielt er keine höheren, sondern u. U. sogar niedrigere Gewinne als andere Anbieter dieser Branche. Darüber hinaus schlagen sich auch niedrige Preise nur dann in Umsatzsteigerungen nieder, wenn die angebotenen Leistungen mit denen der Konkurrenz vergleichbar sind.

Porter spricht in diesem Zusammenhang von einer paritätischen oder beinahe paritätischen Differenzierung. Dies bedeutet, dass der Anbieter ein identisches Leistungsangebot offeriert oder aber ein solches Leistungsangebot, dessen andere Leistungseigenschaften der Nachfrager in gleicher Weise präferiert (vgl. Porter 2000, S. 40). Analog zur obigen Charakterisierung nach Becker in Bezug auf die Differenzierung, bezeichnet er eine Strategie, die allein über einen niedrigen Preis versucht Kunden zu gewinnen, als eine Preis-Mengen-Strategie (vgl. Becker 2006, S. 214 f.).

Neben diesen beiden grundsätzlichen Strategiealternativen kann die Größe des Marktes Gegenstand der Wettbewerbsstrategie sein. *„Konzentration auf Schwerpunkte"* ist die von Porter entworfene dritte Strategiealternative und bedeutet, dass sich ein Anbieter auf ein Marktsegment bzw. auf eine bestimmte Nachfragergruppe konzentriert. Die beiden Strategiealternativen der Differenzierung und der Kostenführerschaft beziehen sich dann nicht mehr auf den gesamten Markt, sondern nur auf das ausgewählte Segment (vgl. Abbildung 3-13). Hierin spiegeln sich die Erkenntnisse der sogenannten Porterschen U-Kurve. Hiernach kann ein hoher Return-on-Investment (ROI) durch zwei Vorgehensweisen erzielt werden: hohe Marktanteile oder niedrige Marktanteile, wobei niedrige Marktanteile mit der Konzentration auf Schwerpunkte gleichzusetzen sind. Eine Strategie „zwischen den Stühlen", d.h. mit mittleren Marktanteilen führt demgegenüber zu einem unterdurchschnittlichen ROI (Porter 1980, S. 43)

Abbildung 3-13: Wettbewerbsstrategien nach Porter, Quelle: Porter 1999, S. 75

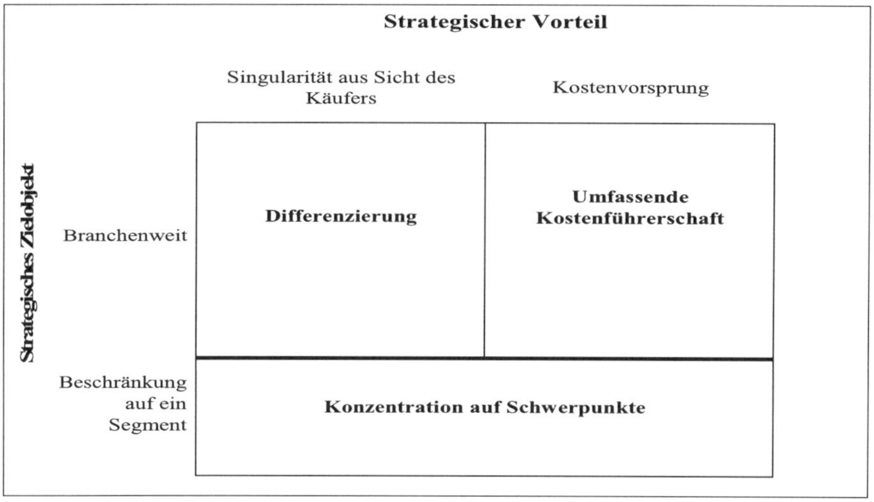

Jede der drei Strategien birgt Risiken, derer sich der Anbieter bewusst sein muss. Tabelle 3-6 gibt einen Überblick über die mit den Strategien verbundenen Risiken.

Tabelle 3-6: Risiken der Strategietypen, Quelle: Porter 2000, S. 50

Risiken der Kostenführerschaft	Risiken der Differenzierung	Risiken der Konzentration
Kostenführerschaft geht verloren – Nachahmung durch Konkurrenten – Technologische Veränderungen – Andere Grundlage der Kostenführerschaft verschwinden	Differenzierung geht verloren – Nachahmung durch Konkurrenten – Grundlagen der Differenzierung verlieren bei den Abnehmern an Bedeutung	Nachahmung der Konzentrationsstrategie – Das Zielsegment verliert Strukturbedingt an Attraktivität – Strukturzerfall – Nachfrageschwund
Die beinahe paritätische Differenzierung geht verloren	Die beinahe paritätische Kostenposition geht verloren	Wettbewerber mit breit gefächerten Zielsegmenten überschwemmen das Segment – Die Unterschiede zwischen

		dem Segment und anderen Segmenten verschwinden – Die Vorteile eines breiten Produktionsprogramms nehmen zu
Auf den Kostenschwerpunkt konzentrierte Unternehmen erzielen in den Segmenten einen noch größeren Kostenschwerpunkt	Auf Differenzierung konzentrierte Unternehmen erzielen in den Segmenten noch größere Differenzierung	Neue auf Schwerpunkte konzentrierte Unternehmen spalten die Branche in weitere Segmente

Häufig lassen sich in einem Markt sowohl die Differenzierungsstrategie als auch die Strategie der Kostenführerschaft beobachten. Ebenso konzentrieren sich Unternehmen auf Schwerpunkte oder bearbeiten den Gesamtmarkt. Tabelle 3-7 gibt einen Überblick über Anbieter mit verschiedenen Strategien.

Tabelle 3-7: *Anbieter mit unterschiedlicher Strategieausrichtung auf verschiedenen Dienstleistungsmärkten*

Branchen	Kostenführerschaft	Differenzierungsstrategie	Konzentration auf Schwerpunkte
Banken	Online-Banken (comdirekt, IMG DiBa, etc.)	Finanzinstitute mit Komplett-Service (Deutsche Bank, Sparkasse, etc.)	Kundengruppenspezifische „Voll-Banken" (Apothekerbank, etc.)
Fluggesellschaften	Lowcost-Airlines (Germanwings, easyjet, etc.)	Singapore Airlines als Fluglinie mit ausgezeichnetem Service	Konzentration auf zahlungskräftige Geschäftskunden (privater Flugdienst, Helikopterservice)
Reiseveranstalter	Alltours	TUI als Marktführer	Vollangebot an Last-Minute (L'tur)
Frisör	Billigfrisöre (Unisex, etc.)	Exklusiver Frisörsalon	Herrenfrisörsalon
Autovermietung	Billig-Autovermieter (SIX TI, Lauda Motion, etc.)	Klassische Autovermieter (Hertz, Avis, Europcar, etc.)	Nur Vermietung von LKW mit Konzept als klassischer Autovermieter (Hertz Nutzfahrzeuge, etc.)

3.7.2 Die Outpacing-Strategie

Während Porter die einzelnen Strategiealternativen Umfassende Kostenführerschaft, Differenzierung und Konzentration auf Schwerpunkte für unvereinbar hält, gehen Gilbert und Strebel davon aus, dass diese Alternativen, wenn auch nicht gleichzeitig, jedoch zeitlich aufeinander folgend, kombiniert werden können. Die so genannte „*Outpacing-Strategie*" „zeichnet sich dadurch aus, dass ein Unternehmen bei der strategischen Ausrichtung seiner Aktivitäten rechtzeitig zwischen den beiden Strategiealternativen wechselt, um so einen nachhaltigen Vorsprung vor der Konkurrenz zu erzielen" (Kleinaltenkamp 2000c, S. 168). Denn hat ein Anbieter einen Wettbewerbsvorteil erlangt, ist davon auszugehen, dass mittelfristig andere Anbieter versuchen werden, sich auf dem Markt zu positionieren und unter Umständen diese Strategie zu imitieren. Es werden so lange neue Anbieter auf den Markt drängen, bis keine Vorteile mehr zu realisieren sind und der Kosten- oder Differenzierungsführer keinen Wettbewerbsvorteil mehr verzeichnen kann.

Gilbert und Strebel empfehlen dem Differenzierer zur Kostenführerschaft zu wechseln, wenn durch eine weitere Leistungsverbesserung keine Wettbewerbsvorteile mehr erreicht werden können. Der Kostenführer sollte entsprechend auf die Differenzierungsstrategie wechseln, wenn die Kosten nicht weiter gesenkt werden können, ohne dass die paritätische Differenzierungsposition aufgegeben werden muss. Der Strategiewechsel bedarf einer kontinuierlichen Orientierung an dem Wettbewerbsumfeld, denn „once a competitor has reached the top right quadrant (dies entspricht dem Punkt A in Abb. Abbildung 3-14) others will imitate the move and gradually erode the competitive advantage. At this point the game starts all over again" (Gilbert / Strebel 1987, S. 34). Diesen Zusammenhang verdeutlicht Abbildung 3-14.

Ein möglicher Strategiewechsel wird jedoch nicht nur durch die Wettbewerber beeinflusst, sondern ebenso von der *Lebenszyklusphase*, in der sich der Markt befindet. Die Einführungs- und Wachstumsphase ist durch die Schaffung von Produktnutzen gekennzeichnet (Pfeil 1) (vgl. Kleinaltenkamp 2000c, S. 168). In der Reifephase, die durch steigende Wettbewerbsintensität gekennzeichnet ist, werden Anbieter versuchen Leistungselemente aufgrund ihrer Etablierung zu standardisieren und demnach Kostenvorteile zu erlangen (Pfeil 3). In der Sättigungsphase empfiehlt es sich für den Anbieter hingegen, sein Leistungsangebot wiederum zu differenzieren und sich demnach im Koordinatensystem wieder nach „oben" in Richtung eines erhöhten Kundennutzens zu orientieren (Pfeil 5).

Abbildung 3-14: *Die Outpacing-Strategie, in Anlehnung an Gilbert / Strebel 1987, S. 32*

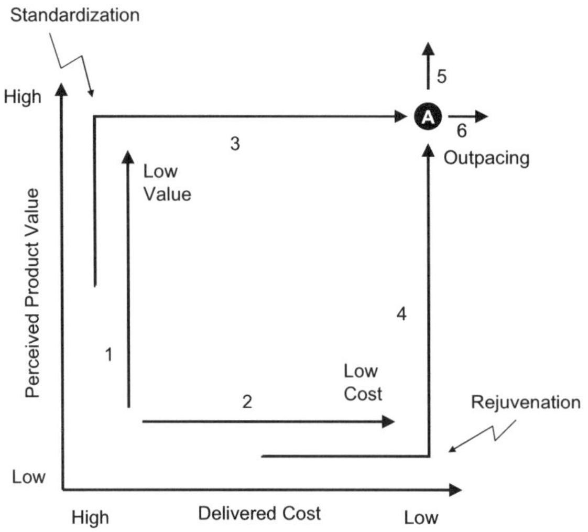

Gilbert und Strebel weisen jedoch kritisch darauf hin, dass nur die besten Unternehmen in der Lage sind, den Trade off zwischen Kundennutzen und niedrigen Kosten in der oben dargestellten Weise zu überwinden und bei einem gegebenen Kostenniveau einen höheren Produktnutzen zu erlangen (Pfeil 4) bzw. bei gegebenem Kundennutzen ein niedrigeres Kostenniveau zu erlangen (Pfeil 3) (vgl. Gilbert / Strebel 1987).

Der Zeitpunkt des Strategiewechsels ist in der Regel dann gekommen, wenn sich ein so genanntes dominantes Design durchgesetzt hat. Ein dominantes Design entsteht im Dienstleistungsbereich dadurch, dass sich im Laufe der Zeit entweder die Vorstellung des Nachfragers bezüglich des Prozessablaufs oder die Gestaltung der Prozesse durch die Anbieter einander annähern (Standardisierung). In diesem Zusammenhang ist auf das Konzept der Evidenz zu verweisen. *Prozessevidenz* bezeichnet das Wissen des Anbieters und/oder Nachfragers über den Ablauf des Prozesses und die von ihm erwarteten Leistungsbeiträge. Mangelnde Prozessevidenz auf der Kundenseite ist immer dann vorhanden, wenn dem Kunden nicht klar ist, welche Leistungsbeiträge er wann zu liefern hat (vgl. Fließ 1996, S. 92 ff.). Mangelnde Prozessevidenz kann ebenso auf der Seite des Anbieters auftreten, wenn auf dieser Seite Unklarheit über die Leistungsbeiträge besteht. Dies ist in der Regel immer dann der Fall, wenn es sich um neue Dienstleistungen handelt, also wenn kein dominantes Design vorhanden ist. Im Laufe der Zeit entwickelt sich jedoch sowohl auf der Nachfrager- als auch auf der Anbieterseite die entsprechende Prozessevidenz. Stellt man die Ausprägungen „hohe Prozessevidenz“ und „niedrige Prozessevidenz“ für Anbieter und Nachfrager einander gegenüber, so erhält man die in Abbildung 3-15 dargestellte Vier-Felder-Matrix und daraus abgeleitet vier Typen von Kundenintegrationsprozessen (vgl. hierzu und zum Folgenden Fließ 1996, S. 95 ff.).

„Trial and error"-Prozesse sind kennzeichnend für neue Dienstleistungen. Anbieter müssen die Erwartungen und Gewohnheiten ihrer Kunden kennen lernen, Nachfrager müssen lernen, die Prozessschritte zu beherrschen und sich entsprechend zu integrieren. *Nachfragerdominierte Prozesse* sind dadurch gekennzeichnet, dass der Nachfrager mehr Erfahrungen mit dem Dienstleistungsprozess gesammelt hat und der Anbieter sich an seine Vorstellungen des Prozesses anpassen muss. Bei *anbieterdominierten Prozessen* steuert der Anbieter den Dienstleistungsprozess; der Nachfrager lernt den Prozess und integriert sich. *Reibungslose Zusammenarbeit* entsteht, wenn die Vorstellungen von Anbieter und Nachfrager zusammenpassen und der Prozess sich ohne Probleme entwickelt. Dominante Designs entstehen dadurch, dass entweder die Mehrheit der Anbieter oder die Mehrheit der Nachfrager bestimmte Prozessabläufe verinnerlicht. Die Entstehung eines dominanten Designs lässt sich durch die in der Vier-Felder-Matrix eingezeichneten Pfeile verdeutlichen. Wobei die Entwicklungen nicht notwendigerweise gleichmäßig verlaufen, da sie von der Lernfähigkeit der Marktseite abhängig sind.

Abbildung 3-15: *Typen von Kundenintegrationsprozessen und Verlauf der Etablierung eines dominanten Designs, Quelle: Fließ 1996, S. 95 und S. 10*

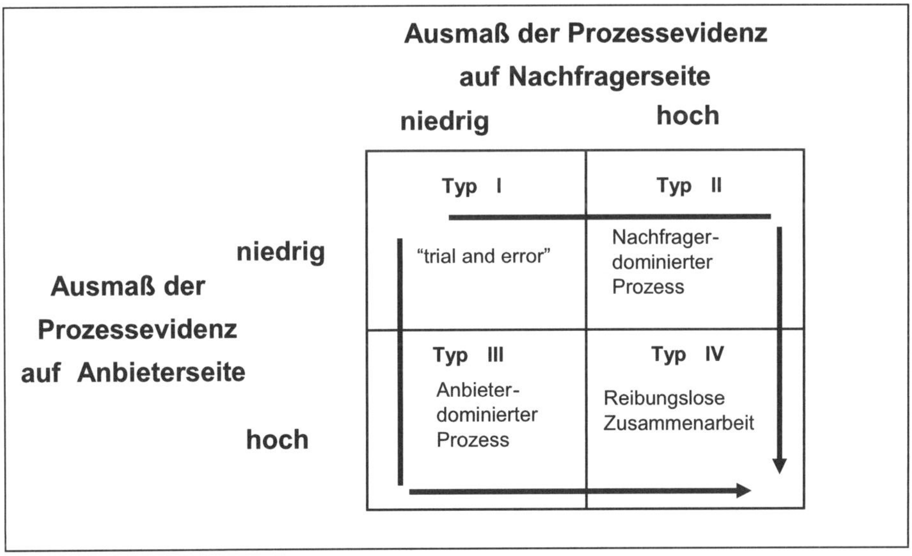

Kostenführerschaft und Differenzierungsstrategie sind im Dienstleistungsbereich meist mit Standardisierungs- und Individualisierungsmaßnahmen verbunden. Hierbei wird die Kostenführerschaft über die Standardisierung, die Differenzierungsstrategie über die Individualisierung der Leistung umgesetzt.

3.8 Zusammenfassung

Entscheidungen über den Wettbewerbsvorteil und die Konfiguration der Wertschöpfungsaktivitäten sind grundlegend für den Erfolg des Unternehmens. Sie bilden die Basis der unternehmerischen Aktivitäten am Markt.

Um Wettbewerbsvorteile und Wertschöpfungsaktivitäten zu gestalten, ist das Verständnis des Marktprozesses erforderlich. Hierbei hilft das ökonomische Grundmodell des Markttauschs, bei dem Anbieter und Nachfrager jeweils Leistung und Gegenleistung tauschen. Hiernach kauft der Nachfrager eine Dienstleistung vom Dienstleister A, wenn (1) er sich durch den Kauf besser stellt als vor dem Kauf, (2) das Verhältnis von Kosten und Nutzen der angebotenen Dienstleistung dem Anspruchsniveau des Nachfragers mindestens entspricht und (3) Dienstleister A das im Vergleich zu seinen Wettbewerbern beste Verhältnis von Nutzen und Kosten bietet. Das Verhältnis von Kosten und Nutzen der Dienstleistung wird als Service Value bezeichnet. Der Anbieter, dem es gelingt, im Vergleich zu seinen Wettwerbern einen besseren Service Value anzubieten, verfügt über einen Kundenvorteil. Die drei Bedingungen des Markttausches aus Nachfragersicht bieten somit die Ansatzpunkte für die Gestaltung des Service Values und die Erreichung eines Kundenvorteils am Markt.

Damit ein Unternehmen über einen Wettbewerbsvorteil verfügt, muss es in der Lage sein, dauerhaft Kundenvorteile anzubieten. Dies gelingt ihm, wenn es über einen Ressourcenvorteil verfügt. Da Unternehmen im Wettbewerb stehen, sind Kundenvorteil und Ressourcenvorteil Gegenstand ständiger Veränderungen und Bedrohung durch die Wettbewerber. Hiervor kann sich der Anbieter durch den Aufbau von Substitutions-, Imitations- und Mobilitätsbarrieren sowie Kundenbindung schützen.

Um seinen Wettbewerbsvorteil am Markt zur Geltung zu bringen, entwickelt das Unternehmen eine Wettbewerbsstrategie. Hierbei kann es – analog zu den Dimensionen des Kundenvorteils – am Nutzen oder an den Kosten des Nachfragers ansetzen. Die am Nutzen ansetzende Wettbewerbsstrategie ist die Differenzierungsstrategie, die an den Kosten des Nachfragers ansetzende Strategie die der Kostenführerschaft. Beide Strategien erfordern einen Ressourcenvorteil des Anbieters, um dauerhaft zu einem Wettbewerbsvorteil zu führen.

Wettbewerbsvorteile werden durch die Gestaltung der Wertschöpfungsaktivitäten realisiert. Im Dienstleistungsbereich lassen sich drei Wertschöpfungskonfigurationen unterscheiden: die Wertkette, die typisch für standardisierte Angebote ist, der Wertshop, der typisch für individualisierte Dienstleistungen ist, sowie das Wertnetzwerk, bei dem Anbieter und Nachfrager durch den Dienstleister verbunden werden. Wertschöpfungskonfigurationen müssen organisiert werden, wobei der Dienstleister sich zwischen Eigenfertigung und Fremdbezug entscheiden kann.

Ob ein Dienstleister über Wettbewerbsvorteile verfügt und wie diese in eine Wertschöpfungskonfiguration umgesetzt werden können, lässt sich anhand der folgenden Fragen feststellen.

1. Hat der Anbieter einen Kundenvorteil?

Tabelle 3-8: *Hat der Anbieter einen Kundenvorteil?*

Löst das Angebot des Dienstleisters ein Problem des Nachfragers bzw. befriedigt es ein Bedürfnis?	Ist der Service Value (Verhältnis von Nutzen und Kosten) aus Sicht des Nachfragers positiv?	Entspricht der Service Value mindestens dem Anspruchsniveau des Nachfragers?	Bewertet der Nachfrager den Service Value des Dienstleisters A gegenüber anderen Dienstleistern besser?	Auswirkung auf die Wettbewerbsfähigkeit
Nein	Nein	Nein	Nein	Kein Markt
Ja	Nein	Nein	Nein	Markt, aber negativer Service Value
Ja	Ja	Nein	Nein	Anspruchsniveauschwäche
Ja	Ja	Ja	Nein	Kundennachteil
Ja	Ja	Ja	Ja	Kundenvorteil

2. Hat der Anbieter einen Ressourcenvorteil ?

Abbildung 3-16: *Ressourcenausstattung, Ressourcenverteilung und Unternehmenserfolg, Quelle: Barney 2007, S. 150 f.*

Ist eine Ressource oder Fähigkeit...

wertvoll?	selten?	aufwendig zu imitieren?	durch das Unternehmen ausgeschöpft?	Auswirkungen auf die Wettbewerbsfähigkeit
Nein	--	--	Nein	Wettbewerbsnachteil
Ja	Nein	--	↑	Wettbewerbsindifferenz
Ja	Ja	Nein	↓	Temporärer Wettbewerbsvorteil
Ja	Ja	Ja	Ja	Dauerhafter Wettbewerbsvorteil

3. Welche Wettbewerbsstrategie soll das Unternehmen einschlagen?

   Basiert der Wettbewerbsvorteil auf einem Nutzenvorteil? => Differenzierungsstrategie

   Basiert der Wettbewerbsvorteil auf einem Kostenvorteil? => Kostenführerschaft

4. Welche Wertschöpfungskonfiguration soll das Unternehmen wählen?

   Ist der Wettbewerbsvorteil besser durch eine Wertkette zu realisieren? Handelt es sich um standardisierte Leistungen bzw. können die Leistungen standardisiert werden, um den Kunden- und Ressourcenvorteil zu stärken?

   Ist der Wettbewerbsvorteil besser durch einen Wertshop zu realisieren? Handelt es sich um individualisierte Leistungen bzw. können die Leistungen individualisiert werden, um einen Kunden- oder Ressourcenvorteil zu generieren?

   Ist der Wettbewerbsvorteil besser durch ein Wertnetzwerk zu realisieren? Beruht der Wettbewerbsvorteil auf der Vernetzung von Anbietern / Nachfragern?

5. Wie soll der Anbieter seine Wertschöpfungskonfiguration organisieren?

   Handelt es sich bei den primären / sekundären Aktivitäten um solche, die den Ressourcenvorteil des Anbieters begründen? Wird der Ressourcenvorteil gefährdet, wenn das Unternehmen diese Aktivitäten nach außen vergibt?

Handelt es sich bei den primären / sekundären Aktivitäten um solche, die den Kundenvorteil des Anbieters begründen? Wird der Kundenvorteil gefährdet, wenn das Unternehmen diese nach außen vergibt?

Kann durch die Vergabe nach außen bzw. durch die Eigenherstellung ein anderer Ressourcen- oder Kundenvorteil generiert werden?

3.9 Literaturhinweise zum vertiefenden Selbststudium

- Barney, Jay B. (2007): Gaining and Sustaining Competitive Advantage, 3. Auflage, Upper Saddle River, (Kapitel 5, S. 127-169).
- Freiling, Jörg (2001): Resource-based View und ökonomische Theorie. Grundlagen und Positionierung des Ressourcenansatzes, Wiesbaden (Kapitel II und III, S. 5-82).
- Kirzner, Israel M. (1978): Wettbewerb und Unternehmertum, Tübingen (Kapitel 1 und 2, S. 1-70).
- Plinke, Wulff (2000a): Grundlagen des Marktprozesses; in: Kleinaltenkamp, Michael / Plinke, Wulff (Hrsg.): Technischer Vertrieb. Grundlagen des Business-to-Business-Marketing, 2. Auflage, Berlin u.a., S. 3-100.
- Porter, Michael (1999): Wettbewerbsstrategie. Methode zur Analyse von Branchen und Konkurrenten, Frankfurt am Main / New York.
- Porter, Michael (2000): Wettbewerbsvorteile. Spitzenleistung erreichen und behaupten, Frankfurt am Main / New York.
- Stabell, Charles. B. / Fjeldstad, Oystein D. (1998). Configuring Value for Competitive Advantage: On Chains, Shops, and Networks; in: Strategic Management Journal, Vol. 19, S. 413-437.

4 Die Gestaltung des Leistungsversprechens: Leistungsfindung

4.1 Die Positionierung von Dienstleistungen

Sind Wertschöpfungskonfiguration und die Wettbewerbsstrategie auf der Basis des Wettbewerbsvorteils des Dienstleistungsunternehmens festgelegt, so sind im nächsten Schritt entsprechende Dienstleistungsangebote zu entwickeln. Hilfestellung hierzu leistet die Vorstellung der Positionierung von Dienstleistungen.

Positionierung bedeutet die Verankerung einer Dienstleistung im Vergleich zu Wettbewerbsleistungen in den Köpfen der Nachfrager. Es geht somit darum, ein dem Kundenvorteil entsprechendes Profil der Dienstleistung in der Vorstellung des Nachfragers zu verankern. Positionierung bedeutet somit in den Köpfen der Nachfrager eine bestimmte kognitive und/oder emotionale Vorstellung mit einer Dienstleistung, einem Produkt, einem Unternehmen, einer Institution oder einer Person zu verbinden und diese insbesondere durch entsprechende Kommunikationsmaßnahmen zu verankern (vgl. Ries / Trout 2001, S. 2 f.).

Um Dienstleistungen zu positionieren, gilt es (1) die Merkmale der Dienstleistung herauszuarbeiten, die in den Augen der Kunden einen Nutzen stiften, und eine Merkmalskombination zu entwickeln, die sich von den bisher am Markt vorhandenen Kombinationen abhebt, (2) hierfür einen Preis zu finden und (3) diese Nutzen-Preis-Kombination in der Vorstellung der Nachfrager zu verankern (positionieren). Die Schritte (1) und (2) sind zentrale Elemente der Konfiguration des Service Value. Der Schritt (3) hängt unmittelbar mit der Segmentierungsentscheidung zusammen, denn dort wird bzw. werden auch die anzusprechende(n) Kundengruppe(n) bestimmt.

Die für den Kunden relevanten Merkmale sind dabei an seinen Präferenzen, Kaufmotiven und Bedürfnissen orientiert. Häufig unterscheiden sich die Nachfrager hinsichtlich ihrer Präferenzen, Motive, Wertvorstellungen u.ä. voneinander. Dadurch variieren auch die Vorstellungen der Nachfrager hinsichtlich des Service Values und es ist nicht möglich, eine einheitliche Dienstleistung für alle Nachfrager zu konzipieren. Vielmehr sind Nachfrager des im Rahmen der strategischen Gestaltung festgelegten Zielmarktes weiter zu analysieren und zu Gruppen zusammenzufassen, die in sich homogen (gleichartig oder zumindest ähnlich) und untereinander heterogen (unähnlich) sind. Dies wird als Marktsegmentierung bezeichnet.

Aus den Marktsegmenten sind dann diejenigen auszuwählen, (1) für die der Anbieter in der Lage ist, einen im Vergleich zur Konkurrenz mindestens gleichwertigen, wenn nicht überlegenen Service Value, zu konzipieren und (2) mit deren Bearbeitung sich ein Gewinn für das Anbieterunternehmen generieren lässt.

Dieser kundenorientierten Sichtweise muss eine anbieterorientierte Sichtweise gegenüber gestellt werden: Auch die Fähigkeiten und Ressourcen des Anbieters können der Ausgangspunkt für eine Positionierungsentscheidung sein, vor allem dann, wenn Innovationen im Unternehmen entstehen und diese anschließend auf ihre Realisierungschance hin überprüft werden.

Bei beiden Sichtweisen muss jedoch die jeweils andere Seite mitbetrachtet werden: Die kundenorientierte Sichtweise stellt sicher, dass die Markterfordernisse beachtet werden; die anbieterorientierte Sichtweise bietet mehr Spielraum für Innovationen.

Im Einzelnen ergibt sich der in Abbildung 4-1 dargestellte Ablauf.

Abbildung 4-1: *Ablauf der Positionierungsentscheidung*

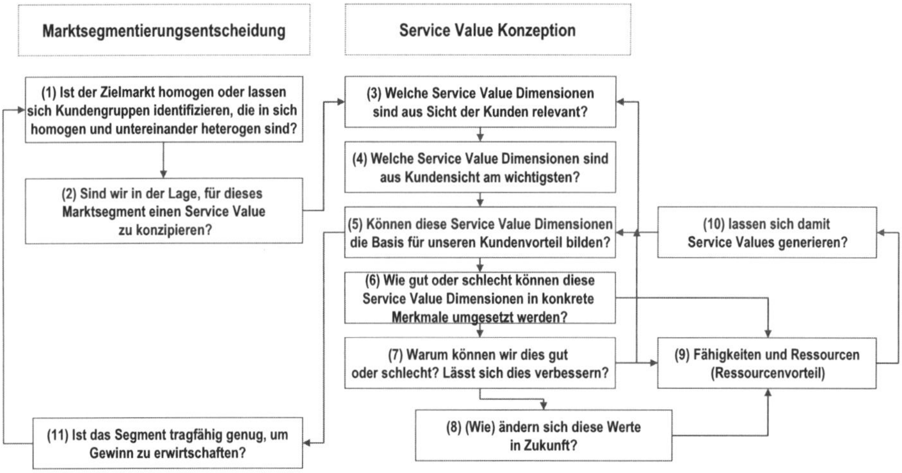

4.1.1 Die Segmentierung des Marktes

Ziel der Marktsegmentierung ist die Zerlegung eines gegebenen oder gedachten Marktes in Teilmärkte, die Marktsegmente, zu denen Abnehmergruppen zusammengefasst werden, die homogener als der Gesamtmarkt auf bestimmte absatzpolitische Aktivitäten reagieren. Dadurch soll der Anbieter in die Lage versetzt werden, sein Angebot gezielter an den Präferenzen der Kundengruppen auszurichten und hierdurch höhere Gewinne zu erzielen (vgl. Kleinaltenkamp 2000b, S. 193). Der Prozess der Marktsegmentierung lässt sich in die folgenden Schritte zerlegen:

1. *Identifikation* von Marktsegmenten
2. *Auswahl* von zu bearbeitenden Marktsegmenten
3. *Konzeption* eines auf die Marktsegmente zugeschnittenen Angebots.

Zur Identifikation von Marktsegmenten können verschiedene *Marktsegmentierungskriterien* herangezogen werden. Marktsegmentierungskriterien im *Business-to-Consumer-Bereich* orientieren sich am Kaufverhalten der Konsumenten, im Business-to-Business-Bereich am Kaufverhalten der Unternehmen. Beispielhaft für den Konsumentenbereich seien hier genannt (vgl. Freter 2001, S. 287; Meffert / Bruhn 2006, S. 155 ff.):

- Demografische Merkmale, z.B. Alter, Geschlecht,
- sozioökonomische Merkmale, z.B. Bildungsgrad,
- geografische Merkmale, z.B. Wohnort, Region,
- psychografische Merkmale, z.B. Werte, Lebensstil, Motive, Einstellungen,
- Kriterien des beobachtbaren Kaufverhaltens, z.B. Preisverhalten, Informationsverhalten.

Bei *Business-to-Business-Dienstleistungen* wird häufig eine mehrstufige Segmentierung vorgenommen (Kleinaltenkamp 2000b, S. 118 ff.; Backhaus / Voeth 2007, S. 195 ff.):

- Branchenbezogene Kriterien, z.B. Branche, Branchenkonjunktur,
- unternehmensbezogene Kriterien, z.B. Umsatzgröße, Mitarbeiterzahl, organisatorische Beschaffungsregeln,
- Buying-Center-bezogene Kritieren, z.B. Größe, Zusammensetzung, Rollen, Kaufkriterien,
- personenbezogene Kriterien, z.B. Funktion, Hierarchie, demografische, sozioökonomische, psychografische Kriterien.

Neben diesen Kriterien, die auch im Dienstleistungsbereich zur Segmentierung verwendet werden, gibt es dienstleistungsspezifische Kriterien, die insbesondere Unterschiede zwischen den Kunden hinsichtlich der Kundenintegration thematisieren. Von besonderer Bedeutung sind dabei (vgl. ähnlich Freter 2001, S. 293 ff.):

- *Sachliche Präferenzen* hinsichtlich der Kundenintegration, wie Interesse an und Motivation zur Mitwirkung im Leistungserstellungsprozess (z.B. Präferenzen für Individualisierung, Präferenzen für Selbstbedienung), Häufigkeit und Intensität der Interaktion im Prozess, Steuerung des Prozesses durch den Anbieter und/oder den Kunden,
- *zeitliche Präferenzen* hinsichtlich der Kundenintegration, wie etwa der Dauer des Prozesses oder der Zeit, die der Kunde selbst einbringen muss,
- *örtliche Präferenzen* hinsichtlich der Kundenintegration, wie etwa hinsichtlich des Ortes des Leistungserstellung - Standort des Kunden, Standort des Anbieters, dritter Ort (Sportveranstaltung) oder virtuell – oder hinsichtlich der Gestaltung der Dienstleistungsumgebung, in der die Dienstleistung erbracht wird, z.B. Atmosphäre in einem Restaurant,
- Voraussetzungen und Fähigkeit zur *Kundenintegration*, wie etwa technische Ausstattung (z.B. beim Internet-Banking), Know-how, physische Fertigkeiten oder – im Business-to-Business-Bereich - auch organisatorische Abläufe.

Abbildung 4-2 zeigt ein Beispiel für die Marktsegmentierung nach dem Integrationsgrad.

Abbildung 4-2: *Marktsegmentierung in Abhängigkeit vom Integrativitätsgrad, Quelle: Dahlke and Kergaßner 1996, S. 182*

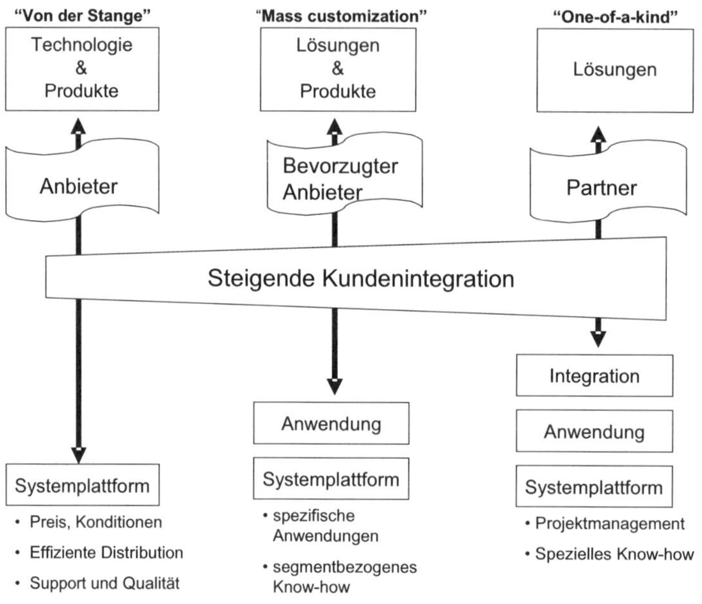

An die Segmentierungskriterien werden folgenden *Anforderungen* gestellt (vgl. Freter 2001, S. 288 f.; Homburg / Krohmer 2006, S. 487; Kleinaltenkamp 2000b, S. 194 f.):

1. Sie sollen einen engen *Bezug zum Kauf- oder Nutzungsverhalten* der Dienstleistungsnachfrager besitzen (Kaufverhaltensrelevanz) und in der Lage sein, zwischen den verschiedenen Marktsegmenten zu trennen (Trennschärfe), so dass Nachfrager klar einem der Segmente zugeordnet werden können.

2. Sie sollen Hinweise für die *Gestaltung der Marketing-Instrumente* liefern (Aussagekräftigkeit für den Einsatz der Marketing-Instrumente), da eine segmentspezifische Erreichbarkeit, Ansprache und Konzeption der Marketing-Instrumente sonst nicht gegeben ist.

3. Sie sollen *effizient* sein, d.h. sie sollen operationalisierbar sein und sich mit vertretbarem Aufwand erheben lassen (Messbarkeit).

4. Sie sollen möglichst *stabil* bleiben (Stabilität).

Die Wahl der Marktsegmentierungskriterien kann als Wettbewerbsinstrument eingesetzt werden. Im Rahmen einer Differenzierungsstrategie kann sich der Anbieter von seinen Wettbewerbern abheben, indem er andere Segmentierungskriterien wählt. Im

Rahmen der Kostenführerschaft kann er aufgrund der Ausstrahlungs- und Synergieeffekte auf seine Leistungen von den Anstrengungen der Wettbewerber in den Segmenten profitieren, wenn er die gleiche Segmentierung verwendet.

Letztlich muss die Marktsegmentierung unter *Kosten- und Nutzenaspekten* zu Vorteilen für das Unternehmen führen, so dass das Unternehmen durch die Segmentierung des Marktes zu höheren Gewinnen gelangt als ohne Marktsegmentierung. Vor diesem Hintergrund kommt der Bewertung und Auswahl der Marktsegmente besondere Bedeutung zu. Der Maßstab für die Auswahl ist die *Tragfähigkeit* der Marktsegmente. Da die Marktsegmentierung einen mittelfristigen Zeithorizont besitzt, ist es notwendig, den Beitrag der Segmente zum Gewinn des Unternehmens zu prognostizieren. Hierzu kann eine Absatzsegmentrechnung herangezogen werden. Die für die Berechnung notwendigen Größen, wie bspw. mögliche Absatzvolumina oder erzielbarer Preis, können auf Basis von Erfahrungswerten, fundierter jedoch durch Marktforschungsdaten prognostiziert werden. Unternehmensabhängige Größen, wie z. B. voraussichtliche Kosten je Dienstleistungseinheit, können u. U. auch auf Basis vorhandener und vergleichbarer interner Rechnungsgrößen prognostiziert werden.

Bei der Bearbeitungsentscheidung stehen dem Anbieter die in Tabelle 4-1 aufgeführten Optionen offen (vgl. ausführlich Becker 2006, S. 237 ff.).

Tabelle 4-1: *Bearbeitungsmöglichkeiten der Marktsegmente, Quelle: Freter 2001, S. 302*

Abdeckung des Marktes / Differenzierung des Marketingprogramms	vollständig (total)	teilweise (partial)
Undifferenziert	undifferenzierte Marketing	konzentriertes Marketing
Differenziert	differenziertes Marketing (Gesamtmarkt)	differenziertes Marketing (einzelne Segmente)

Beim *undifferenzierten Marketing* wird der vollständige Markt – trotz der zuvor ermittelten Segmente – in seiner Gesamtheit gleichartig bearbeitet. Eine solche Entscheidung kann sinnvoll sein, wenn die Bearbeitung einzelner Segmente zu teuer wird – die zusätzlich durch die Segmentierung zu generierenden Erlöse decken die zusätzlich entstehenden Kosten nicht. Diese Situation kann vor allem bei innovativen Dienstleistungen oder in neuen Märkten auftreten; im Laufe der Markentwicklung kann dann auch eine differenzierte Marktbearbeitung gewinnversprechend werden.

Beim *differenzierten Marketing* wird ebenfalls der gesamte Markt bearbeitet, jedoch werden die ermittelten Segmente individuell angesprochen. Hierbei wird für jedes Marktsegment ein spezifisches Marketing-Mix konzipiert.

Das *konzentrierte Marketing* beschränkt sich auf einen Teil des Gesamtmarktes (ein oder mehrere Segmente), bearbeitet diese jedoch mit einem einheitlichen Marketing-Mix.

Beim *differenzierten Marketing für einzelne Segmente* wird nicht der Gesamtmarkt bearbeitet, sondern es wird eine Auswahl getroffen. Für jedes der ausgewählten Segmente wird ein eigenes Angebot entwickelt.

Abschließend zeigt Abbildung 4-3 ein Beispiel für eine Marktsegmentierung für Schienen gebundene Verkehrsdienstleistungen. Dabei wurden zur Segmentierung verschiedene situationsspezifische Segmentierungskriterien ermittelt (Nutzensegmentierung) als auch soziodemografische und Einkaufsstätten bezogene Kriterien herangezogen. Die Segmentierung führte zu insgesamt neun Einzelsegmenten, deren Anteil hier ebenfalls dargestellt ist.

Abbildung 4-3: *Segmentierung im Markt für Schienen gebundene Verkehrsdienstleistungen, in Anlehnung aus Perrey 1998, S. 204*

Nutzensegmentierung / Reiseanlass	Service	Ausstattung	Preis	Reisezeit	Sozialer Nutzen
	Sauberkeit Sicherheit Verpflegung Betreuung	Sitzkomfort Unterhaltung Gepäck Arbeitsmöglichk. Spezialabteile		Takt Verbindung Verspätung Geschwindigk. ÖPNV	Materialien Technologie Entsorgung Behinderte

	Nutzensegment / Reiseanlass	Reisezeit-minimierer 31%	Preis-sensible 51%	Komfort-orientierte 18%
Soziodemografie: Alter, Ausbildung, Beruf, Einkommen, Geschlecht, ...	Geschäftsreise 30%	12%	12%	6%
Einkaufsstättenwahl: Ort des Ticketkaufs, Ort der Reise-information	Privatreise 58%	15%	33%	10%
	Pendlerreise 12%	4%	6%	2%

4.1.2 Die Gestaltung des Service Value

Die Gestaltung des Service Value in den Marktsegmenten der Zielmärkte erfolgt durch die Gestaltung der drei Leistungsdimensionen: Das Leistungsergebnis, den Leistungserstellungsprozesses und das Leistungspotenzial.

Da das Leistungsergebnis vor dem Kauf der Dienstleistung für den Nachfrager noch nicht existiert, handelt es sich genau genommen lediglich um ein Leistungsversprechen, das gestaltet werden kann. Wir sprechen daher im Folgenden von der *Gestaltung des Leistungsversprechens*. Hierzu dienen die beiden Bereiche der Leistungsfindung und der Leistungsbegründung.

Ein Leistungsversprechen zu konzipieren, das es ermöglicht einen Kundenvorteil zu generieren, ist die Aufgabe der *Leistungsfindung* (vgl. Kaas 1990, S. 541). Die Leistungsfindung bezieht sich auf die Gestaltung des Angebots (Leistungspolitik), der Distribution (Distributionspolitik) und des Preises (Preis- und Konditionenpolitik). Im Mittelpunkt steht die Frage: Welche Leistungen sollen den Zielkunden über welchen Distributionskanal zu welchem Preis angeboten werden? Die Basis der Leistungsfindung bildet die Spezifizierung der Property Rights.

Die *Leistungsbegründung* umfasst die Kommunikationspolitik und beantwortet die Frage des Kunden, warum er die Leistung erwerben soll (Service Value) und warum er von diesem Anbieter kaufen soll (Kundenvorteil).

Im Rahmen des *Leistungserstellungsprozesses* wird das dem Kunden gegebene Leistungsversprechen realisiert. Die Gestaltung des Leistungserstellungsprozesses kann daher auch als Erfüllung des Leistungsversprechens bezeichnet werden. Hier findet die „Produktion" der Dienstleistung statt, an der der Kunde beteiligt ist. Der Leistungserstellungsprozess ist so zu gestalten, dass das dem Kunden gegebene Leistungsversprechen realisiert wird.

Im Rahmen des *Leistungspotenzials* werden die Voraussetzungen geschaffen, um das Leistungsversprechen zu erfüllen. Das Leistungspotenzial umfasst dabei insbesondere das Personalmanagement sowie Entscheidungen über die einzusetzende Technologie und die Gestaltung der Dienstleistungsumgebung.

Die drei Leistungsdimensionen werden auch in den sog. 7 P´s des Dienstleistungsmanagements zusammengefasst, die sich zunächst aus den bekannten 4 P´s des Marketings zusammensetzen. Hierbei handelt es sich um Product (Produkt- und Programmpolitik), Place (Distributionspolitik), Price (Preispolitik) und Promotion (Kommunikationspolitik). Hinzu kommen die für den Dienstleistungsbereich relevanten weiteren 3 P´s Process (Prozessgestaltung), Personnel (Personal) und Physical Facilities oder Physical Evidence (Physische Einrichtungen oder Umgebung) (vgl. Booms / Bitner 1981, S. 48; Magrath 1986, S. 45). Die Zusammenhänge sind in Abbildung 4-4 dargestellt.

Abbildung 4-4: *Die Gestaltungsdimensionen des Service Value*

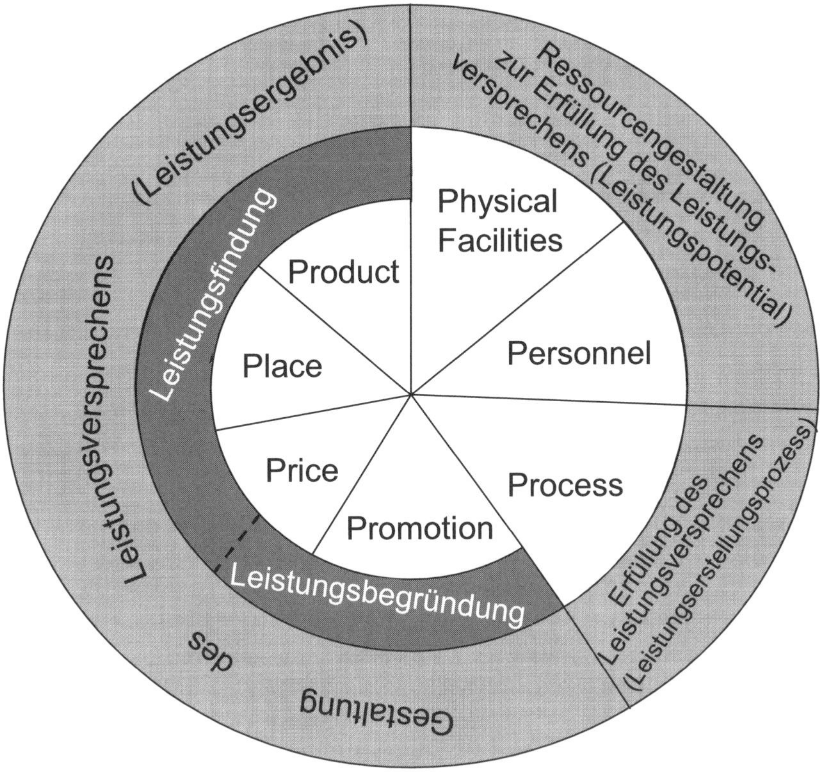

4.2 Die Leistungspolitik

Dienstleistungen dienen der Befriedigung von Kundenbedürfnissen (Business-to-Consumer) oder der Lösung von Problemen (Business-to-Business). Konsumenten und Unternehmen erwerben Dienstleistungen, die ihnen einen Nutzen stiften. Die Nutzen stiftende Gestaltung bzw. die Gestaltung der Nutzendimension des Service Value ist Gegenstand der Leistungspolitik. Hierzu sind die folgenden Entscheidungen zu treffen:

- Entscheidungen über den Umfang des Leistungsangebots,

- Entscheidung über das Ausmaß der Standardisierung bzw. Individualisierung der angebotenen Leistungen,
- Entscheidung über die grundlegende Nutzendimension des Leistungsangebots.

Diese werden im Folgenden detaillierter betrachtet.

4.2.1 Der Umfang des Leistungsangebots

4.2.1.1 Kernleistung und Zusatzleistung

Hinsichtlich des Leistungsumfanges können folgende Leistungen unterschieden werden:

- Die *Kernleistung* (core service), die den Grundnutzen des Kunden repräsentiert. Die Kernleistung wird auch als Muss-Leistung bezeichnet (vgl. Lovelock / Wirtz 2007, S. 70).
- Die *Zusatzleistungen* (supplementary services, secondary services), die einen über den Grundnutzen hinausgehenden Zusatznutzen generieren (vgl. Gilmore 2003, S. 19; Lovelock / Wirtz 2007, S. 70; Meffert / Bruhn 2006, S. 402 f.). Zusatzleistungen können weiter differenziert werden in Soll- und Kann-Leistungen. Soll-Leistungen werden vom Nachfrager erwartet, da auch andere Anbieter diese Leistungen anbieten. Hierdurch ist kein Kundenvorteil zu erzielen. Kann-Leistungen sind solche Leistungen, die der Nachfrager nicht erwartet; hierdurch ergibt sich ein Differenzierungspotenzial gegenüber den Wettbewerbern, wenn es sich um Leistungen handelt, die dem Kunden einen Nutzen stiften.

Kernleistung und Zusatzleistungen bilden die *erweiterte Dienstleistung (augmented product)* (vgl. Lovelock / Wirtz 2007, S. 69). Abbildung 4-5 zeigt ein Beispiel aus dem Business-to-Business-Bereich. Ein Maschinenbauer bietet als Kernleistung die Werkzeugmaschine an. Soll-Leistungen sind Lieferung und Montage – diese erwartet der Kunde. Kann-Leistungen können bis zu sog. Betreibermodellen reichen, bei denen der Werkzeugmaschinenanbieter für den gesamten Maschinenpark des Nachfrages verantwortlich ist. Der Nachfrager erwirbt hierbei keine Maschine mehr, sondern die auf einen bestimmten Zeitraum bezogene Verfügbarkeit und Funktionsfähigkeit des Maschinenparks. Der Betreiber sorgt dafür, dass die Maschinen regelmäßig gewartet, repariert und ersetzt werden (vgl. Freiling 2002, S. 203 ff.).

Abbildung 4-5: *Kern- und Zusatzleistungen am Beispiel einer Werkzeugmaschine*

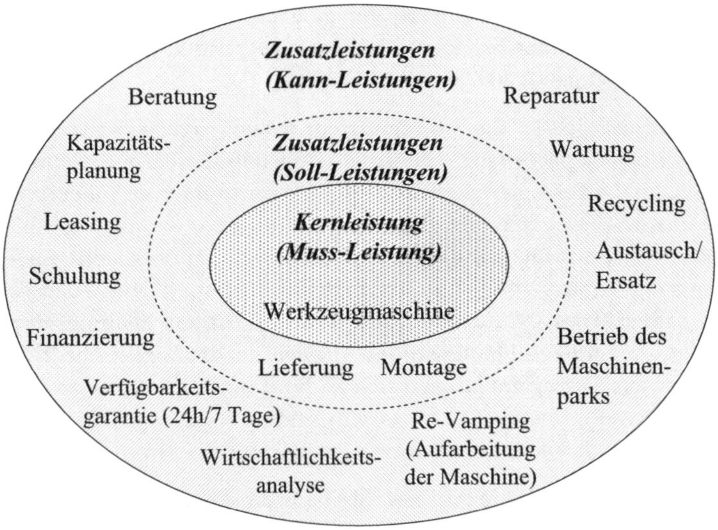

Die *Bestimmung des Leistungsumfangs* hängt (1) von den Vorstellungen der Nachfrager bezüglich des Service Values (Kosten-Nutzen-Verhältnis), (2) von der Wettbewerbssituation auf dem Markt und (3) von den Kosten der Dienstleistungserstellung ab. Hierbei kann sowohl die Kernleistung als auch eine (neuartige) Kombination von Value Added Services zur Erhöhung des Service Value und damit zur Erlangung eines Kundenvorteils beitragen.

Kundenvorteile sind nicht notwendigerweise an Zusatzleistungen gebunden. Bereits die Kernleistung kann zur Erreichung eines Kundenvorteils ausreichen. Dies hängt von der Wettbewerbskonstellation und der Wettbewerbsstrategie des Anbieters ab. Befindet sich der Markt noch in der Entstehungsphase, so ist die - neuartige - Kernleistung Ursache des Kundennutzens. Eine Generierung von Kundenvorteilen ermöglicht die Kernleistung auch dann, wenn alle anderen Anbieter ein bestimmtes Standardbündel aus Kern- und Zusatzleistungen anbieten, so dass die Rückbesinnung auf die eigentliche Kernleistung in Verbindung mit einer Strategie der Kostenführerschaft zu einer Abhebung von der Konkurrenz führt. Sind jedoch die Kernleistungen der Anbieter weitestgehend identisch, so müssen im Zuge einer Differenzierungsstrategie Zusatzleistungen angeboten werden, um den Kundennutzen im Vergleich zu den Wettbewerbern zu erhöhen, sich vom Wettbewerb abzuheben und einen Kundenvorteil zu generieren.

Beispiel: Am 10. November 1995 um 7.00 Uhr startete der erste Flug von easyJet von London nach Glasgow. Das Ticket kostete 29 £ und easyJet warb für sein Angebot mit folgendem Slogan: „London to Scotland for the price of a pair of jeans." EasyJet wurde von Stelio Haji-Joannou, einem 28jährigen Unternehmer und Absolventen der London School of Economics gegründet. 1995 gehörten zu easyJet zwei geleaste Boing 737, 2007 waren es 137.

EasyJet konzentriert sich auf die Erbringung der reinen Flugleistung von A nach B und den Transport des Gepäcks (sog. „No-frills"-Angebot). Essen und Getränke werden auf dem Flug an die Passagiere verkauft, sind also nicht im Preis inbegriffen. Easy Jet begründet dies wie folgt: „Es gibt eine Menge Witze über die miese Qualität des Essens an Bord – also warum sollte man es den Passagieren überhaupt vorsetzen? Die Abschaffung der Gratisverpflegung senkt die Kosten, spart aber auch eine Menge Verwaltungsarbeit. Dies ist außerdem ein wichtiges Unterscheidungsmerkmal zwischen easyJet und anderen Fluglinien und spiegelt deutlich unser Niedrigkostenkonzept wider. Unsere Passagiere können sich an Bord natürlich etwas zu essen kaufen, und – ironischerweise - haben wir für unser Catering sogar schon Preise gewonnen!" (http://www.easyjet.de/DE/Unsere/Informationspaket/index.html)

Demgegenüber setzt Singapore Airlines (SIA) auf das Flugerlebnis und eine Nutzendifferenzierung gegenüber anderen Airlines durch zusätzliche Angebote. SIA entstand 1972 durch die Aufteilung von Malaysia-Singapore Airlines und gehört zu 100% dem Staat Singapur. SIA mit Heimatflughaften Changi in Singapur fliegt heute alle 5 Kontinente an, das sind 59 Ziele in 32 Ländern. Es verfügt über 98 Flugzeuge und erwirtschaftete 2007 ca. 1,3 Mio $ Gewinn. Die Angebote von SIA umfassen die Umwandlung des Sitzes in ein Bett, die Vorbereitung eines Wunschmenus, die Auswahl aus einem Kindermenue, Toilettenartikel, Zeitungen, Zeitschriften, Filme, Fernsehprogramme, Musik, Videospiele, Satellitentelefon, kostenlose Telefonverbindung zwischen den Sitzen im Flugzeug.

Hilfestellungen bei der Festlegung der Zusatzleistungen leisten verschiedene Methoden, wobei die Conjoint-Analyse, mit deren Hilfe einzelne Leistungsmerkmale oder die Bedeutung verschiedener Zusatzleistungen gewichtet werden können, besonders zu erwähnen ist (vgl. Kapitel 6.2).

4.2.1.2 Einzelleistung oder Leistungsbündel

Eine *Einzelleistung* ist eine isoliert und für sich stehende Leistung, für die der Kunde einen Preis zahlt. Hierbei kann es sich um die Kernleistung handeln, aber auch um verschiedene Zusatzleistungen, die getrennt von der Kernleistung erworben werden können und für die ein gesonderter Preis gezahlt wird. So könnte ein Hotel beispielsweise die Kernleistung „Übernachtung" ebenso als Einzelleistung anbieten wie das Frühstück, das Duschen oder die Zurverfügungstellung von Handtüchern und Seife. Für jede diese Leistungen würde ein gesondertes Entgelt gefordert.

Unter einem *Leistungbündel*, auch als *Bundling* oder *Bündelung* bezeichnet, wird im Allgemeinen das „kombinierte Angebot von zwei oder mehr Gütern als Paket zu einem Gesamtpreis" verstanden (Priemer 2000, S. 31). Hierbei kann es sich im Dienstleistungsbereich um die Kombination von Produkten mit Dienstleistungen handeln, z.B. Maschine mit Wartungsvertrag, oder von mehreren Dienstleistungen, wie es etwa eine Pauschalreise darstellt, die aus Flug, Übernachtung, Frühstück, Mittag- und Abendessen und Ausflugs- oder Sportpaketen besteht. Entscheidend für Bündelung ist, dass es sich um unterschiedliche Leistungen handelt. Der Erwerb gleichartiger Leistungen, z.B. im Zeitschriften- oder Theaterabonnement, zählt nicht als Leistungsbündel.

Die Grundidee der Bündelung besteht zum einen darin, die Preis- oder Zahlungsbereitschaft der Nachfrager optimal auszunutzen, um dadurch die Erlöse zu steigern (vgl. hierzu ausführlich Kapitel 4.3.2).

Basierend auf diesen Grundüberlegungen können die folgenden vier Basisstrategien unterschieden werden (vgl. Adams / Yellen 1976; Priemer 2003, S. 506 ff.):

- *Einzelleistung oder Pure Components*: Hier werden die Leistungen einzeln angeboten und für jede einzelne Leistung wird ein gesonderter Preis gefordert. Der Kunde kann sich allerdings ein Leistungsbündel aus den verschiedenen Leistungen zusammenstellen. Beispiele hierfür stellen das Produkt mit Wartungsvertrag oder die einzelnen Speisen auf der Speisekarte eines Restaurants dar.

- *Leistungs(komplett)paket, Pure Bundling, All-Inclusive oder Kopplungsverkauf*: Bei dieser Strategie werden Leistungen nur als Komplettpaket angeboten. So bietet etwa ein Versicherungsunternehmen eine Haushaltsversicherung an, die Schäden durch Feuer, Diebstahl, Leitungswasser und Naturereignisse abdeckt, Einzelrisiken können hingegen nicht versichert werden.

- *Mixed Bundling oder Optional Bundling*: Hierbei kann der Kunde zwischen Einzelprodukten und Leistungsbündeln wählen. So kann er einen Skipass kaufen und zusätzlich eine Skiausrüstung leihen oder er kann ein Leistungsbündel erwerben, in dem neben dem Skipass auch das Leihen der Ausrüstung enthalten ist.

- *Mixed Components*: Bei dieser Strategie werden verschiedene Komponenten oder Bündel angeboten, aber nicht jede Einzelleistung ist separat erhältlich bzw. manche Einzelleistungen bilden keinen Teil eines Bündels. Ein Beispiel hierfür stellt ein Hotelangebot dar, bei dem Hotelzimmer, Mittag- und Abendessen getrennt angeboten werden, im Rahmen eines Seminars aber an die Miete eines Seminarraumes die Inanspruchnahme bestimmter Verpflegungsleistungen zu einer Verpflegungspauschale gekoppelt sind.

Eine Sonderform der Mixed Components-Strategie stellt das sog. *Add-on Bundling* dar. Hierbei werden zu einem Basisprodukt diverse Zusatzleistungen angeboten, die in einer komplementären Beziehung zum Basisprodukt stehen.

Beipiel: Der Touristik-Konzern TUI bietet seinen Kunden den Kauf der TUI Card mit Reiserücktritt-Schutz und Kreditkartenfunktion im Zusammenhang mit der Buchung einer TUI-Reise an (Mixed Components in der Sonderform eines Add-on Bundling). Kernleistung ist hier also die Reise, die kostenpflichtig um die TUI Card ergänzt werden kann, um vor allem Versicherungsschutz bei der bevorstehenden Reise zu erhalten. Die TUI Card für sich stellt selbst wiederum ein Leistungsbündel (Reiserücktritt-Topschutz, Reise-Unfallversicherung, Sitzplatzreservierung, weltweit gültige VISA Kreditkarte etc.) dar.

Der wesentliche Vorteil der Leistungsbündelung wird darin gesehen, dass für den Kunden die Preise der Einzelleistungen wenig transparent sind, so dass sich hieraus ein preispolitischer Spielraum für den Anbieter ergibt (vgl. dazu im Detail unter Kapitel 4.3.3).

Tabelle 4-2 zeigt Beispiele für Leistungsbündel in verschiedenen Branchen.

Tabelle 4-2: *Beispiele verschiedener Branchen für Bündelungsstrategien*

Branche	Bündelungsstrategie	Ausgestaltung
Frisördienstleistung (primär sogenannte Billig-frisöre)	Pure Components	Waschen, Schneiden, Färben, Föhnen, Styling etc. können separat gewählt werden
Gebäudedienstleistung	Pure Components	Wachschutz, Hausmeisterservice, Gebäudereinigung, Vermietung und Verwaltung etc.
Frisördienstleistung (primär sogenannte „klassische Frisöre")	Pure Bundling	Alle Leistungen wie Waschen, Schneiden, Föhnen etc. sind inklusive / nicht separierbar
Touristik	Pure Bundling	Pauschalreise (Flug, Transfer, Hotel, Verpflegung)
PKW-Reinigungsdienste	Mixed Bundling	Benutzung der Waschstraße sowie Innenraumreinigung durch Personal des Anbieters separat oder als Paketangebot wählbar
Telekommunikations-dienstleistungen	Mixed Components	Bereitstellung der DSL-/Telefonleitung oder Komplettpaket zzgl. Anschluss, Montage, Einstellung der Endgeräte
Postdienstleistungen	Mixed Components	Zustellung der Briefe oder „Einsammeln bei Auftraggeber, Sortieren, Frankieren, Zustellen" als gebündeltes Angebot

4.2.1.3 Veredelung und Multiplikation

Die Veredelung einer Leistung besteht „in der Verbesserung der Verwendungsfähigkeit von bereits erstellten Objekten,... ohne deren Grundnutzen zu verändern" (vgl. Meyer 1983, S. 120). Der Begriff der Veredelung ist an die Veredelung von Objekten angelehnt (vgl. hierzu und zum Folgenden Meyer 1983, S. 120 ff.). Die Veredelung von Dienstleistungen verläuft in zwei Schritten:

- *Speicherung*: Hierbei wird der Leistungserstellungsprozess auf einem Speichermedium festgehalten. Beispiele für die Speicherung von Leistungserstellungsprozessen sind Live-Mitschnitte von Konzerten, Theateraufführungen und Opern, die Speicherung von Softwareprogrammen, die Aufzeichnung von Internet-Tutorien, Fernseh- und Radiosendungen, Filmen oder telefonischen Ansagen (z.B. Kinoprogramm, Wetter, Staumeldungen u.ä.). Durch die Speicherung wird eine Abkopplung von der Leistungserstellung und Konsum der Leistung erreicht und das unoactu-Prinzip aufgehoben. Die Dienstleistung kann vom Nachfrager in Anspruch genommen werden, ohne dass der Leistungserstellungsprozess nochmals durchlaufen werden muss. Gleichzeitig wird eine zeit- und ortsunabhängige Nutzung der Dienstleistung möglich.
- *Multiplikation*: Die Multiplikation erfolgt durch die Vervielfältigung des Originals, indem das Speichermedium als Träger der Leistung vervielfältigt wird. Hierzu zählen das Kopieren und Vervielfältigen der Live-Mitschnitte auf DVD, das Video-Streaming, bei dem das Internet-Tutorium nach der Veranstaltung vom Server abgerufen und angeschaut werden kann, oder das Podcast.

Ein Kennzeichen der veredelten Dienstleistungen besteht darin, dass der menschliche Leistungsanteil an der Dienstleistung erkennbar bleibt und einen Bestandteil des Service Value bildet. Darüber hinaus ermöglicht die Veredelung die zeitliche und örtliche Trennung zwischen der Leistungserstellung und dem Konsum der Dienstleistung. Im Grunde wird durch die Veredelung eine Dienstleistung in ein Produkt umgewandelt, das autonom erstellt (multipliziert) werden kann und in ein materielles Leistungsergebnis mündet.

Die Multiplikation von Dienstleistungen kann auch ohne Speicherung erfolgen, indem der Dienstleistungsprozess zeitgleich an verschiedene Orte übertragen wird.

> **Beispiel:** Zeitgleiche Übertragung von Vorlesungen oder Fußballspielen auf Leinwände oder die Ausstrahlung von Live-Sendungen im Fernsehen oder über das Internet, so dass die Kunden die Leistung unabhängig vom Ort der Leistungserstellung zeitgleich in Anspruch nehmen

Im Gegensatz zur oben beschriebenen Veredelung wird hierbei nur die Ortsgebundenheit der persönlich erbrachten Dienstleistung aufgehoben; die zeitliche Kongruenz zwischen Produktion und Konsum der Dienstleistung bleibt jedoch bestehen.

Die Veredelung weist die in Tabelle 4-3 aufgeführten Vor- und Nachteile auf.

Tabelle 4-3: *Vor- und Nachteile der Veredelung, Quelle: Meyer 1983, S. 124 f.*

	Vorteile	Nachteile
Nachfrager	– Mehrmalige Nutzung der Dienstleistung durch den Nachfrager, ohne dass der Anbieter die Leistung wiederholen muss – Zeit- und ortsunabhängige Nutzung der Dienstleistung durch den Nachfrager – Standardisierte Qualität – Urheber der Dienstleistung, d.h. menschlicher Anteil, bleibt erkennbar	– Direkter Kontakt zwischen Anbieter und Nachfrager geht verloren – Gefühl der Einmaligkeit der Leistung entfällt – Besondere Atmosphäre der Erstellung kann bei bestimmten Dienstleistungen, z.B. Live-Mitschnitte, nur bedingt vermittelt werden – Gemeinsames Erleben bei kollektiven Dienstleistungen entfällt – Sofortige Rückkoppelung zum Anbieter ist nicht möglich
Anbieter	– Günstige Produktion aufgrund von Multiplikation – Bessere Steuerung der Qualität – Marktfähigkeit; sie kann auch durch Distributoren vertrieben werden – Markierbarkeit	– Flexibilität ist eingeschränkt, insbesondere das Eingehen auf die Stimmungen oder die besonderen Wünsche der Nachfrager ist nicht möglich – Verfügungskontrolle des Anbieters wird aufgrund der Distributoren eingeschränkt

4.2.1.4 Das Dienstleistungsprogramm

Häufig bieten Dienstleistungsunternehmen nicht nur eine Dienstleistung an, sondern eine Vielzahl. Die Struktur des Dienstleistungsprogramms lässt sich durch folgende Merkmale beschreiben (vgl. Homburg / Krohmer 2006, S. 615):

- Die *Breite des Dienstleistungsprogramms*: Sie gibt an, wie viele Dienstleistungslinien, -gruppen oder -kategorien ein Anbieter anbietet. Eine Dienstleistungslinie ist dadurch gekennzeichnet, dass die Dienstleistungen einen inneren oder äußeren Verbund aufweisen.
- Die *Tiefe des Dienstleistungsprogramms*: Sie gibt an, wie viele Dienstleistungsvarianten innerhalb einer Dienstleistungslinie angeboten werden.

Beispielhaft sei dies an den Leistungen einer Versicherung verdeutlicht (vgl. Abbildung 4-6):

Abbildung 4-6: *Beispiel der Dienstleistungsbreite und –tiefe für Versicherungen*

Breite

Art der Versicherung

Tiefe / Versicherungstypen	Autoversicherung	Hausratversicherung	Krankenversicherung	Haftpflichtversicherung
	• Haftpflicht • Teilkasko mit Selbstbehalt • Teilkasko ohne Selbstbehalt • Vollkasko mit Selbstbehalt • Vollkasko ohne Selbstbehalt	•	•	• ....

Das Programm kann nachfrage- oder angebotsinduziert gestaltet werden (vgl. Kleinaltenkamp / Ginter 1998, S. 754). Die *nachfrageinduzierte Gestaltung* stellt auf Umsatzsteigerungen, die angebotsinduzierte auf Kostensenkungen ab. Bei der nachfrageinduzierten Gestaltung spielen Bedarfsverbunde des Nachfragers eine herausragende Rolle. Es lassen sich der Einkaufsverbund und der Auswahlverbund unterscheiden (vgl. Kleinaltenkamp / Ginter 1998, S. 754). Bei einem Einkaufsverbund werden mehrere Leistungen während desselben Kaufaktes beschafft, z.B. Kinobesuch mit Getränken und Snacks oder Wartung des Pkw und Zubehör für den Pkw. Beim Auswahlverbund soll nur eine einzelne Dienstleistung gekauft werden, der Käufer möchte aber aus einem Spektrum mehrerer Dienstleistungsangebote auswählen, z.B. wird nur eine Urlaubsreise gebucht, die aber aus verschiedenen Urlaubsangeboten ausgewählt werden soll. Bei der *angebotsinduzierten Gestaltung* sind Produktionsverbunde zu berücksichtigen, die sich in den Economies of Scope niederschlagen. Diesen stellen allerdings möglicherweise höhere Transaktionskosten (interne Koordination, Anbahnungskosten auf dem Markt) gegenüber, die aus der größeren Breite und Tiefe des Dienstleistungsprogramms resultieren.

Im Rahmen der Entscheidungen über die Gestaltung des Dienstleistungsprogramms kann zwischen den in Abbildung 4-7 aufgezeigten Alternativen gewählt werden (vgl. Kleinaltenkamp / Ginter 1998, S. 755).

Abbildung 4-7: *Programmpolitische Entscheidungsalternativen, Quelle: Kleinaltenkamp / Ginter 1998, S. 755*

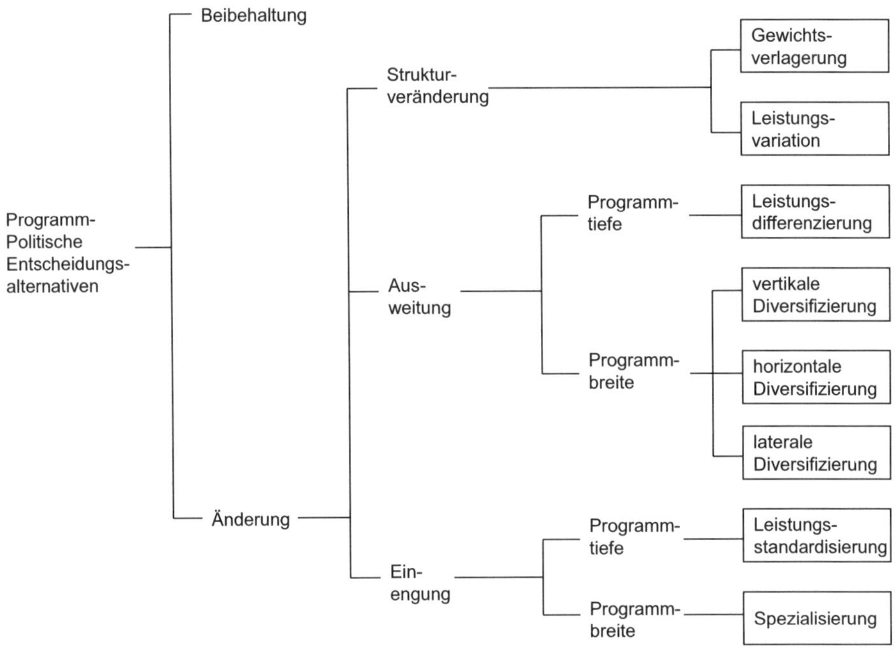

Die Strukturveränderung verschiebt als Gewichtsverlagerung die Umsatzanteile innerhalb des Programms, lässt aber die Breite und Tiefe unverändert. Als *Leistungsvariation* ändert sie die Merkmale einzelner angebotener Dienstleistungen (vgl. Kleinaltenkamp / Ginter 1998, S. 755). Leistungsvariationen werden durchgeführt, um die Dienstleistung besser an die (veränderten) Präferenzen der Nachfrager (Konsumenten, Unternehmen oder öffentliche Einrichtungen) anzupassen und dadurch den Service Value zu erhöhen. Eine weitere Zielsetzung besteht darin, sich von den Angeboten der Konkurrenz abzuheben und dadurch den Kundenvorteil zu erhalten oder zu steigern. Beispiel einer Leistungsvariation wäre die schnellere Bedienung in einem Fast Food Restaurant oder die Reduktion des Fettanteils im Hamburger. Die Leistungsvariation kann mit einer *Um- oder Neupositionierung* einhergehen, da andere als die bisherigen Leistungsmerkmale in den Vordergrund gerückt werden. Bezieht sich die Veränderung auf einen Großteil von Merkmalen einer Dienstleistung, so wird auch von Relaunch gesprochen (vgl. Herrmann 1998, S. 536 f.).

Die *Leistungsdifferenzierung* verändert die Tiefe des Dienstleistungsprogramms. Sie bezeichnet die Einführung einer ähnlichen Dienstleistung wie die bereits auf dem

Markt erhältliche. Hierbei werden Leistungsmerkmale der Ausgangsleistung verändert, wobei die Ausgangsleistung weiterhin am Markt bestehen bleibt. Beispiele hierfür sind das Angebot einer Goldkarte zusätzlich zur Basiskreditkarte oder die Einführung der neuen Marke Congstar der Deutschen Telekom (vgl. FAZ vom 18.7.2007, S. 12). Auch die Einführung individualisierter Dienstleistungen neben bereits vorhandenen standardisierten Leistungen entspricht einer Ausweitung der Programmtiefe.

Diversifizierung oder *Diversifikation* bezeichnet Erweiterungen der Programmbreite um Dienstleistungen, die in keinem direkten Zusammenhang zu den bisherigen Dienstleistungen stehen (vgl. Homburg / Krohmer 2006, S. 620, Meffert / Bruhn 2006, S. 243). Nach der Marktstufe, die in die Diversifikation einbezogen wird, können verschiedene Fälle unterschieden werden. Die horizontale Diversifikation erweitert das Programm um Dienstleistungen der gleichen Marktstufe. Wenn Aldi beispielsweise neben Food- und Non-Food-Artikeln Reisen und Versicherungen anbietet, handelt es sich um eine horizontale Diversifikation. Die Zielsetzung besteht in der Regel darin, den Kunden attraktivere Angebote zu machen und von Einkaufsverbünden zu profitieren. Bei der vertikalen Differenzierung werden Leistungen einer vor- oder nachgelagerten Stufe in das Produktions- und/oder Angebotsprogramm aufgenommen. Ein Reiseveranstalter, der selbst Hotels und eine Fluglinie besitzt, betreibt vertikale Differenzierung. Bei der lateralen Differenzierung wird die Angebotspalette um solche Produkte erweitert, die in keinem Nachfrage- oder Angebotsverbund zum bisherigen Programm stehen. Virgin war in den 80er Jahren ein eigenes Plattenlabel, das dann verkauft wurde. Heute steht Virgin für eine Airline (laterale Diversifikation), die mit Virgin Galactics auch in den bemannten Raumflug einsteigt (horizontale Diversifikation).

Die Formen der Produktvariation und –differenzierung eignen sich vor allem für standardisierte Dienstleistungen. Diversifikation findet sich auch bei individualisierten Dienstleistungen.

Die Ausweitung des Produktprogramms zielt ab auf die bessere Befriedigung von Kundenpräferenzen, in dem beispielsweise Marktsegmente gezielter angesprochen werden können (vgl. hierzu und zum Folgenden Homburg / Krohmer 2006, S. 619 ff.; Meffert / Bruhn 2006, S. 247 ff.). Mit Hilfe der Produktdifferenzierung und der Diversifikation lassen sich dadurch zusätzliche Marktsegmente erschließen, mittels der Produktvariation können Segmente besser durchdrungen werden. Darüber hinaus ermöglichen Produktdifferenzierung und –variation die Abschöpfung der Konsumentenrente (vgl. hierzu die Ausführungen in Kapitel 4.3.2). Die Produktvariation ermöglicht eine Preiserhöhung, während die Produktdifferenzierung zusätzliche Nachfrage generiert und daher neben dem Umsatz auch den Gewinn steigern kann. Voraussetzung hierfür ist, dass die mit der Ausweitung des Produktprogramms zusätzlichen Kosten nicht die zusätzlichen Erlöse übersteigen.

Bestehen Verbunde innerhalb des Produktprogramms, sei es innerhalb oder zwischen den Produktlinien, so kann die Programmpolitik mit der Leistungsbündelung kombiniert werden: Aus verschiedenen Bausteinen verschiedener Produktlinien werden neue Leistungsbündel geschnürt.

Im Rahmen der *Reduktion, Einengung* oder *Bereinigung des Leistungsprogramms* werden einzelne Dienstleistungen oder ganze Produktlinien aus dem Programm genommen (Eliminierung). Die Eliminierung kann sich auf die Programmbreite und die Programmtiefe auswirken. Die Verringerung der Programmbreite durch Eliminierung ganzer Leistungslinien wird auch als Spezialisierung bezeichnet (vgl. Kleinaltenkamp / Ginter 1998, S. 756). Anlass hierfür sind über einen längeren Zeitraum sinkende Umsätze, Deckungsbeiträge oder Gewinne. Ursachen hierfür können der Eintritt in die Degenerationsphase im Produktlebenszyklus sein, überlegene Kundenvorteile der Wettbewerber, die nicht mehr einzuholen sind, der Neueintritt von Wettbewerbern, das Auftreten von Substituten, Preisverfall im Markt, so dass die Kosten nicht mehr gedeckt werden können und eine Kostensenkung nicht machbar erscheint, erhöhte Komplexitätskosten durch das Management zu vieler Dienstleistungen u.ä. Zu beachten sind bei der Eliminationsentscheidung die Wirkungen, die diese auf Kosten und Erlöse hat. So bestehen zwischen Produkten und Produktlinien häufig Erlös- und Kostenverbunde, die zu beachten sind (vgl. Plinke / Rese 2000, S. 702 ff.). Darüber hinaus kann der Anbieter die Programmtiefe durch die Standardisierung der Leistung einengen.

4.2.2 Die Individualisierung und Standardisierung

Unter *Standardisierung* wird ganz allgemein eine Vereinheitlichung oder Gleichartigkeit verstanden. Standardisierte Leistungen sind dabei i.d.R. auf ein fiktives Durchschnittsbedürfnis ausgerichtet (vgl. Mayer 1993, S. 44). Alle Kunden bzw. alle Kunden innerhalb einer bestimmten Kundengruppe erhalten die gleiche Leistung. Die Standardisierung kann sich auf die Dienstleistung als Leistungsergebnis, den Prozess der Dienstleistungserstellung und die hierzu notwendigen Leistungspotenziale beziehen (vgl. Corsten / Gössinger 2007, S. 342; Mayer 1993, S. 17).

Leistungsergebnisse können nur über die *Prozessstandardisierung* vereinheitlicht werden und sind selbst einer eigenständigen Standardisierung nicht zugänglich (Büttgen / Ludwig 1997, S. 38). Dienstleistungen, bei denen der Leistungserstellungsprozess vollständig standardisiert ist – und damit auch das Leistungsergebnis – werden auch als Dienstleistungsprodukte bezeichnet. Beispiele hierfür sind die „Produkte“ Konsumentenkredit, Girokonto und Sparvertrag einer Bank. Standardisierung ist möglich, wenn es sich bei den externen Faktoren um eine geringe Heterogenität handelt oder die Heterogenität ignoriert werden kann, ohne dass die Qualität des Leistungsergebnisses darunter leidet. Dies ist inbesondere bei Dienstleistungen mit geringer und mittlerer Integrativität der Fall.

Individualisierung bedeutet demgegenüber, dass jeder Kunde eine auf seine individuellen Bedürfnisse und Präferenzen ausgerichtete Leistung erhält (vgl. Hoffman / Bateson 2006, S. 43; Jacob 1995a, S. 197). Analog zur Standardisierung kann sich auch die Individualisierung auf das Leistungspotenzial, den Erstellungsprozess der Dienstleistung oder das Leistungsergebnis beziehen. Individualisierung ist immer mit der Integration externer steuernder Prozessinformationen verbunden (vgl. hierzu Kapitel 2.3.1) und führt daher zu Dienstleistungen mit hoher Integrativität.

Jede individuelle Dienstleistung enthält auch ein gewisses Standardisierungspotenzial, da nicht alle Prozesse kundenindividuell ausgerichtet werden müssen. Insbesondere die Prozesse, die für den Kunden nicht sichtbar sind, können so standardisiert werden (vgl. hierzu auch Kapitel 6.7). Manche Dienstleistungen erscheinen daher nur kundenindividuell, wie etwa Aufenthalte in Premium-Hotels, exotische Urlaubsreisen wie Safaris, Rafting, Studienreisen oder auch Haarschnitte. Die Individualisierung wird durch das individuelle Erlebnis des Einzelnen, seine Gefühle und Attributionen oder die Heterogenität der externen Faktoren erreicht (vgl. Zeithaml / Bitner / Gremler 2006, S. 289).

Tabelle 4-4 zeigt die Merkmale von Standardisierung und Individualisierung im Vergleich.

Tabelle 4-4: *Merkmale der Standardisierung und Individualisierung, Quelle in Anlehnung an Mayer 1993, S. 50*

Merkmal	Individualisierung	Standardisierung
Ausrichtung der Leistungsgestaltung	Extrem an den Anforderungen des einzelnen Nachfragers	Konjektural an Durchschnittsansprüchen einer größeren Zahl von Nachfragern
Zahl der Nachfrager je Leistung	Einer bzw. sehr wenige	viele
Kontakt zum Nachfrager	Eng: Kundenintegration in den Leistungserstellungsprozess	Nicht oder kaum vorhanden (anonyme Abnehmerschaft)
Erstellung der Leistung	Nach der Bestellung	Vor der Bestellung
Quelle der Informationen über die Nachfrageanforderungen	Direkt vom Nachfrager	Über Marktforschung, Handel
Gleichartigkeit der Leistungen einer Produktlinie	Maßgeschneiderte Leistung, (meist) Losgröße 1	Homogene „Massenleistung" / Kollektive Dienstleistung
Leistungsvielfalt	Sehr groß	Nur eine Leistung

Die Standardisierung und Individualisierung von Leistungen ist eng mit den Strategien der Kostenführerschaft (eher Standardisierung) und der Differenzierung (eher Individualisierung) verbunden. Allerdings sind Differenzierungsvorteile nicht notwendigerweise nur durch Individualisierung zu erzielen; vielmehr stellt die Individualisierung eine Möglichkeit im Rahmen einer Differenzierungsstrategie dar. Ebenso sind Kostenvorteile nicht ausschließlich auf eine Standardisierung zurückzuführen, sondern weitere Maßnahmen müssen hinzukommen.

Tabelle 4-5: *Beispiele für Standardisierung, Mass Customization und Individualisierung*

Branche / Leistung	Standardisierung	Mass Customization	Individualisierung
Urlaubsreisen	Pauschalangebot	Pauschalreise mit Anreise, Unterbringung und Verpflegung. Wahl verschiedener Ausflugsangebote vor Ort	ungeplante Reise mit individueller Anreise, verschiedenen Hotels, Restaurants, Besichtigungen und Führungen
Gastronomie	Fast Food Restaurant: Wahl aus einem vorgegebenen Menüprogramm	Speiserestaurant: Zusammenstellung aus der Karte oder vom Buffet	Gourmet-Restaurant: Zubereitung von Speisen nach den Wünschen des Gastes
Sprachkurse	Unterricht in der Gruppe nach vorgegebenem Plan; E-Learning nach vorgegebenem Plan	Gruppenunterricht mit Wahlmöglichkeiten; E-Learning mit Modulwahl; Blended Learning: Wahl zwischen verschiedenen Lernmethoden	Einzelunterricht
Vermögensanlage	Standardisierte Vermögensanlageprodukte	Auswahl aus verschiedenen Modulen von Vermögensanlageprodukten und Zusammenstellung eines eigenen „Portfolios“	Individuelle Beratung und Suche nach optimalen Anlagestrategien; daran angepasster, individueller Vermögensanlageplan
Krankenversicherung	Allgemeine Standardtarife	Auswahl einzelner Leistungen aus vorgegebenem Leistungskatalog	

Standardisierung und Individualisierung stellen keine Gegensätze dar, sondern bilden Eckpunkte eines Kontinuums, zwischen denen eine Vielzahl von Gestaltungsalternativen liegen (vgl. u.a. Hildebrandt 1997, S. 26 f.; Reichwald / Piller 2006, S. 196 ff.). Einen Bereich auf diesem Kontinuum nimmt die Mass Customization ein, auch als kundenindividuelle Massenproduktion, effiziente Individualisierung oder maßgeschneiderte Massenfertigung bezeichnet (vgl. Piller 2006; Pine 1994; Büttgen / Ludwig 1997). Tabelle 4-5 zeigt Beispiele aus verschiedenen Branchen.

Mass Customization bezeichnet die „Produktion von Gütern und Dienstleistungen für einen (relativ) großen Absatzmarkt, welche die unterschiedlichen Bedürfnisse jedes einzelnen Nachfragers dieser Produkte treffen. ... Die Produkte werden dabei zu Preisen angeboten, die der Zahlungsbereitschaft von Käufern vergleichbarer Standardprodukte entsprechen ... zu einer Effizienz ..., die der von Produktion und Vertrieb (massenhafter) Standardprodukte nahe kommt" (Piller 2006, S. 160 f.). Hierbei wird eine Dienstleistung in verschiedene standardisierte Module oder Teilleistungen zerlegt (Modularisierung), aus denen der Kunde gemäß seinen Präferenzen seine Leistung zusammenstellt (vgl. Corsten / Gössinger 2007, S. 343).

Sowohl die Standardisierung als auch die Individualisierung weisen Vor- und Nachteile für Kunden und Anbieter auf, wobei die Mass Customization die Vorteile der Standardisierung und Individualisierung miteinander verbinden soll (vgl. Schnäbele 1997, S. 40; Piller 2006, S. 176). Als Vor- und Nachteile von Standardisierung und Individualisierung werden insbesondere die folgenden Aspekte diskutiert (vgl. weiterführend Büttgen / Ludwig 1997, S. 29 ff.; Hoffman / Bateson 2006, S. 43 ff.; Burr / Stephan 2006, S. 58; Dichtl 1998, S. 122 ff.; Fleck 1995, S. 111; Reichwald / Piller 2006, S. 201 ff.; Kleinaltenkamp 1995, Sp. 2358; Zeithaml / Bitner / Gremler 2006, S. 289).

- *Unsicherheit und Risiko*. Der Erwerb von Dienstleistungen ist aus Sicht des Nachfragers aufgrund von Immaterialität und Integrativität immer mit Unsicherheit verbunden. Gerade der Kauf von individualisierten Dienstleistungen führt zu einer höheren Unsicherheit, da der Kunde nicht sicher sein kann, dass er seine Wünsche – sofern er sich ihrer auch bewusst ist – richtig kommuniziert und diese auch vom Anbieter entsprechend verstanden und umgesetzt werden (vgl. Parasuraman / Zeithaml / Berry 1985, S. 42). Die erhöhte Unsicherheit ist gegen die auf die genauen Kundenbedürfnisse zugeschnittene und dadurch mit höherem Nutzen verbundene individualisierte Leistung abzuwägen. Die Risiken einer falschen Interpretation der Artikulation von Kundenbedürfnissen, der nicht adäquaten Umsetzung und der Schwankungen hinsichtlich der Leistungsqualität werden durch die Standardisierung der Leistung aufgefangen, deren Preis zudem wesentlich niedriger sein dürfte als der einer individualisierten Leistung (vgl. Büttgen / Ludwig 1997, S. 31). Zudem entstehen dem Kunden geringere Informationskosten, ist doch eine standardisierte Leistung einfacher zu beurteilen als eine individualisierte. Dies zeigt sich insbesondere bei der gleichartigen Gestaltung von Hotel- und Restaurantketten, bei der dem Gast die Orientierung erleichtert wird. Unabhängig davon, in welchem Land er sich befindet, die zu erwartende Qualität der Zimmer bzw. des Essens ist immer gleich.

Auch für den Anbieter birgt die Individualisierung der Leistung, ebenso wie die Standardisierung, Risiken (vgl. Riebel 1965; Engelhardt / Freiling 1995b, S. 903 f.): Bei der Individualisierung trägt der Anbieter ein Produktionsrisiko, da er möglicherweise nicht in der Lage ist, die vom Kunden gewünschte Leistung in der erwarteten Qualität zum gewünschten Termin am gewünschten Ort zu erstellen bzw. zu liefern. Mit der Standardisierung sind entsprechende Absatzrisiken verbunden, denn der Anbieter läuft Gefahr, die autonom erstellte, vorproduzierte Leistung nicht am Markt absetzen zu können, da er nicht genügend Käufer findet. In diesem Fall entstehen Leerkapazitäten und damit auch Leerkosten. Dies sei am Beispiel einer Unternehmensberatung verdeutlicht: Eine Unternehmensberatung kann für die von ihr bearbeiteten Branchen Marktstudien in Auftrag geben in der Erwartung, durch diese Marktstudien Nachfrager für ihre Leistungen zu interessieren (Standardisierung, Vorproduktion). Hierbei entsteht ein Marktrisiko derart, dass möglicherweise niemand durch die Marktstudien als Kunde gewonnen werden kann und die Kosten nicht gedeckt werden. Die Unternehmensberatung kann aber auch erst dann tätig werden, wenn sie ein Kunde beauftragt und dann die Marktstudien anfertigen lassen. In diesem Falle besteht die Gefahr eines Produktionsrisikos, weil die Unternehmensberatung durch die Integration der steuernden Prozessinformationen (Kundenwünsche in Bezug auf die Studie) den Leistungserstellungsprozess nicht mehr autonom steuern kann.

Das Verhältnis von Marktproduktion zu Kundenproduktion entspricht der Schnittstelle zwischen kundenunabhängiger und kundenbezogener Fertigung, die in der Logistik auch als *Order-Penetration-Point* oder Entkopplungspunkt bezeichnet wird (vgl. Jacob 1995a, S. 138; Schnäbele 1997, S. 137 sowie die dort angegebene Literatur). Aus logistischer Sicht handelt es sich um den Punkt in der Abfolge der Wertschöpfungsstufen, bis zu dem eine Lagerhaltung notwendig ist, um die entsprechenden Unsicherheiten auffangen zu können. Wie Schnäbele verdeutlicht, können durch die Verschiebung des Order-Penetration-Points, das so genannte Postponement (vgl. Heskett 1977; Schnäbele 1997, S. 137 ff.), Kosten und Risiken spekulativer Bestände gesenkt werden. Allerdings stehen dieser Reduzierung der Absatzrisiken die mit der Kundenintegration verbundenen Unsicherheiten gegenüber. Die Bestimmung des Order-Penetration-Points wird also in starkem Maße davon bestimmt, welches Verhältnis der Anbieter zwischen den beiden divergierenden Risikoursachen akzeptiert (zur Bestimmung der Lage des Order-Penetration Points oder der Line of Order Penetration vgl. Kapitel 6.2) und welche Kosten- und Nutzenvorteile gegenüber dem Kunden damit verbunden sind.

- *Economies of Scale und Scope*. Allgemein werden die Kosten der Dienstleistungserstellung aufgrund möglicher Economies of Scale als Vorteil gegenüber der Individualisierung gesehen. Dem sind jedoch einerseits die Erzielung sog. Economies of Scope (Kostenvorteile aus Synergien) bei der Individualisierung sowie die möglicherweise steigenden Koordinationskosten der Standardisierung gegenüberzustellen (vgl. Panzar / Willig 1981). Dies sei an einem Beispiel verdeutlicht: Ein Mitarbeiter, der im Rahmen eines standardisierten Prozesses auf eine Tätigkeit spezialisiert ist, kann diese schneller ausführen als ein Mitarbeiter, der ständig zwischen verschiedenen Tätigkeiten wechseln muss. So ist beispielsweise bei Starbucks der gesamte Prozess der Bedienung und Produktion in zwei spezialisierte Tätigkeiten zerlegt: (1) Bestellungsannahme und Kassieren und (2) Erstellung und Auslieferung der Getränke. Gegebenenfalls ist auch dieser Prozess noch weiter detailliert. Economies of Scale entstehen durch Spezialisierung auf Tätigkeiten. Andererseits ist nun Koordination zwischen den verschiedenen Teilschritten erforderlich, die Koordinationskosten verursachen: Der die Bestellung annehmende Mitarbeiter muss die Bestellung dem Ausführenden übermitteln. Bei asynchronem Verlauf der beiden Teilschritte kann es hier zu Verzögerungen und Kommunikationsproblemen kommen. Daher werden beispielsweise die Kunden gebeten, bei der Bestellung ihre Vornamen zu nennen, damit bei der Auslieferung durch einen anderen Mitarbeiter die Bestellung dem richtigen Kunden ausgehändigt werden kann.

Bei individualisierten Leistungen kann ein Mitarbeiter, der über verschiedene Fähigkeiten verfügt, verschiedene Tätigkeiten übernehmen und unterschiedliche Leistungen erstellen. Hierbei entstehen sog. Economies of Scope, d.h. Synergien, da bei verschiedenen Leistungen auf dieselbe flexible Ressource zurückgegriffen wird (vgl. Panzar / Willig 1981). So kann ein Unternehmensberater auf verschiedene Anliegen seiner Kunden eingehen, z.B. Marktanalyse, Strategieplanung oder Kosteneinsparung.

Welche Kosteneffekte mit der Standardisierung und der Individualisierung verbunden sind, hängt in hohem Maße von der Gestaltung des Leistungserstellungsprozesses und des Leistungspotenzials ab (vgl. Kapitel 6 und Kapitel 7).

- *Erlöse*. Unterstellt man, dass individualisierte Leistungen den Präferenzen des Kunden eher entsprechen und er hierfür bereit ist eine Präferenzprämie zu zahlen, d.h. einen höheren Preis gegenüber der standardisierten Leistung (vgl. Jacob 1995b, S. 198), können bei individualisierten Dienstleistungen höhere Erlöse erzielt werden. Für die einzelne Dienstleistung ist dies sicher richtig. Betrachtet man aber die Menge der Leistungen, so können sowohl durch Standardisierung als auch durch Individualisierung hohe Umsätze erwirtschaftet werden. Bei der Standardisierung ist die Mengenkomponente hierfür ausschlaggebend, bei der Individualisierung die Preiskomponente. Dies zeigt sich auch in den beiden Strategien der Kostenführerschaft und der Nischenstrategie.

Auf der Grundlage einer empirischen Untersuchung bei Anbietern im Produkt- und Systemgeschäft untersuchte Jacob das optimale Verhältnis von Standardisierung und Individualisierung, als Order-Penetration-Point bezeichnet (zu den folgenden Ausführungen vgl. Jacob 1995b, S. 193 ff.). Hierbei zeigte sich, dass aus Sicht der Nachfrager die Kosten des Informationsaustausches mit zunehmender Individualisierung ansteigen. Dies ist vor allem darauf zurückzuführen, dass die Kundenwünsche artikuliert und die Leistung gemeinsam spezifiziert werden muss. Aus Anbietersicht steigen diese Kosten ebenfalls an und liegen auf einem höheren Niveau als bei den Nachfragern (vgl. Abbildung 4-8). Den steigenden Kosten des Informationsaustausches wird die Präferenzprämie gegenübergestellt. Dies ist der gegenüber einer Standardleistung höhere Preis für eine individualisierte Leistung. Hierbei zeigt sich, dass die Präferenzprämie bei einem Standardisierungsgrad von 70 bis 80% am höchsten ist (vgl. Abbildung 4-8).

Abbildung 4-8: *Einflüsse des Order-Penetration-Points im Produkt- und Systemgeschäft, Quelle: Jacob 1995b, S. 198*

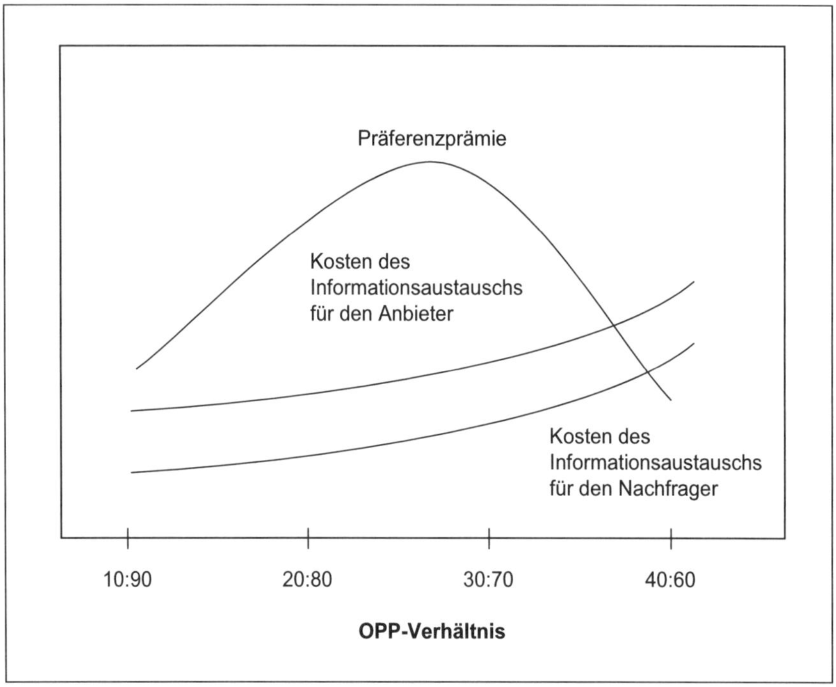

Standardisierung und Individualisierung sind Optionen des Anbieters Wettbewerbsvorteile zu schaffen. Die Entscheidung über Standardisierung oder Individualisierung kann daher nur vor dem Hintergrund der jeweiligen Wettbewerbssituation getroffen werden. Gilbert und Strebel gehen davon aus, dass der Schwenk von einer Differenzierungs- zu einer Low-Cost-Strategy (Kostenführerschaft) mit einer Standardisierung des Angebots verbunden ist. Standardisierung ist dann angebracht, wenn die Merkmale der Dienstleistung, die ursprünglich als einzigartig angesehen wurden, weitgehend akzeptiert sind und von den Kunden erwartet werden (vgl. Gilbert / Strebel 1987 sowie die Abbildung 3-14 in Kapitel 3.7.2). In einer solchen Situation ermöglicht die Standardisierung als Übergang von der Individualisierung entsprechende Kostenvorteile. Ein Beispiel hierfür stellt McDonald´s dar.

Abbildung 4-9: *McDonald´s – die Gründungsphase*

McDonald´s wurde in den 1930er Jahren von den Brüdern Richard und Maurice, genannt Dick und Mac, gegründet. Sie eröffneten 1937 zunächst ein Drive-In-Restaurant im Osten von Pasadena, 1940 dann ein wesentlich größeres in San Bernardino. „Das achteckige Restaurant mit dem Namen ‚McDonald Brothers Burger Bar Drive-In' lag in der Nähe einer Highschool und war mit 600 qm kleiner als die etablierten Drive-Ins in Los Angeles. Das vom Dach bis zur Theke reichende und leicht geneigte Fenster, das die halbe Vorderfront ausfüllte, ermöglichte den Kunden – ganz gegen die damaligen Gepflogenheiten im Gastronomiegewerbe – einen Einblick in die Küche. Die Außenwände unter der Theke bestanden aus rostfreiem Stahl. Außen, vor dem Tresen, stand eine Reihe von Stühlen, innen gab es keine Sitzgelegenheiten.

Die McDonald Brüder hatten 25 Gerichte im Angebot. Hierzu gehörten Rind- und Schweinefleischsandwiches sowie Spareribs, die auf dem Grill zubereitet wurden. Rund zwanzig Mitarbeiter bedienten die Kunden auf 125 Parkplätzen, und schnell wurde das Drive-In zum beliebten Treffpunkt für die Teenager der Region.

Ende der 40er Jahre wurden die McDonald Brüder jedoch zunehmend unzufrieden mit ihrem traditionellen Drive-In-Restaurant. Die ersten Nachahmer traten auf den Plan und erhöhten dadurch den Wettbewerbsdruck. Trotz der hohen Kosten- und Arbeitsintensität wurden Drive-In´s mit preisgünstigen Menüs assoziiert, was die Gewinnspanne gefährdete. Die Fluktuationsrate der Kellnerinnen und Köche war groß. Arbeitskräfte, die nicht zur Konkurrenz abwanderten, wurden von den neuen Industriezweigen angezogen, die höhere Löhne boten. Und da die Klientel größtenteils aus Teenagern bestand, mussten permanent Geschirr, Gläser und Besteck ersetzt werden, weil Kunden etwas zerbrachen oder stahlen.

Angesichts solcher Schwierigkeiten spielten die McDonald Brüder mit dem Gedanken, das Restaurant zu veräußern. Doch dann entschieden sie sich zu einem gravierenden Richtungswechsel, indem sie ein für die Gastronomie völlig neues Konzept entwickelten, das auf schnellem Service, niedrigen Preisen und großen Mengen basierte."

Quelle: Schneider 2007, S. 18 f.

Standardisierung folgt jedoch nicht immer auf die Individualisierung. Neue Technologien können die Individualisierung standardisierter Dienstleistungen erst möglich machen. Beispiele hierfür sind Filme, bei denen der Zuschauer zwischen verschiedenen Endfassungen wählen kann (eher eine Form von Mass Customization als echter Individualisierung), oder Improvisationstheater, bei denen zwar die Szenen vorgegeben sind, der Kunde aber wählen kann, in welcher Stimmung (romantisch, aggressiv, neutral, traurig, lustig etc.) die Szene gespielt werden soll.

4.2.3 Die Nutzengestaltung des Leistungsangebots

4.2.3.1 Grundlegende Nutzendimensionen des Leistungsangebots

Um Nutzen stiftende Merkmale einer Dienstleistung zu gestalten, stehen dem Anbieter vielfältige Ansatzpunkte zur Verfügung. Eine interessante Systematisierung verschiedener Nutzendimensionen liefert Holbrook[9] (vgl. Holbrook 1994, S. 39 ff.):

- *Extrinsischer versus intrinsischer Nutzen*. Stellt die Dienstleistung für den Nachfrager ein Mittel zur Erreichung eines bestimmten Ziels oder Zwecks dar, so ist ihr Nutzen extrinsischer Art. Die Reinigung eines Anzugs oder das Besuchen eines Restaurants, um den Hunger zu stillen, weisen extrinsischen Nutzen auf. Im Business-to-Business-Bereich dienen alle Dienstleistungen einem zu erreichenden Ziel oder einem übergeordneten Zweck, denn alle werden nur deshalb erworben, um erfolgreicher auf den eigenen Märkten zu sein. Resultiert der Nutzen aus der Dienstleistung selbst, wird mit ihrem Kauf oder ihrer Nutzung kein übergeordnetes Ziel verfolgt, so handelt es sich um einen intrinsischen Nutzen. Ein Kino- oder Konzertbesuch, ein Besuch in einem Schwimmbad, der nur der Freude am Wasser dient, stellen Beispiele für den intrinsischen Nutzen einer Dienstleistung dar.

- *Eigenorientierter versus fremdorientierter Nutzen*. Der eigenorientierte Nutzen einer Dienstleistung bezieht sich auf den Nachfrager selbst, seine Person, sein Eigeninteresse, seinen Eigennutz. Der fremdorientierte Nutzen einer Dienstleistung resultiert aus Präferenzen des Käufers oder Nutzers, die über seine eigene Person hinausgehen und sich auf seine Umwelt richten. Hierbei kann es sich um unterschiedliche Umwelten handeln, die von Personen bis zu abstrakten Vorstellungen reichen, etwa Freunde, Familie, Arbeitskollegen, soziale Schichten, die Gesellschaft, das Universum, „Mutter Natur" oder Gott. Beispiele für fremdorientierten Nutzen sind die Schonung der Umwelt durch Ressourcen sparenden Einsatz bei der Erstellung der Dienstleistung, aber auch das Statussymbol einer Fernreise.

- *Aktiver versus reaktiver Nutzen*. Der aktive Nutzen entsteht aus Tätigkeiten des Dienstleistungskunden, die in einer Veränderung seiner persönlichen Umwelt resultieren und physische, emotionale oder mentale Wirkungen haben. Billardspielen (physische Bewegungen eines Objektes) oder die Teilnahme an einem Yogakurs (mentale, emotionale und physische Veränderung) sind Beispiele aktiven Nutzens. Bei reaktivem Nutzen nimmt der Kunde eine passive Rolle ein: Er ist Zuhörer, Zuschauer, Betrachter, Empfänger oder passives Mitglied.

Die drei Dimensionen können herangezogen werden, um eine Typologie von Dienstleistungsnutzen zu erstellen (vgl. Tabelle 4-6) (vgl. Holbrook 1994, S. 44 ff.). Nutzen werden hier als übergeordnete und relativ dauerhafte Dimension betrachtet, auf der

[9] Holbrook verwendet den Begriff „Value". Da die Ausführungen sich aber genau genommen nur auf den Nutzen beziehen, wird im Folgenden nicht von Wert, sondern von Nutzen gesprochen.

der (subjektive) Nutzen einer Dienstleistung für den einzelnen Nachfrager angesiedelt sein kann.

Tabelle 4-6: *Eine Typologie des Dienstleistungsnutzens, Quelle: Holbrook 1994, S. 45*

		Extrinisisch	Intrinisisch
Eigenorientiert	Aktiv	Effizienz (Input-Output-Relation, Convenience)	Spiel (Freude)
	Reaktiv	Exzellenz (Qualität)	Ästhetik (Schönheit)
Fremdorientiert	Aktiv	Manipulation (Erfolg)	Moral (Tugend, Ethik)
	Reaktiv	Ansehen / Wertschätzung (Reputation)	Spiritualität (Glaube, Ekstase)

Effizienz ist mit der aktiven Mitwirkung an oder der aktiven Nutzung einer auf den eigenen Nutzen ausgerichteten Dienstleistung verbunden. Effizienz-Nutzen vermitteln Dienstleistungen wie Reinigungsleistung (Bringen des Kleidungsstücks = aktiv, Sauberkeit als Zweck = extrinsisch, Eigennutz = Tragen des sauberen Kleidungsstücks), die Autoreparatur oder die Unternehmensberatung. Im Vordergrund steht das Verhältnis von Input zu Output aus Sicht des Nachfragers bzw. Nutzers bzw. des Preis-Leistungs-Verhältnisses oder – vor allem bei Business-to-Consumer-Dienstleistungen – die Bequemlichkeit des Zugangs und der Inanspruchnahme (convenience).

Exzellenz resultiert aus der weitgehend passiven Beteiligung des Nachfragers, wobei dieser seinem Eigeninteresse folgt (eigenorientiert). Exzellenz äußert sich in Wertschätzung, Bewunderung oder Begeisterung des Nachfragers für eine Leistung. Aus Sicht Holbrooks ist die Konkretisierung von Exzellenz die Qualität, da eine Dienstleistung zwar effizient erstellt oder genutzt (aktive Beteiligung), aber ihre Qualität nur bewundert oder geschätzt werden kann (vgl. Holbrook 1994, S. 46). Beispiele hierfür sind die Qualität eines Restaurants (wird bedient = passiv) oder einer Beratung (hört zu und nimmt Informationen = passiv). Es sei darauf hingewiesen, dass sich in der Literatur auch andere Begriffsvorstellungen von Qualität finden (vgl. exemplarisch Zeithaml 1988).

Manipulation richtet sich auf den erfolgreichen Abschluss einer Handlung (Holbrook spricht in diesem Zusammenhang von „politics"; vgl. 1994, S. 47 f., aber „Manipulation" erscheint eine bessere Übersetzung zu sein als „Politik"). Ebenso wie Effizienz setzt Manipulation eine aktive Rolle des Nachfragers voraus, der Nutzen bemisst sich jedoch an den Reaktionen anderer. Der Begriff „Manipulation“ bezieht sich auf Überzeugung, Überredung, Veränderung der Wahrnehmung etc. ausgerichteten Aktivitäten, die einem übergeordneten Zweck dienen und deren Erfolg von der Reaktion anderer abhängig ist. So erbringt eine Fitnesstrainerin, ein Coach, ein Schönheitschirurg, aber auch eine Werbeagentur, Leistungen, die dazu dienen, dass wir – bzw. die Leistung unseres Unternehmens - von Freunden, Bekannten, Arbeitskollegen, Chefs, Kunden, Aktionären besser, erfolgreicher wahrgenommen und eingeschätzt werden als wir das wirklich sind.

Wertschätzung oder *Ansehen* resultierten aus dem Prestige oder Status, der mit dem Konsum einer Dienstleistung verbunden ist. Sie erfordert die passive Beteiligung des Nachfragers und hängt von den Reaktionen anderer ab. Der Urlaub in einem 5-Sterne-Ressort auf den Malediven, die Kreuzfahrt in die Karibik, die Privatsekretärin, die Inanspruchnahme einer teuren Begleitagentur, können in den Augen anderer diesen Wert besitzen und somit den Nachfrager dieser Dienstleistung im Ansehen steigen lassen.

Betrachten wir nun den *intrinsischen Nutzen*, der sich aus der Dienstleistung an sich ergibt und keinem weiteren Zweck dient.

Der Nutzentyp *Spiel* resultiert aus der Freude an einer aktiven Tätigkeit oder Erfahrung in einem Dienstleistungsprozess nur um ihrer selbst willen. Bergsteigen, Tanzen, Schachspielen, aber auch Einkaufen können solche Erlebnisse der Freude vermitteln. Csikszentmilhalyi spricht in diesem Zusammenhang von Flow. Flow ist gegeben, wenn die Aktivitäten in einem ausbalancierten Verhältnis zu den Fähigkeiten des Ausführenden stehen, wenn sich also Fähigkeit und Tätigkeit entsprechen. Übersteigen die Fähigkeiten die Anforderungen der Tätigkeit, so entsteht Stress, der als Angst erlebt wird; übersteigen die Anforderungen der Tätigkeit die Fähigkeiten, so entsteht Langeweile (vgl. Csikszentmihalyi 1975, S. 49).

„Fun“ bzw. Spiel ist eine Gestaltungsdimension, insbesondere im Bereich der freizeitorientierten Dienstleistungen. Die erlebnisorientierte Gestaltung von Freizeitparks, Schwimmbädern, Hotels und Restaurants vermittelt diesen Nutzen.

Der Nutzen der *Ästhetik* resultiert aus einer passiven Wertschätzung und nicht wie beim Spiel und der Freude aus aktiver Betätigung. Schönheit existiert „an sich“ und um ihrer selbst willen, nicht aus einem übergeordneten Zweck heraus. Die Betrachtung von Gemälden, Plastiken, Landschaften oder Models auf Laufstegen oder das Hören von Musik, das Lauschen auf Regentropfen lediglich um ihrer selbst willen ist Ausdruck von Schönheit und Ästhetik. Viele Wellness-Angebote im Dienstleistungsbereich, aber auch die architektonische Gestaltung von Museen oder Kaufhäusern (z.B. Galeries Lafayette, Quartier 5 in Berlin, Peek&Cloppenburg in Köln) nutzen diesen Nutzentyp zur Gestaltung.

Moral bedingt Aktivitäten um anderer willen, ohne dass die eigene Person im Mittelpunkt steht. Vielmehr geht es um Nutzendimensionen, die außerhalb des eigenen

Selbst liegen. Aktivitäten der Nächstenliebe oder der Nachbarschaftshilfe schaffen einen solchen Nutzen. Ein Beispiel hierfür stellt die Hilfe eines Reisenden dar, der einem anderen hilft, den Koffer ins Gepäcknetz zu wuchten.

Spiritualität ähnelt der Moral in der Hinsicht, dass es sich ebenfalls um einen fremdorientierten Nutzen handelt. Allerdings ist Spiritualität in der Sicht Holbrooks passiv, etwas, was man erlebt oder erfährt, nicht etwas, was aktiv herbeigeführt werden kann. Dienstleistungsanbieter, die diesen Nutzen vermitteln, sind Kirchen oder kirchliche Zusammenschlüsse, spirituelle Zirkel aller Art von Telekinese bis zu Meditation.

Viele Dienstleistungen beinhalten nicht nur einen, sondern mehrere dieser Nutzentypen. Ein Sportclub kann für ein Mitglied sowohl Effizienz verkörpern (fit werden, schlank bleiben) als auch Spiel (Freude an der Bewegung), Ästhetik (Schönheit der Inneneinrichtung) oder sogar Spiritualität (meditatives Abschalten).

Abbildung 4-10: *Hotellerie und Gastronomie*

In New York existieren Lokale, die singende Kellner beschäftigen, in denen nur Zwillinge oder Drag-Queens servieren (Fun/Spaßorientierung). Ein Fanlokal des Fußballvereins Bayern München ist in den Vereinsfarben Rot und Weiß gestaltet, als Dekoration wurden echte Trikots der Spieler, teils mit Autogrammen, und in wichtigen Spielen verwendeten Bällen ausgewählt. Die Spiele der Mannschaft werden auf Leinwänden übertragen und es existieren Zusammenschnitte von Spielen auf Videokassetten, die den Gästen zur Verfügung stehen. Daneben gibt es Autogrammstunden der Spieler oder Quiz-Veranstaltungen rund um den FC Bayern München, bei denen als Preise Eintrittskarten zu einem Spiel winken (vgl. Gmeiner 2001, S. 7). Die Austria-Kuschelhotels (www.kuschelhotels.at) wollen sich über die Gestaltung der Hotels positionieren. Als Beispiel für die Exzellenz als Wert können die 6- und 7-Sterne-Hotel in Dubai angesehen werden. Ice-Hotels, die ausnahmslos aus Eis gebaut und durch den Lauf der Jahreszeiten vergänglich sind, oder Designer-Hotels, wie z.B. die art´otels (www.artotels.de), verkörpern den Wert der Ästhetik. Das MGM Grand Resort Hotel & Theme Park (www.mgmgrand.com) stehen für die Werte Exzellenz und Ansehen/Wertschätzung. Es hat 4.254 Zimmer und 751 Luxussuiten, die Lobby fasst 15.222 Zuschauer und dient Boxkämpfen und Konzertveranstaltungen (vgl. Gmeiner 2001, S. 68 f.).

Die verschiedenen Nutzentypen bieten erste Anhaltspunkte für die Gestaltung der Leistung und müssen dann in konkrete Leistungsdimensionen umgesetzt werden. Hierzu können die folgenden beiden Methoden Hilfestellungen leisten: Das House of Quality und das Kano-Modell.

4.2.3.2 House of Quality

Das *House of Quality* ist das zentrale Instrument, das im Rahmen des *Quality Function Deployment (QFD)* genutzt wird. Hierbei handelt es sich um eine Matrix, die aufgrund ihrer spezifischen Form als „House of Quality" bezeichnet wird. Sie stellt Kundenanforderungen und kritische Leistungsmerkmale einander gegenüber, um aus den Wechselbeziehungen Prioritäten für die Leistungsgestaltung abzuleiten. Ziel ist es, die Kundenwünsche in mehreren Stufen in konkrete Zielgrößen zu überführen (vgl. Gogoll 2000, S. 367 f.; Bruhn 2008, S. 291 f.). Abbildung 4-11 zeigt das Grundkonzept des House of Quality.

Abbildung 4-11: *Grundkonzept des House of Quality, Quelle: Bruhn 2008, S 291*

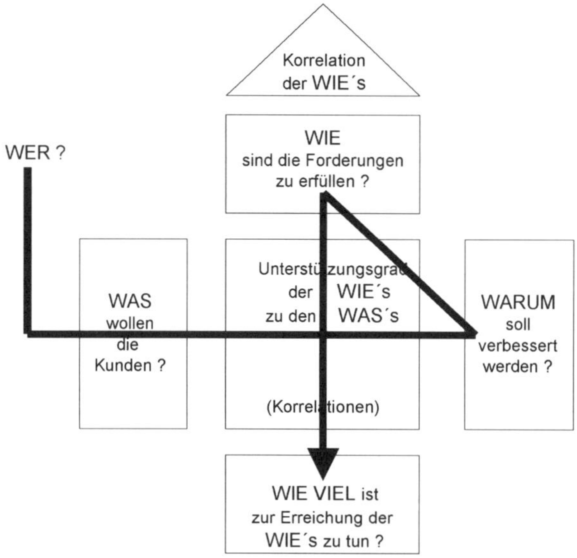

Die Anwendung des House of Quality erfolgt in sechs Schritten (vgl. Gogoll 2000, S. 367 ff; Bruhn 2008 S. 292 ff.):

1. *Ermittlung der relevanten Kundengruppen (Wer?)*: Hier werden die aus der Marktsegmentierung ermittelten Kundengruppen zugrunde gelegt. Entsprechend der gewählten Marktsegmentierungsstrategie kann es sich um eine oder mehrere Kundengruppen handeln, für die das gleiche oder ein segmentspezifisches Angebot entwickelt wird.

2. *Erfassung und Gewichtung der Kundenanforderungen (Was?)*: Kundenanforderungen können mit Hilfe verschiedener Methoden der Marktforschung ermittelt werden.

Hierbei werden die Anforderungen zunächst erhoben und dann von den Kunden gewichtet. Ziel ist die Erfassung solcher Anforderungen und ihrer Ausprägungen, für die der Kunde auch bereit ist, einen Preis zu zahlen. Methoden hierfür sind mündliche und schriftliche Befragungen, aber auch Beobachtungen. Als multivariates Verfahren eignet sich vor allem die Conjoint-Analyse (vgl. Kapitel 6.2).

3. *Ableitung von Nutzenmerkmalen (Wie?):* In diesem Schritt geht es um die Umsetzung von Anforderungen in Leistungsmerkmale. Im Business-to-Business-Bereich wird in diesem Zusammenhang auch von Lastenheft (Anforderungen des Kunden) und Pflichtenheft (technische Realisierung durch den Anbieter) gesprochen. Je konkreter die Anforderungen in Stufe 2 erfasst werden konnten, desto einfacher gestaltet sich Stufe 3. Methoden, die hier eingesetzt werden können, sind vor allem Kreativitätstechniken wie Brainstroming, Brainwriting, Synektik oder morphologischer Kasten (vgl. Hansen / Henning-Thurau / Schrader 2001, S. 130 ff.).

4. *Festlegung von Zielgrößen in Bezug auf die Nutzenmerkmale (Wieviel?):* Den in Stufe 3 abgeleiteten Merkmalen werden messbare Zielgrößen zugeordnet; darüber hinaus wird für jedes Merkmal eine Optimierungsrichtung (Maximierung, Minimierung, genaue Erreichung des Zielwertes) angegeben. Die Richtungen werden durch Symbole kenntlich gemacht.

5. *Prüfung der Wechselswirkungen:* Die Qualitätsmerkmale sind nicht notwendigerweise unabhängig, sondern es bestehen Wechselwirkungen. Diese werden im Dach des House of Quality angegeben.

6. *Leistungsvergleiche mit den Dienstleistungen von Wettbewerbern.* Um die zu konzipierende Leistung im Vergleich mit bereits auf dem Markt befindlichen Leistungen zu vergleichen, werden interne und externe Kunden oder Mitarbeiter um ihre Einschätzung der entwickelten Leistung gebeten. Die Gegenüberstellung deckt Wettbewerbsvor- und –nachteile auf und zeigt so mögliche Entwicklungspotenziale.

Abbildung 4-12 zeigt ein Beispiel für die Anwendung des House of Quality.

Abbildung 4-12: *House of Quality – Beispiel, Quelle: Gogoll 2000, S. 373*

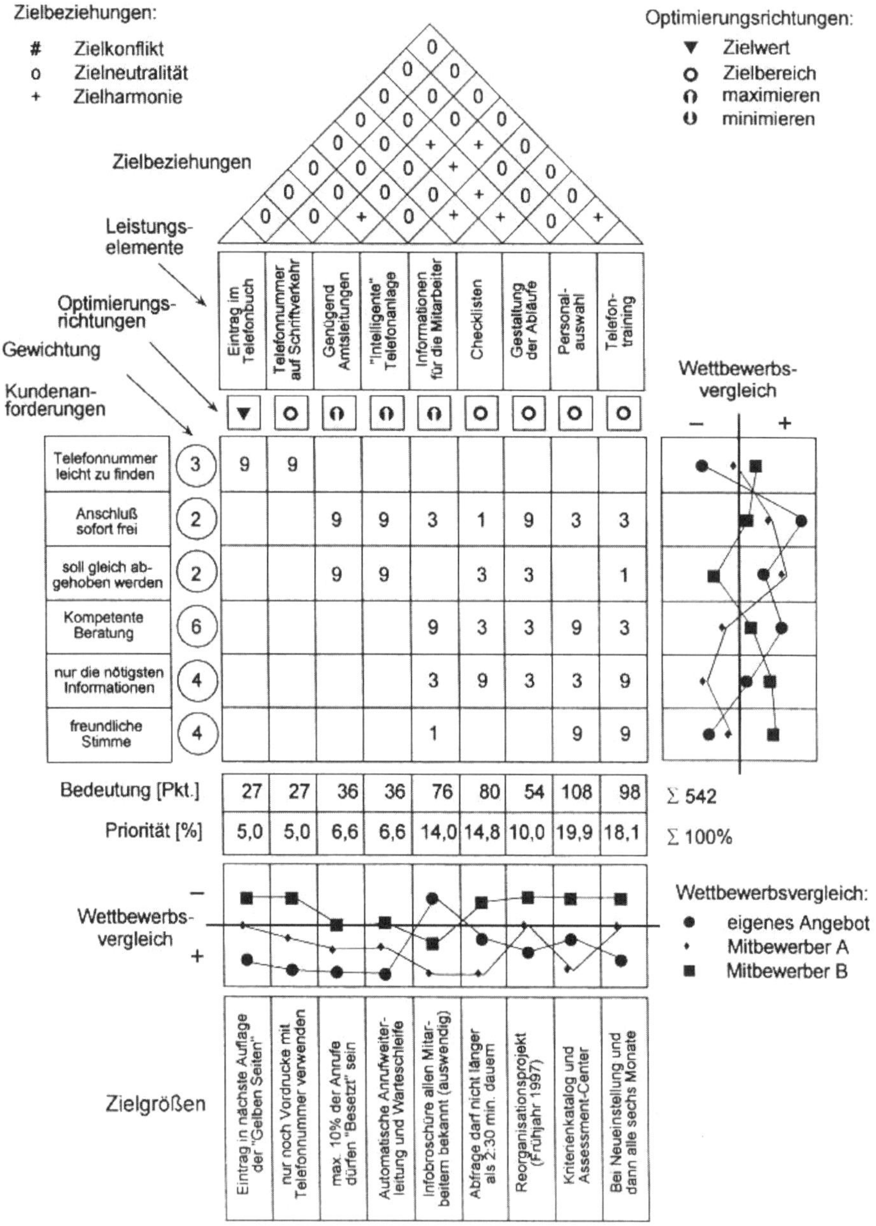

Kundenanforderungen	Gewichtung	Eintrag im Telefonbuch	Telefonnummer auf Schriftverkehr	Genügend Amtsleitungen	"Intelligente" Telefonanlage	Informationen für die Mitarbeiter	Checklisten	Gestaltung der Abläufe	Personal-auswahl	Telefon-training
Telefonnummer leicht zu finden	3	9	9							
Anschluß sofort frei	2			9	9	3	1	9	3	3
soll gleich abgehoben werden	2			9	9		3	3		1
Kompetente Beratung	6					9	3	3	9	3
nur die nötigsten Informationen	4					3	9	3	3	9
freundliche Stimme	4					1			9	9
Bedeutung [Pkt.]		27	27	36	36	76	80	54	108	98
Priorität [%]		5,0	5,0	6,6	6,6	14,0	14,8	10,0	19,9	18,1

Das House of Quality eignet sich gleichermaßen zur Konzeption neuer Leistungen wie zur Variation oder Differenzierung von Leistungen. Voraussetzung für die Anwendung ist, dass es gelingt, die Kundenanforderungen möglichst präzise zu erfassen.

4.2.3.3 Das Kano-Modell

Das *Kano-Modell* setzt vor allem an der Gewichtung der Leistungsmerkmale an, wobei die Zufriedenheit der Kunden das zu erreichende Ziel vorgibt. Kano unterscheidet zwischen drei verschiedenen Anforderungskategorien, deren Erfüllung einen unterschiedlichen Einfluss auf die Kundenzufriedenheit hat (vgl. Kano 1984; Bailom/ Hinterhuber/ Matzler/ Sauerwein, 1996, S. 117):

- *Basisanforderungen* (Muss-Anforderungen): Sie sind dadurch gekennzeichnet, dass ihre Nicht-Erfüllung zu (extremer) Unzufriedenheit der Kunden führt, ihre Erfüllung dagegen keinen Einfluss auf die Zufriedenheit des Kunden hat. Sie werden als selbstverständlich vorausgesetzt und daher oft nicht explizit formuliert, sondern lediglich implizit erwartet. So wird bei einer Flugreise erwartet, dass das Flugzeug sauber und sicher ist.

- *Leistungsanforderungen* (Soll-Anforderungen): Sie sind durch ihre enge Verbindung mit der Kundenzufriedenheit charakterisiert: Je höher der Erfüllungsgrad, desto höher die Kundenzufriedenheit, je geringer der Erfüllungsgrad, desto geringer die Zufriedenheit bzw. desto höher die Unzufriedenheit. Unterstellt wird ein linearer Zusammenhang zwischen Kriteriumserfüllung und Zufriedenheit bzw. Unzufriedenheit. Bei einer Flugreise können sich Leistungsanforderungen – je nach Wettbewerbsstrategie – auf unterschiedliche Aspekte beziehen, z.B. Freundlichkeit der Flugbegleiter/innen, (kostenloses) Angebot an Speisen und Getränken, Angebot an Unterhaltung (Zeitungen, Zeitschriften, Filme, Malutensilien für Kinder).

- *Begeisterungsanforderungen* (Kann-Anforderungen): Sie werden vom Kunden nicht explizit formuliert und daher auch nicht erwartet. Ihr Vorhandensein führt zu einem überproportionalen Anstieg der Kundenzufriedenheit. Ihr Fehlen wirkt sich nicht negativ aus. Begeisterungsanforderungen einer Flugreise können etwa Schlafgelegeneiten auf Langstreckenflügen sein.

Abbildung 4-13: *Das Kano-Modell, Quelle: Bailom / Hinterhuber / Matzler / Sauerwein 1996, S. 118*

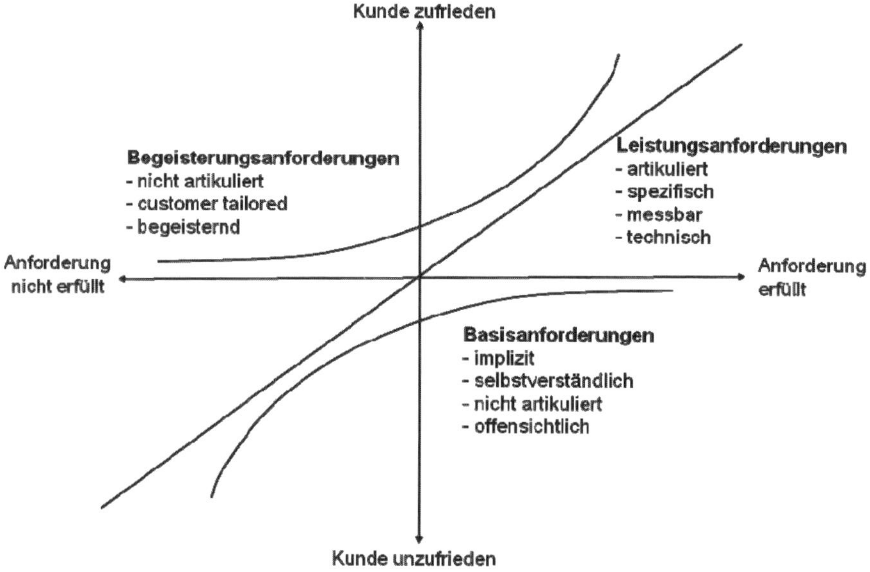

Zu beachten ist, dass die Anforderungen der Kunden sich im Laufe der Zeit verändern und auch einer gewisser Anspruchsinflation unterliegen: Begeisterungsanforderungen können im Verlauf des Produktlebenszyklus zu Leistungsanforderungen, Leistungsanforderungen zu Basisanforderungen werden.

4.3 Die Preispolitik

4.3.1 Ansatzpunkte zur Gestaltung des Preises

Ansatzpunkte zur Preisgestaltung ergeben sich aus dem ökonomischen Grundmodell des Markttausches. Als Ansatzpunkte der Preisgestaltung eignen sich die verschiedenen Kostenkomponenten aus Kundensicht zu unterscheiden: Kosten des Vertragsgegenstandes, Transaktionskosten und Kosten aus Folgewirkungen des Austausches. Bei der Gestaltung der Kostendimension kann über die Gestaltung dieser drei Kostenelemente die Kosten des Nachfragers erhöht oder vermindert werden. Eine leichte Erreichbarkeit der Dienstleistung (Standort) reduziert die Transaktionskosten, Convenience im Leistungserstellungsprozess reduziert die Kosten während der Nutzungsdauer der Leistung u.ä.

Im Folgenden konzentrieren wir uns auf den Preis, der für den Erwerb bzw. die Nutzung des Vertragsgegenstandes zu zahlen ist. Vertragsgegenstand sind die mit der Leistung verbundenen *Verfügungsrechte des Nachfragers*. Dabei kann sich der aus den Verfügungsrechten ergebende Nutzen auf verschiedene Leistungs- oder Nutzenkomponenten der Dienstleistung beziehen. Anknüpfend an die Messung dieser Leistungs- bzw. Nutzenkomponenten können bei der Preissetzung unterschiedliche Preisbasen herangezogen werden (vgl. Lovelock / 2000, S. 256 und Meyer / Streich 1998):

- Ausführung einer bestimmten Aufgabe, z.B. Erstellung eines Kostenvoranschlages oder eines Testats eines Wirtschaftsprüfers,
- Zugang zu Facilities, z.B. Nutzungsrecht der Geräte und Räumlichkeiten in einem Fitness-Studio für 2 Jahre,
- Zeitanteile (Sekunden, Minuten, Stunden, Wochen, Monate, Jahre), z.B. Gesprächsminuten bei einem Mobilfunkanbieter, Arbeitsstunden eines Unternehmensberaters,
- Kommissionsprozentsatz auf den Transaktionswert, z.B. Verkaufsgebühr bei Auktionshäusern als Anteil am Endpreis,
- Physische Ressourcen, die beansprucht werden, z.B. Karussellfahrt,
- Geografische Distanz, die überbrückt wird, z.B. Preis je geflogener Meile, gefahrene Kilometer bei der Bahn oder Autovermietung,
- Merkmale des externen Faktors, z.B. Gewicht und Größe von Paketen.

Die zugrunde liegende Preisbasis ist häufig eine Näherungsgröße für den nicht extakt zu ermittelnden Nutzen.

Preisgestaltung umfasst die folgenden Grundentscheidungen:

- Die Preishöhe (angesiedelt zwischen Preisober- und Preisuntergrenze),
- die Preisstruktur (fixe und variable Preisbestandteile, ggf. Preislagen und Sortimentsstruktur) und die
- Zahlungsmodalitäten (Zahlungszeitpunkt, Zahlungsempfänger, Zahlungsabwicklung), die hier nicht behandelt werden.

4.3.2 Preisgestaltung für Einzelleistungen

Die Preisgestaltung für Einzelleistungen kann sich auf standardisierte, individualisierte oder Netzwerkdienstleistungen beziehen. Bei standardisierten und Netzwerkleistungen wird für die Dienstleistung ein Preis festgelegt, der i.d.R. für alle Kunden gleich ist. Bei individualisierten Leistungen wird der Preis zwischen Anbieter und Nachfrager individuell ausgehandelt.

Das in Abbildung 4-14 dargestellte *Grundmodell der Preispolitik* kommt dabei zur Anwendung (vgl. zum Folgenden Friege 1995, S. 59 ff.). Die beiden Eckpfeiler Wettbewerbspreis und Nutzenpreis repräsentieren die Marktseite, während der Strategiepreis und der Kostenpreis die Unternehmensgegebenheiten widerspiegeln.

Abbildung 4-14: *Grundmodell der Preispolitik, in Anlehnung an Friege 1995 , S. 64*

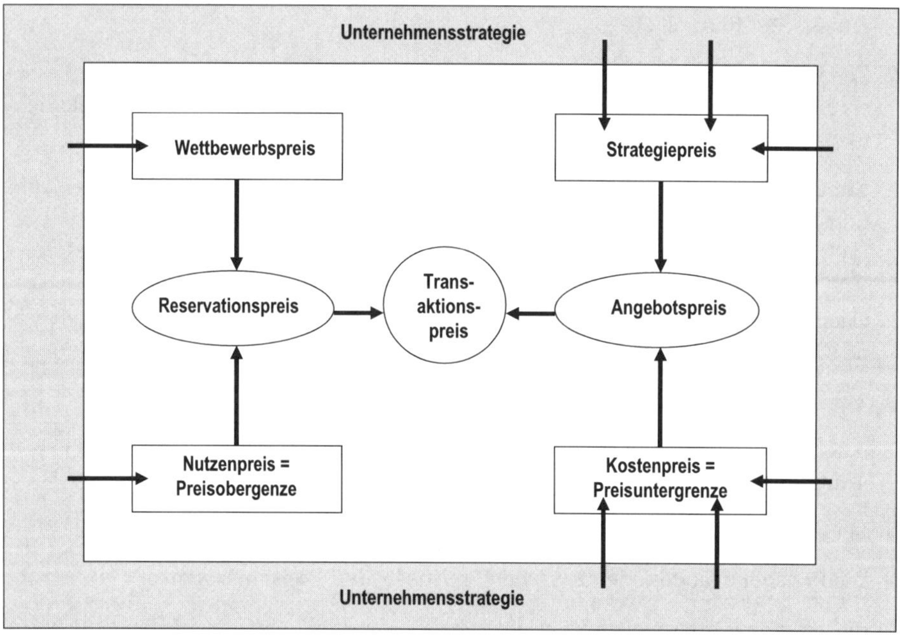

Der *Kostenpreis* entspricht der Preisuntergrenze des Anbieters und wird durch die Kostenstruktur des Unternehmens bestimmt, denn letztlich müssen die Erlöse der verkauften Dienstleistungen mindestens die Kosten der Dienstleistungserstellung decken. Die Kostenstruktur ist allerdings keine notwendigerweise feststehende Größe.

Sie kann – zwar nicht immer kurzfristig, zumindest aber mittel- bis langfristig – im Rahmen des Kostenmanagements vom Anbieter aktiv beeinflusst werden.

Der *Wettbewerbspreis* entspricht dem Preis der Wettbewerber. Bei standardisierten Dienstleistungen können die Wettbewerbspreise durch eine Wettbewerbsanalyse bestimmt werden. Hierbei kann dann entweder der Durchschnittspreis oder der Preis des stärksten Wettbewerbers herangezogen werden. Bei individualisierten Dienstleistungen ist die Ermittlung von Wettbewerbspreisen schwierig, da die angebotenen Leistungen nicht vergleichbar sind.

Der *Nutzenpreis* ist der Preis, der genau dem Nutzen entspricht, den der Nachfrager aus der Dienstleistung zieht. Er stellt gewissermaßen das monetäre Äquivalent für den Nutzen der Dienstleistung dar. Er entspricht der Preisobergrenze für den Anbieter, da der Nachfrager unter der Annahme der Nutzenmaximierung keinesfalls bereit sein wird, einen Preis zu zahlen, der höher ist als der Nutzen, den er aus der Dienstleistung zieht. Bei einem weiten Preisverständnis beinhaltet der Nutzenpreis auch Kostenkomponenten.

Der *Strategiepreis* ist der Preis, den das Unternehmen aufgrund seiner Preisstrategie anstrebt.

Die linke Seite des Modells gibt nun die Nachfragersicht wieder: Aus der Gegenüberstellung von Nutzenpreis und Wettbewerbspreis resultiert der *Reservationspreis*. Aus Sicht der ökonomischen Theorie ist der rational handelnde Nachfrager bestrebt, den Preis zu zahlen, der genau dem Nutzen der Leistung entspricht. Dieser Preis entspricht seiner maximalen Zahlungsbereitschaft und wird als Reservationspreis bezeichnet (vgl. Gehrke / Burkhardt 2002, S. 346). Er gibt an, bei welchem Preis der Kunde gegenüber der Inanspruchnahme der Dienstleistung indifferent ist, d.h. bei welchem Preis es für den Nachfrager keinen Unterschied in seiner Nutzenvorstellung macht, ob er die Dienstleistung kauft oder nicht (vgl. Varian 1996, S. 109). Unter der Prämisse der Gewinnmaximierung und unter der Annahme vollständiger Markttransparenz haben Anbieter gleicher Leistungen keine Veranlassung, einen niedrigeren Preis zu fordern als den, der der maximalen Preisbereitschaft der Nachfrager entspricht. Geht man von unvollkommener Information der Akteure aus (keine vollkommene Markttransparenz) sowie davon, dass die Dienstleistungen zweier Anbieter nicht vollständig gleich sind, so können die Preise der Wettbewerber von der maximalen Preisbereitschaft des Nachfragers abweichen. Die am Nutzen orientierte Preisbereitschaft des Nachfragers wird dann durch die Wettbewerbspreise gesenkt, so dass sich der Reservationspreis durch die Gegenüberstellung von (höherem) Nutzenpreis und (niedrigeren) Wettbewerbspreisen ergibt.

Bei stark individualisierten Dienstleistungen entspricht der Reservationspreis dem Nutzenpreis, da in diesem Falle keine vergleichbaren Angebote vorliegen und somit auch die Wettbewerbspreise nicht genau vergleichbar sind. Existieren Wettbewerbsangebote, wie dies bei standardisierten Dienstleistungen, z.B. Kinobesuch, der Fall ist, und liegen diese unter dem Nutzenpreis, so wird der Reservationspreis dem Wettbewerbspreis entsprechen. Hierdurch entsteht dann eine *Konsumentenrente,* die als Differenz zwischen dem niedrigeren zu zahlenden Preis und der höheren maximalen Preisbereitschaft des Nachfragers definiert ist (vgl. Homburg / Krohmer, 2006, S. 724 ff.). Bei Dienstleistungen, die sowohl individualisierte als auch standardisierte Elemente enthalten, z.B. bei Mass Customization, wird der Reservationspreis vermutlich eher eine Preisspanne umfassen als einer konkreten Preisvorstellung entsprechen. So kann ein Nachfrager etwa verschiedene Angebote von Werbeagenturen einholen, um eine Vorstellung über die Bandbreite der Leistungen und Preise zu gewinnen.

Die rechte Seite des Modells gibt die Anbieterseite wieder: Aus der Gegenüberstellung von Kostenpreis (Preisuntergrenze) und Strategiepreis entsteht der angestrebte *Angebotspreis.* Liegt der Strategiepreis über dem Kostenpreis, so kann das Unternehmen seine Strategie umsetzen und u.U. einen Gewinn erzielen (es ist noch die Mengenkomponente zu berücksichtigen). Liegt der Kostenpreis über dem Strategiepreis, so ist der Angebotspreis anzuheben oder der Kostenpreis zu senken. Welche der beiden Möglichkeiten gewählt wird, ergibt sich aus der Gegenüberstellung mit dem Reservationspreis des Nachfragers. Der aus der Gegenüberstellung tatsächlich resultierende Preis wird bei individuellen Dienstleistungen als Transaktionspreis, bei standardisierten Dienstleistungen als Marktpreis bezeichnet.

Liegt der Angebotspreis über dem Reservationspreis des Nachfragers, so wird der Nachfrager vom Kauf Abstand nehmen, da er entweder eine vergleichbare Dienstleistung bei einem anderen Anbieter billiger erhält oder aber der Nutzen nicht hoch genug ist. In diesem Fall müsste das Unternehmen seine Strategie überdenken und seinen Preis senken, wobei der Kostenpreis die Preisuntergrenze darstellt. Liegt demgegenüber der Angebotspreis unter dem Reservationspreis des Nachfragers, so stellt sich für den Anbieter die Frage, wie die Preisdifferenz aufzuteilen ist. Überlässt der Anbieter dem Nachfrager die gesamte oder einen Teil der Preisdifferenz, so entsteht für den Nachfrager eine weitere Konsumentenrente (Konsumentenrente im Transaktionspreis). Nimmt der Anbieter die Preisdifferenz vollständig für sich in Anspruch, so realisiert er eine Produzentenrente. Die Produzentenrente entsteht aus der Differenz zwischen Transaktionspreis und Kostenpreis. Sie entspricht betriebswirtschaftlich dem Gewinn (bei Vollkosten).

Bei der Festlegung der Preishöhe geht es somit um die Feststellung möglicher Renten (Konsumenten- und Produzentenrente) sowie um die Aufteilung der Renten auf Anbieter und Nachfrager. Überlässt der Anbieter dem Nachfrager einen Großteil seiner Konsumentenrente, d.h. verzichtet er auf ihre Abschöpfung, so generiert er hierdurch einen Kostenvorteil auf Seiten des Kunden.

Die Zusammenhänge veranschaulicht Abbildung 4-15.

Abbildung 4-15: Beispiel für eine Preisentscheidung auf der Basis des Grundmodells der Preispolitik, Quelle: Friege 1995, S. 66

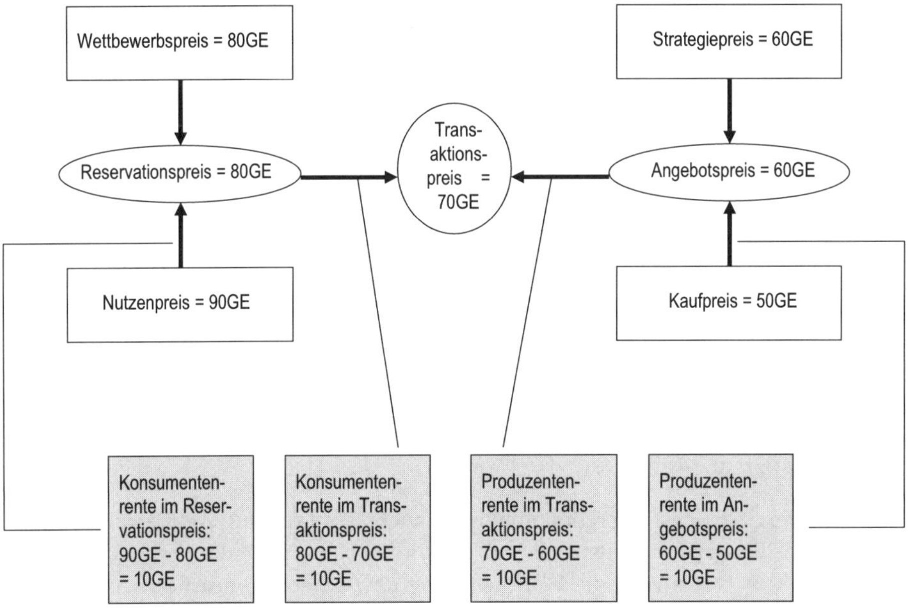

Das Grundmodell der Preisgestaltung kann sowohl auf Märkte und Marktsegmente als auch auf Einzeltransaktionen angewendet werden. Bei Märkten oder Marktsegmenten sind Durchschnittswerte anzusetzen, insbesondere für den Nutzenpreis, da sich die Nutzenpreise der Nachfrager individuell voneinander unterscheiden können. Dies gilt auch für Wettbewerbspreise, da die Nachfrager möglicherweise über unterschiedliche evoked sets verfügen. Das evoked set bezeichnet die Zahl der dem Käufer bewussten und bei der Kaufentscheidung berücksichtigen Kaufalternativen (vgl. Kroeber-Riel / Weinberg, 2003, S. 385).

Das Grundmodell der Preispolitik kann um weitere Teilnehmer erweitert werden, beispielsweise die Absatzmittler. Dann sind auch deren Interessen bei der Preisgestaltung zu berücksichtigen.

Zu beachten ist, dass nicht in allen Märkten die Preisentscheidung frei getroffen werden kann. In regulierten Märkten, wie etwa im Gesundheitsbereich oder bei Anwälten, teilweise in der Energieversorgung oder bei Angeboten gegenüber Öffentlichen Nachfragern, werden die Preisentscheidungen von den zuständigen staatlichen Stellen getroffen. Hierbei spielen häufig andere als erwerbswirtschaftliche Aspekte eine Rolle, z.B. die Sicherung einer Grundversorgung, soziale Aspekte der Preissetzung u.ä.

Weitere Besonderheiten der Preisgestaltung resultieren aus der Art der Wertschöpfungskonfiguration. Bei Wertketten handelt es sich um weitgehend standardisierte Dienstleistungen, während die Konfiguration als Wertshop sich auf individualisierte Dienstleistungen bezieht. Bei standardisierten Dienstleistungen kann die Preisfindung autonom vom Anbieter vorgenommen werden, bei individualisierten Dienstleistungen werden Preise häufig ausgehandelt und sind daher integrativ festzulegen. Bei Wertnetzwerken ist zu beachten, dass der Anbieter eine Plattform oder Infrastruktur schafft, auf der sich unterschiedliche Typen von Nachfragern treffen. Bei Internet-Plattformen in sog. elektronischen Märkten sind daher sowohl die Belange der Verkäufer als auch die Belange der Käufer zu beachten. Für beide Gruppen sind jedoch nachfragerbezogene Aspekte der Preisgestaltung zu berücksichtigen.

Darüber hinaus sind verhaltenswissenschaftliche Erkenntnisse der Preiswahrnehmung einzubeziehen. Das Preiswürdigkeitsurteil des Nachfragers entsteht aus der Gegenüberstellung des wahrgenommenen Preises und des wahrgenommenen Nutzens (vgl. Simon 1992, S. 592; Matzler 2003, S. 311). Preiswürdigkeitsurteile können gerade bei Dienstleistungen zu unterschiedlichen Zeitpunkten getroffen werden: Vor dem Bezug einer Leistung, während des Leistungsbezuges, nach dem Leistungsbezug (vgl. Müller 1996; Siems 2003, S. 25).

Aus dem Vergleich des wahrgenommenen Angebotspreises mit Wettbewerbspreisen resultiert das Preisgünstigkeitsurteil (vgl. Simon 1992, S. 592, Müller 1996, S. 27; Matzler 2003, S. 313). Dabei wird die Wahrnehmung des Angebotspreises durch den Referenz- oder Ankerpreis beeinflusst. Als Referenzpreis können „interne Preisnormen von Individuen" (Siems 2003, S. 38) angesehen werden. Sie basieren auf einem fairen, erwarteten, zuletzt gezahlten oder normalen Preis (vgl. Müller 1996, S. 29 und die dort angegebene Literatur).

Allerdings ist hierbei zu beachten, dass der Nachfrager nicht immer über Preistransparenz verfügt. So enthalten beispielsweise die Preis-Leistungs-Verzeichnisse von Banken mehr als 350 Preise, die der Kunde nicht kennen kann, zumal Preise auch noch von der Nutzungsintensität abhängig sind. Eine Untersuchung zur Bekanntheit der Kontoführungsgebühr zeigt, dass 65% der befragten Kunden den Preis nicht kennen. Richtig schätzen ihn nur 16% der Befragten, 15% schätzen ihn zu hoch und dementsprechend schätzen ihn 69% als zu niedrig ein (vgl. Wübker 2006).

Für die Ermittlung von Nutzenpreis, Wettbewerbspreis, Kostenpreis und Strategiepreis stehen unterschiedliche Methoden der Preisfindung zur Verfügung (vgl. Tabelle 4-7), die im Folgenden näher betrachtet werden.

Tabelle 4-7: *Ausgewählte Methoden der Preisfindung*

Ansatzpunkt der Preisfindung	Methoden Standardisierte Dienstleistung	Methoden Individuelle Dienstleistung
Nutzenpreis	- Kundenutzenrechnung / Kunden-Wert-Modell - Conjoint Analyse - Kundenfokusgruppen	- Kundenutzenrechnung / Kunden-Wert-Modell
Wettbewerbspreis	- Marktbeobachtung	- Befragung von Wettbewerbskunden
Kostenpreis	- (differenzierte) Divisionskalkulation - Zuschlagskalkulation - Teilkostenrechnung (Direct Costing) - Prozesskostenrechnung	- (differenzierte) Divisionskalkulation - Zuschlagskalkulation - Teilkostenrechnung (Direct Costing) - Prozesskostenrechnung
Strategiepreis	- Premium-, Medium-, Discountstrategie - Skimming- / Penetrationsstrategie	- Premium-, Medium-, Discountstrategie

4.3.2.1 Festlegung des Nutzenpreises

Die Ermittlung des Nutzenpreises setzt am Kundennutzen, am Wert einer Leistung in den Augen des Nachfragers oder an der Preisbereitschaft an. Die Methoden werden daher auch als nutzenorientierte Methoden der Preisfindung oder Value-Based-Pricing bezeichnet (vgl. Lovelock / Wirtz 2007, S. 131). Aus der Vielfalt der Methoden werden drei sehr unterschiedliche Methoden vorgestellt (vgl. zu weiteren Methoden Kuß 2003).

Bei *Kundennutzenrechnungen* oder *Kunden-Wert-Modellen* wird der Nutzen des Kunden in Nutzenelemente zerlegt und quantifiziert (vgl. Anderson / Narus 1999, S. 65 ff.; Diller 2000, S. 229; Kuß 2003,S. 290 ff.). Im ersten Schritt sind die Einflussfaktoren des Kundennutzens zu identifizieren und das Kundennutzenmodell zu spezifizieren. Im zweiten Schritt sind Daten des Kunden zu sammeln, was natürlich eine entsprechende Unterstützung durch den Kunden voraussetzt. Schließlich ist mit Hilfe der gewonnenen Daten das Nutzenmodell zu validieren und die Varianz der Nutzenfaktoren ist zu schätzen. Den Abschluss bildet die Umsetzung der Kundennutzenrechnung zur Ermittlung der Preisobergrenze. Zu beachten ist, dass die Kundennutzenrechnung aufgrund unterschiedlicher Nutzenstrukturen der Kunden u.U. für unterschiedliche Segmente (vgl. Kapitel 4.1.1) durchzuführen ist. Hierbei sind dann solche Segmente auszuwählen, bei denen die Bereitschaft der Kunden mitzuarbeiten besonders hoch ist und bei denen der Anbieter auch über entsprechende Daten verfügt. Es ist zu beachten, dass Kundennutzenrechnungen insbesondere im Business-to-Business-Bereich Anwendung finden (vgl. Kuß 2003, S. 290). Es ist allerdings auch für Business-to-Consumer-Dienstleistungen geeignet, die bei den Kunden zu direkten Einsparungen führen und daher insbesondere für Dienstleistungen, die eine Zeitersparnis versprechen, relevant. Ein Beispiel hierfür ist Streamline (siehe Abbildung 4-16).

Abbildung 4-16: *Das Beispiel Streamline Quelle: Meyer / Davidson 2001, S. 386 f.*

Streamline ist im Grunde ein Heimdienst für den täglichen Bedarf. Die Zielgruppe von Streamline sind die so genannten busy suburban families mit zwei Berufstätigen, gutem Einkommen und mehreren Kindern – also eine Zielgruppe, in der Zeit ein knappes Gut ist. Das sind ungefähr 25 % aller Amerikaner. Die wenige freie Zeit, die dieser Familie zur Verfügung steht, möchte sie nach Möglichkeit nicht fürs Einkaufen verwenden. Trotzdem sind diese 25 % der Amerikaner für 73 % der Gesamtumsätze für Lebensmittel, Reinigung, Videos, Kosmetik verantwortlich. Das heißt, mit der Zielgruppe der busy suburban families werden ¾ dieser Märkte abgedeckt. Diese Zielgruppe wohnt in den klassischen amerikanischen neighbourhoods mit großen Garagen, die durch einen Code-Sender zu öffnen sind. Durch die in den Garagen der Kunden aufgestellte „Service-Box" kann Streamline die Haushalte autonom versorgen.

So ermittelte das Streamline-Team, dass der Kunde im Durchschnitt 24 Besorgungsfahrten im Monat durchführt – angefangen von der Fahrt zu einzelnen Lebensmittelmärkten und Drogeriemärkten bis hin zu Videoverleihern. Umgerechnet auf eine Woche und einschließlich der Dauer des Ladenaufenthalts liegt die Zeitersparnis für den Kunden im Durchschnitt bei fünf Stunden, davon entfallen allein drei Stunden auf den Wochenendeinkauf.

Daraus ergeben sich durchschnittliche Beschaffungskosten eines Wochenendeinkaufs (ohne Berücksichtigung der Ausgaben für den Einkauf oder die Dienstleistungen selbst) von ca. 60 US-Dollar pro Woche oder 3,120 US-Dollar pro Jahr. Diese Kosten ergeben sich aus dem Kraftstoffverbrauch, aus Autoinspektionen, Gebühren für zu spät abgegebene Videos sowie den Zeitkosten des Konsumenten, die mit zehn US-Dollar pro Stunden berücksichtigt werden. Diese Kosten erspart sich ein Konsument, wenn er bei Streamline Kunde ist: Für eine Gebühr von 30 US-Dollar im Monat bekommt er Lebensmittel, gereinigte Kleidung und Videos nach Hause geliefert bzw. zurückgebracht. Und damit kann der Kunde mehr Zeit mit Dingen verbringen, die ihn wirklich interessieren und die Spaß machen..

Die *Conjoint-Analyse* beruht auf der indirekten Messung der globalen Präferenzurteile der Nachfrager und ermöglicht es auch, die Preisbereitschaft für die Merkmale bzw. Leistungen zu ermitteln. Es wird davon ausgegangen, dass sich die Gesamtpräferenz für eine Dienstleistung aus den Teilnutzenwerten dieser Dienstleistung zusammensetzen (vgl. Backhaus / Erichson / Plinke / Weiber 2003, S. 543 ff.). Zunächst werden die relevanten Eigenschaften und ihre Ausprägungen oder die zur Disposition stehenden Zusatzleistungen bestimmt. So ergibt sich in einem einfachen Beispiel die Gesamtpräferenz für eine 2-wöchige Urlaubsreise aus dem Urlaubsland mit den Eigenschaftsausprägungen England, Türkei, Spanien, der Unterbringung (Hotel, Pension, Zeltplatz) und dem Preis der Reise (500 €, 750 € und 1000 €). Die Merkmale und ihre Ausprägungen werden kombiniert und den (potenziellen) Kunden als Entscheidungsalternativen vorgestellt, z.B. wird eine Alternative beschrieben als Urlaubsort: England, Unterkunft: Hotel und Preis: 1000 €, eine andere könnte sein Urlaubsort: Türkei, Unterkunft: Pension, Preis: 500 €. Die Befragten werden dann gebeten, die Reiseangebote entsprechend ihrer Präferenzen zu bewerten, i.d.R. eine Rangfolge der Angebote entsprechend ihren Präferenzen zu erstellen. Die Rangplätze entsprechen dem empfundenen Nutzen der Befragten. Es werden nun – ausgehend von der Rangreihung der Probanden – die Teilnutzenwerte je Eigenschaftsausprägung (z.B. Spanien, England, Türkei) ermittelt. Aus diesen Teilnutzenwerten können dann Gesamtnutzenwerte je Merkmal (z.B. Urlaubsland) und die relative Wichtigkeit der einzelnen Eigenschaften (z.B. Urlaubsland, Unterkunft, Preis) ermittelt werden. Die Teilnutzenwerte werden zum Preisvektor in Beziehung gesetzt, so dass sich je Teilnutzenwert ein Preis ermitteln lässt. Im obigen Beispiel ergab sich eine Preisbereitschaft in Höhe von 682,09 € für einen Hotelurlaub in Spanien, für einen Hotelurlaub in der Türkei lag der Preis nur bei 153,67 €.

Die Conjoint-Analyse wird als ein nützliches Instrument zur empirischen Schätzung von Nutzenfunktionen angesehen. Allerdings weist sie auch einige Nachteile auf:

1. Bei einer Vielzahl zu bewertender Merkmale sind die Befragten kaum mehr in der Lage, die resultierenden Dienstleistungen zu bewerten. Hierfür werden sog. reduzierte Designs vorgeschlagen.

2. wird unterstellt, dass die Conjoint-Analyse ratioskalierte Nutzenwerte misst, während lediglich intervallskalierte Nutzenwerte gemessen werden. Diese können streng genommen nicht so einfach mittels eines linearen Preisvektors in Preise transformiert werden (vgl. hierzu und zu weiteren Kritikpunkten Woratschek / Roth 2006, S. 387 ff.).

3. stellt jede Conjoint-Analyse lediglich eine Momentaufnahme der Kunden-Wertschätzung dar; diese kann sich ändern.

4. beziehen sich die Gewichtungen nur auf die abgefragten Leistungen, wobei die Liste aus den zuvor genannten Praktikabilitätsgründen kurz gehalten werden muss.

5. kann sich die Einschätzung der Leistungsmerkmale durch den Kunden ändern.

6. kann der Anbieter durch seine Kommunikationspolitik die Erwartung und die Wahrnehmung der Leistung selbst beeinflussen.

In Kundenfokusgruppen wird Kunden die i.d.R. neue Dienstleistung mit ihren jeweiligen Leistungsmerkmalen vorgestellt. In etwa 3 bis 5 Gruppen von 5 bis 8 Teilnehmern werden dann der Nutzen der Leistungsmerkmale, der Dienstleistung insgesamt und die Preisbereitschaft der Teilnehmer diskutiert. Dabei ist insbesondere die Veränderung der Preisbereitschaft interessant für die kommunikative Umsetzung der Preisstrategie. Insgesamt sind Gespräche in Kundenfokusgruppen mit geringem Aufwand schnell realisierbar, die Ergebnisse leiden jedoch unter mangelnder Repräsentativität, der Verfolgung von Eigeninteressen der Teilnehmer, z.B. Beeinflussung der Preispolitik des Unternehmens, und damit einhergehend eingeschränkter Auskunftsbereitschaft bis hin zu möglicher Unehrlichkeit (vgl. Kuß 2003, S. 296).

4.3.2.2 Festlegung des Kostenpreises

Die *kostenorientierten Methoden* werden eingesetzt, um die Preisuntergrenze zu bestimmen. Die kurzfristige Preisuntergrenze liegt bei den variablen Kosten bzw. den Einzelkosten (je nach eingesetztem Verfahren der Teilkostenrechnung). Die langfristige Preisuntergrenze liegt bei den Vollkosten (zuzüglich eines Gewinnzuschlages).

Weit verbreitet ist auch im Dienstleistungsbereich die Kalkulation auf Vollkosten- oder Teilkostenbasis, auch als *Cost-plus-Methode* bezeichnet (vgl. Schlissel / Chasin 1991, S. 272). Hierbei wird häufig eine (differenzierte) Divisionskalkulation oder eine Zuschlagskalkulation auf Stundensatzbasis zugrunde gelegt (vgl. das folgende Beispiel einer Spedition, entnommen aus Palmer / Cole 1995, S. 227).

Tabelle 4-8: *Kostenstruktur der Spedition*

Kosten in einem durchschnittlichen Jahr	
■ Lohnkosten der LKW-Fahrer	675.000 €
■ Gesamtarbeitsstunden aller Fahrer	45.000
■ Kosten pro Fahrerstunde	15,00 €
■ Einzelkosten des LKWs	100.000 €
■ Summe der gefahrenen km	250.000
■ Kosten des LKW pro gefahrenem km	0,40 €
■ Gesamte sonstige Gemeinkosten	30.000 €
■ Gemeinkostenzuschlag je km	0,12 €
■ Gewinnzuschlag	15%

Eine Lkw-Fahrt über 200 Meilen, für die der Lkw-Fahrer 12 Stunden Arbeitszeit benötigt, wird dann wie folgt kalkuliert:

Tabelle 4-9: *Kalkulation am Beispiel einer Spedition*

LKW-Kosten	200 km × 0,40 je km	80,00 €
Arbeitsstunden	12 Stunden × 15 € je Stunde	180,00 €
Gemeinkosten	200 km × 0,12 je km	24,00 €
Kosten des Auftrags		284,00 €
Gewinnzuschlag	15%	42,60 €
Kostenorientierter Preis		326,60 €

Der Vorteil der Methode besteht darin, dass es sich meist um eine sehr einfache Kalkulation handelt, die schnell durchgeführt werden kann und aufgrund ihrer Einfachheit für Mitarbeiter und Kunden (falls sie diesen gezeigt wird) schnell transparent wird (vgl. Palmer / Cole 1995, S. 226 f.). Bei personalintensiven individuellen Dienstleistungen mit hohem Kundenintegrationsanteil, z.B. Engineeringleistungen oder Unternehmensberatung, ist das Mengengerüst oft schwierig zu schätzen. Hierbei bilden dann häufig die Arbeitsstunden die Grundlage für eine vertragliche Vereinbarung. Für den Kunden ist es nachvollziehbar, dass der Preis mit zunehmender Stundenzahl steigt. Die Grundlage der Kalkulation bildet die Arbeitszeit in Form eines Stundensatzes, der alle Arbeitskosten (Löhne und Gehälter incl. Zusatzkosten) enthält, auf deren Basis dann pauschal alle übrigen Gemeinkosten zugeschlagen werden. In dem Kunden präsentierten Angebot enthält der Stundensatz auch bereits den Gewinnzuschlag.

Das *Problem der Vollkostenkalkulation* besteht darin, dass Dienstleistungen einen hohen Fixkostenblock bei in der Regel niedrigen variablen Kosten aufweisen. Dadurch hängen die Stückkosten in hohem Maße von der Kapazitätsauslastung ab, gleichzeitig bestimmt der Preis die nachgefragte Menge und damit die Kapazitätsauslastung (vgl. Meyer and Streich 1998, S. 856). Somit ist die Vollkostenkalkulation im Dienstleistungsbereich für die Preisfindung nur begrenzt geeignet; sie kann lediglich Anhaltspunkte geben, wo die Preisuntergrenze bei einer geplanten Kapazitätsauslastung (und einer gewünschten Gewinnmarge) liegt.

Um den Gemeinkostenblock differenzierter und verursachungsgerechter zurechnen zu können, kann die Kalkulation auf Basis der Prozesskostenrechnung durchgeführt werden. Die Kalkulation mit Prozesskosten stellt eine Sonderform der Vollkostenrechnung dar, bei der die Einzelkosten dem Bezugsobjekt wie in der Vollkostenrechnung zugeordnet werden, die Gemeinkosten jedoch differenziert zu behandeln sind.

Abbildung 4-17 zeigt den grundlegenden Aufbau der Kalkulation nach der prozessorientierten Vorgehensweise.

Abbildung 4-17: Kostenverteilung in der prozessorientierten Kalkulation, Quelle: Reckenfelderbäumer 1998, S. 93

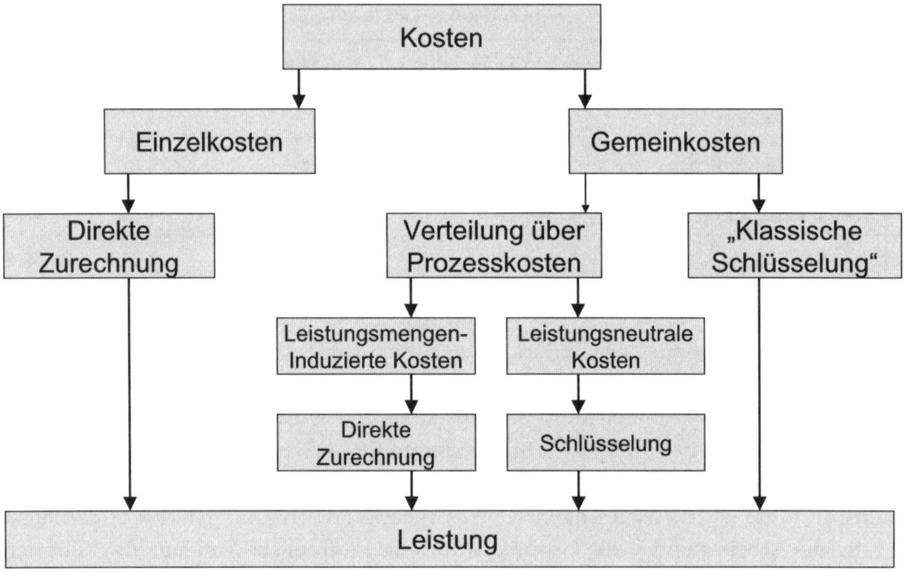

Die Kalkulation hat folgenden Aufbau:

- Einzelkosten
- Leistungsmengeninduzierte Kosten; bei leistungsmengeninduzierten Kosten beeinflusst die Zahl der Teilprozesse das Leistungsvolumen der Kostenstelle, z.B. verändert die Zahl der Bestellvorgänge der Einkaufsabteilung die Höhe der Prozesskosten.
- Leistungsmengenneutrale Kosten, bei leistungsmengenmneutralen Kosten beeinflusst die Zahl der Teilprozesse das Leistungsvolumen der Kostenstelle nicht, z.B. Koordinationsaufgabe der Kostenstellenleitung.
- Gemeinkostenzuschlag aufgrund der „klassischen" Schlüsselung („klassische" Vollkostenrechnung).

Auch die Kalkulation mit Prozesskosten kann, da es sich auch um eine Vollkostenrechnung handelt, letztlich das Problem der Abhängigkeiten zwischen Kapazitätsauslastung, Preis und kostenorientierter Preisfindung nicht lösen; sie kann aber einen genaueren Einblick in die Struktur der Kosten geben.

Abschließend bleibt festzuhalten, dass die kostenorientierten Kalkulationsmethoden im Dienstleistungsbereich mit großen Problemen behaftet sind, die insbesondere auf den hohen Fix- bzw. Gemeinkostenblock zurückzuführen sind. Daher empfiehlt es sich bei standardisierten Dienstleistungen zusätzlich eine Break-Even-Analyse durchzuführen, um die Auswirkungen unterschiedlicher Absatzmengen bzw. Absatzpreise auf die Kapazitätsauslastung und damit die Kostendeckung abschätzen zu können.

4.3.2.3 Festlegung des Strategiepreises

Die preispolitische Positionierung resultiert aus dem (angestrebten) Wettbewerbsvorteil und der darauf basierenden Wettbewerbsstrategie. Eine Strategie der Kostenführerschaft ist mit niedrigen Preisen verbunden. Eine Differenzierungsstrategie schlägt sich demgegenüber in höheren Preisen nieder (vgl. hierzu die Ausführungen in Kapitel 3.5).

Grundsätzlich können drei lineare preispolitische Normstrategien unterschieden werden (vgl. Simon 1992, S. 293; Voigt 2003, S. 710):

- Die Premiumpreis-Strategie,
- die Mediumpreis-Strategie,
- die Discountpreis-Strategie.

Die *Premiumpreis-Strategie* ist durch einen hohen Preis, die Mediumpreis-Strategie durch einen mittleren Preis und die Discount-Strategie durch einen niedrigen Preis gekennzeichnet. Häufig finden sich – je nach Ausprägung der Anbieter- und Kundenvorteile – verschiedene Strategien innerhalb eines Marktes, wie beispielsweise im Bereich der Fluglinien (etablierte Fluggesellschaften versus Billigflieger) oder im Bereich der Autovermietung (etablierte Autovermietungen versus Low-Cost-Autovermieter mit geringerwertigen Autos und weniger Service).

Abbildung 4-18 zeigt die verschiedenen Komponenten der *Discountpreis-Strategie* von Southwest-Airlines.

Abbildung 4-18: *Die Discountpreis-Strategie von Southwest Airlines, Quelle: Haas 2003, S. 235*

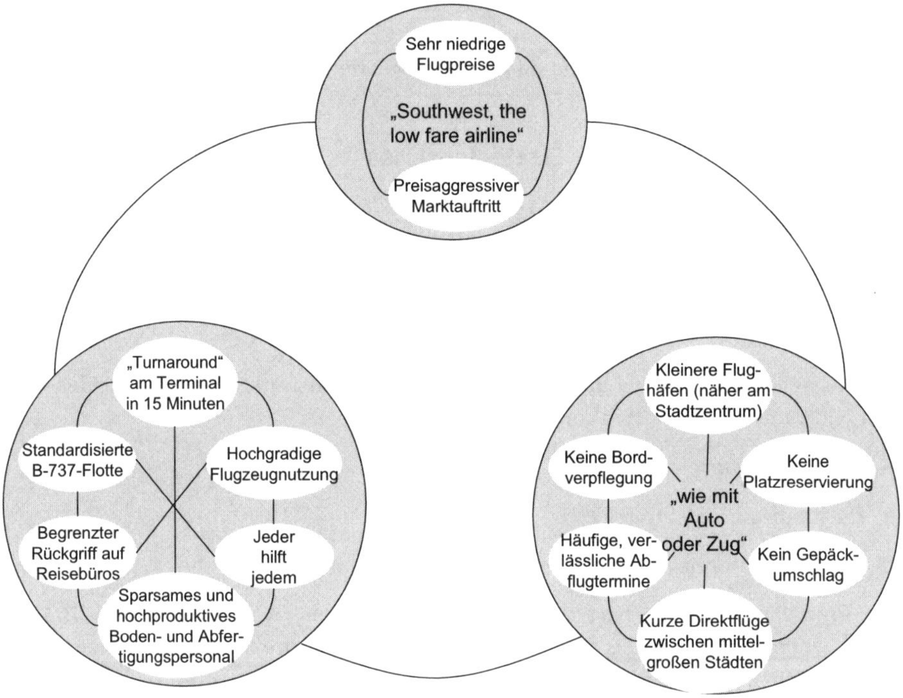

Neben dem Kunden- bzw. Ressourcenvorteil spielt allerdings auch die Preisbereitschaft des Nachfragers eine Rolle (vgl. Simon 1992, S. 4). Nun sind die Preisbereitschaften der Kunden in der Regel nicht gleich. Abbildung 4-19 zeigt die Preisbereitschaften – nach ihrer jeweiligen Höhe sortiert – unter der Annahme gleichartiger Dienstleistungen und der Maxime, dass der Nachfrager die Leistung mit dem niedrigsten Preis wählt. Entscheidet sich ein Anbieter etwa im Zuge einer Premiumpreis-Strategie für Preis A, so würden die Nachfrager 1, 2 und 3 seine Dienstleistung erwerben, da der Preis ihrer Preisbereitschaft entspricht (Nachfrager 3) bzw. sie sogar unterschreitet (Nachfrager 1 und 2). Er würde jedoch die Nachfrager 4 bis 8 einbüßen. Wählt er demgegenüber den Preis B im Zuge einer Mediumpreis-Strategie, so gewinnt er die Nachfrager 1 bis 7 und „verliert" lediglich Nachfrager 8. Allerdings verschenkt er bei den Nachfragern 1 bis 6 Erlöse, da er einen niedrigeren Preis fordert als die Nachfrager zu zahlen bereit wären. Er schöpft die Konsumentenrente als Differenz zwischen dem zu zahlenden Preis und der Preisbereitschaft der Nachfrager nicht ab. Noch höher ist die Differenz, wenn er die Discountpreis-Strategie mit dem Preis C wählt. Allerdings könnten die Erlöse für den Anbieter gleich hoch sein, da die Preishöhe den Mengennachteil bei der Premiumpreis-Strategie kompensieren kann.

Abbildung 4-19: *Unterschiedliche Preisbereitschaften von Nachfragern und Preisstrategien*

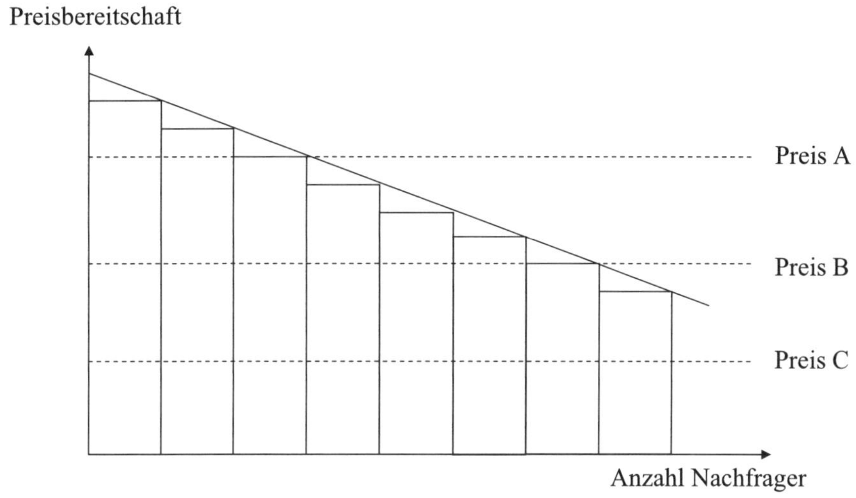

Um nun die Preisbereitschaft der Nachfrager und damit die Konsumentenrente möglichst vollständig abzuschöpfen, kann der Anbieter Preisstrategien wählen, die sich stärker an der Preisbereitschaft der Kunden orientieren.

Im Rahmen der *Skimming-Strategie* beginnt der Anbieter mit hohen Preisen, die er sukzessive senkt. Der hohe Preis zu Beginn der Markteinführung zielt auf die Abschöpfung der Konsumentenrente bei Nachfragern mit einer hohen Preisbereitschaft; durch die sukzessive Preissenkung werden auch die anderen Nachfrager erreicht. Im Gegenzug hierzu setzt die Penetrationsstrategie auf niedrige Einführungspreise für eine Dienstleistung, die dann im Zuge der Diffusion der Leistung im Markt sukzessive angehoben werden. Der niedrige Einführungspreis soll Kaufbarrieren abbauen, während die sukzessive Erhöhung der Preise auf die Abschöpfung der Konsumentenrente zielt.

In welchem Maße Preissenkungen im Rahmen einer Skimmingstrategie auch tatsächlich zu den beabsichtigten Mengeneffekten führen, ist bei Dienstleistungen jedoch differenziert zu betrachten. So hat Rathmell beobachtet, dass die Nachfrage nach professionellen Services normalerweise nach unten unelastisch ist (vgl. Rathmell 1974, S. 200). Die Reduktion des Preises eines professionellen Services wird demnach die

Nachfrage nicht erhöhen und das Marktvolumen nicht erweitern (vgl. zitiert nach Schlissel / Chasin 1991, S. 273). Guiltinan zufolge hängt die Nachfrageelastizität davon ab, wie leicht ein Nachfrager an Informationen über eine Dienstleistung und ihre Alternativen gelangen kann (vgl. Guiltinan 1995). Vor diesem Hintergrund ist zu vermuten, dass die Preiselastizität bei Dienstleistungen, deren Qualität nur schwer beurteilbar ist, höher ist als bei Dienstleistungen, die einfacher zu beurteilen sind.

4.3.2.4 Die Festlegung der Preisstruktur

Die Festlegung der Preisstruktur bezieht sich auf das Verhältnis von festen und variablen Preisbestandteilen. So kann ein Preis als reiner Festpreis formuliert werden, z.B. Eintrittspreis für das Kino. Er lässt sich auch als rein variabler Preis gestalten, z.B. Preis je Gesprächsminute im Telefonbereich beim Call-by-Call-Tarif ohne Anmeldung bei einem speziellen Anbieter. Schließlich treten Mischformen aus festen und variablen Bestandteilen auf: Ein Heizungsmonteur bietet einen Wartungsvertrag zu einem jährlichen Festpreis. Dieser beinhaltet eine jährliche Inspektion der Heizung inkl. Anfahrt des Heizungsmonteurs. Verbrauchsmaterialien und Ersatzteile sowie der Stundensatz für etwaige Reparaturen werden gesondert in Rechnung gestellt.

Eine Sonderform von festen und variablen Bestandteilen stellen sog. *nicht-lineare Tarife* dar. Hierbei wird der Erlös für eine bestimmte Menge einer in Anspruch genommenen Dienstleistung nicht proportional an die Abnahmemenge geknüpft, z.B. Gesprächsminuten, d.h. der Preis steigt nicht proportional zur Gesprächsdauer, sondern über- oder unterproportional. Nicht-lineare Tarife stellen damit eine Sonderform der quantitativen Preisdifferenzierung dar. Nicht-lineare Tarife treten sowohl als zeitpunktbezogene nicht-lineare Tarife ohne Grundgebühr als auch mit Grundgebühr auf (vgl. Büschken 2003, S. 523 ff.).

Voraussetzung nicht-linearer Tarife ist, dass der Grenznutzen der Inanspruchnahme zusätzlicher Einheiten einer Dienstleistung positiv bleibt (Nichtsättigung), gleichzeitig aber sinkt. Ist die Preisbereitschaft an den Nutzen gekoppelt, gilt dieser Zusammenhang auch für die Zahlungsbereitschaft des Nachfragers und Konsumentenrenten können besser abgeschöpft werden. Sind zudem die Grenzkosten konstant, wie es bei vielen Dienstleistungen aufgrund der geringen variablen Kosten der Fall ist, kann der Anbietergewinn maximiert werden.

4.3.3 Preisgestaltung für Leistungsbündel

Die Preisgestaltung für Leistungsbündel, auch als *Bundling* bezeichnet, meint das „kombinierte Angebot von zwei oder mehr Gütern als Paket zu einem Gesamtpreis" (Priemer 2000, S. 31). Hierbei kann es sich im Dienstleistungsbereich um die Kombination von Produkten mit Dienstleistungen handeln, z.B. Maschine mit Wartungsvertrag, oder von mehreren Dienstleistungen, z.B. Pauschalreise mit Flug, Hotelunterkunft und Frühstück.

Leistungsbündel werden aus preispolitischer Sicht gebildet, um Konsumentenrenten abzuschöpfen. Dies sei an einem Beispiel verdeutlicht: Ein Imbiss bietet u.a. Currywurst und Pommes Frites an (siehe folgende Abbildung). Aufgrund seiner Zahlungsbereitschaft kauft Kunde 1 Pommes Frites, aber keine Currywurst, da der Preis seine Zahlungsbereitschaft übersteigt. Bei Kunde 2 ist es umgekehrt: Er entscheidet sich für die Currywurst, verzichtet aber auf die Pommes Frites. Der Imbiss generiert einen Umsatz in Höhe von 4,50 €.

Tabelle 4-10: *Zahlungsbereitschaft am Beispiel eines Imbisses*

Gut	Preis des Gutes	Zahlungsbereitschaft Kunde 1	Zahlungsbereitschaft Kunde 2
Currywurst	2,50 €	2,00 €	2,80 €
Pommes Frites	2,00 €	2,20 €	1,80 €
Summe der Zahlungsbereitschaften		4,40 €	4,60 €

Würde sich der Imbissinhaber nun entschließen, ein „Menü" aus Currywurst mit Pommes Frites zum Gesamtpreis von 4,20 € anzubieten, so würden beide Kunden das Menü wählen, da der Preis von 4,20 € ihre Zahlungsbereitschaften von 4,40 € und 4,60 € unterschreitet. Der Imbiss würde zwei Menüs (Dienstleistungsbündel) verkaufen und einen Gesamterlös in Höhe von 8,40 € erzielen.

In diesem Beispiel liegt der Preis des Leistungsbündels (Paketpreis) unter der Summe der Einzelpreise. Grundsätzlich ergeben sich folgende Möglichkeiten der Festlegung des Strategiepreises bei Leistungsbündeln (vgl. Priemer 2003, S. 508):

- *Additive Bündel*: Hier entspricht der Bündelpreis der Summe der Einzelpreise. Beispiele hierfür sind etwa die Reinigung eines Anzugs, bei der der Gesamtpreis den Einzelpreisen für die Jackett- und Hosenreinigung entspricht.

- *Superadditive Bündel*: Hierbei zahlt der Käufer einen höheren Preis für das Bündel als er es bei Einzelleistungen tun würde. Dies ist dann sinnvoll, wenn der Wert der Leistung gerade in der Vollständigkeit besteht, z.B. bietet ein Unternehmensberater Analyse, Strategieentwicklung und Umsetzung aus einer Hand.

- *Subadditive Bündel*: Hierbei zahlt der Käufer für das Leistungsbündel einen geringeren Preis als er für die Summe der Einzelleistungen zahlen müsste (wie im Currywurst-Beispiel). Die Ersparnis bildet den Kaufanreiz. Dabei kommt es nicht darauf an, ob die Einzelleistungen separat erhältlich sind oder nicht, sondern lediglich darauf, dass dem Kunden eine Ersparnis gegenüber der Summe der Einzelleistungen bzw. -preise kommuniziert wird. Die Form der subadditiven Bündel stellt den Regelfall dar. Hierbei lassen sich die folgenden Sonderformen weiter unterscheiden (vgl. Kasper / van Helsdingen / de Vries 1999, S. 637 f.; Priemer 2003, S. 508):

- *Joint Bundle Pricing*: Hier gibt der Anbieter an, um wie viel niedriger der Bündelpreis unter der Summe der Einzelpreise liegt, z.B. „sparen Sie 30% im Paket".
- *Leader Bundle Pricing*: Hier erhält der Kunde die Kernleistung zum regulären Preis, während andere Bündelbestandteile zu einem niedrigeren Preis oder gratis angeboten werden. Ein Beispiel hierfür stellen Leistungen des Damenfrisörs dar, bei denen Waschen, Schnitt und Föhnen gesondert berechnet werden, während Spülung, Föhnlotion und Haarspray nicht in Rechnung gestellt werden.
- *Composite Bundle Pricing*: Hierbei erhält der Kunde beim Kauf mehrerer Komponenten jede Komponente zu einem günstigeren Preis.

Neben der optimalen Ausnutzung der verschiedenen Preisbereitschaften der Nachfrager und der damit verbundenen Erlössteigerung werden mit Bündelungsstrategien weitere Zielsetzungen verbunden (vgl. Priemer 2003, S. 510 ff.). Grundlegend hierfür ist, dass bei der Leistungs- bzw. Preisbündelung weder die Leistungen noch die Preise für den Nachfrager transparent sind (Ausnahme Joint Bundle Pricing). Zunächst einmal lässt sich hierdurch die Höhe der Einzelpreise verschleiern, da der Nachfrager beispielsweise zwar bereit ist 89 € für eine Hotelübernachtung incl. Frühstück zu zahlen, nicht aber – bei einem gesonderten Ausweis – 15 € für das Frühstück. Darüber hinaus ist es möglich, durch die Bündelung verschiedener Leistungen die Nachfrage nach Einzelleistungen aneinander anzugleichen, Absatzverbunde zu schaffen und Kapazitäten besser auszulasten. Beispiele hierfür stellen Theaterabonnements dar, bei denen neben sehr attraktiven Veranstaltungen auch weniger attraktive Veranstaltungen enthalten sind, die bei einer Einzelbuchung nicht nachgefragt würden. Die Nachfrager erhalten somit Zugang zu den begehrten Veranstaltungen, häufig kombiniert mit einem Vorzugsrecht für den Bezug weiterer Karten, die durch die weniger attraktiven Veranstaltungen „erkauft" werden.

Für die Entscheidung über die Bündelungsstrategie und die Höhe der Preisfestsetzung sind die Wirkungen der Bündelung auf die Kaufentscheidung zu berücksichtigen.

In der Literatur finden sich verschiedene Vorschläge zur Abfolge der Bündelungsstrategie, dem Produkt- oder Dienstleistungslebenszyklus folgend. So schlägt Zerr vor, in jungen Märkten mit geringem Know-how des Kunden das Pure Bundling einzuführen und bei zunehmendem Wissen zum Mixed Bundling überzugehen. Im Übergang von Wachstums- zur Reifephase, in der sich bereits Standards am Markt etabliert haben, sollte eine Strategie des Unbundling verfolgt werden (vgl. Zerr 1994, S. 119). Dahinter steht vermutlich auch die Idee einer zunehmenden Fragmentierung des Marktes, so dass durch eine zunehmende Aufsplittung des Leistungsbündels in Einzelkomponenten den heterogenen Präferenzen Rechnung getragen werden kann. Wie Friege jedoch kritisch anmerkt, ist eine Vielzahl von anbieter-, nachfrager- und wettbewerbsbedingten Faktoren bei einer solchen Entscheidung zu berücksichtigen (vgl. Friege 1995, S. 180).

4.3.4 Preisdifferenzierungsstrategien

Von einer Strategie der *Preisdifferenzierung* im Dienstleistungsbereich wird gesprochen, wenn ein Anbieter eine Dienstleistung, welche „hinsichtlich der räumlichen, zeitlichen, leistungs- und mengenbezogenen Dimensionen identisch ist, zu unterschiedlichen Preisen verkauft oder ein Anbieter Varianten eines Produkts, auch Dienstleistungen, die sich mindestens in einer der vier genannten Dimensionen unterscheiden, ohne dass dabei andere Produkte entstehen, zu verschiedenen Preisen verkauft" (vgl. Fassnacht 2003, S. 486). Entscheidend ist hierbei, dass die Dienstleistung sich durchaus in einigen Merkmalen unterscheiden darf, dass jedoch der Käufer sie nicht als eine neue Dienstleistung wahrnimmt.

Die Preisdifferenzierung basiert zum einen auf unterschiedlichen Preisbereitschaften für eine annähernd gleiche Leistung, zum anderen auf räumlichen, zeitlichen, mengen- und leistungsmäßigen, vom Käufer wahrgenommenen Unterschieden. Voraussetzung für eine Preisdifferenzierung ist daher, (1) dass die Nachfrager unterschiedliche Reservationspreise oder Preisbereitschaften aufweisen, (2) dass es möglich ist, anhand der Preisbereitschaften mindestens zwei Segmente zu bilden, (3) dass die Segmente separierbar sind und (4) dass der Anbieter über einen gewissen monopolitischen Spielraum verfügt, innerhalb dessen er die Konsumentenrente abzuschöpfen vermag (vgl. Fassnacht 2003, S. 487 f.).

Grundsätzlich können die in Abbildung 4-20 dargestellten Formen der Preisdifferenzierung unterschieden werden (vgl. zum Folgenden Skiera 1999, S. 140; Skiera / Spann 2000).

Bei der *Preisdifferenzierung ohne Selbstselektion* bringt der Anbieter die Bewertung einzelner Nutzenkomponenten durch den Nachfrager in Erfahrung, z.B. über die Conjoint-Analyse, und setzt auf dieser Basis den Preis fest. Bei der Preisdifferenzierung mit Selbstselektion überlässt der Anbieter dem Nachfrager die Bewertung des Nutzens der Dienstleistung entsprechend seinen Präferenzen und bietet verschiedene Preismodelle an, zwischen denen der Nachfrager - entsprechend seiner Präferenzen wählen kann. Allerdings muss auch hier eine bestimmte grundlegende Vorstellung über die Preisbereitschaft der Nachfrager vorhanden sein.

Abbildung 4-20: *Formen der Preisdifferenzierung, in Anlehnung an Skiera / Spann 2000, S. 547*

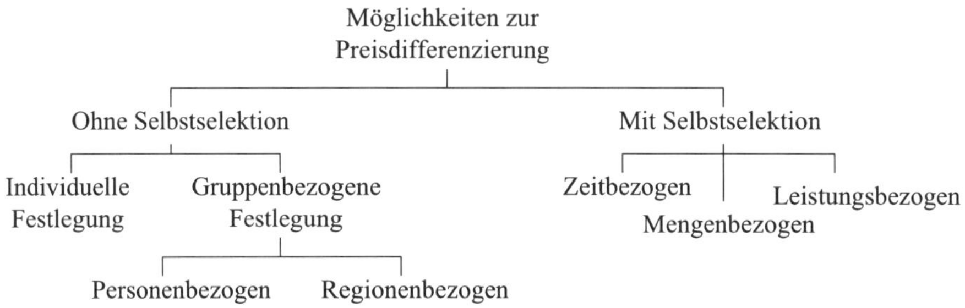

Die Preisdifferenzierung ohne Selbstselektion lässt sich in die individuelle Festlegung und die gruppenbezogene Festlegung differenzieren. Bei der individuellen Festlegung ohne Selbstselektion versucht der Anbieter für jeden Käufer entsprechend seiner individuellen Preisbereitschaft den Preis festzulegen. Schwierigkeiten der Erfassung, Ehrlichkeit der Nachfrager, Kosten der Erfassung und Durchsetzung lassen es unrealistisch erscheinen, die tatsächliche Preisbereitschaft im Preis abzubilden. Relativ nahe kommen der individuellen Preisfestsetzung jedoch die Formen der individuellen Aushandlung von Preisen sowie Auktionen (vgl. Fassnacht 2003, S. 492).

Individuelle Preisverhandlungen sind typisch für Einzeltransaktionen, deren Gegenstand individuelle Dienstleistungen, z.B. Unternehmensberatung oder Rahmenverträge über die Erbringung standardisierter Dienstleistungen sind, z.B. Reinigungsleistung von Bürogebäuden (vgl. zur Durchführung von Preisverhandlungen Capune / Crones 2003). Hierbei wird allerdings der Nachfrager immer bestrebt sein einen Preis zu erzielen, der unter seinem Reservationspreis und unter dem vom Anbieter angebotenen Preis liegt.

Während bei Preisverhandlungen zwei Parteien versuchen sich auf einen Preis zu einigen, nehmen bei Auktionen auf der Nachfragerseite mehrere Parteien teil. Dabei wird versucht dynamisch und kostengünstig die Nachfrage dem Angebot anzupassen (vgl. Skiera / Spann 2003). Eine Auktion kann dabei vom Anbieter, aber auch von dritter Seite (Auktionshaus), organisiert werden. Genau genommen wird dabei nicht die Dienstleistung selbst, sondern ein Recht auf die Dienstleistungserbringung versteigert. Denkbar wäre aber auch die Versteigerung von zu vermietenden Büroräumen oder die Versteigerung von Reinigungsleistungen.

Bei der *gruppenbezogenen* Festlegung wird eine *Preisdifferenzierung* für eine Nachfragergruppe bzw. ein Marktsegment vorgenommen. Hierbei kann eine personenbezogene Preisdifferenzierung erfolgen oder eine regionenbezogene.

Bei der *personenbezogenen* oder persönlichen *Preisdifferenzierung* werden Personen aufgrund nachprüfbarer Charakteristika unterschiedliche Preise angeboten. Diese Art der Preisdifferenzierung liegt häufig bei Kultur- und Freizeiteinrichtungen vor. Hier wird nach der Art der Berufstätigkeit, dem Einkommen oder dem Alter differenziert, so dass Rentner, Schüler, Studenten, Auszubildende einen geringeren Preis an Theater- und Museumskassen bzw. auch in Schwimmbädern und Freizeitparks bezahlen müssen als es der „Normalpreis" für Erwachsene vorgibt. Für Journalisten etwa, die ihren Beruf durch einen Presseausweis nachweisen, ist der Eintritt zum Teil sogar kostenlos.

Bei der Mehr-Personen-Preisdifferenzierung ist der Preis an die Zahl der die Leistung in Anspruch nehmenden Personen gekoppelt. Hierbei wird in der Regel ein niedrigerer Durchschnittspreis pro Person gezahlt als dies bei Einzelpreisen der Fall wäre.

> **Beispiel:** Das Schönes-Wochenende-Ticket der Deutschen Bahn AG kostet 35 € und gilt für die 2. Klasse in allen Nahverkehrszügen der DB AG für Einzelreisende, Gruppen bis zu fünf Personen oder ein Eltern- bzw. Großelternpaar oder einen Eltern- bzw. Großelternteil (max. 2 Erwachsene) mit beliebig vielen eigenen Kindern bzw. Enkeln bis einschließlich 14 Jahre samstags oder sonntags von 0.00 Uhr bis 3.00 Uhr des Folgetages für beliebig viele Fahrten (www.bahn.de/p/view/preise/regional/schoenes_wochende_ticket)

Bei der *räumlichen* oder *regionenbezogenen Preisdifferenzierung* wird der Preis in Abhängigkeit von der Inanspruchnahme der Dienstleistung an einem bestimmten Ort differenziert. Die räumliche Preisdifferenzierung kann in Teilen auch Züge der Selbstselektion tragen, etwa wenn Nachfrager räumlich mobil sind und sich dies auf ihr Nachfrageverhalten auswirkt. So differenzieren sich die Preise für Flugreisen innerhalb der Urlaubszeit häufig nach dem Abflugort/Bundesland (Schulferien oder keine Schulferien). Eltern, die an der Grenze zu einem Bundesland wohnen, können den Abflugsort wählen.

Bei der *zeitlichen Preisdifferenzierung* wird für eine mengen-, räumlich- und leistungsbezogene gleiche Leistung zu verschiedenen Zeitpunkten oder innerhalb verschiedener Zeiträume ein anderer Preis gefordert (vgl. Fassnacht / Homburg 1997, S. 142). Die Deutsche Bahn, Fluggesellschaften oder auch Hotels wenden die zeitliche Preisdifferenzierung an. Zum einen wird so der Buchungszeitpunkt entscheidend, damit für die Anbieter die Kapazitäten besser planbar sind (z.B. gibt es bei der Deutschen Bahn günstige Tickets zum Festpreis, die i.d.R. nur bei längerfristiger Buchung verfügbar sind). Zum anderen versuchen die Anbieter in nachfrageschwachen Zeiten vermehrt Nachfrager zu gewinnen (z.B. Wochenendarrangements bei Hotels, die vorwiegend von Geschäftsleuten von Montag bis Freitagmorgen genutzt werden).

Bei der *mengenbezogenen* oder *quantitativen Preisdifferenzierung* sinkt der Einzelpreis der Dienstleistung mit zunehmender Inanspruchnahme der Leistung. Die Deutsche Bahn bietet Großkundenabonnements, z.B. für Firmen, an. Für Vieltelefonierer werden geringere Gebühren angeboten als für Wenig-Telefonierer.

Bei der *leistungsbezogenen Preisdifferenzierung* werden unterschiedliche Preise für unterschiedliche Dienstleistungsvarianten bei Konstanz der mengenmäßigen, räumlichen und zeitlichen Merkmale gefordert. Die verschiedenen Klassen im Flugzeug sind auf die leistungsbezogene Preisdifferenzierung zurückzuführen. Sie werden als Passagier sowohl in der Economy als auch in der Comfort Class von A nach B geflogen (Grund- oder Kernleistung), die Zusatzleistungen, wie Plastikgeschirr versus Porzellan, differieren jedoch deutlich.

Als Sonderform der leistungsbezogenen Preisdifferenzierung kann *die Preisdifferenzierung nach dem Kundenintegrationsgrad* angesehen werden. Sie stellt auf die Eigenleistung des Nachfragers bzw. die Übernahme von Leistungen durch den Anbieter ab. Je höher der Eigenleistungsanteil des Nachfragers ist, desto geringer ist der Preis. In einer anderen Form steigt der Preis mit zunehmender Intensität der externen steuernden Prozessinformationen und damit mit dem Individualisierungsgrad. Die Differenzierung nach dem Kundenintegrationsgrad wenden Dienstleistungsanbieter häufig in Verbindung mit der Automatisierung an. Um Kundenkontaktpunkte zu reduzieren, verringern Banken den persönlichen Kontakt. So wird z.B. die persönliche Abgabe von Überweisungsbelegen unterbunden, indem dem Kunden Online-Banking mit der Überweisung per Internet angeboten wird. Der Kunde soll von diesem neuen, technischen Angebot anhand einer Preisstaffelung überzeugt werden: Die traditionelle Form der Führung des Girokontos (manuelle Überweisungen, hoher Integrationsgrad) ist kostenpflichtig (z.B. pro Überweisung oder als pauschale Grundgebühr), während das Online-Banking (Online-Überweisungen, geringer Integrationsgrad) kostenlos ist.

Dass die Übernahme von Leistungen durch den Kunden im Leistungserstellungsprozess nicht immer zu Kostenersparnissen auf Anbieterseite führt, zeigt auf humoristische Weise die in Abbildung 4-21 dargestellte „Kalkulation" aus einem Copy-Shop.

Bei der Preisdifferenzierungsstrategie werden häufig mehrere Merkmale kombiniert. Welche und wie viele Differenzierungsmerkmale gewählt werden, hängt dabei von nachfragerbezogenen, wettbewerbsbezogenen, kostenbezogenen und positionierungspolitischen Aspekten ab. Grundlegend gilt, dass die Kosten der Preisdifferenzierung den Nutzen der Preisdifferenzierung nicht übersteigen sollten (vgl. Fassnacht 2003, S. 498 ff.). Hierbei ist auf der Nutzenseite der Mehrumsatz durch Preisdifferenzierung gegenüber einer Einheitspreisbildung zu betrachten. Allerdings ist dies – da es sich vor Einführung der Differenzierung und Prognosedaten handelt – mit einigen Unsicherheiten behaftet. Dem Nutzen sind die internen und externen Kosten gegenüber zu stellen. Zu den internen Kosten der Preisdifferenzierung zählen alle Kosten, die durch die Gestaltung der Preisdifferenzierung entstehen, z.B. Kosten für Marktforschung, Personalkosten für die Entwicklung von Preislisten, Druckkosten für Preislisten, Schulungsmaßnahmen des Kundenkontaktpersonals, Kommunikation der Preise gegenüber den Kundengruppen etc. Die externen Kosten sind durch Reaktionen von Kunden verursacht und beinhalten auch Opportunitätskosten aufgrund entgangener Erlöse durch Abwanderung oder Nicht-Inanspruchnahme der Dienstleistung durch verärgerte oder unzufriedene Kunden. Eine transparente Preisdifferenzierung, die i.d.R. mit nur einer geringen Zahl von Preisdifferenzierungen verbunden ist, führt möglicherweise zu geringeren externen Kosten und damit zu höheren Gewinnen als eine intransparente Preisdifferenzierungsstrategie, die auf eine Gewinn optimale Abschöpfung der Konsumentenrenten gerichtet ist.

Abbildung 4-21: *„Kalkulation" in einem Copy Shop*

Stundentarife

- 50 € Grundgebühr
- 60 € Wenn der Kunde die Arbeit überwacht
- 70 € Wenn der Kunde mithelfen will
- 90 € Wenn der Kunde die Arbeit leiten will
- 100 € Wenn der Kunde eine Quittung wünscht

4.4 Die Gestaltung der Distributionswege

Grundsätzlich geht es im Rahmen der Distribution oder des Vertriebes um die Frage, wie die Dienstleistungen des Anbieters zum Kunden gelangen. Im Rahmen der Gestaltung der Distributionswege ist dabei die Entscheidung über die Art und Ausgestaltung des Weges zu treffen, auf dem die Vereinbarung der Verfügungsrechte erfolgt (Austauschperspektive, vgl. Kapitel 2.3.2). Die Übertragung der Verfügungsrechte vollzieht sich aufgrund der Notwendigkeit, externe Produktionsfaktoren in den Leistungserstellungsprozess – während der Erstellung der Dienstleistung – zu integrieren, so dass die Entscheidung über den Ort der Übertragung der Verfügungsrechte gleichzeitig die Entscheidung über den Produktionsstandort beinhaltet. Sie wird von manchen Autoren ebenfalls den Distributionswegeentscheidungen zugerechnet (vgl. beispielsweise Meffert / Bruhn 2006, S. 617).

Die Vereinbarung der Verfügungsrechte lässt sich grundsätzlich bei allen Dienstleistungen von der Übertragung der Verfügungsrechte und damit dem Produktionsstandort trennen. Daher werden zunächst die Distributionswege behandelt. Zur Vereinbarung von Verfügungsrechten sind i.d.R. Informationen des Kunden erforderlich; diese lassen sich beliebig transportieren und können auch virtuell, z.B. per Internet, übermittelt werden. Zur Übertragung der Verfügungsrechte, d.h. während der Produktion, sind häufig, aber nicht immer, materielle Faktoren erforderlich.

Grundsätzlich stehen dem Anbieter zwei Vertriebswege offen. Nach dem Grad der wirtschaftlichen Selbstständigkeit der Absatzorgane lassen sich der direkte und der indirekte Vertrieb unterscheiden (vgl. Nischlag / Dichtl / Hörschgen 2002, S. 886). Als „Mischform" kann der kooperative Vertrieb angesehen werden (vgl. Abbildung 4-22).

Abbildung 4-22: *Vertriebsorgane im Dienstleistungsbereich*

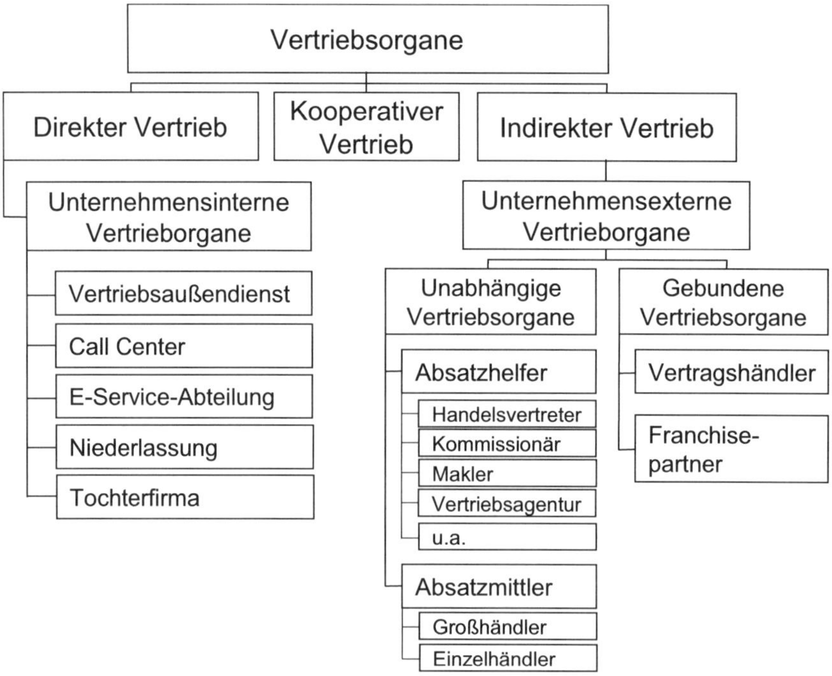

Beim *direkten Vertrieb* sind die Absatzorgane wirtschaftlich unselbstständig und somit dem Anbieter zuzurechnen. Hierzu zählen alle unternehmensinternen Vertriebsorgane, wie der Vertriebsaußendienst, das Call Center oder der Online-Vertrieb mit eigener E-Service-Abteilung (vgl. Homburg / Krohmer 2006, S. 868), aber auch die vom Unternehmen gegründeten Niederlassungen und Tochterfirmen (vgl. Nischlag / Dichtl / Hörschgen 2002, S. 887).

Beim *indirekten Vertrieb* sind die Absatzorgane wirtschaftlich selbstständig (vgl. Kleinaltenkamp 2006, S. 327 f.). Sie können vom Anbieter vollkommen unabhängig sein oder an das Unternehmen vertraglich gebunden.

Bei den vollkommen unabhängigen Vertriebsorganen können Absatzmittler und Absatzhelfer unterschieden werden. *Absatzmittler* erwerben das zu verkaufende Recht vom Dienstleistungsanbieter und sind in eigenem Namen und auf eigene Rechnung tätig; *Absatzhelfer* erwerben kein Eigentum an den zu handelnden Verfügungsrechten; sie stellen lediglich die Verbindung zwischen Dienstleistungsanbieter und Kunde her, wofür sie i.d.R. eine Provision erhalten (vgl. Homburg / Krohmer 2006, S. 870).

Absatzmittler sind Groß- und Einzelhändler. Dienstleistungs-Großhändler kaufen Leistungsanspruchsrechte vom Dienstleister und vertreiben diese an Einzelhändler wie bspw. Hotelbuchungsagenturen. Dienstleistungs-Einzelhändler kaufen ebenfalls Leistungsanspruchsrechte und verkaufen diese an den Endkunden, wie z.B. Flugticketanbieter im Internet, die Kontingente von Fluglinien aufkaufen und diese dann über das Internet weiterveräußern (vgl. Palmer / Cole 1995, S. 209; Meffert / Bruhn 2006, S. 610).

Absatzhelfer sind Handelsvertreter, Kommissionäre, Makler und Vertriebsagenturen (vgl. Homburg / Krohmer 2006, S. 868). Der Handelsvertreter handelt selbstständig im Namen und für die Rechnung eines oder mehrerer Anbieter(s). So arbeiten z. B. einige deutsche Messegesellschaften im Ausland mit den dortigen deutschen Auslandshandelskammern zusammen, welche als Handelsvertreter zum Vertrieb von Messeveranstaltungen beauftragt wurden (vgl. Zygojannis 2005, S. 185), oder Mietwagenbroker vermitteln über ihre Internetseite Mietwagen verschiedener Anbieter. Der Kommissionär handelt in eigenem Namen und für die Rechnung des Anbieters (Kommittent), wobei er den Weisungen des Anbieters unterliegt, beispielsweise Preisvorgaben betreffend. Der Makler handelt in fremdem Namen und auf fremde Rechnung; er vermittelt Verträge zwischen Anbieter und Nachfrager, z.B. als Versicherungs-, Finanz- oder Immobilienmakler. Die Vertriebsagentur unterstützt den Anbieter bei der Kontaktaufnahme zu potenziellen Kunden sowie bei der Auftragsabwicklung, z.B. bei der Vermarktung von Film- und Buchrechten.

Bei den vertraglich gebundenen Absatzorganen handelt es sich um Vertragshändler und Franchisepartner in einem *Franchisesystem*. Vertragshändler sind durch Verträge an den Anbieter gebunden, in denen die Handlungsfreiheit des Händlers eingeschränkt wird (vgl. auch Kapitel 7.3.1). So kann der Vertrag Vorgaben hinsichtlich der Angebotspalette (Dienstleistungspolitik), hinsichtlich der Preis- und Konditionenpolitik oder der Kommunikationspolitik enthalten. Im Gegenzug kann der Anbieter dem Vertragshändler Gebietsrechte, wie z.B. Gebietsschutz, einräumen. Beim Franchisesystem handelt es sich um „eine Form der Kooperation, bei der ein Kontraktgeber (Franchiser) aufgrund einer langfristigen vertraglichen Bindung rechtlich selbstständig bleibenden Kontraktnehmern (Franchisees) gegen Entgelt das Recht einräumt, bestimmte Waren oder Dienstleistungen unter Verwendung von Namen, Warenzeichen, Ausstattungen oder sonstigen Schutzrechten sowie der technischen und gewerblichen Erfahrungen des Franchisegebers und unter Beachtung des von letzterem entwickelten Absatz- und Organisationssystems anzubieten" (Meffert / Bruhn 2006, S. 601). Beispiele hierfür sind die Fast-Food-Kette McDonald´s, die Hotelkette Best Western oder der Kaffeehausbetreiber Starbucks.

Beim *kooperativen Vertrieb* schließen sich zwei oder mehrere Anbieter zusammen und gestalten einen gemeinsamen Vertriebsweg. Die Kooperation kann so gestaltet werden, dass beide vereinbaren, die jeweils andere Leistung über ihre eigenen Vertriebsorgane anzubieten. Beispiele sind etwa Kooperationen zwischen Hotels und Autovermietungen oder Reisebüros und Reiseversicherungsanbietern. Es kann sich aber auch um die Gründung einer rechtlich selbstständigen Gesellschaft handeln, z.B. als Vertriebsgesellschaft oder als Joint Venture bei Auslandsmärkten. Aufgrund der vertraglichen bzw. kapitalmäßigen Bindung an das Anbieterunternehmen ist die wirtschaftliche Selbstständigkeit eingeschränkt, so dass diese Form des Vertriebs zwischen direktem und indirektem Vertrieb anzusiedeln ist.

Maßgebend für die *Wahl des Vertriebsweges* sind die folgenden Einflussgrößen (vgl. Kleinaltenkamp 2006, S. 343 ff.):

- *Gesichtspunkte der Nachfrager*: Können die Nachfrager über den (neuen) Vertriebskanal (besser) erreicht werden (als vorher)? Wird er von den Nachfragern akzeptiert? Die Präsenz und Erreichbarkeit spielt insbesondere in Verbindung mit dem Comparison Level for Alternatives eine Rolle. Je näher und je leichter erreichbar das Dienstleistungsunternehmen ist, desto geringer sind die Transaktionskosten für den Nachfrager im Vergleich zu denen bei einem Wettbewerbsangebot. Die Wahl der Standorte mehrerer Niederlassungen spielt daher eine besondere Rolle.

- *Kapitalgesichtspunkte*: Welches Kapital ist zum Aufbau des Vertriebsweges erforderlich? Hierbei ist zu beachten, dass der Aufbau direkter Vertriebswege i.d.R. mehr Kapital bindet als der Aufbau indirekter Vertriebswege.

- *Kostengesichtspunkte*: Wie hoch ist das Entgelt, das der Vertriebsmitarbeiter bzw. -partner für seine Vertriebsleistung erwartet? Direkte Vertriebswege verursachen meist höhere Kosten als indirekte Vertriebswege.

- *Erlösgesichtspunkte*: Welcher Vertriebskanal verspricht die höheren Erlöse? Aufgrund der direkteren Einwirkungs- und Kontrollmöglichkeiten wird beim direkten Vertrieb häufig ein höherer Erlös erzielt als beim indirekten Vertrieb, dem allerdings vielfach auch höhere Kosten gegenüberstehen.

- Ist die Leistung *geeignet* für diesen Vertriebskanal und bringt der Vertriebspartner das hierfür notwendige Wissen und Engagement mit? Bei individualisierten Dienstleistungen wird in der Regel eher der Direktvertrieb empfohlen, da die Leistungen komplexer sind und höheres Know-how erforderlich ist.

Die Entscheidung des Anbieters kann für einen oder mehrere Vertriebskanäle fallen. Bei *Mehrkanalstrategien* (vgl. Nieschlag / Dichtl / Hörschgen 2002, S. 917) ist zu beachten, dass sich die Vertriebskanäle nicht gegenseitig behindern („kannibalisieren"). Darüber hinaus kann bei der Erstellung der Leistung ein erhöhter Koordinationsaufwand entstehen, da die „Aufträge" über mehrere Schnittstellen des Unternehmens mit seinem Markt hereinkommen können und darüber hinaus Kunden nicht nur einen, sondern mehrere Vertriebswege gleichzeitig nutzen.

4.5 Zusammenfassung

Die Leistungsfindung dient der Konzeption eines Angebots, das geeignet ist, einen Kundenvorteil zu erzielen und den Service Value umsetzt. Hierzu werden die Leistungspolitik, die Distributionspolitik und die Preispolitik eingesetzt.

Im Rahmen der Leistungspolitik werden Entscheidungen über Kern- und Zusatzleistung, Einzelleistung und Leistungsbündel, Standardisierung, Mass Customization und Individualisierung, Veredelung und Multiplikation sowie das Leistungsprogramm getroffen. Die Kernleistung vermittelt den Grundnutzen; Zusatzleistungen dienen der Differenzierung gegenüber Wettbewerbern und schaffen einen zusätzlichen Nutzen für den Kunden. Leistungsbündel fassen unterschiedliche Leistungen zusammen und fordern hierfür einen Gesamtpreis. Leistungsbündel treten in den Grundformen des Pure Bundling, Mixed Bundling oder Mixed Components auf. Sie ermöglichen es dem Anbieter, Konsumentenrenten abzuschöpfen. Standardisierte Leistungen sind vereinheitlichte Leistungen, die allen Nachfragern eines Marktes oder Marktsegmentes angeboten werden, während individualisierte Leistungen auf die individuellen Präferenzen des einzelnen Nachfragers zugeschnitten sind. Die wesentlichen Vor- und Nachteile von standardisierten und individualisierten Leistungen lassen sich aus Anbieter- und Nachfragersicht an den Kriterien Unsicherheit und Risiko sowie Kosten und Preise/Erlöse festmachen. Individualisierte Dienstleistungen sind aus Nachfragersicht mit einer gegenüber standardisierten Dienstleistungen erhöhten Unsicherheit der Qualitätsbeurteilung verbunden. Aus Anbietersicht sind die Produktionsrisiken der individualisierten Leistungen gegen die Marktrisiken der standardisierten Leistungen abzuwägen. Niedrigeren Kosten bei der Erstellung standardisierter Leistungen aufgrund von Economies of Scale stehen niedrigere Erlöse und ein erhöhter Preiswettbewerb gegenüber. Mass Customization soll die Vorteile der Individualisierung mit den Vorteilen der Standardisierung verbinden.

Die Veredelung von Dienstleistungen basiert auf der Standardisierung der Dienstleistung; sie setzt die Speicherung und Multiplikation voraus, mit deren Hilfe mehr Nachfrager unabhängig von Zeit und Ort der ursprünglichen Dienstleistungserstellung erreicht werden können. Die Veredelung und Multiplikation entspricht im Grunde der Umwandlung einer Dienstleistung in ein Produkt.

Die Leistungsprogrammpolitik entscheidet grundlegend zwischen Beibehaltung des Programms und seiner Veränderung, wobei die Struktur verändert und das Programm ausgeweitet oder reduziert werden kann. Die Entscheidungen können sowohl die Programmtiefe als auch die Programmbreite verändern. Zu den Strukturveränderungen zählt neben der Gewichtsverlagerung die Leistungsvariation. Bei der Programmausweitung können Differenzierung und Diversifizierung unterschieden werden. Bei der Einengung können Dienstleistungen durch Standardisierung oder Spezialisierung eliminiert werden.

Bei der Festlegung der Preishöhe kann das Grundmodell der Preispolitik zugrunde gelegt werden. Dieses umfasst zum einen die Marktseite mit den Aspekten des Wettbewerbspreises und des Nutzenpreises des Nachfragers (Preisobergrenze), aus deren Gegenüberstellung sich der Reservationspreis ergibt. Zum anderen werden mit dem Strategiepreis aus der Preisstrategie und dem Kostenpreis unternehmensbezogene Aspekte berücksichtigt, aus deren Gegenüberstellung sich der Angebotspreis ergibt. Angebotspreis und Reservationspreis werden miteinander abgeglichen, um den Transaktionspreis (bei individualisierten Dienstleistungen) und den Marktpreis (bei Standard-Dienstleistungen) zu finden.

Zur Bestimmung von Nutzenpreis (Preisobergrenze), Kostenpreis (Preisuntergrenze) und Wettbewerbspreis können verschiedene Methoden herangezogen werden. Bei der Festlegung des Strategiepreises ist die Wettbewerbsstrategie zu berücksichtigen. Zur Bestimmung des Markt- oder Transaktionspreises sind neben ökonomischen Überlegungen auch verhaltenswissenschaftliche Erkenntnisse heranzuziehen.

Neben Preisentscheidungen über Einzelleistungen sind die Preisstruktur und die Zahlungszeitpunkte festzulegen. Von besonderer Bedeutung sind im Dienstleistungsbereich die verschiedenen Formen der Preisdifferenzierung.

Distributionsentscheidungen beziehen sich auf die Festlegung des Vertriebsweges, mit Hilfe dessen die Verfügungsrechte vereinbart werden sollen. Hierbei stehen dem Anbieter die Alternativen des direkten Vertriebs, des indirekten Vertriebs und des kooperativen Vertriebs zur Verfügung. Darüber hinaus ist über die Zahl der Standorte, die Zahl der Vertriebspartner und die Öffnungszeiten zu entscheiden.

4.6 Literaturhinweise zum vertiefenden Selbststudium

- Diller, Hermann (2003): Preiswahrnehmung und Preisoptik, in: Handbuch Preispolitik: Strategien, Planung, Umsetzung; hrsg. von Hermann Diller / Andreas Herrmann, Wiesbaden 2003, S. 259-285 (zu den verhaltenswissenschaftlichen Aspekten der Preisgestaltung).
- Fließ, Sabine / Hogreve, Jens, / Möller, Sabine (2003): Der Freizeitwert als Kriterium zur Marktsegmentierung, in: Thexis, Jg. 20, H. 4, S. 20 – 23.

- Holbrook, Morris B. (1994): The Nature of Customer Value: An Axiology of Services in the Consumption Experience, in: Service Quality: New Directions in Theory and Practice, hrsg. von Rust, Roland T. / Oliver, Richard L., Thousand Oaks, 1994, S. 21 – 71.
- Kleinaltenkamp, Michael / Ginter, Thomas (1998): Dienstleistungsprogrammpolitische Entscheidungen, in: Meyer, Anton (Hrsg.): Handbuch Dienstleistungs-Marketing, Stuttgart 1998, S. 751-765.
- Lovelock, Christopher H. / Wirtz, Jochen (2007): Services Marketing - People, Technology, Strategy, 6. Auflage, Upper Saddle River, Kapitel 3, S. 68 ff. (Angebotspolitik), Kapitel 4, S. 98 ff. (Distribution) und Kapitel 5, S. 124 ff. (Preispolitik).
- Zeithaml, Valerie A. / Bitner, Mary Jo / Gremler, Dwayne D. (2006): Services Marketing: Integrating Customer Focus Across the Firm, 4. Auflage, Boston u.a., Kapitel 9, S. 250 ff. (Angebotspolitik); Kapitel 11, S. 510 ff. (Preispolitik).

5 Die Gestaltung des Leistungsversprechens: Leistungsbegründung

Im Rahmen der Leistungsbegründung erläutert der Anbieter dem Nachfrager seinen Kundenvorteil und den mit seiner Dienstleistung verbundenen Service Value. Darüber hinaus besteht die Aufgabe der Leistungsbegründung darin, die mit dem Kauf von Dienstleistungen verbundene Unsicherheit zu verringern (vgl. Kaas 1990). Dies erfolgt im Wesentlichen im Rahmen der Kommunikationspolitik mit Hilfe der kommunikationspolitischen Instrumente. Hierzu zählen: Print-, Fernseh-, Kino- und Radiowerbung, Außenwerbung (Plakate etc.), Online-Werbung, Mobiles Marketing (per Handy etc.), Direktmarketing, Verkaufsförderung (Werbegeschenke, Preisausschreibung u.ä.), Public Relations, Messen, Events (z.B. Einladungen zu Informationsveranstaltungen, Feiern), Corporate Identity, Sponsoring und Product Placement (z.B. Hinweise auf den Dienstleister in Filmen) (vgl. Homburg / Krohmer 2006, S. 792 ff.).

Die Leistungsbegründung erfolgt nicht nur über die Kommunikationspolitik des Anbieters, sondern auch die Dienstleistungsumgebung, die Leistung selbst und das Personal senden Signale aus und geben daher Informationen an den Kunden weiter (vgl. Kaas 1990, S. 541). Die Leistungsbegründung ist nicht nur darauf ausgerichtet, die Leistungsmerkmale und –vorteile dem Nachfrager mitzuteilen, sondern kommuniziert darüber hinaus, für welche Zielgruppe die Leistung geeignet ist.

Beispiel: Ein differenziertes Angebot zwischen Selbstinstallation einer Software und Installation durch einen Mitarbeiter vor Ort richtet sich an zwei Zielgruppen, die sich durch ihre Installationserfahrung unterscheiden. Indem der Anbieter die Voraussetzungen kommuniziert, die die Selbstinstallation erfordern, kann der Nachfrager sich der einen oder anderen Gruppe zuordnen.

In diesem Sinne dient die Leistungsbegründung aus Anbietersicht auch der impliziten Kommunikation der Merkmale, die die Zielgruppe aufweisen sollte.

5.1 Unsicherheit beim Kauf von Dienstleistungen

Aufgrund der Immaterialität des Leistungsergebnisses und der Integrativität des Leistungserstellungsprozesses ist der Erwerb von Dienstleistungen durch ein höheres Maß an Unsicherheit vor dem Kauf gekennzeichnet als der Kauf anderer Leistungen (vgl. Mitchell / Greatorex 1993, S. 180). Daher liegt eine wesentliche Aufgabe der Leistungsbegründung in der Reduktion der mit dem Kauf bzw. Verkauf von Dienstleistungen verbundenen Unsicherheit. Grundlage der Gestaltung von Maßnahmen ist das Nachfragerverhalten. Hierzu können die folgenden theoretischen Ansätze bzw. Theorien herangezogen werden:

- Das theoretische Konstrukt des *wahrgenommenen Risikos* und
- die *Informationsökonomik* mit den Kategorien der Such-, Erfahrungs- und Vertrauenseigenschaften.

Das wahrgenommene Risiko ist ein theoretisches Konstrukt aus der Psychologie; bei der Informationsökonomik handelt es sich um einen ökonomischen Ansatz.

5.1.1 Das wahrgenommene Risiko

Grundlage des psychologischen Erklärungsansatzes ist das sog. S-O-R-Modell, bei dem ein äußerer Stimulus, z.B. die Dienstleistung, auf den Organismus des Nachfragers (O) trifft und dort nicht beobachtbare Vorgänge auslöst, die sich im Verhalten (Reaktion) niederschlagen (R). Während der Stimulus S und die Reaktion R beobachtbar sind, sind es die Vorgänge im Organismus, d.h. im Fühlen und Denken des Nachfragers, nicht. Daher werden sog. theoretische Konstrukte zur Erklärung herangezogen. Theoretische Konstrukte sind nicht-beobachtbare Prozesse oder Vorgänge im Inneren des Nachfragers, deren Einfügung in das S-O-R-Modell zu einem besseren Erklärungsansatz führen als wenn man auf sie verzichtet. Sie können nicht direkt beobachtet, wohl aber im Rahmen empirischer Erhebungen indirekt gemessen werden.

Aus psychologischer Sicht wird die Unsicherheit des Nachfragers beim Kauf von Dienstleistungen auf das wahrgenommene Risiko zurückgeführt.[10] Das wahrgenommene Risiko beruht darauf, dass jede Handlung des Nachfragers Konsequenzen hervorbringt, die der Kunde nicht vollständig vor dem Kauf antizipieren kann und die zudem zumindest teilweise unerfreulich sein können. Das wahrgenommene Risiko besteht aus zwei Komponenten (vgl. Cunningham 1967, S. 266):

- Der wahrgenommenen Schadenshöhe,
- der Eintrittswahrscheinlichkeit des Schadens.

---

10 Dies gilt auch für Kaufentscheidungen von Unternehmen; hierbei können verschiedene Personen an der Kaufentscheidung beteiligt sein, die ebenfalls ein Risiko wahrnehmen (vgl. Fließ 2000, S. 255).

Risiken können sich auf unterschiedliche Dimensionen beziehen. Im Allgemeinen werden die folgenden Risiken unterschieden (vgl. Boksberger 2006, S. 30 f.; Mitchell / Greatorex 1993):

1. *Finanzielles Risiko*: Gefahr, dass die Leistung fehlerhaft ist oder ihr Wert dem gezahlten Preis nicht entspricht und daher ein finanzieller Schaden eintritt.
2. *Funktionales Risiko*: Gefahr, dass die Dienstleistung nicht den Anforderungen entspricht und der Kunde daher nicht die erwartete Leistung erhält.
3. *Physisches Risiko*: Gesundheitliche Schäden aufgrund der Inanspruchnahme der Leistung.
4. *Psychologisches Risiko*: Peinlichkeit, Verlust von Selbstachtung, Verletzung des Selbstbildes aufgrund einer fehlerhaften oder nicht den Erwartungen entsprechenden Dienstleistung.
5. *Soziales Risiko*: Verlust an Achtung oder Respekt anderer, veränderte Sichtweise der eigenen Person in den Augen anderer.
6. *Zeitliches Risiko*: Zeitverlust aufgrund der fehlerhaften oder nicht die Erwartung erfüllenden Dienstleistung.

Die Risiken (4) und (5) werden auch zum psycho-sozialen Risiko zusammengefasst (vgl. Cox 1967, S. 606 f.; Mitchell / Greatorex 1993, S. 187), da sie hoch korreliert sind (vgl. Kaplan / Szybillo / Jacoby 1974).

Aus verhaltenswissenschaftlicher Sicht kann der Nachfrager zur Reduktion des wahrgenommenen Risikos folgende Verhaltensweisen wählen (vgl. ähnlich Blackwell / Engel / Miniard 2006; Homburg / Krohmer 2006, S. 125):

- Aktive Suche von Informationen,
- Treue gegenüber einer Marke oder einem Unternehmen,
- Orientierung und Imitation des Kaufverhaltens anderer, für den Käufer relevanter Bezugspersonen – hierbei kann es sich auch um Personen des öffentlichen Lebens handeln, die Vorbildcharakter haben,
- Anwendung einfacher Entscheidungsregeln, z.B. Beschränkung der Auswahl auf bestimmte Anbieter,
- Senkung des Anspruchsniveaus sowie
- Kauf hochpreisiger Produkte.

Das theoretische Konstrukt des wahrgenommenen Risikos kann nicht nur zur Erklärung von Qualitätsunsicherheit herangezogen werden, sondern bezieht weitere Bereiche des Konsumerlebens mit ein, z.B. psycho-soziale Risiken. Allerdings kann es nicht erklären, bei welcher Art von Leistungen Risiken eher auftreten oder stärker ausgeprägt sind. Hierzu wurden eine Vielzahl von empirischen Studien durchgeführt, die verschiedene Einflussgrößen auf die Höhe des wahrgenommenen Risikos untersucht haben, z.B. das Alter und die Zufriedenheit mit der Entscheidung (vgl. Simcock / Sudbury / Wright. 2006) oder die Intangibilität des Umfeldes bei verschiedenen Produktkategorien und Marken (vgl. Eggert 2006). Die Studien liefern lediglich partiell gültige Ergebnisse, die auch teilweise widersprüchlich sein können. So konnte beispielsweise festgestellt werden, dass ein Neukauf von Leistungen zwar mit einem höheren wahrgenommenen Risiko verbunden ist, dieses aber nicht zu einer verstärkten Informationssuche führt (vgl. Fließ 2000). Damit ist das Konstrukt des wahrgenommenen Risikos zwar geeignet, ex post das Verhalten von Konsumenten zu erklären; seine Prognosekraft in einer bestimmten Situation ist allerdings begrenzt. Dementsprechend sind konkrete Handlungsempfehlungen nicht möglich.

5.1.2 Qualitätsunsicherheit aus informationsökonomischer Sicht

Die Informationsökonomik basiert auf der Neoklassik. Die Neoklassik geht von den für vollkommene Märkte charakteristischen Annahmen der vollkommenen Information, fehlender sachlicher, zeitlicher und örtlicher Präferenzen sowie einer Vielzahl von Marktteilnehmern aus (Modell des vollkommenen Marktes). Im Rahmen der Informationsökonomik wird die Annahme vollkommener Informationen aufgegeben. Vielmehr wird unterstellt, dass ein Handelnder (Anbieter oder Nachfrager) nicht über sämtliche zur Entscheidungsfindung unter Sicherheit benötigen Informationen verfügt, diese Informationen aber irgendwo vorhanden sind und daher beschafft werden können – wenn auch nicht kostenlos.

Das Bestreben eines Nachfragers ist es nun, bereits vor dem Kauf möglichst vollständige Information über den Zustand der zu erwerbenden Dienstleistung zu erhalten. Dem stehen allerdings die mit der Beschaffung der Informationen verbundenen *Kosten* gegenüber.

Aus informationsökonomischer Sicht können die Eigenschaften einer Leistung anhand des Beurteilungszeitpunktes und den mit ihrer Beschaffung verbundenen *Kosten* differenziert werden (vgl. Abbildung 5-1).

Abbildung 5-1: *Kontrollmöglichkeiten von Leistungseigenschaften nach Nelson und Darby / Karni, Quelle: Plötner 1993, S. 24*

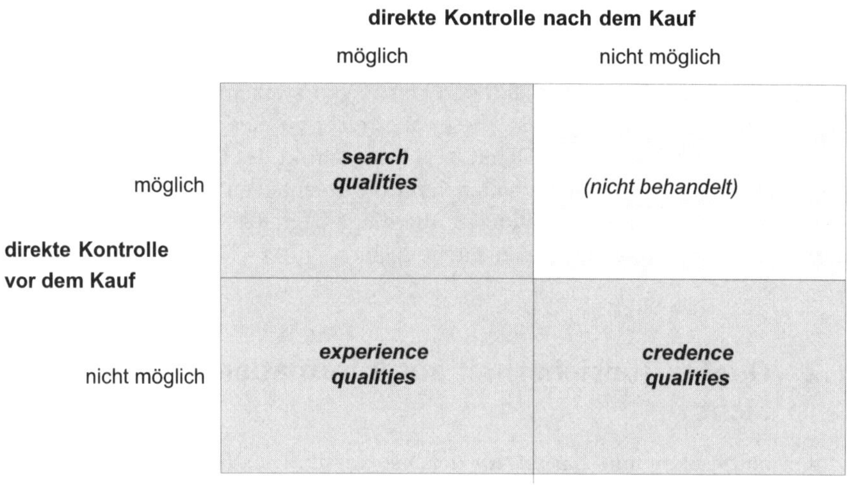

- *Sucheigenschaften* können vor dem Kauf festgestellt werden. Die Kosten der Informationsbeschaffung sind gering, da Sucheigenschaften durch Inspektion, Untersuchung oder Betrachtung der Leistung festgestellt werden. Sucheigenschaften sind vor allem bei materiellen Leistungsergebnissen vorhanden, während sie bei Dienstleistungen weitgehend fehlen. Da es sich um ein Leistungsversprechen handelt, existiert die Dienstleistung beim Kauf noch nicht, sondern wird erst gemeinsam mit dem Kunden erstellt. So stellt bei einem Brot etwa die Größe, das Gewicht, die Farbe und u.U. der Geruch eine Sucheigenschaft dar. Bei Dienstleistungen ist vor der Erstellung lediglich das Leistungspotenzial vorhanden. Daher können bei Dienstleistungen nur Merkmale des Leistungspotenzials, z.B. Einrichtung des Frisörs, beurteilt werden (vgl. Fließ 2000, S. 268 f.).

- *Erfahrungseigenschaften* können vor dem Kauf nicht beobachtet werden, wohl aber ist ihr Vorhandensein nach dem Kauf feststellbar. Während der Inanspruchnahme der Leistung können Erfahrungseigenschaften quasi als Kuppelprodukt der Nutzung beurteilt werden. Vor dem Kauf sind Erfahrungseigenschaften nur zu sehr hohen, wenn nicht sogar prohibitiv hohen Kosten beurteilbar. Die Erfahrungseigenschaft eines Brotes ist der Geschmack. Bei Dienstleistungen beziehen sich Erfahrungseigenschaften auf den Leistungserstellungsprozess. So ist die Freundlichkeit des Personals oder der Unterhaltungswert des Theaterstücks eine Erfahrungseigenschaft, die sich erst während der Inanspruchnahme der Dienstleistung feststellen lässt, nicht aber vor der Inanspruchnahme der Leistung.

- *Vertrauenseigenschaften* können weder vor noch nach dem Kauf festgestellt werden. Hier sind die Informationskosten für den Nachfrager prohibitiv hoch, d.h. u.U. ist es überhaupt nicht feststellbar, ob die Eigenschaft vorhanden ist. Um eine Vertrauenseigenschaft handelt es sich etwa bei biologisch angebautem Getreide; der Käufer kann nicht selbst feststellen, ob es sich um Biobrot handelt oder nicht. Ob der Arzt die richtige Diagnose gestellt hat oder ob der Gesundungsprozess auf andere Einflüsse zurückzuführen ist, lässt sich nicht immer feststellen.

Erfahrungs- und Vertrauenseigenschaften werden auch als „hidden characteristics" (verborgene Eigenschaften oder Merkmale) bezeichnet (vgl. Eisenhardt 1989; Richter / Furubotn 1999, S. 165 f.; Wenger / Terberger 1988, S. 506 f.).

Ob es sich bei bestimmten Eigenschaften um Such-, Erfahrungs- oder Vertrauenseigenschaften handelt, ist allerdings nicht eindeutig aufgrund objektiver Kriterien bestimmbar, sondern die Höhe der Informationskosten hängt von folgenden Faktoren ab (vgl. auch Adler 1996, S. 80 ff.):

- dem *subjektiven Anspruchsniveau* des Nachfragers: Ein Nachfrager, der „sicher gehen" will, wird sich vor dem Kauf einer Dienstleistung detaillierter informieren als ein Nachfrager, der sich überraschen lässt.
- der *Erfahrung* des Nachfragers: Ein Nachfrager, der die Dienstleistung häufiger nutzt, kann auch die Eigenschaften der Leistung besser (zu geringeren Kosten) beurteilen.
- dem *Expertenwissen* des Nachfragers: Z.B. kann ein Kunsthistoriker eine Kunstausstellung im Hinblick auf die Qualität besser beurteilen als ein interessierter Laie.
- der *Situation*, in der sich der Nachfrager befindet: So ist beispielsweise die Einrichtung eines Restaurants am Ort zu relativ geringen Kosten prüfbar (Sucheigenschaften), während dies für ein Restaurant am weit entfernten Urlaubsort nicht gilt (Erfahrungseigenschaften).

Jede Transaktion beinhaltet Such-, Erfahrungs- und Vertrauenseigenschaften. Für jede Transaktion kann damit ein dreidimensionales Eigenschaftsprofil entwickelt werden. Dominieren Sucheigenschaften, so handelt es sich um Suchgüter. Dominieren Erfahrungseigenschaften, so spricht man von Erfahrungsgütern, und dominieren Vertrauenseigenschaften, so spricht man dementsprechend von Vertrauensgütern.

Abbildung 5-2 zeigt den Zusammenhang.

Abbildung 5-2: *Positionierung von Austauschprozessen, Quelle: Weiber / Adler 1995b, S. 61 f.*

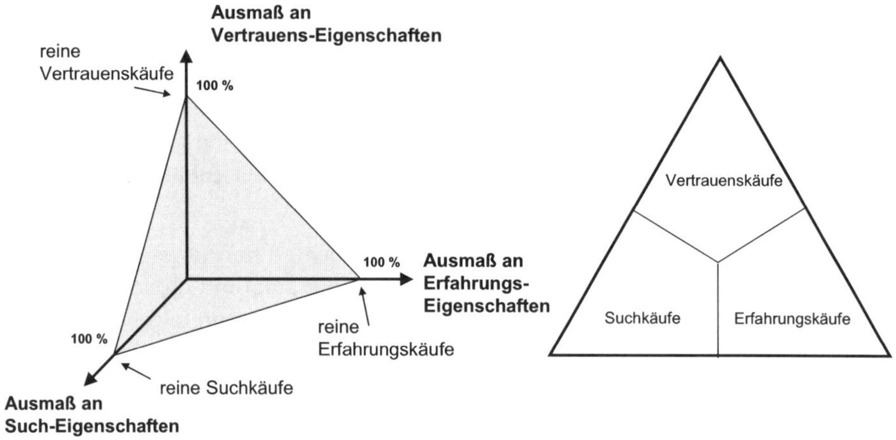

In einer empirischen Untersuchung wurden 356 Personen gebeten, verschiedene Leistungen nach ihren Such-, Erfahrungs- und Vertrauenseigenschaften zu bewerten (vgl. Weiber / Adler 1995a, S 105). Abbildung 5-3 zeigt die Durchschnittsbeurteilungen der Leistungen. Hiernach werden Restaurantbesuch, Frisör und Abenteuerurlaub als Erfahrungskäufe eingestuft, während Rechtsberatung, Wohnungsmakler, Arztbesuch und Medikamente als Vertrauenskäufe eingestuft wurden. Dienstleistungen werden also überwiegend als Erfahrungs- und Vertrauenskäufe eingestuft.

Im Folgenden werden verschiedene Maßnahmen zum Umgang mit der aus der Dominanz von Erfahrungs- und Vertrauenseigenschaften dominierenden Leistungen vorgestellt.

Abbildung 5-3: *Positionierung von Leistungsbündeln nach Such-, Erfahrungs- und Vertrauenskäufen, Quelle: Weiber / Adler 1995a, S. 107*

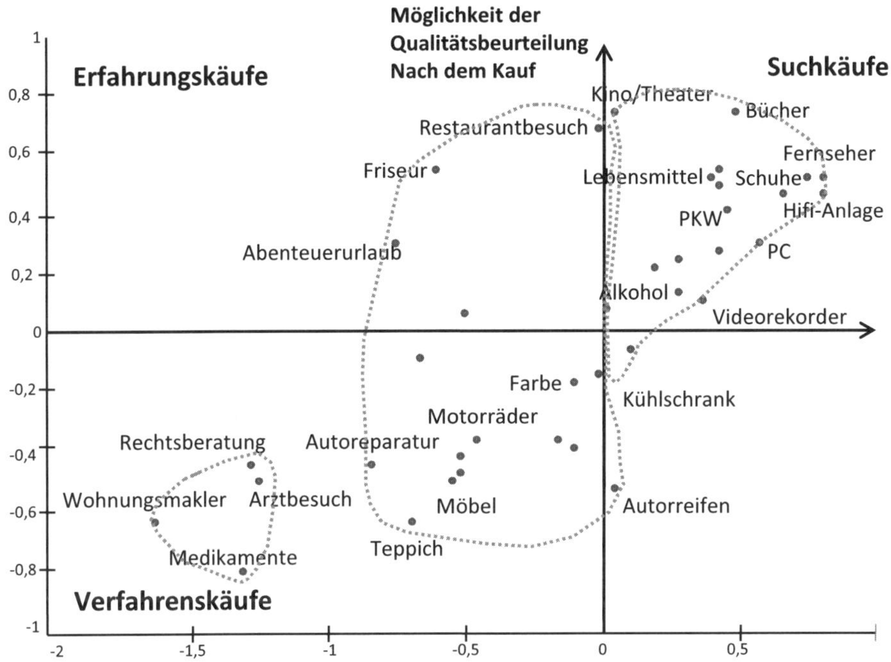

5.2 Maßnahmen zum Umgang mit Unsicherheit

5.2.1 Screening, Signaling und Self-Selection

Im Rahmen der Informationsökonomik wird davon ausgegangen, dass zwischen den Austauschpartnern Informationsasymmetrie besteht. Die Informationsasymmetrie führt dazu, dass eine Partei besser informiert ist als die andere. Sie kann daher ihren Informationsvorsprung opportunistisch ausnutzen, d.h. zu seinem Vorteil und zum Nachteil des anderen verwenden. So könnte der Dienstleister vor dem Kauf bestimmte Merkmale seiner Leistung verschweigen, damit der Nachfrager die Dienstleistung erwirbt. Der Preis, den der Nachfrager zahlt, ist dabei höher als der Preis, den er in

Kenntnis der tatsächlichen Dienstleistungsqualität gezahlt hätte. So verschweigt beispielsweise der Touristikanbieter, dass das Hotel an einer stark befahrenen Straße liegt und auch nachts in den Zimmern Lärm zu hören ist. Er verschweigt weiterhin, dass das Hotel seit Jahren nicht mehr renoviert wurde. Der Nachfrager, der nicht nach der Lage oder dem Zustand des Hotels fragt, wird über diese Merkmale nicht informiert. Gleichzeitig hat die besser informierte Partei, die sich nicht opportunistisch verhalten will, das Bestreben, diesen Mangel an opportunistischem Verhalten zu kommunizieren. Hierbei werden drei Handlungsalternativen unterschieden (vgl. Picot / Dietl / Franck 1999, S. 91):

- Screening,
- Signaling,
- Self-selection-Schemes (Selbstwahlschemata oder Selbstselektionsmechanismen).

Screening bezeichnet Aktivitäten der schlechter informierten Partei, mit dem Ziel sich ein genaueres Bild der tatsächlichen Eigenschaften zu machen (vgl. Kaas, 1990, S. 361 f.). Screening betreibt der Nachfrager, der sich vor dem Kauf über die Dienstleistung informieren möchte. Die Informationen werden dabei sowohl anbieterabhängigen als auch anbieterunabhängigen Informationsquellen entnommen. So nutzt der Nachfrager vor dem Buchen einer Urlaubsreise verschiedene Informationsquellen, um Unsicherheit zu reduzieren. Er studiert verschiedene Kataloge, schaut sich Bilder, Beschreibungen und Filme im Internet an, nutzt Nutzerforen oder Blogs, um an den Erfahrungen anderen Touristen zu partizipieren oder tauscht sich im Chat über die ihn interessierenden Urlaubsgebiete und Hotelangebote aus. Mit diesen Aktivitäten betreibt er Screening; Abbildung 5-4 gibt einen Überblick über verschiedene Informationsmöglichkeiten im Internet.

Abbildung 5-4: *Reise-Communities, Blogs und Videos im Internet (Beispiele)*

- http://www.trivago.de: Informationen zu Reisezielen, Hotels und Sehenswürdigkeiten,
- www.Reiseforum.trendtown.info: verschiedene Foren zum Thema Reisen und Urlaub,
- www.urlaubserlebnis.de: Austausch von Urlaubsberichten und Fotos, Hilfe bei Fragen, Reisenachrichten,
- www.traveltrain.de: Links auf kommerzielle Tourismusanbieter, Reiseberichte,
- www.tripsbytips.de: Erfahrungs- und Erlebnisberichte von Reisen, Experten befragen,
- http://reise.webmaster-verzeichnis.de: Blogs rund ums Reisen,
- http://wikitravel.org/de/Hauptseite: weltweiter kostenloser Reiseführer in verschiedenen Sprachen (hier Link auf die deutsche Seite), in den jede/er etwas einstellen kann,
- http://www.reise-weblog.de/ Reiseberichte aus verschiedenen Ländern,
- www.holidaycheck.de: Buchungsmöglichkeit incl. Hotelbewertungen durch Gäste,
- Videos auf Youtube.

Signaling bezeichnet Aktivitäten der besser informierten Partei, sich als nicht opportunistisch Handelnder darzustellen. Die beim Signaling verwendeten Signale sind beobachtbare, veränderbare, bewusste und freiwillige bzw. willentliche Aktivitäten der besser informierten Partei (vgl. Spence 1974, S. 10 f.). Beim Signaling «signalisiert» der Anbieter glaubhaft, dass er über Qualitätsvorteile verfügt. Voraussetzung ist, dass die Signalkosten positiv mit der Qualität korrelieren (vgl. Spremann, 1990, S. 580). Da das Aussenden des Signals mit Kosten verbunden ist, die einen erhöhten Verkaufspreis erforderlich machen, trägt das Signal zur Differenzierung zwischen Anbietern guter Qualität und Anbietern schlechter Qualität bei (vgl. Spence 1974, S. 10; Kaas 1990, S. 541; Spremann 1990, S. 563 und 578 f.; Schade / Schott 1993, S. 20). Als Qualitätssignal zu werten ist das Angebot kostenloser Tests oder die Werbung mit den Testergebnissen unabhängiger Institutionen, wie dem TÜV oder der Stiftung Warentest. Garantiezusagen des Anbieters und der mit einer Nichteinhaltung des Qualitätsversprechens einhergehende Reputationsverlust des Unternehmens sind ebenfalls Indikatoren für die Einhaltung eines bestimmten Qualitätsversprechens (Spremann, 1988, S. 613 f.).

Damit die Signale tatsächlich die Differenzierungsfunktion erfüllen, müssen jedoch die folgenden beiden *Bedingungen* gegeben sein (vgl. Picot / Dietl / Franck 1999, S. 92; Spremann, 1990, S. 580):

- Die Vorteile der Signalnutzung müssen für den „erwünschten" Anbieter höher sein als die Kosten der Erstellung des Signals.
- Die Vorteile der Signalnutzung müssen für den „unerwünschten" Anbieter niedriger sein als die Kosten der Erstellung des Signals.

Ein Anbieter, der eine Garantie anbietet, signalisiert höhere Qualität als ein Anbieter, der eine solche Garantie nicht anbietet. Ein Anbieter mit schlechter Qualität, der ebenfalls eine Garantie bietet, hat hohe Kosten der Garantieeinlösung. Wenn viele Nachfrager feststellen, dass die garantierten Merkmale nicht vorhanden sind, werden sie die Garantie einfordern. Sind die Kosten der Garantieeinlösung höher als die durch das Angebot der Garantie zusätzlich gewonnenen Nachfrager, so differenziert das Angebot einer Garantie zwischen Anbietern guter und schlechter Qualität.

Als problematisch ist die Möglichkeit des Signaling dann einzustufen, wenn die Kosten der Signalfälschung geringer sind als die durch das gefälschte Signal zusätzlich erzielbaren Umsätze. Die Strategie der Signalfälschung kann unter dieser Voraussetzung allerdings nur dann zum Erfolg führen, wenn auf Wiederholungskäufe der Nachfrager keinerlei Wert gelegt wird und wenn der Markt durch ein schlechtes Kommunikationssystem gekennzeichnet ist, so dass sich die Nachricht der Verwendung eines falschen Signals nur langsam weiter verbreitet.

Auch der Nachfrager hat die Möglichkeit sich durch Signaling von Nachfragern zu differenzieren, die nicht die gewünschten Merkmale aufweisen. So mag etwa eine Krankenversicherung am Gesundheitszustand ihrer Bewerber interessiert sein, da sich daraus unmittelbare Konsequenzen für die finanzielle Belastung der Versicherung ergeben. Beim Screening fordert die Krankenversicherung eine Untersuchung des Bewerbers bei einem Arzt; beim Signaling kann der Nachfrager einer Krankenversicherung anbieten sich bei einem Arzt untersuchen zu lassen, um seinen Gesundheitszustand zu dokumentieren.

Als dritte Möglichkeit, die manchmal auch als besondere Form des Screening angesehen wird (vgl. Spremann 1989, S. 20 ff.), werden Selbstselektionsmechanismen (self-selection schemes) genannt (vgl. Arrow 1986; Laux 1988, S. 589; Spremann 1990, S. 563). Bei Selbstselektionsmechanismen geht es darum, der besser informierten Partei einen Anreiz zu geben, ihre Eigenschaften offenzulegen, so dass Selbstselektionsmechanismen auch als Selbstoffenbarung bezeichnet werden. Die Anreize sind dabei so zu gestalten, dass bestimmte Handlungen oder Entscheidungen für den besser Informierten uninteressant werden, da sie sich negativ auf seine Wohlfahrt auswirken. Ein Unternehmen will einen guten Trainer beauftragen und fragt diesen, welche Form der Bezahlung er präferiert: a) ein Fixum in Höhe von 1.000 EUR pro Tag oder b) eine Kombination aus Fixum und variablem Anteil: 800 EUR fix und 30% gestaffelt auf der Basis der Seminarbewertung durch die Teilnehmer/innen. Ein „guter" Trainer wird Alternative b) wählen, da er hier bei hoher Zufriedenheit der Kunden mehr verdienen kann, während ein „schlechter" Trainer a) wählt. Allerdings differenziert dieses Selbstoffenbarungsschema nur unter bestimmten Bedingungen zwischen guten und schlechten Trainern: Beide sind risikoneutral (sonst würde der Risikoscheue Alternative a) und der Risikofreudige Alternative b) wählen).

5.2.2 Screeningstrategien des Nachfragers

In der Informationsökonomik wird Unsicherheit vor allem durch den Umgang mit Informationen am Markt reduziert. Hierbei kann es sich sowohl um Informationen des Anbieters als auch anderer Käufer oder unabhängiger Dritter, z.B. Testinstitute handeln. Grundsätzlich lassen sich die in Abbildung 5-5 dargestellten Strategien unterscheiden (vgl. auch Adler 1996, S. 195 ff.). Hierbei werden die Informationsquellen nach ihrer Eignung zur Reduktion der Unsicherheit bei Such-, Erfahrungs- und Vertrauenseigenschaften differenziert.

Der Nachfrager ist in aller Regel daran interessiert, Sucheigenschaften vor dem Kauf zu prüfen und Erfahrungs- und Vertrauenseigenschaften bereits vor dem Kauf soweit wie möglich beurteilbar zu machen.

In Bezug auf *Sucheigenschaften* führt der Nachfrager eine *leistungsbezogene Informationssuche* durch, d.h. er unterzieht die Leistung selbst einer Prüfung. Bei Dienstleistungen können vor dem Kauf häufig nur Elemente des Leistungspotenzials „inspiziert" werden. Dies gilt beispielsweise für die Dienstleistungsumgebung oder das Personal. Allerdings handelt es sich dabei nicht um die Leistung selbst, sondern lediglich um

Indikatoren, die in einer mehr oder weniger engen Beziehung zu den für den Nachfrager interessierenden Qualitätsmerkmalen stehen.

Bei *Erfahrungseigenschaften* werden vom Nachfrager sog. *leistungsbezogene Informationssubstitute* herangezogen, in denen mehrere Informationen zusammengefasst werden. Hierzu zählen Dienstleistungsgarantien, Marken oder Urteile unabhängiger Testinstitute, z.B. Testurteile, Gütesiegel oder Zertifikate.

Vertrauenseigenschaften selbst lassen sich vom Konsumenten nicht in Erfahrung bringen. Daher werden hierbei leistungsübergreifende, unternehmensbezogene Leistungssubstitute herangezogen. Hierzu zählt insbesondere die Reputation des Unternehmens, d.h. der Ruf, den das Unternehmen am Markt hat. Allerdings können auch Garantien, Marken und Testergebnisse, Gütesiegel oder Zertifikate in eingeschränktem Maße Informationen liefern. Dies sei am Beispiel eines Gütesiegels verdeutlicht. Bei der Vergabe eines Gütesiegels werden häufig Dritte vom Anbieter mit der Prüfung seiner Leistungen beauftragt. Diese erhalten dann Einblick in die für den Nachfrager normalerweise nicht sichtbaren Prozesse. Darüber hinaus verfügen die Tester häufig auch über spezifisches Expertenwissen, das dem Nachfrager fehlt, es dem Experten aber erlaubt, die Eigenschaften, die für den Nachfrager Vertrauenseigenschaften darstellen, als Erfahrungs- oder sogar Sucheigenschaften zu betrachten.

Damit stellt sich die Kaufentscheidung des Nachfragers, wie in Abbildung 5-5 aufgezeigt, dar. Der Nachfrager ist daran interessiert zu erfahren, ob die für ihn relevanten Merkmale bei einem Angebot vorliegen bzw. welches der angebotenen Leistungsbündel die ihn interessierenden Merkmale aufweisen. Aufgrund der Informationsasymmetrie und möglicherweise opportunistischen Verhaltens der Anbieter kann er sich nicht in allen Fällen auf deren Aussagen verlassen. Selbst kann er nur die Sucheigenschaften vor dem Kauf beurteilen; Dienstleistungen weisen aber überwiegend Erfahrungs- und Vertrauenseigenschaften auf. Um die Leistungen dennoch beurteilen zu können, greift er auf die leistungsbezogene Informationssuche, leistungsbezogenen und leistungsübergreifenden Informationssubstitute zurück. Hierdurch kann es ihm gelingen Qualitätsunsicherheit abzubauen, so dass er die Ist-Merkmale der Leistung den von ihm gewünschten Soll-Merkmalen gegenüber stellen kann. Erfüllen die Ist-Merkmale die Sollanforderungen, so kauft der Nachfrager die Dienstleistung, die er dann während und nach der Nutzung einer Qualitätsbeurteilung unterzieht. Hierbei kann er die Such- und Erfahrungseigenschaften überprüfen.

Im Folgenden werden vor dem in Abbildung 5-5 dargestellten Hintergrund die Signalingstrategien des Anbieters näher betrachtet.

Abbildung 5-5: *Kaufentscheidung des Nachfragers aus informationsökonomischer Sicht*

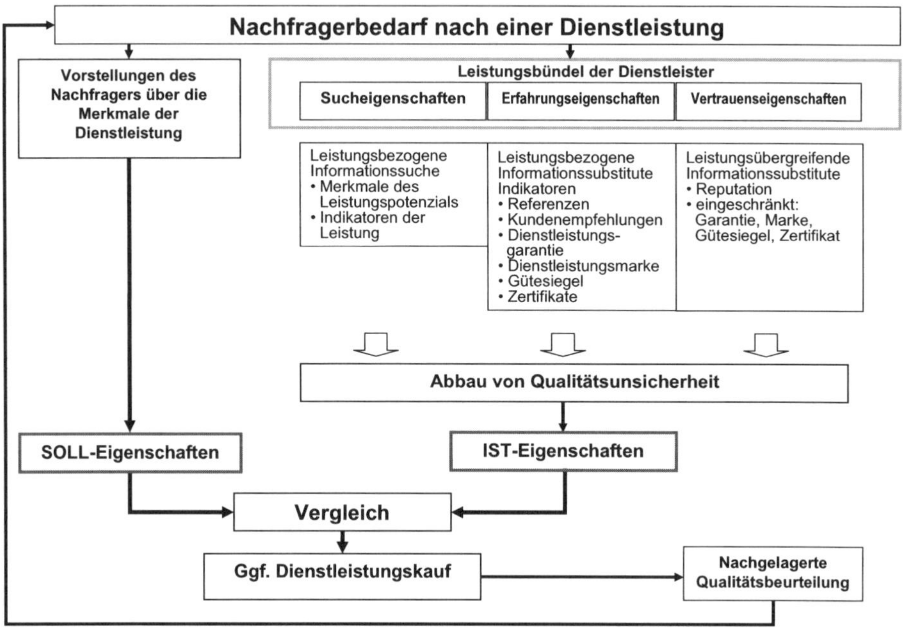

5.2.3 Qualitätsdifferenzierende Informationen des Anbieters bei Sucheigenschaften

Die *Signalingstrategien* des Anbieters verwenden die vom Nachfrager im Screening gesuchten Informationsquellen und Informationssubstitute. Hierbei stehen die Differenzierung zwischen Anbietern „guter" und „schlechter" Qualität sowie das Signalisieren nicht opportunistischen Verhaltens im Vordergrund. Es macht sich erschwerend bemerkbar, dass Informationen selbst Erfahrungs- oder Vertrauenseigenschaften besitzen, ihr Wahrheitsgehalt also erst nach ihrer Beschaffung überprüfbar ist oder auch gar nicht (vgl. Hopf 1983).

Bei Sucheigenschaften ist es aufgrund der Überprüfungsmöglichkeiten durch den Nachfrager für einen Anbieter wenig sinnvoll, sich opportunistisch zu verhalten und den Nachfrager über die Leistungsmerkmale zu täuschen. Die Differenz zwischen den in der Kommunikationspolitik des Anbieters dargestellten Leistungsmerkmalen und den tatsächlich vorhandenen kann der Nachfrager recht einfach feststellen. Dies reduziert den Anreiz für den Anbieter, den Nachfrager irre zu führen, vermeidet eine solche Irreführung allerdings nicht vollständig. Dies ist darauf zurückzuführen, dass dem Nachfrager auch bei Sucheigenschaften gewisse Informationskosten entstehen. Der Anbieter kann beispielsweise in seinen Anzeigen bis zur Höhe der Informationskosten übertreiben und dadurch höhere Umsätze generieren als bei einer weniger übertriebenen Werbung (vgl. Nelson 1974, S. 730). So kann sich der Nachfrager beim Besichtigen einer Wohnung (Inspektion) relativ schnell davon überzeugen, ob die Darstellung des Exposés und die Fotos der Realität gerecht werden oder nicht. Hierfür entstehen ihm die Kosten der Wohnungsbesichtigung, z.B. Fahrtkosten und Opportunitätskosten der Zeit. Fotos und Beschreibungen, die die schönen Seiten der Wohnung herausstellen, können dazu führen, dass der Nachfrager die Wohnung überhaupt besichtigt. Die Differenz zwischen fotografiertem Zustand und tatsächlichem Zustand soll aus Sicht der Informationsökonomik nicht höher sein als die Informationskosten, die der Wohnungssuchende aufwendet.

Allerdings lassen sich nicht alle den Nachfrager interessierenden Sucheigenschaften durch *Surrogatinformationen*, wie Fotos, Videos etc., vermitteln. Gerüche, Atmosphäre, Geräusche u.ä. können durch Surrogatinformationen nur eingeschränkt dargestellt werden. Die Lage einer Wohnung lässt sich zwar beschreiben, die damit verbundene Geräusch- und Geruchsbelästigung ist nur schwer über Surrogatinformationen zu vermitteln. Selbst wenn ein Film gezeigt wird, kann dieser den tatsächlichen Lärm verzerrt wiedergeben.

Damit kann sich der Nachfrager bei Sucheigenschaften weitgehend darauf verlassen, dass die Aussagen des Anbieters der Wahrheit entsprechen, zumal der Anbieter bei irreführenden Informationen einen Vertrauensverlust erleidet, der sich in der Zukunft bemerkbar macht.

Um die einer Inspektion nicht direkt zugänglichen Sucheigenschaften zu prüfen, greift der Nachfrager auf Indikatoren zurück. Hierbei wird etwa die Dienstleistungsumgebung als Indikator für die Qualität der Leistung herangezogen (vgl. zu den Indikatoren ausführlich Kapitel 5.3.1).

5.2.4 Qualitätsdifferenzierende Signale bei Erfahrungseigenschaften

Bei Erfahrungseigenschaften hat der Anbieter nur dann einen Anreiz, wahre Informationen zu vermitteln, wenn (1) er weiterhin im Markt bleiben und Wiederholungskäufe generieren will und/oder (2) es eine zeitliche Staffelung der Käufer gibt, d.h. die Käufer zu unterschiedlichen Zeitpunkten kaufen und (3) die Erfahrungen der Käufer untereinander kommuniziert werden.

Ein Käufer, der bei Nutzung der Dienstleistungen feststellt, dass die kommunizierten Eigenschaften nicht vorliegen, wird nicht wiederkaufen. Ein Anbieter, dem an einem

Wiederkauf nicht gelegen ist – sei es, dass es sich um selten gekaufte Leistungen handelt, z.B. Coachingleistungen für Privatpersonen, sei es, dass die Käufer die Abwechslung lieben, z.B. bei Urlaubsreisen – kann die Nachfrager über den wahren Zustand seiner Leistung täuschen, um kurzfristige Gewinne zu erzielen. Dies gilt allerdings nur, wenn die Käufer alle zur gleichen Zeit kaufen und/oder nicht untereinander kommunizieren. Stehen die Nachfrager untereinander in Verbindung, so können Käufer andere Nachfrager über ihre Erfahrungen unterrichten. Entscheiden sich Nachfrager aufgrund dieser Erfahrungsberichte, die Dienstleistung nicht in Anspruch zu nehmen, so erleidet der Anbieter Umsatzeinbußen. Diese sind umso größer, je höher der Preis der Einzelleistung, je kleiner der Markt (Zahl der Nachfrager) und je langsamer sich eine Dienstleistung im Markt verbreitet.

Eine wesentliche Rolle bei der Überprüfung der vom Anbieter gegebenen Informationen bei Erfahrungseigenschaften kommt *Referenzkunden* und *Kundenempfehlungen* zu. User Communities im Internet sowie Weiterempfehlungen von Kunden sind Beispiele für die Weitergabe von Erfahrungen und Einstellungen. Dies kann sich der Anbieter zunutze machen, um sich hierdurch von Anbietern „schlechter" Qualität bzw. von Anbietern, die über die wahren Eigenschaften ihrer Leistung täuschen, zu differenzieren. So werben einige Sprachreiseveranstalter mit Referenzkunden und vermitteln auch Kontakte zu diesen. Banken vergeben Prämien an ihre Kunden für die Werbung von Neukunden. Einige kleinere Reiseveranstalter, z.B. Happy als Surfreiseveranstalter oder Rainbow Tours, veranstalten Treffen neuer und ehemaliger Kunden, um Erfahrungen auszutauschen und gemeinsam zu feiern. Blogs und Communities auf den Seiten von Reiseveranstaltern versuchen sich diesen Mechanismus zunutze zu machen. Auch die FernUniversität in Hagen zitiert auf ihrer Homepage die Aussagen von Absolventen (www.fernuni-hagen.de).

Die unsicherheitsreduzierende Wirkung hängt bei Erfahrungseigenschaften maßgeblich von der *Glaubwürdigkeit der Informationsquelle* ab. Daher binden Anbieter nicht nur die Erfahrungen ihrer Kunden in ihre Kommunikationsstrategie ein, sondern nutzen auch als glaubwürdig eingestufte „Sender" in ihrer Werbung. Hierbei ist einerseits die sog. Celebrity-Werbung zu unterscheiden, bei der ein in der Öffentlichkeit stehender Mensch (Schauspieler, Designer, Politiker) für eine Dienstleistung wirbt. Bei der Werbung mit Testimonials (Referenzpersonen) werden Personen gezeigt, die ein Produkt empfehlen, ohne dass sie selbst prominent sein müssen (vgl. Fanderl 2005; Gierl / Koncz 2005). Testimonials im wirtschaftswissenschaftlichen Weiterbildungsbereich sind beispielsweise Absolventen, die später Karriere gemacht haben; Celebrities sind Berühmtheiten, z.B. Vorstandsvorsitzende, aber auch Politiker, Schauspieler oder Sportler. Der hinter der Celebrity stehende Marktmechanismus sieht wie folgt aus: Prominente besitzen eine gewisse Reputation, die sie nicht dadurch aufs Spiel setzen möchten, dass sie Werbung für eine Leistung machen, die über die tatsächlichen Eigenschaften dieser Leistung täuscht. Täten sie dies, so würde ihre eigene Reputation schwinden und ihr Marktwert sinken. Daher wird die Werbung mit Celebrities als glaubwürdig eingestuft.

Weitere Signale, die Anbieter guter Qualität von Anbietern schlechter Qualität bzw. opportunistische von nicht opportunistischen Anbietern unterscheiden, sind Testkäufe, Schnupperangebote u.ä. Testkäufe und Schnupperangebote (z.B. Teilnahme an Probevorlesungen oder Probestunden im Bildungsbereich), Tage der offenen Tür, die Verschiebung der Sichtbarkeitslinie im Prozess (vgl. hierzu Kapitel 6.2) ermöglichen es dem Nachfrager, wie der Name bereits sagt, ein Angebot auszuprobieren, detailliertere Informationen zu sammeln und so konkretere Vorstellungen der Qualität zu erhalten. Im Grunde entspricht dies dem Versuch des Anbieters, Erfahrungseigenschaften in Sucheigenschaften umzuwandeln. Weitere Möglichkeiten stellen die Dienstleistungsgarantie und die Dienstleistungsmarke dar, die weiter unten behandelt werden (vgl. Kapitel 5.3.2 und Kapitel 5.3.3).

5.2.5 Qualitätsdifferenzierende Signale bei Vertrauenseigenschaften

Vertrauenseigenschaften sind dadurch gekennzeichnet, dass sie vom Nachfrager weder vor noch nach dem Kauf überprüft werden können. Da der Preis diese Eigenschaften mit umfasst, ist der Nachfrager daran interessiert festzustellen, ob sie vorhanden sind. Um den Nachfrager von ihrem Vorhandensein zu überzeugen, bieten sich zum einen Gütesiegel und Testurteile an, zum anderen die Reputation.

Gütesiegel und *Testurteile* sind Zeichen, die Qualitätsaussagen mit Hilfe von Symbolen oder Wortzeichen komprimieren. Die Aussage über die Gesamt- oder Teilqualität einer Leistung oder eines Anbieters wird dabei durch eine dritte (unabhängige) Partei getroffen. Testurteile bestätigen die Zugehörigkeit zu einer bestimmten Güteklasse, während Gütesiegel das Vorhandensein einer Mindestqualität bestätigen (vgl. Hogreve / Wittko 2006, S. 105 f.).

Die *Reputation* bezieht sich auf den Ruf oder das Ansehen eines Unternehmens in den Augen der verschiedenen Anspruchsgruppen (Stakeholder), mit denen das Unternehmen zu tun hat. Hierbei werden nicht nur Nachfrager, sondern auch Lieferanten, Kapitalgeber, potenzielle Mitarbeiter oder die Presse als Stakeholder betrachtet. Reputation lässt sich verkürzt „als die von Stakeholdern anerkannte Leistungsfähigkeit und der anerkannte Leistungswillen der Unternehmung bezeichnen, die sich in dem von ihr erwarteten Verhalten gegenüber einzelnen Stakholdern wie auch gegenüber der Gesellschaft niederschlagen“ (vgl. Helm 2007, S. 32 f.).

Im Folgenden werden ausgewählte Signale näher betrachtet: Qualitätsindikatoren, Garantien und die Marke.

5.3 Die Gestaltung von Signalen

5.3.1 Qualitätsindikatoren

Wenn die Qualität einer Leistung nicht direkt eingeschätzt werden kann, werden ein oder mehrere Indikatoren zur Beurteilung herangezogen. Indikatoren geben keine Auskunft über die Leistung selbst, sondern stellen beobachtbare Merkmale dar, die positiv mit der Qualität der Leistung korrelieren (objektive Indikatoren) oder von denen der Konsument annimmt, dass eine solche positive Korrelation besteht (subjektive Indikatoren) (vgl. Barzel 1982). Indikatoren beziehen sich bei Dienstleistungen auf das vor dem Kauf beobachtbare Leistungspotenzial, z.B. das Personal oder die Dienstleistungsumgebung, sowie auf Maßnahmen des Anbieters, z.B. die Preishöhe oder die Werbung.

Aus *informationsökonomischer Sicht* erklärt sich die Qualitätsindikatorfunktion über die im Preis enthaltenen angebotsbezogenen Informationen: Die Erstellung qualitativ hochwertiger Leistungen ist mit höheren Kosten verbunden als die Erstellung von Leistungen niedrigerer Qualität. Somit werden Anbieter mit höherer Qualität zur Deckung ihrer Kosten und zur Erzielung eines angemessenen Gewinns auch höhere Preise fordern müssen als Anbieter niedrigerer Qualität. Ist die Qualität nicht beurteilbar, so gilt aufgrund des oben beschriebenen Mechanismus ein hoher Preis als Indikator einer hohen Qualität und ein niedriger Preis als Indikator einer geringen Qualität.

Aus *verhaltenswissenschaftlicher Sicht* werden zur Wirkungsweise des Preises als Qualitätsindikator insbesondere die folgenden Erklärungen gegeben (vgl. Simon 1992, S. 605):

- Aufgrund ihrer persönlichen Erfahrung meinen Nachfrager zu wissen, dass ein hoher Preis auch in den meisten Fällen mit hoher Qualität verbunden ist.
- Nachfragern erscheinen Preisvergleiche einfacher als Qualitätsvergleiche, da der Preis eindimensional ist. Hierzu ist allerdings anzumerken, dass dies gerade bei Dienstleistungen, wie etwa dem Mobilfunk mit seinen unterschiedlichen Tarifstrukturen (denen allerdings auch unterschiedliche Nutzenstrukturen gegenüber stehen), nicht immer der Fall ist.
- Der Preis erscheint glaubwürdiger als Qualitätsinformationen, da er überprüfbar ist.

Bei Dienstleistungen kann auch die Kapazitätsauslastung als Indikator für die Qualität der Dienstleistung angesehen werden (vgl. Schnittka 1998, S, 148 ff.). So gilt ein Restaurant, in dem es schwierig ist, einen Platz zu erhalten oder in dem eine sehr frühzeitige Reservierung erforderlich ist, als Anbieter hoher Qualität.

Die Verknappung der Kapazität führt zu einer vollständigen oder eingeschränkten Erhältlichkeit für den Käufer und kann verschiedene Ursachen haben (vgl. Verhallen / Robben 1995). Bei einer natürlichen oder von Regularien herbeigeführten Verknappung wird die knappe Leistung dann hoch geschätzt, wenn sie nicht leicht ersetzt werden kann, somit einzigartig ist. Gibt es also viele ähnliche Restaurants, kann der Nachfrager leicht ausweichen. Bei restriktiver Erhältlichkeit für bestimmte Individuen (künstliche Verknappung) erhält die Leistung eine zusätzliche Qualität, die des Status. Ein Restaurant führt eine Reservierungsliste und nimmt nur die Reservierung von Stammgästen, Prominenten, Reichen oder Mitgliedern der führenden Gesellschaftsschicht an. Für Nicht-Mitglieder kann dies zur Frustration und zu einer geringeren Wertschätzung der Leistung führen. Zeitlich begrenzte Erhältlichkeit kann ebenfalls zu einer höheren Wertschätzung des Gutes führen. Ein Restaurant ist nur an bestimmten Wochentagen geöffnet. Ebenfalls entscheidend sind die Umstände, auf die der Kunde die Knappheit zurückführt. Sieht er eine hohe Nachfrage als ursächlich an, steigt die Qualitätseinschätzung der Leistung; wird sie auf den Zufall zurückgeführt, sinkt die Qualitätseinschätzung.

Eine weitere Erklärung kann darin liegen, dass Nachfrager Informationsasymmetrien zwischen ihnen unterstellen. Nachfrager, die das Restaurant noch nicht besucht haben, unterstellen, dass die Gäste im Restaurant genauere Qualitätsinformationen besitzen als sie, dass also ein Informationsgefälle zwischen Gästen und Nicht-Gästen des Restaurants besteht. Da das Restaurant voll ist, muss es sich c.p. um einen Anbieter guter Qualität halten. Andernfalls hätten die Gäste das Restaurant bereits verlassen.

Neben dem Preis und der verknappenden Funktion der Kapazität wird auch die Ausstattung und Gestaltung der Dienstleistungsumgebung als Qualitätsindikator herangezogen (vgl. Bowen 1986). Bestimmte Farben oder Materialien, wie Holz, werden als hochwertig wahrgenommen, andere, wie etwa Plastik, als geringwertig (vgl. Kerfoot / Davies / Ward 2003). In verschiedenen Experimenten zeigt Schlosser am Beispiel des Handels, dass die Qualität von Produkten in einer als hochwertig empfundenen Umgebung höher eingeschätzt wird als in einer Discounter-Umgebung. Dies gilt allerdings nicht für Produkte, bei denen die Nützlichkeit im Vordergrund steht (vgl. Schlosser 1998).

5.3.2 Dienstleistungsgarantien

Unter *Dienstleistungsgarantien* werden freiwillige Versprechen eines Dienstleistungsanbieters verstanden, im Falle einer Nicht-Erfüllung des Versprechens eine bestimmte Entschädigung zu leisten. Die Freiwilligkeit des Versprechens bezieht sich darauf, dass es keine gesetzliche und damit einklagbare Grundlage für den Kunden gibt, bei einer Verletzung des Versprechens eine Entschädigung zu erhalten. Das Versprechen des Anbieters bezieht sich auf das Leistungsergebnis, auf Teile oder den gesamten Leistungserstellungsprozess oder auf das Leistungspotenzial (vgl. Hogreve 2007, S. 24 ff. und die dort angegebene Literatur). Dementsprechend lassen sich folgende Garantieformen unterscheiden (vgl. Hogreve 2007, S. 32 f.):

- *Ergebnisgarantien* beziehen sich auf das gesamte Leistungsergebnis oder ein Merkmal dieses Leistungsergebnisses. Eine Pünktlichkeitsgarantie, wie sie etwa die Münchner Verkehrsbetriebe geben (http://www.mvg-mobil.de/mvg-garantie_details.htm), stellt eine Garantie dar, die sich auf ein bestimmtes Merkmal des Leistungsergebnisses bezieht. Die Entschädigung beläuft sich auf 5 EUR oder, falls letzte Verbindungen verpasst werden, auch auf die Taxikosten in Höhe von max. 25 EUR.

- *Prozessgarantien* beziehen sich auf den gesamten Leistungserstellungsprozess oder Teile bzw. Merkmale dieses Prozesses. Eine Wartezeitengarantie, wie sie beispielsweise für die Kasse in Supermärkten gegeben wird, bezieht sich auf den Leistungserstellungsprozess, und zwar hier nur auf ein bestimmtes Merkmal, nämlich die Wartezeit bzw. nur einen bestimmten Teilprozess, nämlich den Kassiervorgang.

- *Potenzialgarantien* beziehen sich auf das Leistungspotenzial und garantieren den Einsatz bestimmter Produktionsfaktoren. Ein Sprachinstitut, das dem Kunden eine Garantie darauf gibt, dass nur Muttersprachler eingesetzt werden, gibt eine Potenzialgarantie.

- *Zufriedenheitsgarantien* beziehen sich nicht auf bestimmte Merkmale, sondern sind umfassend. Den Gegenstand der Garantie bildet die Zufriedenheit des Kunden. Ein Seminaranbieter gibt eine 100%-Zufriedenheitsgarantie: Wenn der Kunde nicht zufrieden ist, ist das Seminar kostenlos (http://www.ek-seminare.de/besonderheiten2.html).

Nach dem Spezifitätsgrad werden *spezifische* und *unspezifische Garantien* unterschieden (vgl. Hart 1988). Ergebnis-, Prozess- und Potenzialgarantien sind als spezifische Garantien zu bezeichnen, da sie sich nicht auf die Dienstleistung insgesamt, sondern lediglich auf bestimmte Merkmale der Dienstleistung beziehen. Die Zufriedenheitsgarantie stellt eine unspezifische Garantie dar.

Nach dem Umfang der Garantie lassen sich *beschränkte* und *unbeschränkte Garantien* differenzieren (vgl. Hart 1988). Unbeschränkte Garantien knüpfen ihre Einlösung nicht an bestimmte Voraussetzungen, während beschränkte Garantien die Erfüllung bestimmter Voraussetzungen erwarten. Eine Fluggesellschaft bietet eine Pünktlichkeitsgarantie an, schließt aber Verspätungen aufgrund ungünstiger Wetterbedingungen und einer Überlastung des Luftraumes aus. In diesem Fall ist die Pünktlichkeit zwar ein wichtiges Merkmal; durch die Bedingungen des Garantieeintritts kann die Garantie vom Kunden jedoch kaum in Anspruch genommen werden. Es handelt sich um eine beschränkte Garantie, die kaum jemals zum Tragen kommt.

Nach der Art der Kommunikation können *Garantien explizit* oder *implizit* sein. Explizite Garantien werden vom Anbieter direkt als solche formuliert und in geeigneter Weise kommuniziert, z.B. an der Rezeption eines Hotels oder im Internet. Implizite Garantien sind bereits in anderen Leistungsversprechen enthalten. Unternehmen im Premiumsegment, z.B. 5-Sterne-Hotels, geben implizite Garantien durch ihr Leistungsversprechen, da hier ein einwandfreier und über die Durchschnittsleistungen hinausgehender Service erwartet wird. Diese zu garantieren, würde die Reputation des Unternehmens eher schädigen als stärken (vgl. Hart 1988, S. 59).

Dienstleistungsgarantien können die in Abbildung 5-6 aufgeführten Wirkungen in verschiedenen Phasen des Dienstleistungsprozesses entfalten (vgl. Hogreve 2007, S. 76 ff.).

Abbildung 5-6: *Wirkungen von Dienstleistungsgarantien in den verschiedenen Phasen des Dienstleistungsprozesses*

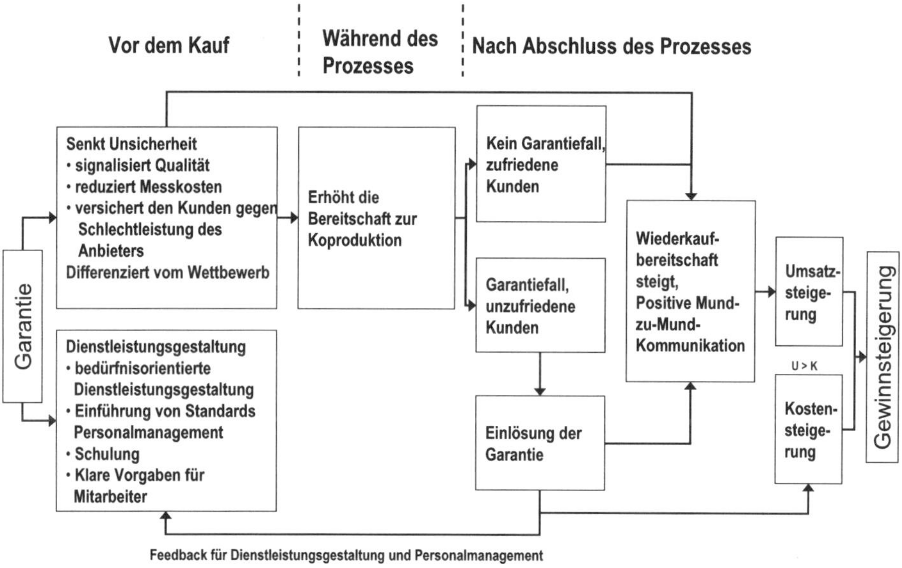

Vor dem Kauf prägen und vereinheitlichen Dienstleistungsgarantien als Qualitätssignal (vgl. Kapitel 5.2.1) die Erwartungen der Kunden im Hinblick auf die Dienstleistung (vgl. Hays / Hill 2001, S. 405), indem die Garantie klare Standards setzt und dem Kunden eine Orientierung liefert, wofür das Unternehmen steht (vgl. Hart 1988, S. 57 ff.). So signalisiert die Pünktlichkeitsgarantie eines Paketdienstes (Lieferung bis zum nächsten Tag – sonst Geld zurück) den Anspruch des Anbieters an seine eigene Leistung und zeigt dem Kunden, was er erwarten kann.

Als *Messkosten* werden u.a. die Kosten bezeichnet, die dem Kunden entstehen, um die Qualität einer Leistung zu prüfen (vgl. Barzel 1982), d.h. zu messen, ob die vom Kunden erwarteten Merkmale auch tatsächlich vorhanden sind. Dienstleistungsgarantien können diese Messkosten reduzieren, indem andere Screeningaktivitäten durch die Suche nach einer Dienstleistungsgarantie ersetzt werden. Statt beispielsweise im Internet nach einer Bewertung von Hotels durch Gäste zu suchen, verlässt sich der Kunde auf die vom Hotel angebotene Dienstleistungsgarantie.

Garantien als Qualitätssignal und als Mittel der Messkostenreduktion sind vor allem bei Erfahrungseigenschaften relevant. Hierbei kann der Kunde während der Nutzung der Dienstleistung feststellen, ob die versprochenen Leistungsmerkmale vorhanden waren oder nicht. Entsprechen die Erfahrungen des Kunden nicht dem Leistungsversprechen, so kann er die Garantie einlösen.

Dienstleistungsgarantien können aber auch bei Vertrauenseigenschaften eingesetzt werden. In diesem Fall erfüllen sie eine Versicherungsfunktion. Eine Dienstleistungsgarantie mit Versicherungscharakter versichert den Kunden nicht nur gegen Fehlverhalten des Anbieters, sondern auch gegen solche Konsequenzen, die der Anbieter nicht zu verantworten hat und die aufgrund äußerer Umstände oder aufgrund eines Fehlverhaltens des Kunden eintreten.

Darüber hinaus können Dienstleistungsgarantien die Bereitschaft des Kunden zur Co-Produktion erhöhen (vgl. McCollough / Gremler 2004). Die stärkere Bereitschaft der Kunden zur Co-Produktion kann mit Hilfe der verhaltenswissenschaftlich fundierten Equity-Theory (Gleichheitstheorie) erklärt werden (vgl. Adams 1963, 1965). Aus Sicht der Equity-Theorie streben Menschen nach einem Gleichgewicht zwischen Input und Output im Verhältnis zu anderen. Demnach bemisst ein Kunde seine Beiträge in einem Prozess nach den Beiträgen des Anbieters und strebt ein gerechtes Verhältnis an. Im Sinne der Reziprozität (Wechselseitigkeit) wird er mit größerem Engagement reagieren, wenn auch der Anbieter größeres Engagement zeigt. Kommuniziert also der Anbieter durch das Angebot der Garantie einen hohen Leistungswillen, so zeigt er damit, dass er bereit ist, seinen Teil im Dienstleistungsprozess gewissenhaft auszuführen.

Neben den Wirkungen der Dienstleistungsgarantie auf den Markt entfaltet eine Dienstleistungsgarantie auch Wirkungen innerhalb des Unternehmens. Eine Dienstleistungsgarantie unterstützt die bedürfnisorientierte Dienstleistungsgestaltung, denn ein Unternehmen muss wissen, welche Leistungsmerkmale dem Kunden wichtig sind, denn nur bei wichtigen Merkmalen entfaltet die Garantie ihre Marktwirkung. Eine Garantie zwingt ein Unternehmen seinen gesamten Leistungserstellungsprozess daraufhin zu untersuchen, wo es Schwachstellen gibt. Eine Garantie erfordert weiterhin ein System, das Fehler aufdeckt (vgl. Hart 1988, S. 57 ff.; Hart / Schlesinger / Maher 1992, S. 23). Sollte ein solches Messinstrumentarium die Mängel nicht vollständig aufdecken, so liefert die Einlösung der Garantie zuverlässige Daten darüber, wo der Dienstleistungsprozess Mängel aufweist (vgl. Hart / Schlesinger / Maher 1993, S. 23). Damit werden die Fehler- bzw. Mängelkosten der Dienstleistung messbar (vgl. Brinkmann / Peill 1996, S. 285). Durch die genaue Kenntnis der Leistungsfähigkeit verhindert eine Garantie auch, dass ein Unternehmen seine Leistungsversprechen gegenüber den Kunden übertreibt; insbesondere Zeitgarantien verhindern die Hereinnahme zu vieler Aufträge (vgl. Hart / Schlesinger / Maher 1992, S. 23).

Nicht nur im Hinblick auf das Prozessdesign sind Garantien hilfreich; auch im Rahmen des Personalmanagements können sie unterstützend wirken, setzen sie doch nicht gegenüber dem Kunden klare Standards, sondern auch gegenüber den Mitarbeitern. Standards erleichtern es den Mitarbeitern zu entscheiden, wie sie sich verhalten sollen und wirken somit wie Verhaltensregeln nach innen. Sie können sich damit auch positiv auf die Unternehmenskultur auswirken (vgl. Hays / Hill 2001, S. 406).

Nach dem Kauf unterstützen Dienstleistungsgarantien eine positive Mund-zu-Mund-Propaganda und die fördern Kunden- und Markentreue gegenüber dem Anbieter. Der Einsatz von Garantien stimuliert das Beschwerdeverhalten unzufriedener Kunden und ermöglicht dem Anbieter die Rückgewinnung dieser Kunden und die Beseitigung von Mängeln bei Schlechtleistung. Dadurch wird es weniger wahrscheinlich, dass unzufriedene Kunden sich gegenüber anderen Nachfragern negativ über den Anbieter äußern und damit diese Kunden vom Erwerb der Dienstleistung abhalten. Somit ermöglichen Garantien, sofern sie nicht von allen Anbietern angeboten werden, eine Differenzierung vom Wettbewerb und bilden die Grundlage für einen Wettbewerbsvorsprung, der sich – trotz erhöhter Kosten – in einer Umsatz- und Markanteilssteigerung niederschlägt und letztlich auch zu Gewinnsteigerungen führen kann (vgl. Wirtz 1998).

Über die Feedback-Schleife zum Anbieter können Dienstleistungsgarantien darüber hinaus eine Basis für die Entwicklung von Dienstleistungsinnovationen bilden: Sie können im Sinne eines Selbstselektionsmechanismus engagierte Kunden von weniger engagierten trennen, wenn man unterstellt, dass engagierte Kunden eine Dienstleistungsgarantie eher einlösen. Aus der Gruppe der engagierten Kunden lassen sich Nutzergruppen rekrutieren, die in den Innovationsprozess eingebunden werden. Darüber hinaus liefern die bei der Einlösung der Garantie gelieferten Informationen selbst Ansatzpunkte zur Entwicklung von Dienstleistungsmodifikationen und -innovationen (vgl. Fließ / Hogreve 2007).

Dienstleistungsgarantien sind nicht unter allen Bedingungen ein sinnvolles Marketinginstrument zur Reduktion von Unsicherheit. Vielmehr sind die folgenden Aspekte zu beachten:

- Hohe Unsicherheit der Nachfrager bezüglich der Qualität der Dienstleistung unterstützt die Wirksamkeit einer Garantie. Dies ist insbesondere bei innovativen

Dienstleistungen der Fall, also in der Einführungs- und Wachstumsphase des Produktlebenszyklus.

- Die Neuartigkeit des Instrumentes unterstützt die Wirksamkeit. Bei breitem Einsatz in der Branche geht dieser Vorteil verloren.
- Die Kosten des Garantieaufbaus und der Garantieeinlösung müssen mindestens den über die Garantie zusätzlich erreichbaren Erlösen entsprechen.

Bei der Gestaltung einer Garantie kann dem in Abbildung 5-7 dargelegten Ablauf der Entwicklung und Implementierung einer Dienstleistungsgarantie gefolgt werden.

Abbildung 5-7: *Ablauf der Entwicklung und Implementierung einer Dienstleistungsgarantie*

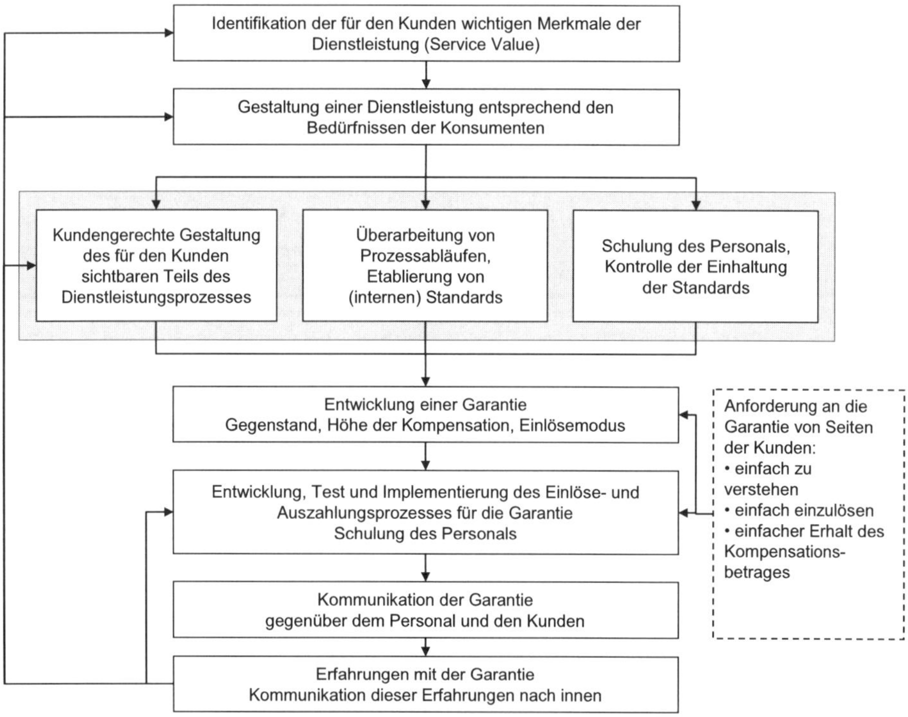

Im Hinblick auf den Gegenstand, den Spezifitätsgrad und den Umfang der Garantie wird in der Literatur häufig die unbedingte Zufriedenheitsgarantie empfohlen (vgl. Hart 1988; Hart 1993). Eine empirische Untersuchung in Deutschland hat jedoch gezeigt, dass eine Garantie insbesondere bei hoch integrativen Leistungen unglaubwürdig ist, vermutlich weil der Kunde durch seine Leistungsbeiträge selbst auf das Dienstleistungsergebnis Einfluss nimmt (vgl. Hogreve 2007, S. 193 ff.). Andere Untersuchungen zeigen, dass sowohl spezifische als auch unspezifische Garantien eine positive Wirkung auf die Kundenzufriedenheit haben (vgl. McDougall / Levesque / Vanderplaat 1998), ohne dass jedoch die Zufriedenheitsgarantie anderen Garantien eindeutig überlegen wäre (vgl. Wirtz / Kum 2001).

Bei einer spezifischen Garantie ist der Auswahl des Merkmals, auf das sich die Garantie beziehen soll, besonderes Augenmerk zu schenken. Da eine Garantie dem Kunden Qualität signalisieren und dem Anbieter helfen soll, sich von Wettbewerbern zu differenzieren, sollte es sich um solche Merkmale handeln, die für den Kunden von besonderer Bedeutung sind (vgl. Hart 1988), also einen besonderen differenzierenden Bestandteil des Kundenvorteils bzw. des Service Value ausmachen.

Bei der Festlegung der Höhe des *Kompensationsbetrages* ist die Höhe des Schadens im Verhältnis zum Gesamtnutzen der Dienstleistung zu berücksichtigen, der durch den Garantiefall eingetreten ist. Als einfache Faustformel gilt, dass sich der Kompensationsbetrag zum Preis so verhalten soll wie der Schaden zum Nutzen.

Bei einer Zufriedenheitsgarantie entspricht im Garantiefall der Schaden der entgangenen Zufriedenheit aus der Gesamtleistung: es tritt ein Schaden in Höhe des entgangenen Nutzens ein; dieser Schaden entspricht dem vollständigen Nutzen, den der Kunde ohne Garantiefall aus der Dienstleistung gezogen hätte. Unter der Bedingung, dass der Preis dem Nutzen genau entspricht, ist der Preis als Kompensationsbetrag festzulegen. Dies ist das der Geld-zurück-Garantie zugrunde liegende Prinzip.

Ist der Schaden höher als der Nutzen der Dienstleistung, weil Folgekosten auftreten, so ist gemäß der Faustformel der Kunde für den über den entgangenen Nutzen hinausgehenden Schaden zu entschädigen.

Bei einer spezifischen Garantie muss der Anbieter feststellen, welchen Anteil das garantierte Merkmal am Gesamtnutzen des Kunden hat. Hierfür kann der Einsatz der Conjoint-Analyse hilfreich sein. Der Nutzen, den der Kunde aus der Dienstleistung zieht, kann höher sein als der Preis, den der Kunde für die Dienstleistung zahlt. Dies entspricht dem Service Value bzw. einem Verzicht des Anbieters auf das Abschöpfen der Konsumentenrente. In einem solchen Fall kann der Kunde einen Kompensationsbetrag erwarten, der höher liegt als der von ihm gezahlte Preis, da er über den Preis hinaus auch für seinen entgangenen Nutzen entschädigt werden möchte. Hierbei sind auch die Leistungsbeiträge des Kunden einzubeziehen, die zum einen auf der Nutzenseite, zum anderen auf der Kostenseite zu Buche schlagen. Daher ist im Entwicklungsprozess der Garantie darauf zu achten, wie sich die Leistungsbeiträge des Kunden standardisieren lassen.

Der Kompensationsbetrag muss nicht in monetärer Form ausgezahlt werden; es kann sich auch um nicht-monetäre Entschädigungen handeln, wie z.B. die unentgeltliche

Nutzung einer weiteren Dienstleistung oder ein Gutschein für andere Leistungen dieses oder eines anderen Anbieters.

Als dritte Komponente ist der Prozess zu gestalten, in dem der Kunde die Garantie einlöst und seine Kompensation enthält. Hierbei gelten die in Kapitel 3.2dargestellten Grundprinzipien. Dabei ist das Kosten-Nutzen-Verhältnis aus Kundensicht besonders zu beachten: Da der Kunde bereits dadurch, dass der Garantiefall eingetreten ist, einen Schaden erlitten hat, sollten die Kosten der Einlösung für ihn möglichst gering gehalten werden. Hart plädiert daher für eine möglichst einfache Einlöseprozedur der Garantie und eine ebenso einfache Auszahlungsprozedur für die Kompensation (vgl. Hart 1988, S. 55).

Beipiel: Eine Fluggesellschaft bietet eine bedingte Pünktlichkeitsgarantie, bei der die Fluggesellschaft den Schaden übernimmt, wenn der Passagier aufgrund der Verspätung Anschlüssflüge verpasst. Übernommen werden die Kosten für die Anschlussflüge (z.B. Umbuchungskosten, Kosten für die nächst höhere Preiskategorie falls erforderlich, aber auch Übernachtungs- und Transportkosten). Bei der Einlösung wird der Nachweis des Schadens erwartet. So muss der Passagier nachweisen, dass es notwendig war, in die nächst höhere Preiskategorie umzubuchen, dass die Umbuchungskosten tatsächlich so hoch waren u.ä. Die Kopien der Unterlagen sind schriftlich mit einem ausgefüllten Antragsformular einzureichen; die Auszahlung erfolgt in Form eines Gutscheines für weitere Flüge der Gesellschaft. In diesem Beispiel ist der Prozess der Garantieeinlösung recht umständlich, da der Kunde einen Antrag ausfüllen und Belege beibringen muss. Einfacher wäre die formlose Zusendung der Belege mit Flugangabe und Kontoverbindung. Der Auszahlungsprozess der Kompensation ist ebenfalls nicht einfach, da die Verwendung der Kompensation für den Kunden mit weiteren Transaktionskosten verbunden ist (Einlösen des Gutscheins beim nächsten Flug). Einfacher wäre es hier, den entsprechenden Geldbetrag zu überweisen.

Vielfach wird von Unternehmen befürchtet, dass eine Garantie zu opportunistischem Verhalten führen kann. *Opportunistisches Verhalten* bezeichnet das Ausnutzen von Informationsnachteilen des Anderen zu dessen Schaden, um eigene Ziele zu erreichen und sich besser zu stellen (Williamson 1990, S. 34 ff.). Insbesondere bei der Zufriedenheitsgarantie könnten Kunden die Garantie einlösen, obwohl sie zufrieden sind, um sich kostenlos bzw. zu einem geringeren Preis in den Genuss der Dienstleistung zu setzen. Dabei wird insbesondere vermutet, dass die Höhe der Kompensationsleistung einen Einfluss auf die Wahrscheinlichkeit der missbräuchlichen Inanspruchnahme der Garantie habe. Eine Studie von Wirtz und Kum in verschiedenen Branchen zeigt jedoch, dass die Wiederkaufabsicht auch bei unterschiedlichen Kompensationsbeträgen einen Missbrauch von Garantien durch Konsumenten verhindert. Interessanterweise ist der Missbrauch auch nicht von Persönlichkeitsmerkmalen abhängig (vgl. Wirtz / Kum 2004). Vielmehr wird die Auffassung vertreten, dass Unternehmen den Garantiemissbrauch selbst provozieren, wenn der Service Value nicht stimmt. Kunden versuchen dann, ein ausgewogenes Nutzen-Kosten-Verhältnis herzustellen, indem sie die

Garantie einlösen (vgl. Hart 1988, S. 61). Im Bankenbereich wird vermutet, dass 2 bis 5% der Kunden von Banken beim Einlösen der Garantie betrügen (vgl. Brinkmann / Peill 1996, S. 186).

Besondere Bedeutung beim Angebot einer Dienstleistungsgarantie kommt – neben der Kommunikation gegenüber den Kunden – den Mitarbeitern zu. Alle Mitarbeiter im Kundenkontakt sind darüber zu informieren, worauf sich die Garantie bezieht und wie sie einzulösen ist. Die Motivation der Mitarbeiter sorgt dafür, dass die Garantie durchgesetzt bzw. die garantierten Leistungen erbracht werden. Um die Motivation der Mitarbeiter zu erhöhen, kann die Garantieeinlösung durch Incentives verstärkt werden. Bei einer Schweizer Bank wird das Kompensationsbudget, das nicht an die Kunden ausgeschüttet wird, an die Mitarbeiter verteilt (vgl. Brinkmann / Peill 1996, S. 285). Eine solche Maßnahme ist sinnvoll, wenn die Incentives nicht dazu führen, dass Mitarbeiter versuchen die Kunden zu überzeugen die Garantie nicht einzulösen.

5.3.3 Dienstleistungsmarken

Dienstleistungsmarken haben in den letzten Jahren zunehmend an Bedeutung gewonnen. In dem jährlich von der Unternehmensberatung Interbrand erhobenen Markenranking sind 22 der internationalen Top 100-Marken Dienstleistungsmarken (vgl. Abbildung 5-8). Zwar sind nur wenige Dienstleistungsmarken auf den oberen Plätzen zu finden, aber schaut man sich die Veränderungen des Markenwertes gegenüber dem Vorjahr an, so sind zumindest bei einigen Marken hohe Zuwachsraten zu verzeichnen. Unter den von der Gesellschaft für Konsumforschung (GfK) erhobenen deutschen Top-Ten-Unternehmensmarken werden Google (2), Aldi (4), Lufthansa (5), eBay (7) und der ADAC (8) genannt (vgl. http://www.bestbrands.de/index_fs.html).

Abbildung 5-8: *Markenwert und Veränderung des Markenwertes im Jahr 2006 der Dienstleistungsmarken unter den Top 100 Marken weltweit, Quelle: Interbrand: Best Global Brands 2006, abgerufen am 23.06.2007 (http://www.ourfishbowl.com/images/surveys/BGB06Report_072706.pdf)*

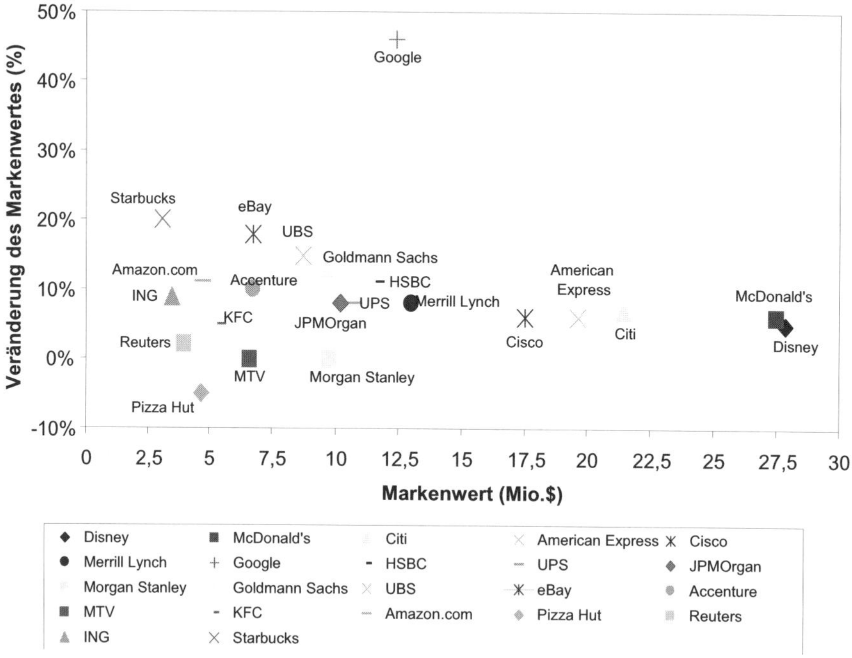

Eine Dienstleistungsmarke ist ein in der Psyche des Nachfragers verankertes, unverwechselbares Vorstellungsbild einer gekennzeichneten Dienstleistung, die in einem möglichst großen Absatzraum über einen längeren Zeitraum in gleichartigem Auftritt und in gleich bleibender oder verbesserter Qualität angeboten wird (vgl. Meffert / Bruhn 2006, S. 438).

Dienstleistungsmarken treten in den in Abbildung 5-9 dargestellten Erscheinungsformen auf (vgl. Stauss 2001, S. 557 ff.).

Abbildung 5-9: *Arten von Dienstleistungsmarken*

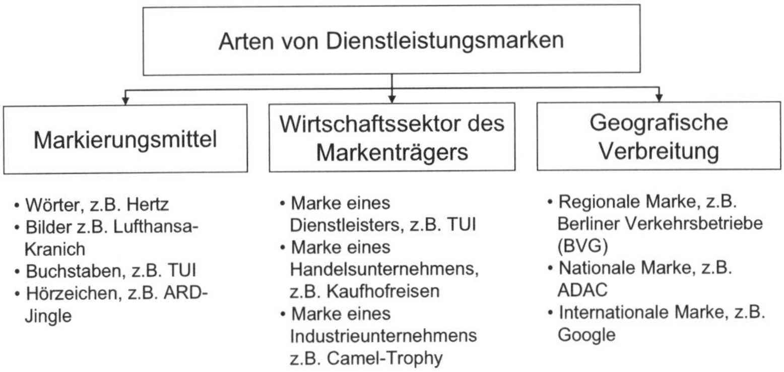

Dienstleistungsmarken weisen gegenüber anderen Marken folgende Besonderheiten auf:

- Dienstleistungen sind aufgrund der Immaterialität des Leistungsergebnisses schwer zu markieren. Nur die materiellen Bestandteile einer Dienstleistung können markiert werden. Dies sind vor allem Elemente des Leistungspotenzials, wie die Kleidung der Mitarbeiter oder die Dienstleistungsumgebung. So tragen die Mitarbeiter einer Fluggesellschaft Uniform, auf der sich der Schriftzug und das Emblem der Gesellschaft befindet, z.B. Lufthansa und Kranich. Darüber hinaus ist das Flugzeug außen und innen markiert, bei manchen Fluggesellschaften finden sich Schriftzug und/oder Emblem auch auf Servietten, dem Geschirr (First Class), der Firmenzeitschrift u.ä.

- Auch Kunden bzw. externe Faktoren des Kunden lassen sich markieren. So finden sich nach einer Autoreparatur manchmal Aufkleber am Armaturenbrett oder Schildchen am Schalthebel, wann die nächste Inspektion oder der nächste Ölwechsel fällig sind. Andere Dienstleister entwickeln Merchandising-Artikel, die das Logo oder Emblem des Dienstleisters tragen, z.B. Kappe oder T-Shirt mit Euro-Disney-Aufdruck, Tassen mit Ansicht des Urlaubsortes.

- Eng mit der Immaterialität verbunden ist auch das Problem der Verdeutlichung des Markenvorteils, da sich differenzierende Besonderheiten nur schwer verdeutlichen lassen. Die Visualisierung erfolgt hierbei häufig über Begriffe oder Symbole, die die Kernbotschaft verdeutlichen. Zu nennen sind hierbei das Logo der TUI, das an einen lächelnden Mund erinnert und den Punkt, der eine Assoziation zum „Punkt auf dem I" hervorruft.

- Bei Dienstleistungen ist es aufgrund der Integrativität des Leistungserstellungsprozesses schwieriger, die Qualität einheitlich zu gestalten. Daher finden sich Dienstleistungsmarken eher bei standardisierten als bei individualisierten Dienstleistungen. Allerdings können bei individualisierten Dienstleistungen Dachmarken verwendet werden.

Die zunehmende Bedeutung von Dienstleistungsmarken lässt sich durch die Funktionen für den Nachfrager erklären (vgl. Kühn / Fasnacht 2002, S. 203; Riesenbeck / Perrey 2004, S. 22; vgl. auch Abbildung 5-10):

- *Unsicherheitsreduktionsfunktion*: Hierbei wirken Marken als Qualitätssignal im Markt (vgl. Kapitel 5.2.1).

- *Erhöhung der Informationseffizienz*: Ähnlich wie bei Dienstleistungsgarantien entheben Marken den Konsumenten der – bei Erfahrungs- und Vertrauenseigenschaften vor dem Kauf gar nicht durchführbaren – Überprüfung von Leistungsmerkmalen. Sie senken aus Sicht der Informationsökonomik die Informationskosten, indem sie aus verhaltenswissenschaftlicher Sicht die Aufmerksamkeit des Nachfragers gezielt lenken, seine Wahrnehmung steuern, ihn in seinem Lernverhalten unterstützen und eine vereinfachte Erinnerung ermöglichen.

- Im Sinne eines ideellen Nutzens stellen Marken selbst einen *Wert* dar. Sie verbinden emotionale Erlebnisse der Dienstleistung mit der Marke, ermöglichen eine Identifikation des Nachfragers mit der Dienstleistung und dem Dienstleister und verhelfen dem Nachfrager zu einer Differenzierung von anderen Käufern.

Eine besondere Bedeutung kommt den Mitarbeitern des Dienstleisters zu, da sie einerseits häufig selbst „markiert" werden (Uniform, Emblem, Namensschild u.ä.), andererseits für die gleich bleibende Qualität der Dienstleistung verantwortlich sind, die Kennzeichen jeder Marke ist. Auch gegenüber den Mitarbeitern des Unternehmens können Dienstleistungen die oben dargestellten Funktionen erfüllen. Risikoreduktion und Informationseffizienz erreichen Marken dann, wenn sie auch Verhaltensregeln für Mitarbeiter gegenüber Kunden sowie interne Standards beinhalten. Dies kann den Kern einer Marke ausmachen (vgl. Fließ /Maeß 2007).

Abbildung 5-10: Funktionen von Marken gegenüber dem Nachfrager

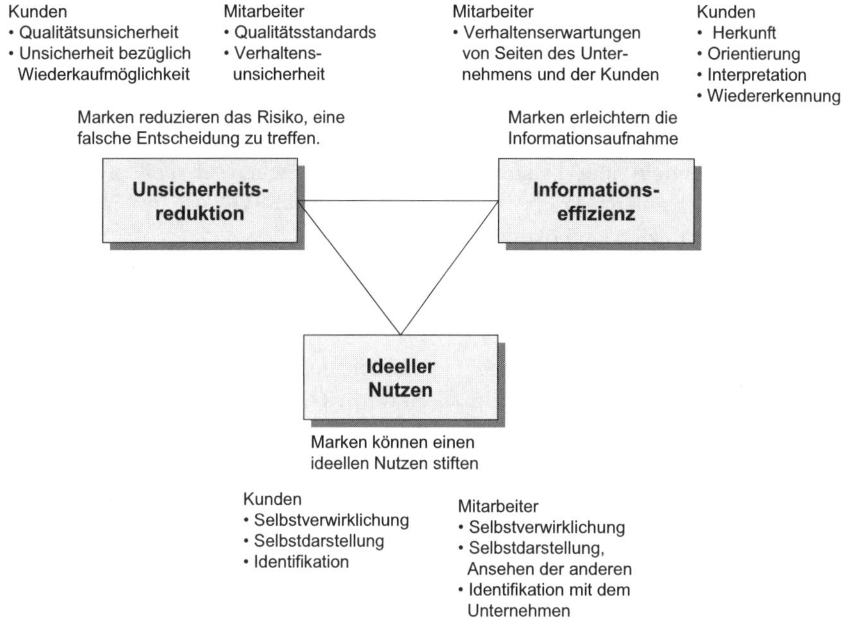

Ein Unternehmen kann eine oder mehrere Marken am Markt positionieren. Grundlegend können die folgenden *Markenstrategien* unterschieden werden (vgl. hierzu und zum Folgenden Esch / Herrmann / Sattler 2006, S. 205 ff.):

- Einzel-, Produktgruppen- oder Mono-Marken-Strategien,
- Familien- oder Range-Marken-Strategien,
- Dach-, Unternehmens- oder Umbrella-Marken-Strategien.

Einzelmarken entsprechen Produkten, d.h. jede Dienstleistung eines Anbieters stellt eine einzelne Marke dar. Einzelmarken sind dann ökonomisch sinnvoll, wenn durch ein heterogenes Dienstleistungsprogramm verschiedene Zielgruppen mit unterschiedlichen Bedürfnissen erreicht werden sollen. Die Einzelmarke ermöglicht eine zielgruppengerechte Gestaltung und Positionierung der Dienstleistung; allerdings ist die zielgruppenspezifische Ausrichtung auch mit erhöhten Kosten verbunden. Beispiele sind Cinestar (Kinos), McCafé (Cafés) oder Mister Minit (Schuhreparaturen).

Familienmarken umfassen eine oder auch mehrere Produktgruppen, die durch eine gemeinsame Klammer zusammengehalten werden. Familienmarken vereinen die Vorteile von Einzel- und Dachmarken. Sie ermöglichen eine zielgruppenspezifischere

Profilierung als Dachmarken, tragen aber nicht das gesamte Marketingbudget allein wie die Einzelmarken. Vielmehr profitieren alle Leistungen von der Zugehörigkeit zu einer Marke, so dass die Einführung neuer Leistungen im Rahmen des Familienmarkenkonzeptes erleichtert wird. Allerdings setzt der „Markenkern" der Ausdehnung der Marke entsprechende Grenzen. Familienmarken sind dort sinnvoll, wo Nachfrageverbunde existieren, d.h. mehrere Leistungen gemeinsam gekauft werden oder solche wahrgenommen werden. Ein Beispiel für Familienmarken ist Alltours.

Dachmarken versammeln alle Leistungen eines strategischen Geschäftsfeldes oder Unternehmens unter einem „Dach". Beispiele hierfür sind TUI, Allianz oder McKinsey. Dachmarkenstrategien sind ökonomisch sinnvoll

- bei einem sehr großen Dienstleistungsprogramm (z.B. Deutsche Telekom), das sinnvollerweise nicht über Einzelmarkenstrategien vermarktet werden kann,
- bei starker Homogenität der angebotenen Dienstleistungen (z.B. Versicherungen wie AXA, Allianz), bei denen Einzelmarken wenig Differenzierung ermöglichen,
- wenn einzelne Dienstleistungen starken Marktschwankungen unterliegen (z.B. Tourismusdienstleistungen),
- bei individualisierten Dienstleistungen, bei denen die Vermarktung des Leistungspotenzials, d.h. die Fähigkeiten des Anbieters, im Vordergrund steht (z.B. Unternehmensberatung, Mckinsey).

Dachmarken erreichen gegenüber Einzel- und Familienmarken eine wesentlich weniger klare und differenzierte Profilierung, können schlechter umpositioniert werden und sind daher schwerfälliger in der Markenführung.

Einzel-, Familien- und Dachmarken werden heute vielfach miteinander kombiniert, so dass Mehrmarkenstrategien, Markenallianzen und komplexe Markenarchitekturen entstehen.

Den Ausgangspunkt des Markenaufbaus bildet eine *Situationsanalyse*. Aufbauend auf dem Service Value wird ausgehend von den Kundenbedürfnissen, den Wettbewerbsmarken und den bereits bestehenden eigenen Marken die Ist-Identität der Marke erfasst und der Soll-Identität gegenüber gestellt (vgl. Abbildung 5-11). Sofern eine Marke neu aufgebaut wird, entfällt die Analyse der Ist-Identität.

Abbildung 5-11: *Managementprozess der identitätsorientierten Markenführung, in Anlehnung an Esch 2008, S. 117*

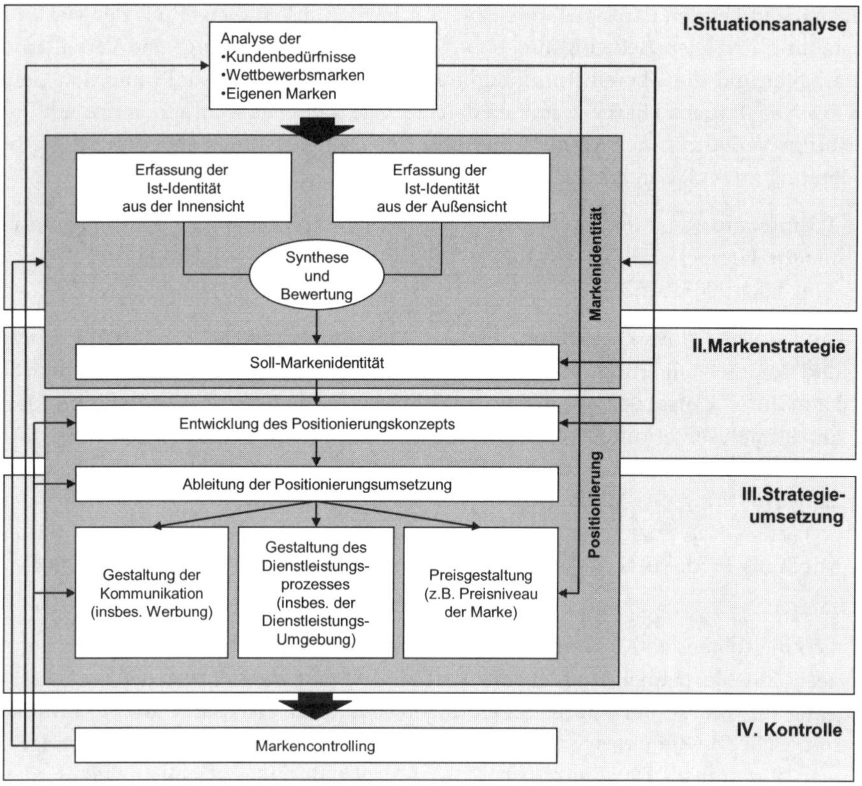

Die *Identität einer Marke* gibt an, für welche Eigenschaften eine Marke stehen soll. Sie verkörpert den Nutzen in Form der „essenziellen, wesensprägenden und charakteristischen Merkmale einer Marke" (Esch 2008, S. 81). So kann für McDonald's der Markenkern als „gutschmeckende Hamburger, Extras wie Spiele und Verbindung zu Kindern und Familie" definiert werden. Die erweiterte Markenidentität umfasst Begriffe und Assoziationen wie zeitsparender Service, Unterhaltung für Kinder, original, amerikanisch, familienorientiert, lustig u.ä. (vgl. Esch 2008, S. 95).

Zur Ermittlung der Markenidentität werden verschiedene Verfahren vorgeschlagen (vgl. hierzu Esch 2008, S. 93 ff.). Im Dienstleistungsbereich kann die Matrix von Holbrook zur Ermittlung des Nutzens herangezogen werden.

Die kaufrelevanten Bestandteile der Markenidentität bilden die Basis für die Positionierung (vgl. hierzu auch Kapitel 4). Hierbei handelt es sich um solche Merkmale, die den Nutzen der Dienstleistung konkretisieren und eine Differenzierung gegenüber den Wettbewerbern ermöglichen. Wesentliche Elemente der Markenpositionierung stellen die folgenden dar (vgl. Grace / O'Cass 2005): Markenname, Preis der Marke, die Gestaltung der Dienstleistungsumgebung, die Kerndienstleistung, das Verhalten der Mitarbeiter und die Übereinstimmung der Marke mit dem Selbstbild und den Gefühlen des Nachfragers. Hierbei kommen dem Service Value als wahrgenommenem Preis-Leistungs-Verhältnis, der Kernleistung und der Dienstleistungsumgebung die größte Bedeutung zu (vgl. Grace / O'Cass 2005, S. 130).

Die Positionierung ist durch ein permanentes *Markencontrolling* zu kontrollieren und zu steuern. Hierbei erfolgen Messungen im Hinblick auf die folgenden drei Perspektiven (vgl. Esch 2008, S. 571):

- *Ergebnisperspektive:* Die Zielsetzung der Markenführung ist zumeist die Ertrags- und Renditesteigerung. In welchem Maße die gesetzten Ziele erreicht wurden, kann durch Umsatz-, Deckungsbeitrags- und Gewinnanalysen, Absatz- und Marktanteilsanalysen ermittelt werden. Marken stellen einen immateriellen Aktivposten eines Unternehmens dar, dessen Wert im sog. Markenwert zum Ausdruck kommt. Zur Ermittlung des Markenwertes werden unterschiedliche Verfahren herangezogen, die sich in finanzorientierte Ansätze und absatzorientierte Ansätze sowie eine Mischung beider unterteilen lassen (vgl. zu einem Überblick: Esch / Geus 2005).

- *Marktperspektive:* Legt man den Kaufprozess des Nachfragers zugrunde, so lassen sich die folgenden Messgrößen als Kennzahlen heranziehen: die ungestützte und gestützte Markenbekanntheit, die Vertrautheit mit der Marke, die Berücksichtigung der Marke bei Kaufentscheidungen, der Kauf der Marke und die Markentreue. Die Messung des Markenwissens zeigt auf, ob die Positionierung erfolgreich war und welche Defizite ggf. bestehen. Neben der Markenbekanheit wird das Markenimage erhoben.

  Die Messung der aktiven Markenbekanntheit erfolgt durch Recalltests, die Messung der passiven Markenbekanntheit durch Recognitiontests. Bei einem ungestützten Erinnerungstest (unaided recall) für Coffeeshops wird die einfache Frage „welche Coffeeshops oder Cafés kennen Sie?" gestellt. Bei einem gestützten Erinnerungstest (aided recall) wird eine Liste der Coffeeshops aufgeführt – „welche der folgenden Coffeeshops kennen Sie? Azu, Balzac, Cafetiero, Coffeeshop Company, Lavazza, McCafé, Myerbeer, Segafredo, Starbuchs, World Coffee?" Bei einem Recognitiontest für Coffeeshops werden echte oder fiktive Logos gezeigt und gefragt „kennen Sie das folgende Logo?"

- *Interne Perspektive*: Voraussetzung einer erfolgreichen Markenpositionierung ist insbesondere im Dienstleistungsbereich das Verhalten der Mitarbeiter. Die Identifikation der Mitarbeiter mit der Marke trägt zu markenkonformem Verhalten bei.

Einen Indikator für die Identifikation bildet beispielsweise die Zufriedenheit der Mitarbeiter mit dem Arbeitgeber.

Mit der Veränderung von Marken tragen Unternehmen der Veränderung der Märkte Rechnung. Hierbei werden zum einen Einzelmarken zu Familien- oder Dachmarken zusammengefasst, zum anderen Dachmarken über Familien- und Einzelmarken differenziert. Eine der wichtigsten Strategien in diesem Zusammenhang stellt die Markendehnung dar. Bei einer Markendehnung will ein Unternehmen „Investitionen in die Marke durch den Transfer aufgebauter Vorstellungsbilder und damit verbundener Präferenzen in neue Produkte kapitalisieren" (Esch 2008, S. 357).

5.4 Zusammenfassung

Aufgrund der Immaterialität des Leistungsergebnisses und der Integrativität des Leistungserstellungsprozesses ist der Erwerb von Dienstleistungen durch ein höheres Maß an Unsicherheit vor dem Kauf gekennzeichnet als der anderer Leistungen. Zur Erklärung können das verhaltenswissenschaftliche Konstrukt des wahrgenommenen Risikos und die Informationsökonomik herangezogen werden. Aus Sicht der Informationsökonomik können nach dem Zeitpunkt der Beurteilung und den Kosten der Informationsbeschaffung Such-, Erfahrungs- und Vertrauenseigenschaften unterschieden werden, wobei bei Dienstleistungen Erfahrungs- und Vertrauenseigenschaften dominieren.

Um die damit verbundene Unsicherheit zu reduzieren, entwickeln Nachfrager sog. Screeningstrategien, denen die Anbieter mit ihren Signalingstrategien begegnen. Bei Sucheigenschaften werden Qualitätsindikatoren der Leistung herangezogen, bei Erfahrungseigenschaften dominieren Referenzen, Kundenempfehlungen, Dienstleistungsgarantien, Marken, Gütesiegel und Zertifikate, bei Vertrauenseigenschaften die Reputation des Anbieters.

Indikatoren sind beobachtbare Merkmale, die in einem tatsächlichen oder vom Nachfrager vermuteten Zusammenhang zur interessierenden Eigenschaft der Dienstleistung stehen. Der Preis der Dienstleistung, der Kapazitätsauslastungsgrad sowie die Dienstleistungsumgebung gelten als Qualitätsindikatoren.

Dienstleistungsgarantien sind freiwillige Versprechen des Anbieters, dass ein bestimmtes Merkmal vorhanden ist und der Nachfrager im Falle des Nicht-Vorhandenseins eine Entschädigung erhält. Dienstleistungsgarantien treten als spezifische und unspezifische, beschränkte und unbeschränkte, implizite und explizite Garantien auf. Garantien können vor dem Kauf Qualität signalisieren, die Messkosten des Nachfragers reduzieren und eine Versicherung zugunsten des Kunden enthalten. Während des Dienstleistungsprozesses wirken sie als Anreiz der Kundenintegration und nach dem Kauf fördern sie die Mund-zu-Mund-Propaganda und die Loyalität der Kunden. Bei der Entwicklung des Garantiedesigns sind Entscheidungen über den Gegenstand, den Spezifitätsgrad und den Umfang der Garantie zu treffen, die Art und Höhe der Kompensation sind festzulegen und der Einlöseprozess ist zu gestalten.

Dienstleistungsmarken sind in der Psyche des Nachfragers verankerte, unverwechselbare Vorstellungsbilder einer markierten Dienstleistung, die in einem möglichst großen Absatzraum über einen längeren Zeitraum in gleichartigem Auftritt und in gleich bleibender oder verbesserter Qualität angeboten wird. Aufgrund der Immaterialität und der Integrativität der Dienstleistung stellen die Markierung und die Sicherstellung einer gleich bleibenden Qualität besondere Herausforderungen dar. Dem Personal des Dienstleistungsunternehmens kommt als Träger der Marke herausragende Bedeutung zu.

Dienstleistungsmarken können als Einzel-, Familien- und Dachmarke eingesetzt werden. Sie reduzieren bei Nachfragern und Mitarbeitern die Unsicherheit, erhöhen die Informationseffizienz und repräsentieren einen ideellen Nutzen. Beim Aufbau einer Marke wird der Service Value in der Markenidentität konkretisiert, die im Rahmen der Positionierung am Markt verankert wird. Hierzu dienen die Marketinginstrumente. Der Erfolg der Marke und ihrer Positionierung muss im Rahmen des Controllings überprüft werden.

5.5 Literaturhinweise zum vertiefenden Selbststudium

- Esch, Franz-R. (2007): Strategie und Technik der Markenführung, 4. Auflage, München (Kapitel D: S. 79-194 und Kapitel F: S. 307-318).
- Hogreve, Jens (2007): Die Wirkung von Dienstleistungsgarantien auf das Konsumentenverhalten: Konzeptualisierung und empirische Analyse, Wiesbaden.
- Weiber, Rolf / Adler, Jost (1995): Positionierung von Kaufprozessen im informationsökonomischen Dreieck. Operationalisierung und verhaltenswissenschaftliche Prüfung, in: Zeitschrift für betriebswirtschaftliche Forschung, 47. Jg., S. 99-123.

6 Die Erfüllung des Leistungsversprechens: der Leistungserstellungsprozess

6.1 Ansatzpunkte der Gestaltung von Dienstleistungsprozessen

Nachdem die Entscheidungen über das Leistungsergebnis getroffen worden sind, gilt es den Leistungserstellungsprozess zu gestalten. Der Leistungserstellungsprozess wird durch den Kunden angestoßen und umfasst alle vom Kunden initiierten Aktivitäten des Anbieters zur (gemeinsamen) Erstellung der Dienstleistung. Der Dienstleistungsprozess umfasst neben den vom Kunden angestoßenen Aktivitäten auch die prozessbezogenen Vorarbeiten des Anbieters, damit der Leistungserstellungsprozess ablaufen kann. Während es sich bei den vom Kunden initiierten Aktivitäten um integrativ disponierte Aktivitäten handelt, sind die prozessbezogenen Vorarbeiten des Anbieters autonom (vgl. Kapitel 2.3.3). Der Leistungserstellungsprozess bezieht sich somit nur auf integrativ disponierte Aktivitäten, während der Dienstleistungsprozess auch die zur Durchführung des Leistungserstellungsprozesses notwenigen autonomen Aktivitäten umfasst. So wird der Leistungserstellungsprozess eines Restaurants dadurch angestoßen, dass der Gast das Restaurant betritt. Dass der Kellner die Tische bereits eingedeckt hat, ist Gegenstand einer autonomen Disposition und ist notwendig, um den Leistungserstellungsprozess durchführen zu können.

Der Dienstleistungsprozess dient der Realisierung des Leistungsversprechens, das durch die Gestaltung des Leistungsergebnisses und die auf dem Service Value und der Marketingstrategie beruhende Positionierung des Dienstleistungsangebotes vorgegeben ist (vgl. Kapitel **Fehler! Verweisquelle konnte nicht gefunden werden.**).

Dabei ist der Leistungserstellungsprozesses im Hinblick auf die bereits in Kapitel 2 diskutierten Perspektiven zu gestalten:

- Die *austauschbezogene Perspektive*, bei der die Sichtweise des Kunden dominiert,
- die *produktionstheoretische Perspektive*, bei der es um den Einsatz von Produktionsfaktoren geht und die Anbieterperspektive dominiert,

- die *organisatorische Perspektive*, bei der Entscheidungen über die Arbeitsteilung und Organisation des Prozessablaufs im Vordergrund stehen und insbesondere bei der Arbeitsteilung Anbieter- und Nachfragerperspektive zusammentreffen.

Zur Gestaltung, Steuerung und Entwicklung des Leistungserstellungsprozesses kann das ServiceBlueprint™ herangezogen werden.

6.2 Das ServiceBlueprint™ als Grundlage der Gestaltung von Dienstleistungsprozessen

Das *Blueprinting* ist eine Methode zur Visualisierung, Analyse, Gestaltung, Steuerung und Entwicklung von Dienstleistungsprozessen (vgl. Shostack 1984; 1987; Kingman-Brundage 1989; 1993; 1995; Allert / Fließ 1998). Ein Blueprint zeigt grundsätzlich den folgenden Aufbau: Zunächst werden die einzelnen Aktivitäten, die bei der Erstellung von Dienstleistungen durchzuführen sind, chronologisch dargestellt. In einem zweiten Schritt werden diese Aktivitäten dann verschiedenen Ebenen zugeordnet. Wie Abbildung 6-1 zeigt, lassen sich fünf verschiedene Ebenen voneinander unterscheiden (vgl. Kleinaltenkamp 1999; Fließ 2001, S. 45):

Abbildung 6-1: *Die Struktur des ServiceBlueprints™, Quelle: Fließ 2001, S. 45.*

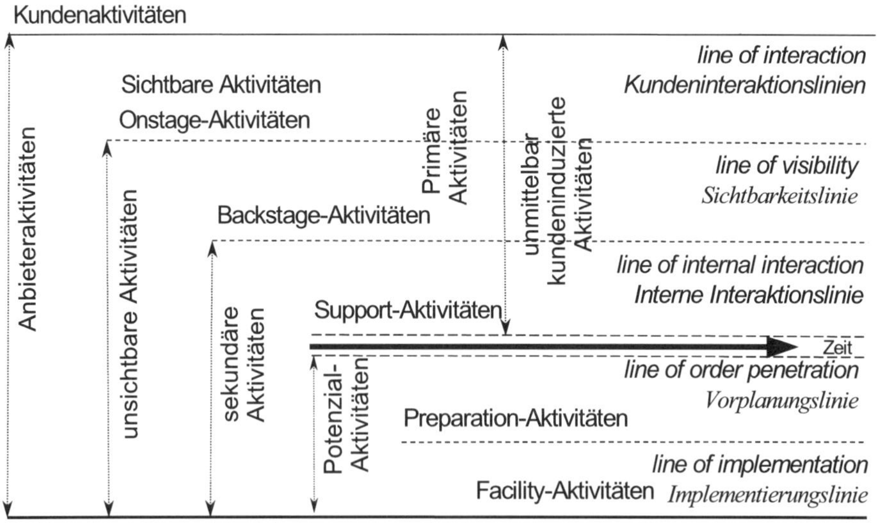

Die *Line of Interaction*, auch als *Kundeninteraktionslinie* bezeichnet, trennt die Kundenaktivitäten von den Anbieteraktivitäten (vgl. Shostack 1984a; 1984b; 1987; Kingman-Brundage 1989; 1993; 1995). Wählt man als einfaches Beispiel die Abgabe eines Mietautos, so sind als Kundenaktivitäten das Parken des Autos, das Betreten des Kundenempfangsbereichs der Autovermietung, die Angabe der Kundeninformationen, die Abgabe des Schlüssels und der Autopapiere, der Empfang und das Bezahlen der Rechnung sowie das Verlassen der Autovermietung einzutragen.

Die *Line of Visibility* oder *Sichtbarkeitslinie* trennt die sichtbaren von den für den Kunden unsichtbaren Anbieteraktivitäten (vgl. Shostack 1984a; 1984b; 1987; Kingman-Brundage 1989; 1993; 1995). Unterhalb der Line of Visibility sind die *Backstage- oder Backoffice-Aktivitäten* einzuordnen, oberhalb der Line of Visibility die *Onstage- oder Frontoffice-Aktivitäten*. Hierbei handelt es sich jeweils um Aktivitäten der Mitarbeiter im Kundenkontakt, die für den Kunden sichtbar oder nicht sichtbar sind. Das Entgegennehmen von Papieren und Schlüsseln erfolgt in der Regel für den Kunden sichtbar, so dass es sich hier um eine Onstage-Aktivität handelt. Verlässt der Kundenbetreuer jedoch den Raum, um den Mietwagen zu überprüfen, so handelt es sich um eine nicht sichtbare Aktivität im Backoffice-Bereich.

Mit Hilfe der *Line of Internal Interaction* bzw. der *internen Interaktionslinie* lassen sich unterstützende oder Support-Aktivitäten von den für den Kunden nicht sichtbaren Aktivitäten trennen (vgl. Kingman-Brundage 1989, 1993, 1995). *Support-Aktivitäten* werden von anderen Personen durchgeführt als dem Kundenkontakt-Personal. Daher erfordern sie eine interne Interaktion. Diese Aktivitäten werden zum Teil ebenfalls als *Backoffice-Aktivitäten* bezeichnet. So wird im obigen Beispiel der Mietwagen von einem Mitarbeiter, der nicht im Kundenkontakt tätig ist, gesäubert und betankt.

Die *Line of Order Penetration*, auch als *Vorplanungslinie* bezeichnet, trennt die Aktivitäten des Leistungserstellungsprozesses von den Aktivitäten des Leistungspotenzials (vgl. Fließ 2001, S. 46; Kleinaltenkamp 1999, S. 34). Sie bildet die Trennlinie zwischen den integrativ disponierten und den autonom disponierten Prozessen des Anbieters und kann daher auch als Vorplanungslinie bezeichnet werden (vgl. Fließ 2001, S. 47). Alle Aktivitäten oberhalb der Line of Order Penetration sind unmittelbar kundeninduziert, alle Aktivitäten unterhalb der Line of Order Penetration sind kundenunabhängig. Sie können unabhängig von einem konkreten Kunden vordisponiert werden. Die Vereinbarung von Wartungsterminen oder das Vorführen beim TÜV könnten beispielsweise Aktivitäten sein, die in einem bestimmten Turnus und damit unabhängig von einem konkreten Kunden erfolgt. Es handelt sich somit um eine Aktivität, die unterhalb der Line of Order Penetration anzusiedeln ist. Die Ausführung einer Reparatur bei einem beschädigt zurückgebrachten Mietwagen stellt demgegenüber jedoch eine kundeninduzierte, integrativ zu disponierende Aktivität dar, die oberhalb der Line of Order Penetration anzusiedeln ist.

Abbildung 6-2: *Service Blueprint™ am Beispiel einer Autovermietung*

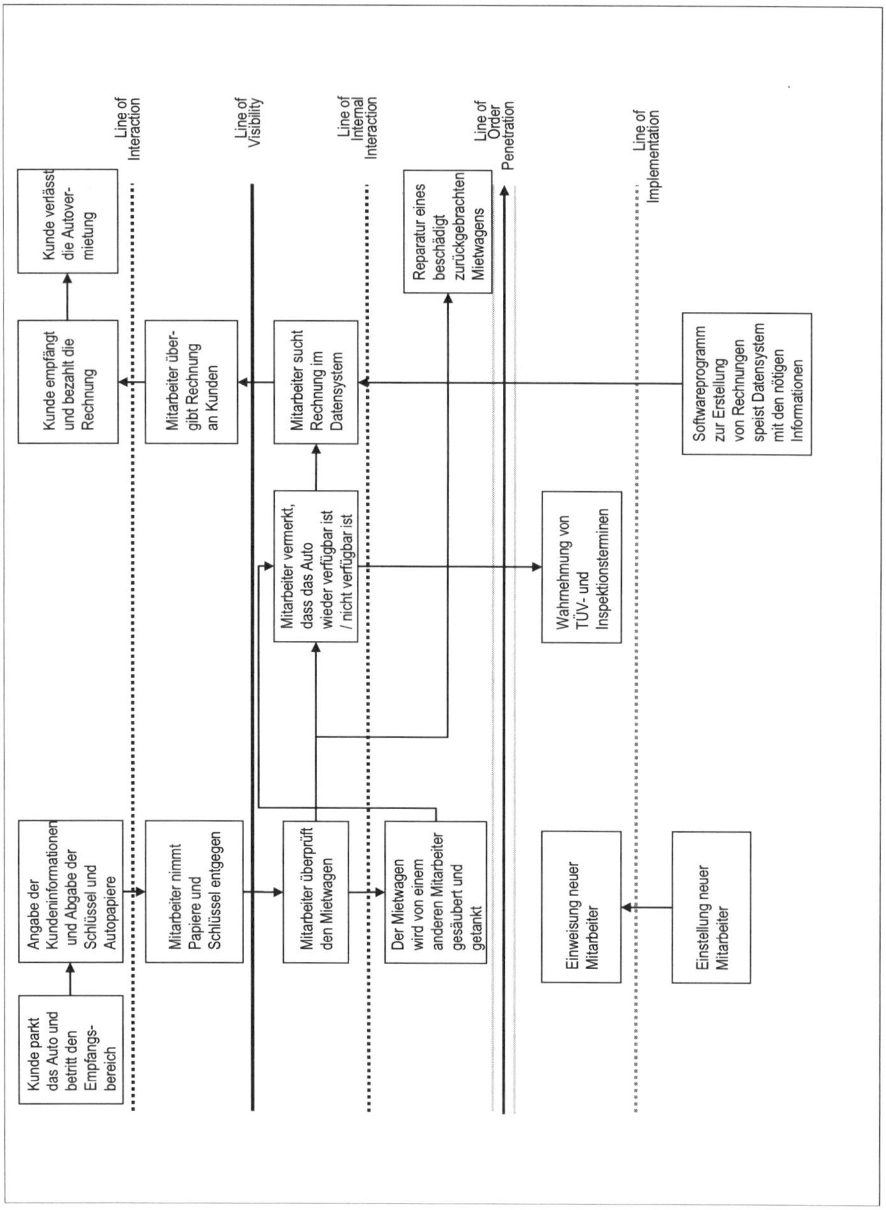

Die Aktivitäten innerhalb des Leistungspotenzials können wiederum in Preparation-Aktivitäten und in Facility-Aktivitäten unterschieden werden. Zwischen beiden ist die *Line of Implementation* einzuziehen. *Preparation-Aktivitäten* umfassen solche Aktivitäten, die autonom vom Anbieter disponiert werden und dienen dazu, den Leistungserstellungsprozess vorzubereiten. Hier ist die Wahrnehmung von TÜV- und Inspektionsterminen einzuordnen, aber auch die Einweisung neuer Mitarbeiter der Autovermietung oder die Schulung von Mitarbeitern für eine neue Software.

Zu den *Facility-Aktivitäten* sind die autonomen Dispositionen zu rechnen, die den Preparation-Aktivitäten logisch und zeitlich vorgelagert sind. Hierbei geht es um die Beschaffung von Potenzial- und Verbrauchsfaktoren, d.h. die Einstellung neuer Mitarbeiter, den Kauf neuer Softwareprogramme, die Einrichtung neuer Stützpunkte der Autovermietung oder die Beschaffung neuer Automodelle.

Das Ebenenkonzept des ServiceBlueprints™ kann zur Veranschaulichung von Dienstleistungsprozessen herangezogen werden und die Grundlage für die Prozessgestaltung in Dienstleistungsunternehmen bilden. Hierbei bilden die „Lines“ und die dadurch entstehenden Bereiche den Ansatzpunkt für die Gestaltungsoptionen des Dienstleistungsprozesses. Tabelle 6-1 gibt einen Überblick über die Ansatzpunkte der Prozessgestaltung und –steuerung in den nach dem ServiceBlueprint™ strukturierten Ebenen des Dienstleistungsprozesses.

Tabelle 6-1: *Ansatzpunkte der Prozessgestaltung und –steuerung auf der Grundlage des ServiceBlueprints™*

Linie des Blueprints	Ansatzpunkt	Theoretische Basis
Gesamtprozess	– Gestaltung des Prozesses aus Anbieter- und Kundensicht	– Skripttheorie – Austauschtheorie
Line of Interaction - Kundeninteraktionslinie	– Arbeitsteilung zwischen Anbieter und Kunde – Gestaltung der Interaktion	– Produktionstheorie – Rollentheorie – Interaktionstheorie
Line of Visibility - Sichtbarkeitslinie	– Gestaltung des wahrnehmbaren Kundenbereichs	– Umweltpsychologie – Wahrnehmungstheorie
Linie of internal Interaction – interne Interaktionslinie	– Horizontale Differenzierung – Organisation von Front- und Backofficeaktivitäten	– Organisationstheorie – Transaktionskostentheorie
Line of Order Penetration - Vorplanungslinie	– Optimierungdes Prozessablaufs	

6.3 Die Gestaltung des Gesamtprozesses

Bevor auf die einzelnen Ebenen des ServiceBlueprints eingegangen wird, soll zunächst ein Grundverständnis für die Kunden- und Anbieterperspektive des Gesamtprozesses gegeben werden. Hierbei wird zunächst die Kundenperspektive betrachtet.

6.3.1 Skripte als Grundlage der Gestaltung von Dienstleistungsprozessen

Jeder Nachfrager hat, bevor er einen Dienstleistungsprozess in Anspruch nimmt, bestimmte Erwartungen und Vorstellungen hinsichtlich des Prozessablaufs. Dies wird als Skript bezeichnet. Unter einem *Skript* wird eine kognitive Struktur verstanden, die in einer bestimmten Situation eine Folge von Ereignissen beschreibt. Das Skript stellt gewissermaßen ein „Drehbuch" dar und bezieht sich sowohl auf die Inhalte von Aktivitäten als auch auf die Reihenfolge der Aktivitäten. Es beschreibt das eigene erwartete Verhalten sowie das komplementäre Verhalten anderer Personen (vgl. Solomon / Surprenant / 1985, S. 105). Skripte basieren auf Regeln, insbesondere auf sozialen und kulturellen Regeln, und werden von den handelnden Personen erlernt (vgl. Nerdinger 1994, S. 110; Hoffman / Bateson 2002, S. 100 f.). Das Skript leitet die Person bei der Interpretation von Informationen, der Entwicklung von Erwartungen und geeigneten Verhaltensroutinen. Mit Hilfe eines solchen Skripts sind Personen in der Lage, sich in Situationen zurechtzufinden und stereotype Verhaltensweisen zu entwickeln (vgl. zur Skripttheorie im Detail Abelson 1976; Gibbs 1980). Skripte bestimmen somit die Erwartungen über den Ablauf des Dienstleistungsprozesses und die Handlungen von Anbieter und Nachfrager in diesem Prozess.

Das Nachfragerskript für einen Restaurantbesuch könnte etwa wie folgt aussehen: Der Gast betritt das Restaurant und hat nun die Erwartung, dass ihm die Bedienung, nachdem er an einem freien Tisch Platz genommen hat, die Speisekarte reicht. Sobald er die Speisekarte aus der Hand legt oder aufblickt, nimmt sie die Bestellung auf und serviert nach kurzer Wartezeit das Essen. Auf seine Bitte hin bringt sie schließlich die Rechnung.

Skripte sind *kontextabhängig*. Jede Person verfügt über verschiedene Skripte für unterschiedliche Situationen. So unterscheidet sich ein Bankskript für die Auszahlung von Geld von einem Restaurantskript. Selbst für verschiedene Restauranttypen (Feinschmeckerlokal, Fast-Food-Restaurant) können unterschiedliche Restaurantskripte existieren. Darüber hinaus können Skripte kulturabhängig sein, so dass ein Restaurantskript in Deutschland sich von einem Restaurantskript in den USA unterscheidet.

Skripte sind *personenabhängig*. Sie können sich von Nachfrager zu Nachfrager unterscheiden.

Skripte bestehen auch bei den *Mitarbeitern des Anbieterunternehmens*. Damit ein Dienstleistungsprozess erfolgreich ist, sollten die Skripte von Anbieter und Nachfrager aufeinander abgestimmt sein, da sonst kein situationsadäquates Verhalten gezeigt wird und möglicherweise einer oder beide Beteiligten mit der Dienstleistungssituation unzufrieden sind (vgl. Larsson / Bowen 1995, S. 112; Corsten / Stuhlmann 1998, S 492 f.).

Grundlegend gilt, dass Nachfragerskripte bei der Gestaltung von Prozessabläufen zu berücksichtigen sind. Allerdings sind Skripte erlernbar, so dass Nachfrager bei neuen oder sogar innovativen Dienstleistungsprozessen die Abläufe erlernen können. In welchem Maße sich ein Anbieter an den bereits vorhandenen Skripten von Nachfragern orientiert, hängt davon ab, welche Wettbewerbsstrategie er verfolgt und wie er den Service Value konzipiert. Bei einer Differenzierungsstrategie können neuartige Skripten zu einem Wettbewerbsvorteil führen, etwa weil sie zu einem stärkeren Kundenerlebnis führen. Im Wellness-Bereich etwa kann das Erlernen bestimmter Rituale (Saunagang, Hamam, Kneipp-Anwendungen u.ä.) das Wohlbefinden des Kunden stärken. Bei einer Strategie der Kostenführerschaft kann die Orientierung an erlernten Skripten zu einer besseren Integration des Kunden in den Prozess führen und somit die Kosten für den Kunden und den Anbieter senken. Bei der Veränderung der Abläufe ist zu berücksichtigen, dass Skript- und Verhaltensänderungen für den Nachfrager mit zusätzlichen (psychologischen) Kosten verbunden sind. Bei der Erlernung der neuen Skripte kann der Anbieter Hilfestellungen leisten.

Beispiel: Bei Self-Check-In-Automaten am Flughafen können die Kunden selbst mit und ohne Gepäck für ihren Flug einchecken. Zu Beginn der Einführung mussten die Kunden das neue Skript lernen und wurden hierbei häufig vom Personal unterstützt, das ihnen das Procedere erklärte.

Weichen die Skripte verschiedener Nachfrager in starkem Maße voneinander ab, so ist zu überlegen, ob unterschiedliche Dienstleistungsprozesse gestaltet werden sollten. Voraussetzung hierfür ist es, dass über eine Kundensegmentierung auch Nachfrager mit unterschiedlichen Skripten identifiziert und auf den entsprechenden Dienstleistungsprozess geleitet werden können.

6.3.2 Die Bewertung des Prozessablaufs durch den Kunden als Grundlage der Prozessgestaltung

Der Dienstleistungskunde bewertet die für ihn mit dem Dienstleistungsprozess verbundenen Nutzen- und Kostenelemente.

Der Nutzen für den Nachfrager kann aus einzelnen, in sich abgeschlossenen Prozessepisoden innerhalb des Dienstleistungsprozesses resultieren, z.B. der Nutzung verschiedener Angebote eines Freizeitparks; er kann sich aber auch aus der Gestaltung einzelner Elemente des Dienstleistungsprozesses ergeben, z.B. Nutzen aus der Möglichkeit, sich während eines Fluges zu entspannen und Zeitschriften zu lesen oder intellektuelle Befriedigung aus der selbstständigen Lösung von Arbeitsaufgaben. Der Nutzen kann sich aus technisch-funktionalen, psychischen, ökonomischen und sozialen Komponenten zusammensetzen (vgl. Kapitel 3.2).

Bei der Bewertung der Kostenseite bezieht der Nachfrager alle Kosten mit ein, die er erbringt, um die Dienstleistung zu erwerben und zu nutzen. Die Kosten der Prozessnutzung umfassen die folgenden Kategorien (vgl. Kapitel 3.2): Geld, z.B. für die Anfahrt oder das Parken, Zeit, z.B. Wartezeit bzw. die Dauer des Prozesses, Physische Anstrengungen, z.B. das Steigen von Treppen, Psychische Belastungen, z.B. die Orientierung in einem überfüllten Raum, Sensorische Belastungen, z.B. durch Geräusche oder Gerüche.

Aus *austauschtheoretischer Sicht* zieht der Kunde bei seiner Bewertung des Dienstleistungsprozesses zwei Vergleichsmaßstäbe heran: das „Comparison Level" (CL) und das „Comparison Level for Alternatives" (CL_{alt}) (vgl. zum Folgenden Thibaut / Kelley 1959, S. 21 ff.; siehe auch Kapitel 3.2). Das „Comparison Level" bildet das Anspruchsniveau des Kunden, das sich aus seinen Erfahrungen sowie Informationen Anderer bildet. Das „Comparison Level for Alternatives" umfasst andere Alternativen, z.B. Wettbewerbsangebote, aber möglicherweise auch die Alternative des Selbstmachens.

Die im Dienstleistungsprozess erhaltenen Kosten-Nutzen-Elemente werden nun im Hinblick auf die beiden Vergleichsniveaus bewertet. Hierbei zieht der Kunde vor allem die Kundenkontaktpunkte zur Bewertung heran, aber auch der Ablauf des Prozesses und die Gestaltung des sichtbaren Bereiches gehen in die Bewertung ein.

> **Beispiel:** Bei einer Bankfiliale etwa kann die Gestaltung der Bankräume die vom Kunden wahrgenommenen Kosten senken oder erhöhen. Wenige Schalter oder Automaten (Kontoauszugsdrucker, Geldautomaten etc.) führen zu Schlangen und damit zu Wartezeiten. Selbstinformationsmöglichkeiten können dazu dienen, Wartezeiten zu überbrücken und die Beratungszeit zu verkürzen. Eine unübersichtliche Anordnung erschwert die Orientierung. Umständliche oder freundliche und effiziente Bankmitarbeiter erhöhen die Kosten oder den Nutzen. Das Beratungsgespräch selbst ist durch verschiedene Interaktionen gestaltet. Der Inhalt der Interaktion („Versteht mich der Bankmitarbeiter? Antwortet er auf meine Fragen? Gibt er mir ausreichend Informationen? Weist er mich auf Risiken hin?" etc.) sowie das Verhalten des Mitarbeiters („Ist er freundlich, sauber gekleidet, zuvorkommend, kenntnisreich etc?") bestimmen den erhaltenen Nutzen bzw. die entstehenden Kosten (z.B. mehrfaches Erläutern des Anliegens).

Die Bewertung des Kunden erfolgt dabei nicht nur am Ende des Prozesses, sondern es ist anzunehmen, dass der Kunde bereits während des Prozesses seine Kontaktpunkterlebnisse mit seinem CL und seinem CL_{alt} vergleicht. Da der Kunde jeden Kunden-Anbieter-Kontakt bewertet, sprechen wir in diesem Zusammenhang auch von den

Moments of Truths (Augenblicken der Wahrheit) (vgl. Carlzon 1989, S. 17). Bezüglich des Ablaufs der Bewertung kann das Mental Accounting zur Erklärung herangezogen werden (vgl. Thaler 1980; Thaler 1985; Prelec / Loewenstein 1998). Demzufolge sammelt der Kunde alle positiven Erlebnisse im Prozess auf seinem Nutzenkonto und stellt ihnen die negativen Erlebnisse auf dem Zahlungskonto gegenüber. Positive und negative Erlebnisse können dabei durchaus unterschiedlich gewichtet werden. Der Prospect-Theorie zufolge werden Verluste im Hinblick auf einen Referenzpunkt stärker gewichtet als Gewinne. Betrachtet man das CL als Referenzpunkt für die Bewertung von Prozesserlebnissen, so bewertet der Kunde negative Abweichungen vom CL stärker als positive Abweichungen (vgl. Tversky / Kahnemann 1986).

Der Kunde bricht den Prozess ab, wenn sein CL unterschritten wird. Hierbei wird eine kumulative Bewertung seiner Kontaktpunkterlebnisse unterstellt; es geht also um die Summe der Prozesserlebnisse. Liegt die Bewertung der Kontaktpunkterlebnisse unterhalb des CL_{alt}, sucht er die Konkurrenz auf.

Als Ansatzpunkte für die Gestaltung des Dienstleistungsprozesses können die Nutzen- und die Kostenelemente, aber auch die unterschiedlichen Bewertungszeitpunkte dienen. Jeder einzelne Kontaktpunkt, aber auch die Episoden der Dienstleistungsnutzung, können im Hinblick auf seinen Nutzen für den Kunden überprüft werden.

> **Beispiel:** Hotels haben Belohnungen im Dienstleistungsprozess in besonderem Maße perfektioniert. So liegen an der Rezeption Stadtpläne und Veranstaltungsbroschüren aus, um den Gästen den Aufenthalt angenehm zu gestalten. Auf den Zimmern wird der Gast – je nach Preiskategorie – mit einem Betthupferl auf dem Kopfkissen belohnt oder mit einem Präsentkorb empfangen. Im Badezimmer liegen – je nach Preiskategorie – Duschhaube, Duschgel, Bodylotion, Rasierklingen, Nähutensilien etc. bereit. In einem Fall bedankte sich das Zimmermädchen für das Trinkgeld mit einer roten Rose auf dem Kopfkissen.

Jeder einzelne Kontaktpunkt sowie die Phasen der Dienstleistungsnutzung können auch im Hinblick auf die Kosten für den Kunden überprüft werden. Sind Hotel, Restaurant oder Theater auch im Winter oder bei schlechtem Wetter bequem und ohne physische, psychische oder sensorische Belastungen zu erreichen? Ist der Selbstbedienungsbereich so gestaltet, dass sich der Kunde leicht zurecht findet? Enthält der Automat eine leicht verständliche und einfach zu befolgende Bedienungsanleitung?

Die meisten Gestaltungsmöglichkeiten im Dienstleistungsprozess beinhalten sowohl eine Nutzen stiftende als auch eine Kosten verursachende Dimension. So kann bei Freizeitdienstleistungen, wie Theater, Diskothek, Bar oder Freizeitpark, die gleichzeitige Anwesenheit vieler Nachfrager bei der Erbringung einer kollektiven Dienstleistung sowohl den Nutzen (Spaßfaktor) als auch die psychischen, physischen und sensorischen Kosten (Geräuschpegel, Gerüche, Schlange stehen) erhöhen.

6.3.3 Die Organisation des Produktionsprozesses

Aus Sicht des Anbieters dient der Dienstleistungsprozess der Erstellung der Leistung, umfasst somit die einzelnen Produktionsschritte. Grundsätzlich können bei Dienstleistungen die in Abbildung 6-3 dargestellten Formen der Produktionsorganisation unterschieden werden.

Abbildung 6-3: *Typen der Dienstleistungsproduktion, in Anlehnung an Maister and Lovelock 1982, S. 28*

		Ausmaß des Kundenkontaktes	
		niedrig	hoch
Außmaß der Individualisierung	niedrig	Fabrikproduktion , Production -Line-Approach	Massenproduktion, Batch -Organisation
	hoch	Job Shop	Projekt -Organisation

Fabrikproduktion oder *Production-Line-Approach* oder *Flow Shop*: Hierbei sind die durchzuführenden Aktivitäten als Sequenz, d.h. kontinuierliche und aufeinander aufbauende Abfolge, organisiert (Levitt 1972; Sasser / Olsen / Wyckoff 1978, S. 82; Maister / Lovelock 1982, S. 28; Silvestro / Fitzgerald /Johnson / Voss 1992, S. 64; Hoffman / Bateson 2002, S. 146 f.). Die Aktivitäten sind wie bei einem Fließband organisiert, bei dem der Kunde bzw. die von ihm zur Verfügung gestellten Objekte verschiedene Stationen der „Bearbeitung" durchlaufen. Im Dienstleistungsbereich gibt es eine Vielzahl von Anwendungen. So bewegen sich Kunden selbst durch eine Anzahl von Service-Stationen, z.B. in einer Cafeteria oder auch bei der Behandlung beim Arzt. Bei anderen Dienstleistungsprozessen bleiben die Kunden an einem Ort, während Personen zu ihnen kommen, z.B. bei bestimmten Anwendungen in einem Krankenhaus.

Die Fabrikproduktion kann sich sowohl „harter" als auch „weicher" Technologien bedienen (vgl. Levitt 1972, S. 47; Hoffman / Bateson 2002, S. 146). Harte Technologien beinhalten die Verwendung von Hardware, wie Maschinen oder Computer mit Softwareprogrammen. Weiche Technologien basieren auf Regeln und standardisierten Arbeitsabläufen, z.B. dem standardisierten Beratungsprozess eines Anlageberaters oder Kreditsachbearbeiters.

Beispiel: Der Production-Line-Approach liegt den automatischen Einchecksystemen am Flughafen zugrunde, bei denen der Fluggast sein Gepäck selbst aufgibt und seine Bordkarte automatisch ausgestellt bekommt, wenn er sein Flugticket in eine Maschine einsteckt. Andere Beispiele sind Kontoauszugsdrucker, Geldautomaten, Autowaschstraßen oder Fast-Food-Restaurants.

Der Production-Line-Approach setzt standardisierte Dienstleistungen bzw. Leistungserstellungsprozesse voraus und folgt somit dem Wertkettenansatz. Er erfordert darüber hinaus, um wirtschaftlich zu sein, ein hohes Nachfragevolumen. Die Wirtschaftlichkeit wird durch die Zerlegung des Gesamtprozesses in einzelne Teilschritte erreicht, so dass Spezialisierungsvorteile und Economies of Scale realisiert werden. Bei der Erfüllung der Teilaufgaben kommt das Unternehmen mit wenig qualifizierten Arbeitnehmern aus, so dass die Personalkosten niedrig gehalten werden können. U.U. können diese Aktivitäten sogar durch Maschinen übernommen werden (vgl. Levitt 1972, S. 82). Die Nachteile beziehen sich auf folgende Aspekte (vgl. Sasser / Olsen / Wyckoff 1978, S. 82): Der Gesamtprozess ist immer nur so gut wie die einzelnen Teilprozesse. Funktionieren diese nicht oder sind sie ineffizient organisiert, kommt es zu Unterbrechungen, Warteschlangen und im Endergebnis zu nicht zufriedenstellender Qualität aus Sicht des Kunden. Zudem ist der Prozess relativ inflexibel. Daher ist der Prozess insbesondere dann geeignet, wenn die Leistungserstellung nicht zu viele Stopps und Starts durch den Kunden erfordert, d.h. wenn nicht zu viele steuernde Prozessinformationen von Seiten des Kunden notwendig sind.

Tabelle 6-2: *Production-Line-Approach und Job Shop im Vergleich, Quelle: Sasser / Olsen / Wyckoff 1978, S. 84 f*

	Production-Line	Job Shop
Art der Dienstleistung		
Nachfragemenge	Hohes Volumen, standardisierter Prozess	Geringes Volumen, stark variierende Leistungsmerkmale
Veränderungen	Veränderungen sind kostspielig, da der gesamte Prozess geändert werden muss	Schnelle Reaktion auf Kundenwünsche möglich
Nachfrageschwankungen	Am besten für stabile Nachfrage mit geringen Schwankungen geeignet	Gut geeignet für stark schwankende oder unsichere Nachfrage
Markttyp	Standardisierte Dienstleistung	Individualisierte Dienstleistung
Art der Leistungserstellung		
Aufgabenmerkmale	Hoch spezifizierte Aufgaben: gut definiert, teilbar, lernbar mit	Gering spezifizierte Aufgaben, erfordern besondere Fähigkei-

	bekannter Dauer	ten und Fertigkeiten, unbekannte Dauer
Kapitalintensive Technologien	Prozessautomatisierung durch speziell entwickeltes Equipment möglich, ist häufig branchenspezifisch und erfordert spezielle Entwicklungen	Kapitalintensive Technologien müssen flexibel einsetzbar und für mehrere Zwecke geeignet sein
Menschliche Arbeitskraft		
Fähigkeiten und Fertigkeiten	Unempfindlich gegenüber Wiederholungen	Breit angelegte Qualifikation, hoher Grad an Flexibilität
Arbeitsumgebung	Hochgradig sichtbar, genau vorgegebene Arbeitsschritte, Teamwork, wiederholte Tätigkeiten, enge Verbindung von Mitarbeiter und Arbeitsumgebung	Individuelle Arbeitseinteilung, fester Arbeitsplatz, langfristige Tätigkeiten
Arbeitsmerkmale	Hohe Produktivität, aber nur bei einer Art von Verrichtung	Wert, nicht Produktivität steht im Vordergrund
Produktionsmerkmale		
Produktivität	Aufgrund der Arbeitsspezialisierung typischerweise hoch, wenn die Nachfrage stabil ist. Erfahrungskurveneffekte, geringe Einarbeitungskosten, hohe Chance für Automatisierung	Produktivität pro Arbeitsvorgang ist geringer als beim Production-Line-Approach, da sich die Aufgaben immer wieder ändern. Dennoch arbeiten die Mitarbeiter bei einer Reihe von Aufgaben effizient. Wenig Möglichkeiten, Erfahrungskurveneffekte zu realisieren
Kontrolle	Einfache Kontrolle	Schwierige Kontrolle aufgrund der Komplexität und der Varietät der Aufgaben
Kapazität	Kapazität ist genau definiert, aber es ist teuer, sie auch nur in geringem Maße zu erweitern	Kapazität ist schlecht definiert, aber sehr flexibel

Der *Job Shop* ist dadurch gekennzeichnet, dass eine Vielzahl unterschiedlicher Aktivitäten und Kombinationen von Aktivitäten erforderlich ist (vgl. Sasser / Olsen / Wyckoff 1978; 82 f.; Maister / Lovelock 1982, S. 28), die zu Aktivitätengruppen zusammengefasst werden. Es ist daher nicht möglich, eine Produktionslinie aufzubauen, dennoch können gleichartige Aktivitäten zu Jobs zusammengefasst werden. Beispiele für die Organisation von Leistungserstellungsprozessen als Job Shop sind Restaurants, Hotels, Autoreparaturen, die Installation von Computernetzwerken oder Weiterbildungsprogramme.

Die Vorteile der Job-Shop-Organisation liegen in der Flexibilität. Es ist sowohl möglich, auf Kundenwünsche einzugehen als auch der Integration unterschiedlicher externer Faktoren Rechnung zu tragen. Sie dient damit der Umsetzung des Wertshops als strategisches Geschäftsmodell. Darüber hinaus kann die Kapazität leicht an Nachfrageschwankungen angepasst werden (vgl. Sasser / Olsen / Wyckoff. 1978, S. 83).

Die Nachteile der Job-Shop-Organisation liegen darin, dass es weniger Möglichkeiten gibt, Arbeit durch Kapital zu ersetzen. Daraus resultieren geringe Möglichkeiten der Arbeitsteilung und damit der Realisierung von Spezialisierungsvorteilen. Economies of Scale können nicht erzielt werden, möglich sind jedoch Economies of Scope (Synergieeffekte). Als problematisch erweist sich, dass Kapazitätserfordernisse häufig schwer abzuschätzen sind, da nicht immer von vornherein klar ist, wie viel Zeit für die Ausführung der Aktivitäten benötigt wird. Eine Folge davon ist, dass die Jobs auch schwerer zu terminieren sind (vgl. Sasser / Olsen / Wyckoff 1978, S. 83).

Tabelle 6-2 zeigt die Unterschiede zwischen den beiden Grundformen der Produktionsorganisation nochmals im Überblick.

Neben diesen beiden Grundformen können noch zwei weitere Formen der Produktionsorganisation unterschieden werden (vgl. Silvestro / Fitzgerald / Johnston / Voss 1992, S. 63). Die *Batch-Organisation* oder der *Batch Job* ist zwischen Production-Line-Approach und Job Shop einzuordnen. Hierbei handelt es sich um Aktivitäten, die gewissermaßen „schubweise" auftreten, sich zwar in den Ausprägungen voneinander unterscheiden, aber eine gewisse Gleichförmigkeit im Procedere aufweisen.

> **Beispiel:** Bei der Korrektur von Klausuren variieren die Inhalte je Klausur, aber der Korrekturprozess weist eine gleichartige Abfolge der Aktivitäten auf und tritt geballt zu bestimmten Zeiten auf.

Die *Projekt-Organisation* weist demgegenüber von Kundenauftrag zu Kundenauftrag erhebliche Unterschiede auf, so dass im Grunde für jeden Kunden ein neuer Leistungserstellungsprozess entwickelt werden muss. Beispiele für diese Form der Produktionsorganisation sind sich stark unterscheidende Beratungsprojekte in einer Unternehmensberatung.

Die Wahl der Organisationsform ist abhängig von den Schwankungen der Nachfrage, den Merkmalen der Kunden und der Qualität und Quantität sowie der zeitlichen und räumlichen Verfügbarkeit der externen Faktoren (vgl. Abbildung 6-3). Starke Schwankungen zwischen Kunden sind dann gegeben, wenn Dienstleistungen einen hohen Integrativitäts- und damit Individualisierungsgrad aufweisen und wenn der Leistungserstellungsprozess durch ein hohes Maß an Kundenkontakten gekennzeichnet ist. Kundenkontakte können dabei zwei Funktionen haben: Sie können zum einen der Übermittlung steuernder Prozessinformationen dienen – dann stehen sie in einem engen Zusammenhang zum Individualisierungsgrad, sie können aber auch nutzenstiftende Funktionen für den Kunden besitzen.

6.4 Gestaltung an der „Line of Interaction"

Bei der Prozessgestaltung aus Kundensicht stehen die Realisierung des Kundenvorteiles und die Schaffung eines Service Value auf Prozessebene im Vordergrund.

6.4.1 Die Gestaltung der Kundenmitwirkung

Die Kundenmitwirkung stellt eine wesentliche Gestaltungsdimension von Dienstleistungsprozessen dar. Im Rahmen der Arbeitsteilung ist festzulegen, welche Aufgaben vom Anbieter und welche vom Kunden wahrgenommen werden sollen.

Das Ausmaß, in dem der Nachfrager an der Leistungserstellung beteiligt wird, kann als *Internalisierungs-* bzw. *Externalisierungsgrad* (vgl. Corsten 2000) oder „customer intensiveness" (vgl. Gartner / Riessmann 1974) bezeichnet werden. Der Internalisierungs- bzw. Externalisierungsgrad umfasst den Anteil, den der Nachfrager an den Gesamtaktivitäten des Dienstleistungsprozesses übernimmt.

Der Grad der Arbeitsteilung zwischen Anbieter und Nachfrager kann als Grundlage zur Typologisierung von Prozessen herangezogen werden. Dementsprechend lassen sich die folgenden drei Formen unterscheiden (vgl. Zeithaml / Bitner / Gremler 2006, S. 321 f.):

- *Selbstbedienungs-Dienstleistungen* – hier wird im Wesentlichen der Kunde tätig, während der Anbieter weitgehend passiv bleibt. Das Selbstbedienungsprinzip kann unterschiedliche Ausgestaltungsformen annehmen und von sehr spartanischen Konzepten, z.B. Bestellung im Internet (Business-to-Business, Business-to-Consumer) oder an einem Automaten bis hin zu Luxusvarianten reichen, wie etwa in einem Golf-Club oder einem Luxushotel mit Selbstbedienung am Frühstücksbuffet, in der Sauna oder im Schwimmbad.
- *Interaktive Dienstleistungen*, bei denen für die Dienstleistungserstellung die gegenseitige Interaktion zwischen Kundenkontaktpersonal und Kunde erforderlich ist. Die Interaktionen können dabei unterschiedliche Komplexitätsgrade aufweisen und von wenig komplexen Interaktionen, wie etwa in der Reinigung oder am Hot-Dog-Stand, bis hin zu komplexeren Interaktionen, wie bei einer Untersuchung im Krankenhaus, der Durchführung einer Unternehmensberatung oder der Bestellung eines umfassenden Menus in einem Spitzenrestaurant, reichen.

- Sog. *„remote services"*, die im Wesentlichen nur von den Angestellten ausgeführt werden. Auch hier können unterschiedliche Komplexitätsgrade unterschieden werden. Komplexe Dienstleistungen dieses Typs sind etwa die Verbindungsleistungen einer Telefongesellschaft oder die Bearbeitung eines Schadensersatzfalles bei einer Versicherung. Ein Beispiel für eine wenig komplexe Leistung stellt die Abfrage eines Telefonansagedienstes dar.

Während bei dieser Typologie der Grad der vorgefundenen Arbeitsteilung die Grundlage bildet, kann die Arbeitsteilung auch selbst Entscheidungs- und Gestaltungsgegenstand sein. Übernimmt der Anbieter Aktivitäten, die vorher der Nachfrager übernommen hat, wird dies auch als Internalisierungsstrategie bezeichnet. Übernimmt der Nachfrager Aktivitäten, die vorher der Anbieter übernommen hat, wird dies als Externalisierungsstrategie bezeichnet (vgl. Corsten / Gössinger 2007, S. 334 f.). Dies kann im Extremfall bis zur vollständigen Erbringung der Dienstleistung durch den Nachfrager (Do-It-Yourself) reichen.

Zur Entscheidung über den Grad der Arbeitsteilung zwischen Anbieter und Nachfrager können zwei Konzepte herangezogen werden:

- Die Modellierung der Arbeitsteilung auf der Iso-Leistungslinie und
- das Rollenkonzept.

6.4.1.1 Arbeitsteilung auf der Iso-Leistungslinie

Die aus der Mikroökonomik bzw. der Produktionstheorie bekannte Iso-Leistungslinie zeigt alle Kombinationen von Anbieter- und Nachfragerbeiträgen, die zum gleichen Leistungsergebnis führen. Dabei ist davon auszugehen, dass sowohl der Anbieter als auch der Nachfrager eine Mindestmenge an Aktivitäten zu erbringen haben (vgl. Corsten 2000, S. 151).

Abbildung 6-4: *Unterschiedliche Arbeitsteilungen zwischen Anbieter und Nachfrager, Quelle: Corsten 2000, S. 151*

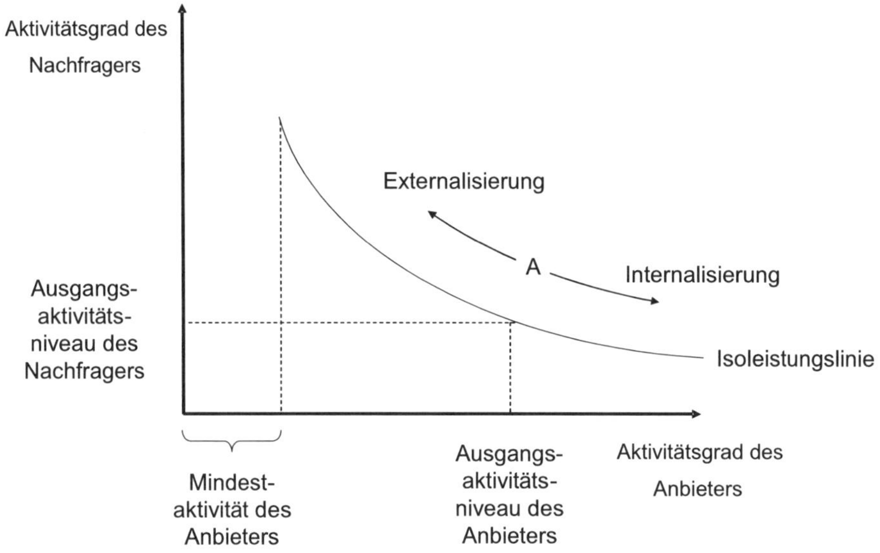

Hierbei handelt es sich um ein produktionstheoretisches Modell, das an verschiedene Voraussetzungen geknüpft ist und in der praktischen Handhabung auf einige Schwierigkeiten stößt:

- Die Darstellung unterschiedlicher Kombinationen von Aktivitätsgraden in Form einer Isoleistungslinie setzt voraus, dass das produzierte Leistungsergebnis nicht qualitativ in Abhängigkeit von den Leistungsbeiträgen auf Anbieter- und Nachfragerseite schwankt, obwohl sich Anbieter und Nachfrager hinsichtlich der Effizienz der Leistungserstellung unterscheiden können. Dies gilt aber nur dann, wenn Anbieter und Nachfrager über das gleiche Wissen (Fähigkeiten, Kompetenzen etc.) verfügen, was, wie die Auseinandersetzung mit dem Resource-Based-View gezeigt hat, kaum realistisch ist.

- Die Darstellung als Iso-Leistungslinie unterstellt des Weiteren einen eindimensionalen Output. Dienstleistungen stellen allerdings häufig Leistungsbündel dar.

- Darüber hinaus wird vorausgesetzt, dass die Arbeitsleistungen beliebig substituierbar sind – auch dies ist aufgrund unterschiedlicher Wissensverteilungen kaum realistisch.
- Die Messung des Aktivitätsgrades setzt voraus, dass alle Aktivitäten bereits vor Beginn des Dienstleistungsprozesses feststehen, so dass bereits im Vorfeld eine Aufteilung der – feststehenden – Aktivitäten vorgenommen werden kann. Vergegenwärtigt man sich jedoch beispielsweise Unternehmensberatungsprozesse, so kann dies nicht unbedingt als gegeben angenommen werden.
- Die Messung des Aktivitätsgrades würde darüber hinaus die mengen- und / oder wertmäßige Bestimmung der jeweiligen Leistungsbeiträge erfordern, um tatsächlich einen Quotienten bestimmen zu können. Auch dies gestaltet sich in der Praxis eher schwierig.

Trotz dieser Kritikpunkte lässt sich das Modell als Denkrahmen für die Überlegungen zur Internalisierungs- bzw. Externalisierungsstrategie verwenden. Abbildung 6-5 zeigt ein Beispiel für ein Restaurant. Hierbei entspricht ein hoher Externalisierungsgrad einer Selbstbedienungs- Dienstleistung.

Abbildung 6-5: *Beispiel unterschiedlicher Aktivitätsgrade von Anbieter und Nachfrager, Quelle: Meffert / Bruhn 2003*

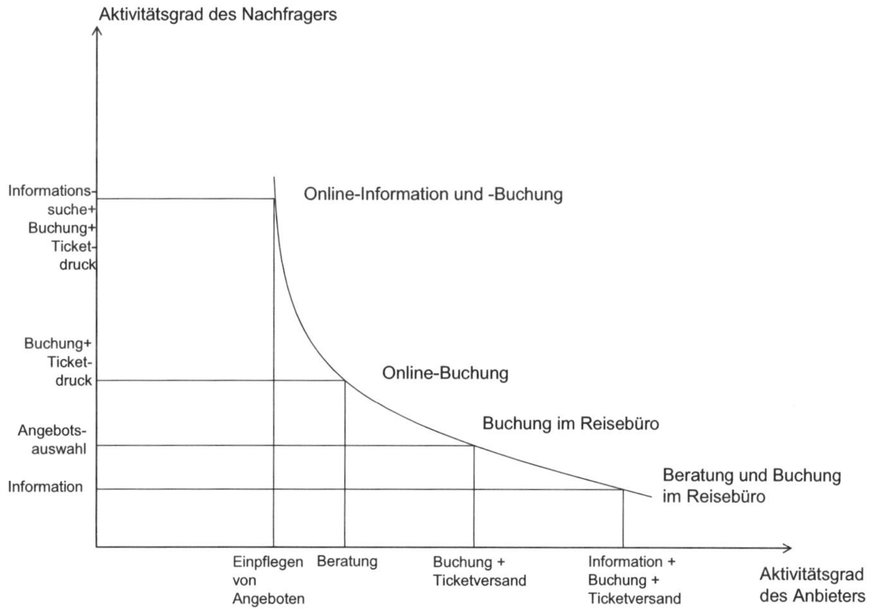

Neben dem auf der Iso-Leistungslinie beruhenden Modell werden in der Literatur ein Vektorenmodell (vgl. Schade 1995, S. 74 f.) und ein OR-Modell vorgeschlagen (vgl. Lasshof / Fließ 2005), welche die optimale Arbeitsteilung ermitteln.

6.4.1.2 Rollen im Dienstleistungsprozess

Im Rollenkonzept werden die Aufgaben des Kunden in Rollen zusammengefasst. Rollen repräsentieren ganz allgemein Verhaltenserwartungen des Umfeldes, die Interpretation dieser Erwartungen durch den Rolleninhaber und ihre Ausgestaltung (Miebach 2006, S. 40). Im Rahmen der *Rollentheorie* können dabei zwei grundlegende Richtungen unterschieden werden (vgl. Schülein 1989, S. 491): die strukturell-funktionalistische und die symbolisch-interaktionistische Rollentheorie. Im Rahmen der *strukturell-funktionalistischen Rollentheorie* ist der Begriff der Rolle eng mit dem Status verbunden; Rollenerwartungen und Rollenverhalten stellen relativ verfestigte Verhaltensmuster dar. Demgegenüber wird im Rahmen der *symbolisch-interaktionistischen Rollentheorie* die Rolle zwischen den Interaktionspartnern ausgehandelt und geformt.

Je nach Integrativitäts- und Internalisierungs- bzw. Externalisierungsgrad der Dienstleistung können die folgenden Kundenrollen unterschieden werden (vgl. ähnlich Gouthier / Schmid 2001, S. 224 ff.):

- Als *Co-Designer* wirkt der Kunde an der Konzeption von Dienstleistungen mit, etwa wenn er bei der Beauftragung einer Unternehmensberatung das Problem gemeinsam mit dem Berater diskutiert und spezifiziert oder gemeinsam mit dem Frisör den Schnitt festlegt. Im Rahmen der Co-Designer-Rolle trägt der Kunde austausch- und faktorkombinationsbezogene Informationen bei (vgl. Möller 2004, S. 64 ff). Die Co-Designer-Rolle bezieht sich somit vor allem auf die austauschbezogene Perspektive des Dienstleistungsprozesses (vgl. Kapitel 2.3.2), insbesondere auf die Spezifizierung der Verfügungsrechte.

- Als *Co-Produzent* stellt der Kunde die benötigten externen Produktionsfaktoren zur Verfügung (vgl. Mills / Morris 1986; Kelley / Skinner / Donelly 1992, S. 199), etwa seine Person als externen Faktor bei einer Führung durch eine Kunstausstellung, den Pkw bei einer Autoreparatur oder bisherige Werbematerialien als Daten im Rahmen der Entwicklung eines Corporate Designs durch eine Werbeagentur. Die Co-Produzenten-Rolle bezieht sich vor allem auf die produktionsbezogene Perspektive des Dienstleistungsprozesses (vgl. auch Kapitel 2.3.1).

- Als *Co-Interaktor* kommuniziert und interagiert er mit dem Kundenkontaktpersonal. Wenn es sich um kollektive Dienstleistungen handelt, kann er auch mit anderen anwesenden Kunden in Kontakt treten. So kann er in einem Museum beispielsweise eine Tutoren- oder Mentorenaufgabe für andere Museumsbesucher übernehmen (vgl. Grove / Fisk 1997, S. 78; Gremler / Brown 1998, S. 122), etwa wenn er ihnen auf Fragen antwortet, ihnen bei der Orientierung in den Ausstellungsräumen hilft oder sogar Fachwissen bezüglich der Ausstellungsstücke vermittelt. Die Co-Interaktion kann sich positiv, aber auch negativ bemerkbar machen, etwa wenn durch laut redende Gruppen die Konzentration anderer Besucher gestört wird, sich Personen rüpelhaft benehmen oder eine Ausstellung oder ein Restaurant auch einfach überfüllt ist (vgl. Meyer / Blümelhuber 1994, S. 21 f.). Die Rolle des Co-Interaktors bezieht sich ebenfalls auf die austauschbezogene Perspektive, da sie Bestandteil der Austauschbeziehung ist und Einfluss auf den wahrgenommenen Service Value nimmt.

- Als *Substitute for Leadership* übernimmt der Kunde Führungsfunktionen und beeinflusst durch sein Verhalten Motivation, Einstellung und Verhalten des Kundenkontaktpersonals oder bestimmt sogar dessen Aufgaben, Kompetenzen und Verantwortlichkeiten mit (vgl. Maas / Graf 2004). Dies ist etwa der Fall, wenn ein Besucher während einer Führung durch eine Ausstellung durch seine Fragen den Führer / die Führerin zum Erzählen von Anekdoten animiert oder wenn ein Kunde durch besonders freundliches Verhalten gegenüber dem Mitarbeiter oder der Mitarbeiterin an der Information andere, zusätzliche Auskünfte über das Museum erhält als ein weniger freundlicher Besucher. In der Rolle des Substitute for Leadership nimmt der Kunde über externe steuernde Prozessinformationen, die sich insbesondere auf die Faktorkombination beziehen, Einfluss auf den Leistungserstellungsprozess und die Dispositionsautonomie des Anbieters (vgl. auch Kapitel 2.3.3).
- Als *Co-Marketer* (vgl. Bowers / Martin / Luker 1990, S. 62) schließlich gibt der begeisterte Kunde seine Erfahrungen im Freundes-, Bekannten- oder Kollegenkreis weiter und gewinnt so Neukunden.

Das Rollenkonzept weist gegenüber dem Arbeitsteilungsmodell auf Basis der Iso-Leistungslinie den Vorteil auf, dass nicht nur Aktivitäten des Kunden festgelegt werden, sondern in den Rollen sowohl Verhaltenserwartungen an den Kunden als auch an den Anbieter enthalten sind. Damit kommt den Rollen auch eine koordinierende Wirkung zu.

Allerdings können divergierende Erwartungen zu *Rollenkonflikten* führen. Rollenkonflikte können sowohl auf Kundenseite als auch auf Anbieterseite, insbesondere beim Kundenkontaktpersonal, auftreten (vgl. Abbildung 6-6).

Rollenkonflikte werden in Intra-Sender-Konflikte, Inter-Sender-Konflikte und Inter-Rollen-Konflikte und Person-Rollen-Konflikte unterschieden (vgl. Abbildung 6-6; Kahn / Wolfe / Quinn / Snouek /Rothentahl 1964, S. 19 ff.; Nerdinger 1998, S. 207 f.).

Abbildung 6-6: *Rollenkonflikte, Quelle: Nerdinger 1994, S. 154*

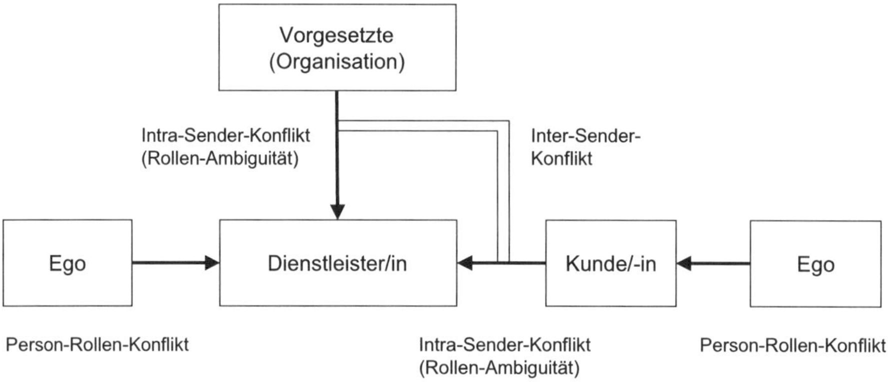

Intra-Sender-Konflikte entstehen, wenn verschiedene Rollenerwartungen eines Rollensenders an die Zielperson inkompatibel sind. Dies wird auch als Rollen-Ambiguität bezeichnet, da die Erwartungen mehrdeutig sind und der Rollenempfänger somit nicht genau weiß, welches Verhalten er zeigen soll. Ein Kundenkontaktmitarbeiter erhält Anweisungen, die in Konflikt zueinander stehen: Bediene jeden Kunden freundliche und gehe auf ihn ein. Fertige die Kunden möglichst schnell ab. Ein Kunde, der in einer Warteschlange steht, erhält folgende Hinweise: Rücken Sie vor! Halten Sie Abstand und warten Sie!

Inter-Sender-Konflikte werden auch als „Two-Bosses-Dilemma" bezeichnet (vgl. Shamir 1980, S. 748). Verschiedene Rollensender senden unterschiedliche Rollenerwartungen, die einander widersprechen. Der Kunde erwartet vom Kundenberater einer Bank den höchst möglichen Ertrag bei einer Anlage, den niedrigsten Zinssatz bei einem Kredit, während die Bank ihren Gewinn maximieren möchte.

Inter-Rollen-Konflikte entstehen aus verschiedenen Rollen, die eine Person innehat. Die Krankenschwester ist nicht nur Angestellte des Krankenhauses, sondern auch Ehefrau und Mutter. Die Vorgesetzte erwartet Überstunden, was mit der Familienrolle kollidiert. Ein Kunde ist nicht nur Gast des Restaurants, sondern auch mit dem Ober befreundet.

Der *Person-Rollen-Konflikt* entsteht, wenn Vorstellungen der Person über sich selbst mit den Rollenerwartungen kollidieren. So können Rollenerwartungen mit der zur Verfügung stehenden Zeit in Konflikt stehen oder unmoralisch sein (vgl. Rizzo / House / Litzmann 1970, S. 155). Typische Person-Rollen-Konflikte entstehen, wenn von Stewards und Stewardessen in jeder Situation nettes, höfliches und freundliches Verhalten erwartet wird, auch wenn die Passagiere unfreundlich und unverschämt sind. In dieser Situation sind sie gezwungen, ihre eigenen Gefühle zu unterdrücken. Ein Kunde wird Zeuge eines Streits zwischen einem Gast und dem Kellner. Soll er sich einmischen und dem Gast beispringen, der seines Erachtens Recht hat, oder soll er still sein, da er sonst Gefahr läuft, schlecht bedient zu werden?

Rollenkonflikte können sich negativ auf die Kunden- und Mitarbeiterzufriedenheit und damit auch auf die Kundenzufriedenheit und Mitarbeiterproduktivität auswirken. Eine Möglichkeit Rollenkonflikte zu lösen besteht darin dafür zu sorgen, dass die Rollen von Kunde und Kundenkontaktmitarbeiter aufeinander abgestimmt sind (Intra-Rollen-Kongruenz) (vgl. Solomon / Surprenant / Czepiel / Gutman 1985, S. 104). Nimmt etwa der Kunde die Rolle des Co-Designers ein, während der Servicemitarbeiter den Kunden in der Rolle des Co-Produzenten sieht, so besteht keine Übereinstimmung hinsichtlich der Rolleninterpretation. In einer solchen Situation fordert der Kunde mehr Mitsprache als ihm der Kundenkontaktmitarbeiter gewährt, mit dem Erfolg, dass vermutlich beide Beteiligten unzufrieden sind. Um die Interaktion zwischen Kunde und Kundenkontaktmitarbeiter zu unterstützen, sind Intra-Sender- und Inter-Sender-Konflikte möglichst zu vermeiden. Wie Untersuchungen zeigen, führt Rollenambiguität auf Seiten der Kundenkontaktmitarbeiter zu Stress, Unzufriedenheit und reduzierter Flexibilität (vgl. Kahn / Wolfe / Quinn / Snoek / Rothentahl 1964). Daher muss das Management die Rollenerwartungen klar kommunizieren. Klare Rollendefinitionen verhindern Rollenstress.

6.4.1.3 Selbstbedienungskonzepte

In ihrer extremen Form kann die Mitwirkung des Kunden zur Selbstbedienung führen. Selbstbedienungskonzepte sind häufig mit dem Einsatz von Technologie und der Automatisierung von Prozessen verbunden. Unter einer Selbstbedienungstechnologie ist dabei eine technologische Schnittstelle zu verstehen, die es dem Kunden ermöglicht, eine Dienstleistung unabhängig von einem Mitarbeiter des Dienstleisters in Anspruch zu nehmen (vgl. Meuter / Ostrom / Roundtree / Bitner 2000). Als Beispiele sind hier zu nennen: Check-In-Automaten am Flughafen, automatische Warenidentifikations- und Kassensysteme in den Handelsgeschäften der Zukunft oder Selbstbedienungsterminals in Banken, an denen der Kunde Überweisungen ausfüllen, Daueraufträge einrichten, Kontoauszüge ausdrucken, Geldkarten aufladen oder Geld abheben kann. Darüber hinaus beinhalten auch alle Prozesse, die über das Internet ablaufen, Selbstbedienungselemente, wie die Buchung von Hotelzimmern oder Flügen, ärztliche Diagnosen u.ä. Allerdings kann Selbstbedienung auch ohne Technologieeinsatz auskommen, z.B. bei der Selbstbedienung im Einzelhandel, wo Waren aus Regalen entnommen werden, oder beim Selbstbedienungs-Buffet im Restaurant.

Selbstbedienungskonzepte setzten Folgendes voraus (vgl. Meyer 1987, S. 33 f.; Bowers / Martin / Luker 1990; Bateson 2001, S. 51 f.):

- Die Dienstleistung ist nur in geringem Maße bzw. gar nicht individualisiert.

- Eine vollständige Standardisierung des Ablaufs ist möglich, da der Ablauf im Voraus feststeht und der externe Faktor bzw. dessen Besitzer den Beginn der Leistungserstellung auslöst und nur einen geringen Einfluss auf den Ablauf hat.
- Der Kunde hat die Bereitschaft, sich selbst zu bedienen.
- Der Kunde hat die Fähigkeit, das Selbstbedienungsangebot zu nutzen.

Selbstbedienungskonzepte können die Effizienz oder die Effektivität steigern. Effizienter werden Dienstleistungsprozesse, wenn durch die Selbstbedienung die Kosten, insbesondere die Personalkosten des Anbieters, gesenkt werden können. Allerdings steht einer solchen Kostensenkung der auch häufig geringere Kontakt mit dem Anbieter gegenüber, der zu einer geringeren Kundenbindung führt (vgl. Selnes / Hansen 2001). Effektiver werden Dienstleistungsprozesse, wenn die Kundenmitwirkung den Service Value verbessert, indem sie entweder die Qualität der Dienstleistung erhöht, die Geschwindigkeit und die Bequemlichkeit (convenience) steigert oder den Spaßfaktor des Dienstleistungsprozesses erhöht.

Ein zentraler Einflussfaktor der Nutzung von Selbstbedienungsangeboten ist die wahrgenommene Verhaltenskontrolle. Der wahrgenommenen Verhaltenskontrolle liegt die grundlegende Überzeugung zugrunde, dass der Mensch seine Umwelt beeinflussen und damit die Folgen seines Verhaltens kontrollieren kann (vgl. Aronson / Wilson / Akert 2004, S. 536). Sie bezeichnet die "Überzeugung einer Person, wie leicht oder wie schwierig ein Verhalten für sie auszuüben ist. Je mehr Ressourcen, Fertigkeiten und Verhaltensmöglichkeiten Personen zu besitzen glauben, um so größer wird die wahrgenommene Kontrolle über das Verhalten sein"(Frey / Stahlberg / Gollwitzer 1993).

Die *wahrgenommene Verhaltenskontrolle* wird insbesondere von den folgenden Faktoren beeinflusst (vgl. Bateson 1983; Bateson 1985): Dem Zeitaufwand, der notwendig ist, der Effizienz des Prozesses, dem Ausmaß an persönlicher Interaktion, die erforderlich ist, dem wahrgenommenen Risiko, dem Ausmaß an Anstrengung, das notwendig ist und dem Bedürfnis des Individuums, sich von anderen helfen zu lassen.

Der Anbieter kann insbesondere durch Stärkung der wahrgenommenen Verhaltenskontrolle die Verhaltensabsicht des Kunden positiv beeinflussen. Als zentrale Determinanten ergeben sich hierbei der Leistungswille und die Leistungsfähigkeit des Kunden. Folgende Maßnahmen sind hierzu geeignet:

- *Spezifizierung und Kommunikation von Kundenerwartungen und Kundenrollen*: Eine genaue Spezifierung von Kundenerwartungen und Kundenrollen verdeutlicht dem Anbieter, welche Anforderungen an den Kunden gestellt werden. Ihre Kommunikation bereitet den Kunden auf seine Aufgaben im Prozess vor und versetzt ihn in die Lage einzuschätzen, ob eine Mitwirkung infrage kommt. Darüber hinaus wirkt die Spezifizierung der Kundenerwartungen als Selbstselektions-Schema, denn Kunden, die sich außerstande sehen, die an sie gestellten Erwartungen zu erfüllen, werden die Dienstleistung nicht in Anspruch nehmen.

- *Kommunikation des Prozessablaufs*: Die Kommunikation des Prozessablaufs stärkt das Integrationsbewusstsein des Nachfragers, d.h. das Wissen um die Bedeutung seiner Mitwirkung an der Leistungserstellung (vgl. Fließ 1996a, S. 92 f.). Sie sorgt gleichzeitig für Prozesstransparenz und verdeutlicht den Einfluss des Kunden auf die Qualität des Leistungsergebnisses (vgl. Schneider / Bowen 1983; Grönroos 1990, S. 80). Bei komplexen Dienstleistungsprozessen können hierzu – vereinfachte – Formen des ServiceBlueprints eingesetzt werden.
- *Überwachung von Kundenbeiträgen im Prozess und Kundenfeedback*: Beide Maßnahmen ermöglichen es dem Anbieter bei Problemen einzugreifen, um den reibungslosen Ablauf zu gewährleisten. Um dem Kunden die Integration zu erleichtern, kann der Anbieter dem Kunden Feedback geben, ihm Hilfestellungen leisten und ihn bei erfolgreicher Partizipation belohnen (z.B. durch Lob).
- *Anpassung des Prozesses an das Leistungsniveau des Kunden*: Hierzu können Prozessabläufe vereinfacht werden.
- *Kundenentwicklung* oder Customer Enablement: Kunden können lernen, sich in den Prozess zu integrieren. Instrumente der Kundenentwicklung sind Kundenvorträge, in denen der Prozess und die Leistung erläutert werden, Kundenschulungen, schriftliche Erläuterungen oder Anweisungen, Kundenzeitschriften, aber auch Kundenberatungsgespräche (vgl. Gouthier 2003, S. 384).
- *Kundensegmentierung*: Schließlich kann der Anbieter die Kunden entsprechend ihren Fähigkeits- und Bereitschaftsgraden zu unterschiedlichen Kundengruppen (Segmenten) zusammenfassen. Auf unterschiedliche Vorstellungen bezüglich des Integrativitätsgrades kann der Dienstleister etwa mit unterschiedlichen Leistungsangeboten reagieren.

6.4.2 Die Gestaltung der Interaktion

6.4.2.1 Aufgaben und Formen der Interaktion

Interaktion bedeutet wechselseitig aufeinander bezogenes Verhalten, wobei der Begriff „Verhalten“ sowohl Handlungen als auch verbale und nonverbale Kommunikation beinhaltet (vgl. Treibel 2004, S. 170 ff.). Der Interaktion im Dienstleistungsprozess kommen folgende Aufgaben zu (vgl. Göbel 2002, S. 51 ff.; Homann / Suchanek 2000, S. 7 f.):

- Im *Austauschprozess* dient die Interaktion der Spezifizierung der Anforderungen an die Leistung und die Gegenleistung sowie der damit verbundenen Verfügungsrechte, der Aushandlung der Bedingungen, unter denen die Beteiligten bereit sind zu tauschen und der Prüfung, ob die Anforderungen erfüllt und die Verfügungsrechte übertragen wurden. Darüber hinaus repräsentieren sie das Kontakterlebnis des Nachfragers im Rahmen der sozialen Interaktion, das einen zusätzlichen Nutzen schaffen kann.
- Im *Produktionsprozess* markiert die Interaktion den Übergang externer Faktoren des Nachfragers in den Verfügungsbereich des Anbieters, z.B. die Abgabe eines defekten Pkw in der Autowerkstatt, und stellt Kontakte des Nachfragers mit dem physischen Umfeld des Anbieters dar, z.B. beim Selbstbedienungsrestaurant.
- Auf der *organisatorischen Dimension* dient die Interaktion zwischen Anbieter und Nachfrager der Koordination der Aktivitäten.

Interaktionen im Dienstleistungsprozess finden in folgenden Formen statt:

- Als Mensch-Maschine-Interaktion, z.B. Ausdrucken von Kontoauszügen über einen Kontoauszugsdrucker, und
- als soziale Interaktion, bei der mindestens zwei Personen aufeinander bezogene Aktivitäten mit gegenseitiger Verhaltensbeeinflussung durchführen (vgl. ähnlich Piontkowski 1967, S. 10; zu einem Überblick Möller 2002, S. 7 ff.). Soziale Interaktionen können in Form unmittelbarer Interaktion als Face-to-Face-Kontakt oder als mittelbare Interaktion mit Zwischenschaltung eines Kommunikationskanals oder –mediums (telefonische Interaktion, Interaktion im Internet) stattfinden (vgl. Bouncken 2001, S. 215 ff.). Soziale Interaktionen finden vor allem zwischen dem Kunden und dem Kundenkontaktpersonal des Anbieters statt. In manchen Dienstleistungsprozessen oder –situationen treten auch Kunden – gewollt oder ungewollt - untereinander in Kontakt. Beispielsweise kommt es manchmal zu allgemeinen Unterhaltungen zwischen Personen in einer Warteschlange oder in einem Restaurant; Kunden können andere Kunden aber auch unterstützen, z.B. wenn sich Kunden im Supermarkt über die Qualität von Produkten austauschen oder bei der Suche nach Produkten gegenseitig helfen.

Im Rahmen der sozialen Interaktion kommt der Kommunikation besondere Bedeutung zu. Die Kommunikation kann sowohl verbal als auch non-verbal über Mimik, Gestik oder Körperhaltung erfolgen. Im Rahmen der Kommunikation sendet ein „Sender" eine Nachricht an einen „Empfänger".

6.4.2.2 Interaktion als Erlebniskomponente

Während des Interaktionskontaktes können vielfältige primäre und sekundäre Emotionen im Konsumenten hervorgerufen werden. Solche emotionalen Reaktionen des

Kunden können Angst, Ärger, Bedauern, Freude oder auch Vertrauen sein (vgl. Price / Arnould / Deibler 1995). Die Vielfalt der hervorgerufenen Emotionen kann zum emotionalen Erlebniswert zusammengefasst werden (vgl. Ewert 1983, S. 403 ff.; Benkenstein / Forberger 2001, S. 392).

Der Interaktion zwischen Kunde und Kundenkontaktpersonal kommt eine besondere Bedeutung zu. So kann das Kundenkontaktpersonal die Ängste von Patienten gezielt verringern; die freundliche Bedienung durch Flugbegleiter kann sowohl Flugangst besänftigen als auch die Freude oder Entspannung während des Fluges unterstützen.

Aber auch Interaktionen zwischen Kunden können zu einem hohen Erlebniswert beitragen und sogar gezielt vom Anbieter gefördert werden. So dienen viele Aktivitäten bei einem Urlaub nicht nur der Unterhaltung des Einzelnen, sondern fördern auch den Kontakt zwischen den Urlaubern und schaffen damit eine eigene Erlebnisdimension.

Manche Dienstleistungen werden von den Konsumenten gerade wegen ihres Erlebnischarakters in Anspruch genommen, z.B. Kinobesuch oder Besuch eines Freizeitparks, während in anderen Dienstleistungsprozessen sich Emotionen unbeabsichtigt einstellen. Demzufolge kann zwischen zielgerichteten und reaktiven Emotionen unterschieden werden. *Zielgerichtete Emotionen* wirken sich dabei direkt auf die Zufriedenheit des Kunden mit der Dienstleistung aus, während dies für *unbeabsichtigte Emotionen* nicht gilt (vgl. Koelemeijer / Prevo / Pieters / Roest 1995; Liljander / Strandvik 1997). Emotionale Erlebnisse werden nicht nur durch die Interaktion hervorgerufen, sondern auch durch die Gestaltung des Dienstleistungsprozesses insgesamt.

In einer empirischen Untersuchung von Reisen, bei denen zielgerichtete Emotionen dominieren dürften, zeigte sich, dass hohe Zufriedenheitswerte sowohl mit stark positiven als auch stark negativen Gefühlen verknüpft waren (vgl. Arnould / Price 1993; Price / Arnould / Deibler 1995).

Wie Interaktionen sowie zeitliche Lage und Häufigkeit von Kundenkontaktpunkten gestaltet werden sollten, um einen besonderen Erlebnischarakter hervorzurufen, ist bisher nicht empirisch untersucht worden, so dass nur generelle Hinweise gegeben werden können. Aus Nachfragersicht stellen Interaktionen Nutzen stiftende Elemente des Dienstleistungsprozesses dar. Interaktionen sind immer dort einzuplanen, wo dem Nachfrager Zusatznutzenelemente vermittelt werden sollen. Maßstab können hierbei einerseits die Erwartungen des Nachfragers, andererseits die Angebote des Wettbewerbs darstellen. Kontaktpunkte werden geschaffen und gestaltet, um dem Nachfrager positive Erlebnisse zu verschaffen. Die Gestaltung des Kundennutzens, wie er bereits im Rahmen der Austauschtheorie betrachtet wurde, steht im Mittelpunkt der Betrachtung.

Positive und negative Emotionen werden jedoch nicht nur auf Nachfragerseite ausgelöst, sondern auch bei den Mitarbeitern des Anbieters, die in direktem Kundenkontakt stehen (vgl. zur Bedeutung von Emotionen im Arbeitskontext den Sammelband von

Fineman 2000). Der Umgang mit Emotionen wird auch als Gefühlsarbeit bezeichnet (vgl. Nerdinger 2001, S. 504). Der Begriff der Gefühlsarbeit kann sich dabei sowohl auf die Beeinflussung der Gefühle des Kunden durch die Kundenkontaktmitarbeiter beziehen als auch auf den Umgang der Mitarbeiter mit den eigenen Gefühlen, ihre „Regulation und Bearbeitung ... mit dem Ziel, einen erwünschten Gefühlsausdruck hervorzurufen" (Nerdinger 2001, S. 504). Negative Konsequenzen dieser Gefühlsarbeit sind Stress und Burnout (emotionale Erschöpfung), positive Konsequenzen sind Zufriedenheit und Selbstvertrauen (Nerdinger 2001, S. 510 ff.).

6.4.2.3 Die Koordination des Prozesses durch Interaktion

Im Dienstleistungsbereich erfolgen Interaktionen häufig ziel- und aufgabenorientiert (vgl. Solomon / Surprenant / Czepiel / Gutman 1985, S. 103). Somit kommt der Interaktion zwischen Anbieter und Nachfrager steuernder und insbesondere koordinierender Charakter zu. Der Koordinationsaufgabe dient vor allem auch die Übermittlung von Informationen. Hierbei können zwei Formen von Informationen unterschieden werden (vgl. ähnlich Möller 2004, S. 162. ff.):

- *Austauschbezogene Informationen* beziehen sich auf die Spezifizierung des zu lösenden Kundenproblems: Was soll getauscht werden und wie?
- *Faktorkombinationsbezogene Informationen* beziehen sich auf den Problemlösungsprozess: Wie wird das Problem des Kunden gelöst?

Mit Hilfe der austausch- und faktorkombinationsbezogenen Informationskategorien wird festgelegt, ob es sich um eine standardisierte oder eine individualisierte Dienstleistung handelt (vgl. Freiling / Reckenfelderbäumer 1996, S. 28; Jacob 1995, S. 52; Hildebrand 1997, S. 34). Differieren die austauschbezogenen Informationen von Kunde zu Kunde, unterscheiden sich also die Probleme voneinander, so erscheint dem Kunden die Lösung individuell: er erhält in seinen Augen eine individualisierte Dienstleistung. Differieren die faktorkombinationsbezogenen Informationen, unterscheiden sich also die Lösungswege, so handelt es sich nicht nur um eine aus Kundensicht individuelle Dienstleistung, sondern auch der Dienstleistungsprozess variiert von Kunde zu Kunde (vgl. hierzu vertiefend Kapitel 4.2.1.). Diese Informationen weisen zum Teil den Charakter steuernder Prozessinformationen auf.

Die koordinierende Wirkung der Interaktion zwischen Anbieter und Nachfrager kann durch weitere Integrationsmittel oder -instrumente (vgl. Fließ 1996a, S. 97 ff.; Fließ 1996b, S. 10 ff.) unterstützt werden. Hierbei lassen sich zwei Gruppen von Integrationsinstrumenten unterscheiden (vgl. Fließ 2004):

- *Steuerungsinstrumente*: Sie dienen der Abstimmung der Aktivitäten zwischen Anbieter und Nachfrager und bilden die Voraussetzung für die Kombination der internen und externen Faktoren. Sie determinieren den weiteren Verlauf des Leistungserstellungsprozesses. Einen Schwerpunkt hierbei bilden Instrumente, die der Beschaffung externer steuernder Prozessinformationen dienen, z.B. Checklisten.

- *Sicherungsinstrumente*: Sie beziehen sich auf die Property Rights, d.h. die Verfügungsrechte des Anbieters oder des Nachfragers über interne und/oder externe Faktoren; sie sichern darüber hinaus die Qualität der internen und externen Inputfaktoren und Leistungsbeiträge. Sie schließen vergangene Schritte des Leistungserstellungsprozesses ab und stellen somit Meilensteine für den weiteren Verlauf dar.

Insgesamt dienen Integrationsinstrumente der einseitigen oder der zweiseitigen Information der Beteiligten. Einzelinstrumente dienen schwerpunktmäßig entweder der Sicherung oder der Steuerung, während kombinierte Instrumente für beide Zwecke eingesetzt werden können. Tabelle 6-3 gibt einen Überblick über verschiedene Instrumente. Die Instrumente können sowohl zur Steuerung und Sicherung der externen Faktoren und Leistungsbeiträge als auch zur Steuerung der internen Faktoren und Leistungsbeiträge eingesetzt werden.

Tabelle 6-3: *Integrationsinstrumente zur Steuerung und Sicherung der Qualität im Leistungserstellungsprozess, in Anlehnung an Fließ 2004, S. 40*

Klassifikation der Integrationsinstrumente	Beispiele
Faktorkombinationbezogene Einzelinstrumente (Steuerungsinstrumente)	Checkliste, Fragebogen, Demonstration, Zeichnung, Entwicklungssoftware, Blueprint, Arbeitsplan
Property Rights bezogene Einzelinstrumente	Protokolle, Freigabeformulare, Prüfformulare, mit Unterschrift versehene Steuerungsinstrumente
Kombinierte Instrumente	Lastenheft, Pflichtenheft, Angebot

Integrationsinstrumente visualisieren Teilaspekte des Leistungserstellungsprozesses und liefern die Grundlage der Qualitätsbeurteilung sowohl für den Kunden, was die Teilleistungsbeiträge des Anbieters betrifft, als auch für den Anbieter, was die externen Faktoren des Nachfragers betrifft. Steuerungs- und Sicherungsinstrumente können im Rahmen des Blueprints an den Kundenkontaktpunkten auf der Interaktionslinie eingeplant werden.

6.4.2.4 Konfliktmanagement durch Interaktion

Dienstleistungsprozesse laufen nicht immer reibungslos ab, sondern es können *Konflikte* auftreten. Diese resultieren daraus, dass nicht alle Interessen der am Tausch Beteiligten harmonieren, sondern gemeinsame und konfligierende Interessen gleichzeitig vorliegen (vgl. Homann / Suchanek 2001, S. 7 f.). Konfligierende Interessen können zu einem Nicht-Wollen der Transaktionspartner führen; es entsteht ein Motivations- oder Anreizproblem (vgl. Jost 2000, S. 178; Göbel 2002, S. 31).

Konfligierende Interessen können in unterschiedlichen Phasen des Dienstleistungsprozesses zu Konflikten zwischen den Beteiligten führen, die gelöst werden müssen:

- Auf der *Austauschebene* können unterschiedliche Interessen hinsichtlich der zu spezifizierenden und zu erbringenden Dienstleistung vorliegen: Der Kunde hat andere Vorstellungen als der Anbieter. So möchte der Kunde etwa eine individuell zusammengestellte Urlaubsreise buchen; diesen Wunsch kann der Anbieter erfüllen, allerdings nur zu einem Preis, der über der Preisvorstellung des Kunden liegt.
- Auf der *Produktionsebene* können Anbieter und Nachfrager unterschiedliche Vorstellungen bezüglich der Quantität, Qualität der Leistungsbeiträge sowie hinsichtlich des Ortes und des Zeitpunktes der Integration verfolgen.
- Auf der *Organisationsebene* können sich Anbieter und Nachfrager hinsichtlich ihrer Vorstellungen bezüglich des Prozessablaufs und ihrer Aufgabenteilung unterscheiden. Kunden verhalten sich nicht prozesskonform, verstoßen oder rebellieren gegen Regeln und stören andere Kunden.

Unterschiedliche Vorstellungen auf der Austauschebene können während eines Dienstleistungsprozesses oder nach seinem Abschluss zu Beschwerden führen (vgl. Günter 2001, S. 263 f.). *Beschwerden* sind zumeist ein Ausdruck von Unzufriedenheit, der dem Dienstleister noch die Möglichkeit gibt, durch entsprechende Maßnahmen Zufriedenheit herzustellen. Untersuchungen haben gezeigt, dass Kunden, die sich beschweren und deren Beschwerden zur Zufriedenheit dieser Kunden behandelt werden, treuere Kunden sind als andere. Beschwerden sind gewissermaßen nur die Spitze des Eisbergs, denn nicht alle unzufriedenen Kunden beschweren sich. Unzufriedene Kunden verlassen entweder den Dienstleister und kommen nie wieder oder beschweren sich bei Freunden und Bekannten oder ihrer Familie, so dass möglicherweise auch letztere diesen Dienstleister nicht mehr in Erwägung ziehen.

Kunden, die sich beschweren, erwarten im Wesentlichen „Fairness". Diese bezieht sich auf das Ergebnis der Beschwerdeführung, den Beschwerdeprozess und die Interaktion zwischen Personal und Kunde (vgl. Zeithaml / Bitner / Gremler 2006, S. 223 ff.). Als Ergebnis erwarten Kunden, dass eine Kompensationsleistung des Dienstleisters angeboten wird, die zumindest ihrem Unzufriedenheitsniveau entspricht (vgl. Zeithaml / Bitner / Gremler 2006, S. 223). Ist etwa das Essen kalt, so sollte dieses gewärmt werden. Da dies die Mindestleistung darstellt, wird erst durch eine weitere Zusatzleistung, etwa ein freies Getränk, Zufriedenheit des Kunden hergestellt. Im Hinblick auf den Beschwerdeprozess erwarten Kunden die Orientierung an geltenden Beschwerderegeln des Dienstleistungsunternehmens (falls diese existieren), ein für alle Personen geltendes Procedere und eine unverzügliche Bearbeitung der Beschwerde. Fairness in der Interaktion betrifft das Verhalten des Kundenkontaktpersonals; dieses sollte höflich, an den Belangen des Kunden interessiert und um eine Lösung bemüht wirken.

Probleme auf der Produktions- und Organisationsebene können als *Rollenkonflikte* zwischen Anbieter und Nachfrager interpretiert werden. Probleme treten dann auf, wenn Kunden (Anbieter) sich nicht an die ihnen zugewiesenen Rollen halten.

Rollen repräsentieren ganz allgemein Verhaltenserwartungen des Umfeldes, die Interpretation dieser Erwartungen durch den Rolleninhaber und ihre Ausgestaltung (vgl. Wiswede 1977, S. 37). Rollenkonflikte entstehen, wenn ein Rolleninhaber unsicher ist, wie er seine Rolle gestalten soll und eine Entscheidung zwischen mindestens zwei Möglichkeiten der Rollenausgestaltung hat.

Da Rollen auf Verhaltensregeln basieren, können solche Rollenabweichungen auch als Verstöße gegen *Normen* verstanden werden. Normen lassen sich in Schlüsselnormen (Muss- oder Grundnormen) sowie Randnormen (Soll- oder Kann-Normen) unterteilen. Dabei ist die Erfüllung von Randnormen erwünscht, die Befolgung von Schlüsselnormen jedoch unabdingbar (vgl. Schein 1980, S. 104). Nach der Ausrichtung ihres Verhaltens an den Normen können die in Abbildung 6-7 dargestellten Kundentypen unterschieden werden.

Regelabweichendes Verhalten kann in verschiedenen Formen auftreten (vgl. Bitner / Booms / Mohr 1994; Lovelock / Wirtz 2007, S. 250 ff.; Scheuch 2002, S. 180): Laufende Kinder in Ausstellungen, schreiende Kinder im Restaurant, Vordrängeln in einer Warteschlange stellen Verstöße gegen Unternehmensnormen dar und sind eher als Verstöße gegen Randnormen als gegen Schlüsselnormen einzuschätzen. Verstöße gegen Umgangsformen liegen vor, z.B. bei Beschimpfungen des Personals, Erzählen sexistischer Witze durch Männer in einer Frauenrunde, Essen mit den Händen statt mit dem Besteck – je nach Schwere des Verstoßes werden Rand- oder Schlüsselnormen nicht befolgt. Schwerer wiegen Verhaltensverstöße, die andere Kunden in ihrer Dienstleistungsnutzung beeinträchten, z.B. Trunkenheit und randalierende Gäste, etwa im Flugzeug, im Restaurant oder in einem Warteraum oder lautes Reden oder Streiten in einem Restaurant.

Verstoßen Besucher gegen die Ge- und Verbote, so sind sie höflich auf die Regeln hinzuweisen. Kommt es zu weitergehenden Konflikten, d.h. droht die Situation zu eskalieren, so bietet sich ein den Eskalationsstufen entsprechendes Verhalten an. Dies kann von Maßnahmen zum Spannungsabbau (z.B. Verständnis für die Situation, Geschenke, gemeinsames Lachen) über die Veränderung der Rahmenbedingungen und des Umfeldes (z.B. Wechsel des Schauplatzes) bis hin zur Mediation und zum Coaching, d.h. Beilegung des Konfliktes durch einen im Konfliktmanagement geschulten Vorgesetzten, reichen (vgl. Bumbacher 2001).

Abbildung 6-7: *Normenkonformitätsbezogene Kundentypen, Quelle: Gouthier 2003, S. 48 f.*

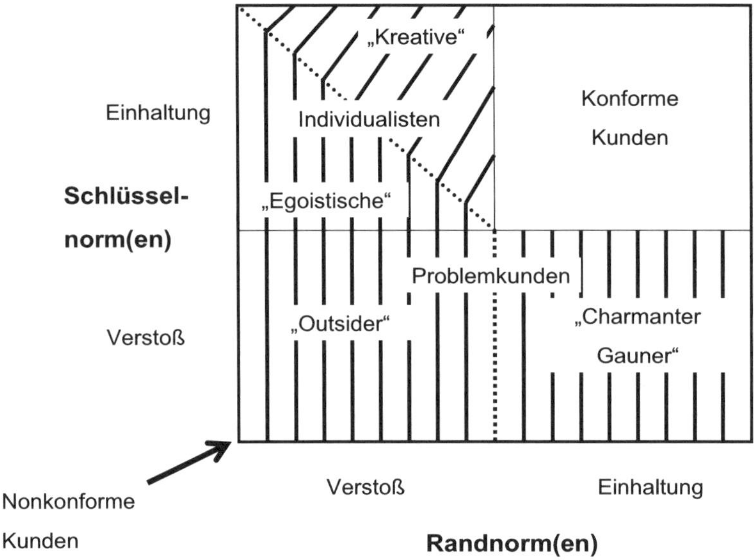

6.5 Die Gestaltung an der „Line of Visibility“

Der für den Nachfrager wahrnehmbare Bereich befindet sich im ServiceBlueprint™ zwischen der Interaktionslinie und der Sichtbarkeitslinie, die genau genommen als Wahrnehmungslinie bezeichnet werden müsste. *Wahrnehmung* umfasst die Erfassung äußerer Reize mit Hilfe der Sinne. Wahrnehmung bezieht sich also nicht nur auf die visuelle Wahrnehmung, sondern auch auf die akustische, olfaktorische (Geruchssinn), haptische (Tastsinn) und gustatorische (Geschmackssinn) Wahrnehmung.

6.5.1 Die Bedeutung des wahrnehmbaren Bereichs

Der wahrnehmbare Bereich ist der Bereich, in dem sich der Kunde bei Dienstleistungen, die in den Räumen des Anbieters erbracht werden, bewegt. Er wird auch als *Dienstleistungsumgebung* oder *Servicescape* bezeichnet (vgl. Bitner 1992). Der wahrnehmbare Bereich übernimmt instrumentelle Funktionen und kommunikative Funktionen (vgl. Blümelhuber 1998, S. 1204).

Instrumentelle Funktionen sind aufgabenbezogene oder praktische Funktionen der Dienstleistungsumgebung während des Leistungserstellungsprozesses im Hinblick auf das Leistungsergebnis. Hierbei steht die direkte physische Wirkung zwischen Betrachter und Dienstleistungsumgebung, also der technisch-funktionale Nutzen im Vordergrund (vgl. Blümelhuber 1998, S. 1204 ff.). Besondere Bedeutung kommt dabei den Kontaktobjekten zu, etwa dem Krankenhausbett für den Patienten, dem Sitz im Flugzeug oder in der Bahn, der Einrichtung des Hotelzimmers für den Gast.

Anforderungen an die Gestaltung der Kundenkontaktobjekte lassen sich zum einen aus den gewünschten oder erwarteten Merkmalen der zu erstellenden Dienstleistung ableiten. Soll etwa der Fluggast ausgeruht am Ende seiner Reise ankommen, so ist bei der Gestaltung des Flugzeuges auf ausreichende Bequemlichkeit der Sitze sowie genügend Beinfreiheit zu achten.

Anforderungen an die Gestaltung der Kontaktobjekte lassen sich aber auch aus den während des Leistungserstellungsprozesses durchzuführenden Tätigkeiten ableiten. So muss der Gang zwischen den Sitzreihen breit genug sein, um Fluggästen das Einsteigen mit Handgepäck und den Stewardessen eine Versorgung der Passagiere mit Getränken und Essen während des Fluges zu ermöglichen.

Zu den *kommunikativen Funktionen*, auch als sprachliche oder expressive Funktion bezeichnet (vgl. Blümelhuber 1998, S. 1204 ff.), zählen insbesondere die Informationen, die diese Kontaktobjekte und die gesamte Dienstleistungsumgebung an den Kunden ausstrahlen. Sie entfalten koordinierende Wirkung während des Dienstleistungsprozesses, indem sie die Erwartungen und Aktivitäten von Kunde und Kundenkontaktpersonal beeinflussen.

Es ist davon auszugehen, dass die Dienstleistungsumgebung nicht bei allen Dienstleistungen von gleicher Bedeutung ist. Vielmehr wird vermutet, dass dies insbesondere für sog. Selbstbedienungs-Dienstleistungen gilt (vgl. Bitner 1992), aber auch für andere Dienstleistungen, bei denen sich der Kunde längere Zeit in den Räumen des Anbieters aufhält (vgl. Reimer 2004, S. 92).

Die Gestaltung der Dienstleistungsumgebung ist jedoch nicht nur für den Kunden von Bedeutung. Bei den von Bitner differenzierten interaktiven Dienstleistungen (vgl. Bitner 1992) bewegen sich auch die Mitarbeiter des Dienstleistungsunternehmens in dieser Umgebung. Diese Aspekte werden insbesondere im umweltpsychologischen Ansatz berücksichtigt.

6.5.2 Die Gestaltung der Dienstleistungsumgebung aus umweltpsychologischer Sicht

Das bekannteste umweltpsychologische Verhaltensmodell ist das nach Mehrabian und Russell (vgl. Mehrabian / Russell 1974), welches von Bitner im Hinblick auf Dienstleistungen differenziert wurde (vgl. Bitner 1992). Hierbei wird das Verhalten, das ein Kunde als Reaktion auf seine Umwelt (z.B. Hotelhalle, Schalterhalle, Flughafen) zeigen kann, zunächst grundsätzlich in die beiden Verhaltensweisen „Annäherung" und „Meidung" unterteilt und dann im nächsten Schritt weiter differenziert:

- Wunsch, physisch in dieser Umgebung zu bleiben (Annäherung) oder sie zu verlassen (Vermeidung).
- Wunsch, sich umzuschauen und die Umwelt zu erforschen (Annäherung) oder Wunsch, eine Interaktion mit der Umwelt zu vermeiden und sich nicht mit ihr zu beschäftigen (Vermeidung). Hier zeigt sich etwa, ob die Gestaltung der Einkaufsräume, des Restaurants, des Hotels, des Museums, des Theaters oder des Flughafens einen Besucher zum Betreten und zum Verweilen einlädt.
- Wunsch, mit anderen zu kommunizieren (Annäherung) oder die Kommunikation mit anderen zu vermeiden oder sogar Kontaktaufnahmen anderer zu blockieren (Vermeidung).
- Ausmaß, in dem die Aufgabenerfüllung oder Zielerreichung und damit auch die Zufriedenheit unterstützt (Annäherung) oder behindert (Vermeidung) wird. Beispielsweise könnte das Ziel eines Besuchers eines Freizeitparks darin bestehen, sich zu amüsieren. Das Ziel eines Museumsbesuchers könnte es sein, sich über einen Ausstellungsgegenstand intensiver zu informieren.

Abbildung 6-8: *Umweltpsychologisches Modell der Wirkung der Dienstleistungsumgebung auf Kunden und Mitarbeiter, in Anlehnung an Bitner 1992, S. 60*

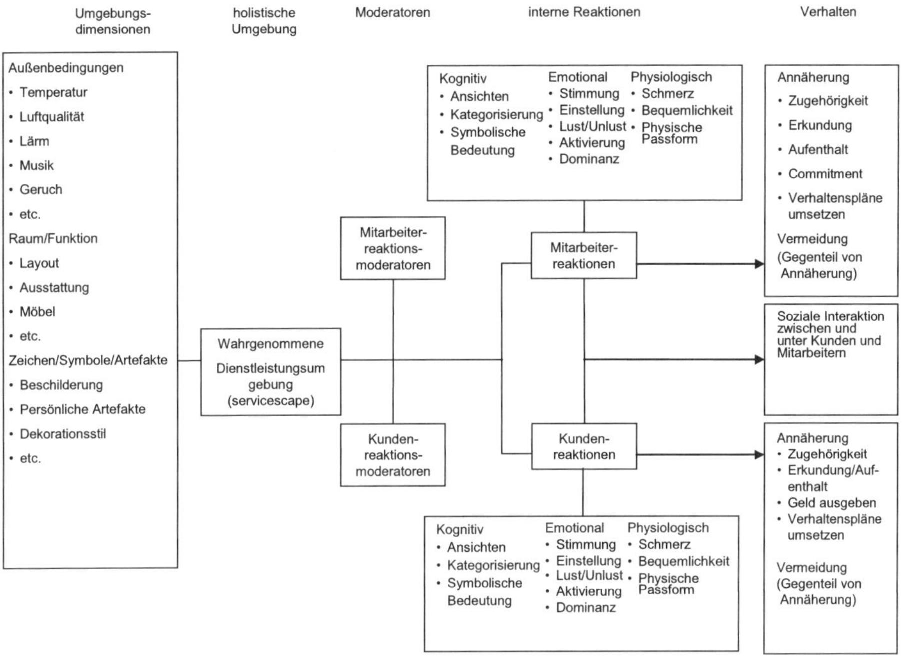

Ob ein Kunde *Annäherungs- oder Vermeidungserhalten* zeigt, ist von emotionalen, kognitiven und physiologischen Reaktionen auf die Umgebung abhängig (vgl. Abbildung 6-8). Auch auf den Servicemitarbeiter wirkt die Umgebung entsprechend, so dass das Interaktions- und Kommunikationsverhalten sowohl von Mitarbeitern als auch von Kunden durch die Gestaltung des Dienstleistungsumfeldes mit beeinflusst wird.

Die *kognitive Reaktion* des Kunden auf die Umgebung besteht darin, dass der Kunde den für ihn sichtbaren Elementen eine bestimmte Bedeutung zuweist; er interpretiert sie im Hinblick auf seine Person. Dabei wecken die sichtbaren Elemente zum einen seine Erwartungen hinsichtlich der Dienstleistung und der Verhaltensweisen des Anbieters, aber auch hinsichtlich der vermutlichen Anforderungen an sein Verhalten. Sie dienen der räumlichen und sozialen Orientierung des Kunden. Beschilderungen etc. helfen ihm, Ansprechpartner zu finden oder sich räumlich zu orientieren, z.B. im Hotel, im Krankenhaus oder in öffentlichen Gebäuden. Dicke Teppiche hindern beispielsweise am Rennen, hohe Decken bringen Menschen dazu, leise zu sprechen.

Darüber hinaus führt die *Interpretation* der Umgebung zu einer Qualitätseinschätzung des Anbieters. Bei Dienstleistungen kann der Nachfrager die Qualität nur während des Leistungserstellungsprozesses erfahren und beurteilen, manchmal aber nicht einmal nach Erhalt der Dienstleistung. Sichtbare Elemente werden daher als Qualitätsindikatoren interpretiert. Sie erlauben es beispielsweise, eine erste Einschätzung hinsichtlich des zu erwartenden Qualitätsniveaus vorzunehmen und das zu erwartende Preis-Leistungs-Verhältnis (besser: Nutzen-Opfer-Verhältnis) einzuschätzen.

> **Beispiel**: In einer empirischen Untersuchung in der deutschsprachigen Schweiz zur Bedeutung der Dienstleistungsumgebung bei Banken und bei Restaurants konnte gezeigt werden, dass der direkte Einfluss der Gestaltung des Dienstleistungsumfeldes auf die Qualitätswahrnehmung bei Restaurants höher ist als bei Banken und sogar den höchsten Einfluss auf die wahrgenommene Dienstleistungsqualität hat (vgl. Reimer 2004, S. 62). Darüber hinaus zeigte sich, dass die Gestaltung des Dienstleistungsumfeldes auch die Beurteilung der sog. intangiblen Elemente, z.B. Zuverlässigkeit oder Einfühlungsvermögen, beeinflusst (vgl. Reimer 2004, S. 124 f.).

Die von der Gestaltung der Umgebung ausgehenden Stimuli werden auch von den Servicemitarbeitern entsprechend verarbeitet. So kann etwa die Möblierung eines Büros oder eines Sitzungsraumes die Bedeutung der Mitarbeiterfunktion unterstreichen und die Position dieses Mitarbeiters im Vergleich zu seinen Kollegen herausstellen (vgl. Bitner 1992, S. 63). Die Bürogestaltung ist – wie der Dienstwagen – für viele Mitarbeiter Zeichen ihres Status.

Die *emotionale Reaktion* des Kunden kann in drei verschiedene Zustände mit positiver und negativer Ausprägung unterschieden werden:

- Lust und Unlust (pleasure – displeasure),
- Erregung und Nicht-Erregung (arousal – nonarousal) und
- Überlegenheit / Dominanz und Ergebenheit / Unterordnung (dominance - submissiveness).

> **Beispiel:** Eine Studie aus den 80er Jahren zeigt, dass komplexe Dienstleistungsumgebungen mit einer Vielzahl visueller Reize, reicher Ornamentierung und hoher Informationsrate zu emotionaler Erregung führen, während Ordnung, Klarheit und Uniformität keine emotionale Erregung hervorrufen (vgl. Kaplan 1987). Allerdings dürften auch ästhetische Aspekte einen Einfluss auf die emotionale Reaktion haben. Diese sind aber auch kulturabhängig und der Mode unterworfen, wie die gerade in der letzten Zeit aufgekommenen funktionalen und klaren Gestaltungen von Restaurants, Bars und Boutiquen zeigen. Untersuchungen zeigen, dass Personen die angebotenen Leistungen in einer emotional angenehmen Umgebung positiver einschätzen als die in einer weniger angenehmen Umgebung (vgl. Obermiller / Bitner 1984).

Physiologische Reaktionen sind körperliche Reaktionen, die auch die emotionalen Reaktionen beeinflussen. Lärm, zu hohe oder zu niedrige Temperaturen, zu viele Menschen, zu wenig oder zu viel Licht beeinträchtigen die körperlichen Funktionen und damit das Wohlbefinden der Menschen. Insbesondere bei der Gestaltung von Arbeitsmitteln – sowohl für den Kunden als auch für den Mitarbeiter – ist auf die ergonomische Gestaltung zu achten.

In welchem Maße Personen welche kognitiven, emotionalen oder physiologischen Reaktionen zeigen, ist auch abhängig von Persönlichkeitsmerkmalen. Personen, die Aufregung lieben, werden sich in einer anregenden Umgebung wohler fühlen als Personen, die die Ruhe lieben. Weitere Einflüsse gehen von den Erwartungen, Absichten, Plänen und Stimmungen aus.

Die Gestaltung der Dienstleistungsumgebung kann die Integration des Kunden in den Dienstleistungsprozess unterstützen. Sie kann darüber hinaus dazu beitragen, sich vom Wettbewerb zu differenzieren. Sie kann sogar zu einer Alleinstellung, Unverwechselbarkeit und Profilierung führen (vgl. Blümelhuber 1998, S. 1200).

6.5.3 Die Lage der Sichtbarkeitslinie

Nicht alle Bereiche eines Dienstleistungsunternehmens sind für den Kunden sichtbar oder betretbar. So sind in einem Hotel bestimmte Räumlichkeiten dem Personal vorbehalten, in einem Museum dürfen nur der Ausstellungsbereich betreten werden, nicht aber die Büros. In einem Restaurant ist der Gast in der Regel in der Küche nicht gern gesehen. Dennoch gibt es Restaurants, bei denen gerade ein besonderer Reiz darin besteht, dass die Küche offen ist oder dass bestimmte Speisen sogar am Tisch des Gastes zubereitet werden. Warum werden bestimmte Bereiche vor dem Kunden verborgen, während ihm andere gezeigt oder sogar zugänglich gemacht werden?

Eine Antwort auf diese Frage kann die *Austauschtheorie* nach Thibaut / Kelley geben (vgl. Thibaut / Kelley 1959). Alles, was dem Kunden einen Nutzen stiften kann, kann in den sichtbaren Bereich gerückt werden:

- So können sichtbare Aktivitäten ihm einen besonderen Genuss oder eine besondere Freude verschaffen – sie stellen Belohnungen dar und schaffen einen (emotionalen) Nutzen für den Kunden.
- Sichtbare Aktivitäten können aber auch die Sicherheit hinsichtlich der Leistungsqualität erhöhen und es dem Kunden ermöglichen, diese überhaupt erst zu beurteilen.

Insbesondere der letzte Punkt wird auch durch informationsökonomische Erkenntnisse gestützt. Vergegenwärtigt man sich, dass Dienstleistungen Leistungsversprechen darstellen, so ist der Kauf einer Dienstleistung für den Kunden immer mit hoher Unsicherheit verbunden. Durch die Sichtbarmachung bestimmter Teilleistungen und -aktivitäten können diese für den Nachfrager erfahrbar und damit beurteilbar gemacht werden (vgl. Fließ 2004).

So kann etwa der Gast, der einen Blick in die Küche wirft oder dessen Speisen vor seinen Augen zubereitet werden, sich selbst überzeugen, dass keine Fertigprodukte verwendet werden, ob die Zutaten frisch sind, ob der Koch sein Handwerk versteht (Leistungsfähigkeit) und ob die Küche sauber ist.

Die Sichtbarmachung von Aktivitäten oder Leistungsbestandteilen kann daher auch dazu führen, dass für den Nachfrager die Kosten sinken, insbesondere die Transaktionskosten. Nicht sichtbar gemacht werden sollten solche Elemente, deren Anblick der Nachfrager als „Bestrafung" empfindet. Als weiterer Aspekt für die Entscheidung, welche Elemente sichtbar gemacht und welche verborgen werden sollen, ist das Comparison Level heranzuziehen. Erwartet der Nachfrager, dass diese Elemente sichtbar sind, so sollte dies geschehen. Schließlich kann die Frage nach der Lage der Line of Visibility auch durch das Comparison Level for Alternatives beantwortet werden: Trägt die Sichtbarmachung dazu bei, sich positiv von den Wettbewerbern abzuheben oder nicht?

6.6 Die Gestaltung an der „Line of Internal Interaction"

Die Gestaltung an der Line of Internal Interaction betrifft vor allem folgende Aspekte:

- Die Festlegung der internen Arbeitsteilung und die Koordination der internen Aktivitäten innerhalb des Anbieterunternehmens, d.h. die Festlegung der Lage der Line of Internal Interaction und die Festlegung der internen Arbeitsteilung ober- und unterhalb der Line of Internal Interaction,
- die Koordination der Anbieter- und Nachfrageraktivitäten an der Line of Interaction.

Hinsichtlich der Festlegung der internen Arbeitsteilung können horizontale und vertikale Differenzierung unterschieden werden. Die horizontale Differenzierung fragt nach der Spezialisierung der Organisationseinheiten z.B. Stellen, d.h. wie viele Aufgaben soll eine Organisationseinheit innerhalb des Dienstleistungsprozesses übernehmen. Die vertikale Differenzierung fragt nach der Entscheidungsautonomie, d.h. in welchem Maße sollen Ausführungsaufgaben mit Aktivitäten des dispositiven Faktors (vgl. Gutenberg 1983, S. 131) gekoppelt werden (vgl. Jost 2000, S. 312). Die folgenden Ausführungen konzentrieren sich auf die horizontale Differenzierung.

6.6.1 Horizontale Arbeitsteilung

Grundsätzlich stehen zwei Möglichkeiten zur Verfügung: die prozessorientierte Stellenbildung und die funktionsorientierte Stellenbildung (vgl. Jost 2000, S. 297 ff.).

Bei der *prozessorientierten Stellenbildung* werden mehrere konsekutive Tätigkeiten in einer Stelle zusammengefasst, bei einem Blumenversand etwa die Tätigkeit des Blumenbindens und die Tätigkeit der Auslieferung. Bei der funktionsorientierten Stellenbildung sind Stellen demgegenüber auf eine Tätigkeit spezialisiert, die dann in mehreren Dienstleistungsprozessen ausgeübt werden. So wird die Tätigkeit des Blumenbindens von einer Stelle ausgeführt, während die Tätigkeit des Auslieferns von einer anderen Stelle übernommen wird.

Bei der *horizontalen Arbeitsteilung* geht es darum, eine Arbeitsteilung zu finden, die die Kosten minimiert. Dabei sind zum einen Produktionskosten, zum anderen Transaktionskosten zu beachten. Produktionskosten resultieren aus der Spezialisierung, d.h. je stärker sich ein Mitarbeiter auf einen Arbeitsvorgang spezialisiert, desto geringer sind die Produktionskosten je Arbeitsvorgang und damit bei gleich bleibender Zahl an Arbeitsvorgängen auch insgesamt. Transaktionskosten resultieren demgegenüber aus der Organisation der ökonomischen Aktivitäten (vgl. zu einer Einführung in die Transaktionskostentheorie Picot 1982; Picot / Dietl 1990; Picot / Franck 1991), d.h. je mehr Schnittstellen zwischen den Stellen bestehen, desto höher sind die Transaktionskosten. Um die Gesamtkosten zu minimieren, muss daher eine Arbeitsteilung gefunden werden, die einerseits Spezialisierungsvorteile nutzt, ohne dass jedoch andererseits die Transaktionskosten zu hoch werden.

Transaktionskosten lassen sich in Koordinationskosten und Motivationskosten unterteilen (vgl. Milgrom / Roberts 1992, S. 29 f.).

Koordinationskosten werden durch solche Aktivitäten verursacht, die insbesondere der Übermittlung von Informationen und damit der Schließung von Informations- oder Wissenslücken dienen. Hierzu zählen beispielsweise Kosten aufgrund der Ausarbeitung von Plänen, des Erstellens und Einsetzens von Checklisten, des Führens von Telefongesprächen oder der Teilnahme an Meetings. Zu den Koordinationskosten zählen auch Messkosten (vgl. Barzel 1982), die dadurch entstehen, dass Leistungsbeiträge des Kunden oder vorgelagerter Stellen bzw. Abteilungen abgerufen, nachgefordert oder präzisiert werden müssen (vgl. Fließ 2001, S. 333 ff.). Da Informationslücken kaum vollständig zu schließen sind, umfassen sie z.B. auch Kosten für Doppelarbeit, die aus Verspätungen oder Missverständnissen resultieren.

Motivationskosten entstehen aus der Überwindung des Motivationsproblems und sind auf unzureichendes Commitment der Beteiligten zurückzuführen, das sich darin zeigt, dass getroffene Absprachen nicht eingehalten werden und Informationsasymmetrien missbräuchlich ausgenutzt werden.

Da Produktions- und Transaktionskosten aus verschiedenen Gründen nicht direkt messbar sind (vgl. hierzu Fließ 2001, S. 107 ff. und die dort angegebene Literatur), hängt die Frage, ob in stärkerem Maße eine funktionsorientierte oder eine prozessorientierte Stellenbildung vorgenommen wird, von den Merkmalen der Aufgabe ab (vgl. Picot / Dietl / Franck 1999, S. 73 ff.).

Für die Arbeitsteilung zwischen Organisationseinheiten (z.B. Abteilungen, Stellen) sind die folgenden Aufgabenmerkmale ausschlaggebend (Milgrom / Roberts 1992, S. 30 ff.; Picot / Dietl / Franck 1999, S. 73 ff.; Jost 2000, S. 412 ff.):

- Die *Interdependenzen* zwischen den Teilaufgaben,
- die Aufgabenteilung in den Stadien *„wissensökonomischer Reife"*,
- die *Messbarkeit* der durch die Aufgabenerfüllung geschaffenen Werte.

Interdependenzen können bestehen, weil (vgl. Thompson 1967, S. 54 f.; Ven / Ferry 1980, S. 165; Picot / Dietl / Franck 1999, S. 74):

- Dienstleistungsprozesse auf die gleichen Ressourcen zugreifen (gepoolte Interdependenzen), z.B. nutzen verschiedene Dienstleistungsprozesse die gleiche Software,
- der Output eines Dienstleistungsprozesses den Input eines anderen darstellt (sequentielle Interdependenzen); dies gilt insbesondere für interne Prozesse, wie etwa Einstellungen, Ressourcenbeschaffungen etc.,
- die Aktivitäten wechselseitig voneinander abhängig sind (reziproke Interdependenzen), oder
- Aktivitäten innerhalb eines Dienstleistungsprozesses interaktiv und gleichzeitig ausgeübt werden (teamorientierte Interdependenzen), z.B. kann es bei Akquisitionsprozessen für komplexere Projekte aufgrund des verteilten Fachwissens nötig sein, dass verschiedene Stellen (Vertrieb, Entwicklung, Konstruktion, Produktion) mit dem Kunden kommunizieren.

Je höher der Grad der Interdependenzen zwischen den Teilbereichen ist (von (1) nach (4) ansteigend), desto eher müssen die Bereiche zusammengefasst werden.

Das Konzept der *wissensökonomischen Reife* stellt auf die dynamischen Transaktionskosten ab. *Dynamische Transaktionskosten* entstehen durch die Aneignung von Wissen, das notwendig ist, um einen Dienstleistungsprozess durchführen zu können (vgl. Langlois / Robertson 1995, S. 35). Hierzu zählen beispielsweise Kosten, die mit der Anwendung einer neuen Technologie verbunden sind (Einarbeitungskosten, Lernkosten) oder die durch die Übertragung von Informationen entstehen, die zur weiteren Bearbeitung des Vorgangs notwendig sind. Die dynamischen Transaktionskosten sind dann besonders, u.U. sogar prohibitiv, hoch, wenn es nicht gelingt, Wissen zu kodifizieren, zu artikulieren und damit zu übertragen, wie dies bei sog. implizitem Wissen (vgl. Polanyi 1985,

S. 13 ff.) gegeben ist. Wissensökonomische Reife haben solche Leistungen erlangt, die weiterverwendet werden können, ohne dass auf das zu ihrer Erstellung notwendige Wissen zurückgegriffen werden muss (vgl. Dietl 1993, S. 175). Dem Konzept entsprechend sind Aufgaben – vereinfacht gesagt - so zusammenzufassen, dass eine Übertragung des impliziten Wissens möglichst nicht notwendig ist. Damit kommt dem jeweiligen Know-how der entsprechenden Stellen bzw. Abteilungen bezüglich der Dienstleistungserbringung erhebliche Bedeutung zu. Ist eine Zusammenfassung der Aufgaben beispielsweise aus Kapazitätsgründen nicht möglich – ein Mitarbeiter kann nicht alle Aufgaben übernehmen, die einen Grad unzureichender ökonomischer Reife aufweisen – ist ein Transfer des Wissens erforderlich.

Ist die Beurteilung des Ergebnisses einer Aktivität schwierig, so kann der Erfolg dieser Aktivität nicht eindeutig einer Organisationseinheit zugerechnet werden (vgl. Alchian / Demsetz 1972; Fama / Jensen 1983; Alchian 1984). Daher sollten Aufgaben so zusammengefasst werden, dass ihr Ergebnis eindeutig der Organisationseinheit (Stelle, Abteilung) zugerechnet werden kann, die mit der Durchführung betraut wurde (vgl. Jost 2000, S. 426). Sofern gemischte Aufgabenstrukturen vorliegen – sowohl Aufgaben mit leicht messbarem als auch Aufgaben mit schwer messbarem Ergebnis – müssen geeignete Anreizstrukturen gefunden werden, um die Mitarbeiter zur Erledigung beider Aufgaben gleichermaßen zu motivieren.

Die Einflussfaktoren lassen sich nicht nur zur Entscheidung über eine effiziente interne Arbeitsteilung, sondern auch zur Entscheidung über die effiziente Arbeitsteilung zwischen Anbieter und Nachfrager heranziehen.

6.6.2 Front- und Backoffice-Aktivitäten

In Bezug auf die interne Arbeitsteilung können Frontoffice-Aktivitäten und Backoffice-Aktivitäten unterschieden werden.

Frontoffice-Aktivitäten werden vom Dienstleistungspersonal im Kontakt mit dem Kunden oder sogar vom Kunden selbst durchgeführt. Hierbei handelt es sich um die Aktivitäten oberhalb der Line of Internal Interaction. Demgegenüber stellen *Backoffice-Aktivitäten* solche Aktivitäten dar, die nicht in direktem Kundenkontakt erledigt werden müssen (vgl. Chase 1978; Chase 1981).

Stellt man die beiden Dimensionen „Diversifität der Nachfrage" und „Kundeninteresse an der Integration" einander gegenüber, so ergibt sich eine Vier-Felder-Matrix (vgl. Abbildung 6-9). Hieraus lässt sich die jeweilige Organisationsform der Kunden-, Front- und Backoffice-Aktivitäten ablesen.

Im *ersten Quadranten* haben wir es mit Dienstleistungen zu tun, bei denen der Kunde in starkem Maße an einer Mitwirkung im Leistungserstellungsprozess interessiert ist. Darüber hinaus unterscheiden sich die Kunden wenig voneinander. Hier eignen sich

Selbstbedienungskonzepte, in denen der Kunde – sofern er die Integrationsfähigkeit aufweist und seine Rolle kennt – einen Großteil der Aktivitäten selbst übernehmen kann. Somit dominieren Aktivitäten des Kunden. Sowohl Frontoffice als auch Backoffice kommt nur unterstützende Funktion zu. Diese Dienstleistungen werden als sequenzielle standardisierte Dienstleistungsprozesse bezeichnet. Beispiele sind Waschsalons, Supermärkte oder Autovermietung.

Abbildung 6-9: *Bedeutung von Front- und Backoffice in verschiedenen Prozesstypen, Quelle: Larsson / Bowen 1995, S. 108*

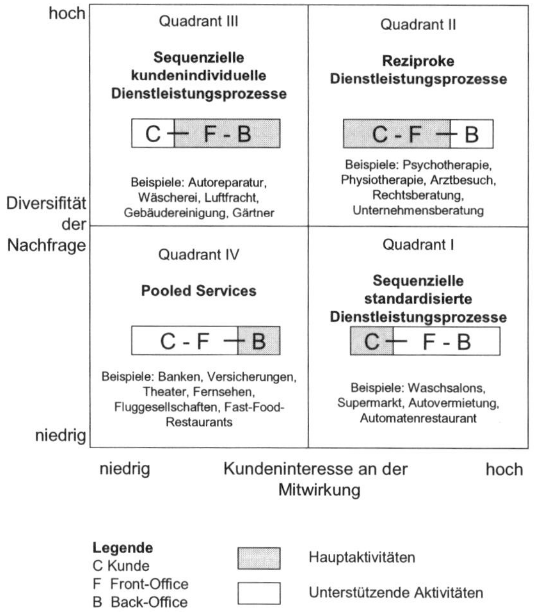

Im *zweiten Quadranten* haben wir es mit Dienstleistungen zu tun, in denen sich die Kunden in starkem Maße voneinander unterscheiden. Zudem besitzen sie eine hohe Bereitschaft an der Mitwirkung im Leistungserstellungsprozess. In solchen Situationen kommt der Interaktion mit dem Kunden hohe Bedeutung zu. Daher sind Frontoffice-Aktivitäten dominant, während dem Backoffice lediglich unterstützende Aufgaben zukommen. Diese Dienstleistungsprozesse werden als reziproke Dienstleistungsprozesse bezeichnet. Beispiele hierfür sind Psychotherapie, Physiotherapie, Rechtsberatung oder Unternehmensberatung.

Im *dritten Quadranten* haben wir es mit unterschiedlichen Kundenbedürfnissen zu tun, jedoch hat der Kunde kaum ein Interesse an der Mitwirkung im Leistungserstellungsprozess. Hier dominieren die Aktivitäten von Frontoffice und Backoffice, die aufeinander abgestimmt werden müssen. Dienstleistungen dieser Art werden als sequenzielle kundenindividuelle Dienstleistungsprozesse bezeichnet. Beispiele hierfür sind Auto- und Maschinenreparaturen sowie -wartung, Wäschereien, Gebäudereinigung oder Gartenpflege.

Im *vierten Quadranten* sind sich die Kunden hinsichtlich ihrer Wünsche recht ähnlich und sie besitzen auch nur ein geringes Interesse an einer Mitwirkung. In diesen Fällen ist auch die Interaktion für den Kunden von untergeordnetem Interesse, so dass Backoffice-Aktivitäten dominieren. Diese Dienstleistungsprozesse werden als Pooled Services bezeichnet. Beispiele hierfür sind Banken, Versicherungen, Theater, Fernsehanstalten, Flugzeuge oder Fast-Food-Restaurants.

Die verschiedenen Typen von Dienstleistungsprozessen erfordern unterschiedliche Koordinationsmechanismen und –instrumente.

Bei *sequenziellen standardisierten Dienstleistungen* dominieren Kundenaktivitäten. Daher sind die Aktivitätenabfolgen so zu gestalten, dass es dem Kunden leicht fällt, sich zu integrieren. Ein genau spezifiziertes Skript, das insbesondere die Aktivitätenfolge beinhaltet, ist für den Kunden hilfreich. Die Frontoffice-Aktivitäten beschränken sich darauf, die Einrichtungen sauber zu halten und für ausreichende Objekte (zu vermietende Autos, freie Waschmaschinen, gefüllte Regale) zu sorgen. Dies kann im Backoffice durch logistische Routinen unterstützt werden. Backoffice-Aktivitäten sind dabei von einzelnen Kundenaktivitäten weitgehend entkoppelt, z.B. Auffüllen des Geldautomaten einmal am Tag.

Bei *reziproken Dienstleistungen* liegt der Schwerpunkt auf den Frontoffice-Aktivitäten. Hier müssen sich Dienstleistungspersonal und Kunde abstimmen. Soziale Interaktion und Kommunikation sind von entscheidender Bedeutung. Hierbei kommt dem Selbstmanagement des Kundenkontaktpersonals besondere Bedeutung zu (vgl. Mills 1985). Da es nicht möglich ist, alle Kundenwünsche zu antizipieren, muss das Backoffice auf Kundenwunsch tätig werden. Hierbei können zeitunkritische Aktivitäten oder solche Aktivitäten, die besonderes Know-how erfordern, delegiert werden.

In *sequenziellen kundenindividuellen Dienstleistungen* liegt der Schwerpunkt auf dem Zusammenwirken von Front- und Backoffice-Aktivitäten. Die Herausforderung besteht darin, die gegenüber dem Kundenkontaktpersonal geäußerten Kundenwünsche an das Backoffice, das die eigentliche Dienstleistung erbringt, zu übermitteln. Eine Lösung kann darin bestehen, dass die Rolle im Front- wie im Backoffice von der gleichen Person wahrgenommen wird. Der Automechaniker spricht mit dem Kunden und repariert das Auto. Ist dies nicht möglich, so kommt der Kommunikation von Front- und Backoffice-Personal große Bedeutung zu. Schnittstellen sollten möglichst standardisiert sein, damit Kundeninformationen nicht verloren gehen.

Bei *Pooled Services* liegt der Schwerpunkt auf den Backoffice-Aktivitäten. Da sich die Dienstleistungsanforderungen kaum unterscheiden, liegt die Lösung in der Standardisierung von Front- und Backoffice-Aktivitäten. Hierbei können Backoffice-Aktivitäten weitgehend vom Kunden entkoppelt werden. Sofern es sich um Dienstleistungen handelt, bei denen lediglich Informationen integriert werden, können diese Prozesse auch auf Maschinen oder Computer (Internet) übertragen werden.

Tabelle 6-4: *Koordinationsmechanismen für Kunde, Frontoffice und Backoffice, Quelle: Larsson / Bowen 1995, S. 112*

	Koordinationsbereich			
Art der Dienstleistung	**Abhängigkeitsbeziehung**	**Frontoffice Koordination der Dienstleistungs-Interaktion**	**Frontoffice Koordination der Support-Aktivitäten**	**Backoffice Koordination des Ablaufs der Support-Aktivitäten**
Sequentielle, standardisierte Dienstleistung (Selbstbedienung)	– Kundendominiert	– Kunde passt sich selbst an – umfassende, genau spezifizierte Skripten	– Routinen für Vorbereitung	– Logistik, Entkopplung
Reziproke Dienstleistung (Rechtsberatung)	– Individueller Kunde – Mitarbeiter, interaktiv	– Gegenseitige Anpassung von Kunde und Mitarbeiter, – weit reichende, grob spezifizierte Skripten	– Kommunikation, begrenzte Entkopplung	– Programmierung
Sequentielle, kundenindividuelle Dienstleistungen (Autoreparatur)	– Front-Backoffice, Mitarbeiter interaktiv	– Kommunikation und Zustimmung, – begrenzte, grob spezifizierte Skripten	– Anpassung von Kundenbestellungen und Inputs in Bezug auf die vereinbarte Leistung	– Planung
Pooled Services (Fast Food)	– Standardisiert, Backoffice dominiert	– Standardisierung, – begrenzte, genau spezifizierte Skripten	– Informationssysteme, Entkopplung	– Standarisiertes Pooling

Tabelle 6-4 zeigt, welche Koordinationsmechanismen eingesetzt werden können, um Kunde, Front- und Backoffice-Aktivitäten aufeinander abzustimmen.

6.7 Vorplanung und Standardisierung

Im ServiceBlueprint wird zwischen kundeninduzierten und autonomen Prozessen unterschieden. Diese Unterteilung zeigt sich in der Vorplanungslinie oder Line of Order Penetration.

In dieser Trennung spiegelt sich die Mehrstufigkeit des Produktionsprozesses von Dienstleistungen (vgl. Altenburger 1980). Vorplanung bedeutet, dass Aktivitäten unabhängig von der Mitwirkung eines konkreten Kunden geplant und durchgeführt werden können. Die Line of Order Penetration oder die Vorplanungslinie bildet die Trennlinie zwischen den integrativ disponierten und den autonom disponierten Prozessen des Anbieters (vgl. Fließ 2001, S. 47). Hierdurch entsteht eine zeitliche Entkoppelung: Aktivitäten, die unterhalb der Line of Order Penetration angesiedelt werden, können den kundeninduzierten Bereich des Dienstleistungsprozesses entlasten und somit zu einem schnelleren Prozessablauf beitragen (Verkürzung der Prozessdurchlaufzeiten). Andererseits aber kann durch eine Verlagerung von Aktivitäten aus dem kundeninduzierten in den kundenunabhängigen Bereich die Flexibilität und die Möglichkeit, auf Kundenwünsche einzugehen, stark eingeschränkt werden. Hinsichtlich der Entscheidung, ob Aktivitäten im kundeninduzierten Bereich oder im kundenunabhängigen Bereich anzusiedeln sind, sind daher die folgenden Aspekte zu berücksichtigen:

- *Effizienzgesichtspunkte*: Aktivitäten im kundenunabhängigen Bereich können zeitlich gebündelt werden und dadurch Economies of Scale nutzen. Die Bündelung im kundenunabhängigen Bereich kann auch zu einer besseren Kapazitätsauslastung führen, da in nachfragestarken Zeiten die Kapazität der Mitarbeiter entlastet und in nachfrageschwachen Zeiten die Kapazität der Mitarbeiter ausgelastet wird. Dadurch kann der kundeninduzierte Prozess zeitlich gestrafft werden. Aktivitäten im kundenunabhängigen Bereich können auch, wenn sie sich zeitlich gut von den kundeninduzierten Aktivitäten entkoppeln lassen, an Dritte vergeben werden (Make-or-Buy-Entscheidung) (vgl. Kleinaltenkamp / Jacob / Leib 1997). Für die Verlagerung von Aktivitäten aus dem kundeninduzierten in den kundenunabhängigen Bereich eignen sich vor allem solche Aktivitäten, die zu vorproduzierten Teilleistungen führen, die dann im Leistungserstellungsprozess abgerufen werden. Werden allerdings die vorproduzierten Leistungen nicht abgerufen und sind diese nicht oder nur begrenzt lagerbar, so verwandelt sich der Kostenvorteil in einen Kostennachteil (sunk costs).

- *Effektivitätsgesichtspunkte*: Aktivitäten im kundenunabhängigen Bereich senken die Flexibilität des Anbieters und die Möglichkeit, auf Kundenwünsche einzugehen. Sie können daher die wahrgenommene Qualität aus Sicht des Dienstleistungskunden beeinträchtigen. Daher sollten nur solche Aktivitäten in den kundenunabhängigen Bereich verlagert werden, die nicht qualitätsrelevant sind.

- *Strategie- und Positionierungsgesichtspunkte*: Die vom Anbieter eingeschlagene Strategie der Kostenführerschaft oder der Differenzierung sowie die Positionierung im Wettbewerbsumfeld gibt die im Rahmen von Effektivität und Effizienz zu verfolgenden Ziele vor.

  Beispiel: Ein Restaurant kauft fertig konfektionierte Ware ein, z.B. panierte, tiefgefrorene Hähnchenschenkel, geschälte Kartoffeln, zubereitete Tomatensauce. Dies entlastet den kundeninduzierten Prozess, d.h. das Kochen geht schneller, da Vorbereitungsarbeiten entfallen. Allerdings ist zu beachten, dass nur so viel bestellt wird, wie auch vom Restaurant innerhalb der Haltbarkeitszeit verbraucht wird (Effizienzgesichtspunkte). Unter Umständen leidet die Qualität des Essens unter der Konfektionierung (Effektivitätsgesichtspunkte) und die Kunden sind wenig zufrieden; möglicherweise muss das Restaurant dann Preiszugeständnisse machen.

Die Durchführung von Aktivitäten im kundeninduzierten und im kundenunabhängigen Bereich hängt eng mit der Standardisierungs- und Individualisierungsentscheidung zusammen. Werden Aktivitäten aus dem kundeninduzierten in den kundenunabhängigen Bereich verlagert, so werden damit die Eingriffsmöglichkeiten des Kunden in den Leistungserstellungsprozess eingeschränkt und damit der Individualisierungsgrad der Leistung verringert.

Grundsätzlich bieten sowohl die kundeninduzierten als auch die autonomen Aktivitäten Möglichkeiten der Standardisierung. Bei den kundeninduzierten Aktivitäten verringert die Standardisierung die Eingriffsmöglichkeiten des Nachfragers in die Dispositionsfreiheit des Anbieters. Standardisierung erhält die Autonomie des Anbieters und begrenzt die integrative Disposition.

Grundsätzlich können sowohl vorbereitende Partialprozesse im Leistungspotenzial zur Herstellung der Leistungsbereitschaft als auch ausführende Partialprozesse im Rahmen der Vorkombination standardisiert werden. Unterteilt man die kundeninduzierten Aktivitäten in Grundleistungen, Zusatzleistungen und Anpassungsleistungen, so können Grundleistungen und Zusatzleistungen vollständig oder teilweise standardisiert werden, während Anpassungsleistungen aufgrund der Ausrichtung auf den Kunden nicht standardisierbar sind (vgl. Corsten / Gössinger 2007, S. 345).

Beispiel: In einem Restaurant lassen sich Essen und Getränke vorplanen und damit auch standardisieren; Kartoffeln werden bereits geschält geliefert, Schnitzel sind fertig paniert und müssen nur noch erhitzt werden; Brötchen sind aufzubacken und die fertig vorbereitete Salatsauce wird kurz vor dem Servieren über den bereits geschnittenen Salat gegossen. Die Anpassungsleistung, etwa Hamburger ohne Zwiebeln zuzubereiten, lässt sich nicht standardisieren.

Voraussetzung der Vorplanung und der Prozessstandardisierung bildet eine optimale Gestaltung von Prozessen.

6.7.1 Die Optimierung des Dienstleistungsprozesses

Grundsätzlich lassen sich drei Stufen der Prozessoptimierung auf der Grundlage des Blueprinting Verfahrens unterscheiden (vgl. Allert / Fließ 1998, S. 201):

- Die Prozessdokumentation,
- die Prozessanalyse,
- die Prozesskonzeption.

Die *Prozessdokumentation* (1) bzw. Visualisierung ermöglicht dem Anbieter die Anzahl und Abfolge der Prozessaktivitäten zu analysieren (2). Die *Prozessanalyse* dient maßgeblich dazu, Schwachstellen aufzudecken, während mit Hilfe einer *Prozess(neu)konzeption* (3) diese Schwachstellen behoben werden können. Analytisch lassen sich die Prozessanalyse und Prozesskonzeption problemlos voneinander trennen, faktisch liegen jedoch die Aufdeckung und die Beseitigung von Schwachstellen häufig sehr eng beieinander. Abbildung 6-10 zeigt eine Übersicht über verschiedene Schwachstellen innerhalb von Prozessen sowie deren Behebungsmöglichkeiten.

Von besonderer Bedeutung ist hierbei die Verkürzung des Prozesses durch Eliminierung von – überflüssigen – Prozesschritten. Zur Beurteilung, welche Prozessschritte unnötig sind, empfiehlt sich die Unterteilung der Aktivitäten anhand ihrer Bedeutung für die Wertschöpfung im Erstellungsprozess (vgl. Stalk / Hout 1990, S: 202 ff.; Hamprecht 2000, S: 64). Es können wertschöpfende, bedingt wertschöpfende und nicht wertschöpfende Aktivitäten unterschieden werden (vgl. Hamprecht 2000, S. 120):

- *Wertschöpfende Aktivitäten* sind Tätigkeiten, die dem Prozessobjekt eine für den Kunden geldwerte Nutzensteigerung hinzufügen.
- *Bedingt wertschöpfende Aktivitäten* sind Tätigkeiten, die den Fortschritt des Prozesses unterstützen bzw. für die Beseitigung von im Prozess aufgetretenen Fehlern zuständig sind. Bedingt wertschöpfende Aktivitäten können damit auch als Supportaktivitäten bezeichnet werden.
- *Nicht wertschöpfende Aktivitäten* sind Tätigkeiten, die weder zu einer Nutzensteigerung führen noch den Erstellungsprozess unterstützen. Hierzu gehören Tätigkeiten der Qualitätskontrolle oder Nacharbeiten.

Nicht wertschöpfende Aktivitäten sind soweit es möglich ist zu eliminieren. Bedingt wertschöpfende Aktivitäten sind auf die unbedingt notwendigen zu reduzieren, so dass wertschöpfende Aktivitäten erhalten bleiben.

Abbildung 6-10: *Schwachstellenanalyse und Schwachstellenbeseitigung, in Anlehnung an Kleinaltenkamp 2000d, S. 351 und Wildemann / Horst 1997, S. 30.*

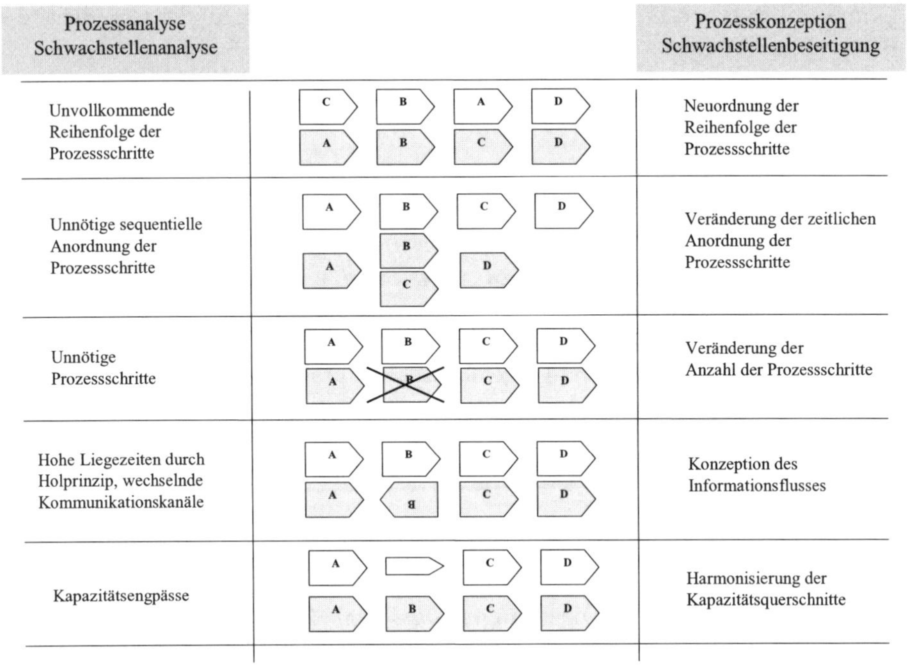

"For most services, time is critical for both provider and customer" (Chase / Haynes 2000, S. 462) Aus diesem Grund sollte der Anbieter die Dauer des Gesamtprozesses sowie die Dauer einzelner Prozessschritte analysieren und gegebenenfalls optimieren. Bei der Inanspruchnahme einer Dienstleistung wendet der Kunde meistens sehr viel mehr Zeit auf als nur die Zeit der eigentlichen Leistungserstellung. Es können vier verschiedene Zeitverwendungsarten der Kunden unterschieden werden (vgl. Stauss 1991, S. 81 ff.):

- *Transferzeiten* sind Zeiten, um die Dienstleistung in Anspruch nehmen zu können, z.B. Fahrt zum Dienstleister und zurück, Parkplatzsuche, Wegezeiten, das Einwählen in das Internet.

- *Abwicklungszeiten* sind Zeiten, die der Vorbereitung oder Nachbereitung der eigentlichen Dienstleistungsaktivitäten dienen, z.B. für das Ausfüllen von Formularen, die Übergabe zu reparierender Gegenstände, das Treffen von Terminabsprachen.
- *Transaktionszeiten* dienen der eigentlichen Leistungserstellung, z.B. der Arztbehandlung, der Autoreparatur.
- *Wartezeiten* sind Zeiten, in denen weder eine Abwicklung noch eine Transaktion stattfindet, die aber trotz allem die Zeit des Kunden binden, da der Kunde für die nächste Verwendung seitens des Anbieters zur Verfügung stehen muss.

Abbildung 6-11 zeigt ein Beispiel für den Prozess bei einem Arzt.

Abbildung 6-11: *Zeitverwendungsarten bei der Erstellung von Dienstleistungen am Beispiel einer ärztlichen Behandlung*

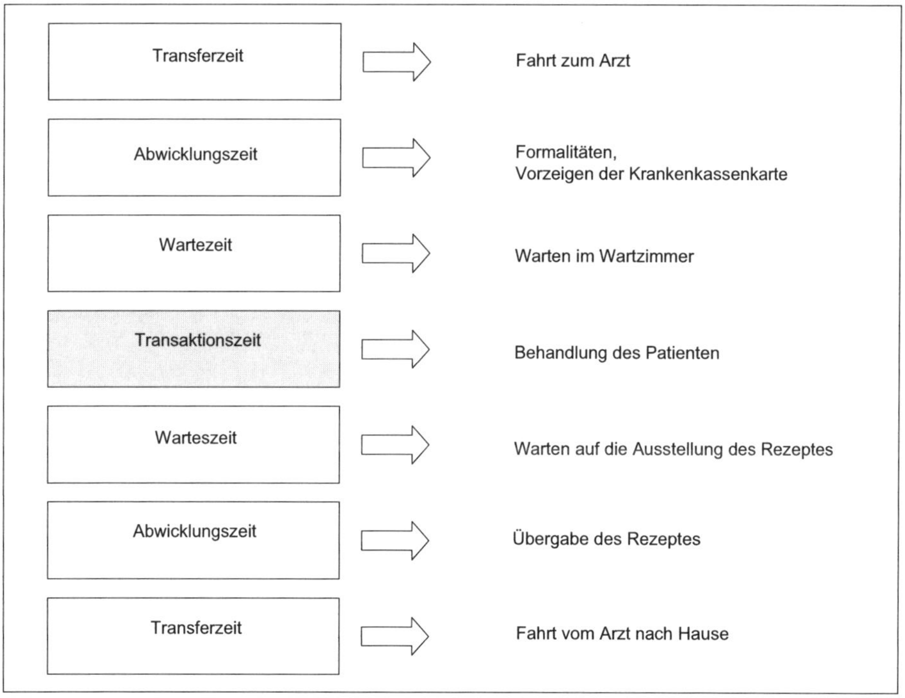

Aus *Anbietersicht* können die folgenden Zeitverwendungsarten unterschieden werden (vgl. Bokranz / Kasten 2000, S. 300):

- Die *Bearbeitungszeit* bezieht sich auf die Aktivitäten, die der tatsächlichen Erbringung der Dienstleistung dienen.
- *Wartezeiten* sind dadurch gekennzeichnet, dass die Voraussetzungen für die Bearbeitung noch nicht erfüllt sind, z.B. fehlen Angaben des Kunden im Kreditantrag.
- *Transportzeiten* sind Zeiten, die dem Transfer zwischen verschiedenen Organisationseinheiten (Stellen, Abteilungen) dienen, z.B. die Zeit, die der Kreditantrag benötigt, um vom Kreditsachbearbeiter zum Vorgesetzten, der ihn genehmigt, zu gelangen.
- *Liegezeiten* sind Zeiten, die ein Vorgang darauf wartet, bearbeitet zu werden, da der Bearbeiter noch andere Dinge zu erledigen hat, z.B. die Zeit, die der Kreditantrag auf dem Stapel der zu bearbeitenden Kreditanträge verbringt, da andere Anträge vorher eingegangen waren.

Tabelle 6-5: *Maßnahmen zur Vermeidung von Nicht-Transaktionszeiten, Quelle: Stauss 1991, S. 87*

Zeitart	Maßnahmen
Transferzeit	– Verkehrsgünstige Standortwahl – Abhol- und Bringservice – Großzügiges Parkplatzangebot – Innerbetriebliche Leitsysteme – Umwandlung von Online-Dienstleistungen in Offline-Dienstleistungen
Abwicklungszeit	– Verfahrensvereinfachung – Standardisierung – Selbstabwicklung durch Kunden
Wartezeit	– Orientierung von Abstimmungssystemen und Abstimmungszeitpunkten an den Kundenwünschen – Genauere Information über Abstimmungssystem und Zeitpunkte – Einrichtung von Expresslines – Erhöhung der Flexiblilität (z. B. Teilzeitarbeit) – Abbau von Belastungsspitzen durch zeitliche Preisdifferenzierung

Transfer-, Abwicklungs-, Warte- und Transaktionszeiten aus Kundensicht decken sich nicht notwendigerweise mit den Warte-, Transport-, Liege- und Bearbeitungszeiten aus Anbietersicht. Zielsetzung der Prozessoptimierung unter Effektivitäts- und Effizienzgesichtspunkten muss daher eine Optimierung sowohl von anbieter- als auch nachfragerbezogenen Gesichtspunkten sein.

Da die Nicht-Transaktionzeiten nicht zur originär nachgefragten Dienstleistung zählen, gilt es diese Kundenzeiten zu minimieren (vgl. Stauss 1991, S. 85 f.). Tabelle 6-5 zeigt die möglichen Instrumente zur Reduzierung der Nicht-Transaktionszeiten.

Für die Optimierung von Dienstleistprozessen in zeitlicher Hinsicht sind aus Kundensicht die psychologische Zeit (wahrgenommene Zeitdauer), aus Anbietersicht die objektive Zeit (tatsächliche Zeitdauer) maßgebend. Effizienzorientierte Prozesse sind auf eine Verkürzung der objektiven Gesamtprozessdauer ausgerichtet, Fun-Prozesse betonen das subjektive Zeiterleben, während Exzellenzprozesse ein Optimum zwischen objektiver und subjektiv wahrgenommener Zeit anzustreben haben.

6.7.2 Möglichkeiten der Prozessstandardisierung

In welchem Maße ein Dienstleistungsprozess standardisiert werden kann oder individualisiert werden muss, hängt maßgeblich vom Kunden und seinen externen Faktoren ab (vgl. Büttgen / Ludwig 1997, S. 35; Silvestro / Fitzgerald / Johnston / Voss 1992, S. 63). Je größer die Heterogenität der Kundenwünsche und je unterschiedlicher die zu integrierenden externen Faktoren, desto schwieriger ist eine Prozessstandardisierung. Hieraus resultieren die folgenden Einflussfaktoren der Prozessstandardisierung:

- Hohe Häufigkeit von Aktivitäten und eine hohe Routinisierbarkeit sprechen für eine Prozessstandardisierung (vgl. Lovelock 1988, S. 51; Corsten / Gössinger 2007, S. 344).

- Eine hohe Häufigkeit und niedrige Routinisierbarkeit von Aufgaben sprechen für einen niedrigen bis mittleren Standardisierungsgrad (vgl. Corsten / Gössinger 2007, S. 344).

- Eine niedrige Häufigkeit und niedrige Routinisierbarkeit von Aktivitäten sprechen für eine Standardisierung von Teilleistungen (vgl. Zeithaml / Berry Parasuraman 1991, S. 119).

- Die Standardisierungsmöglichkeiten im Prozess hängen davon ab, welche Ressourcen – Menschen oder Maschinen – eingesetzt werden. Bei Personen bezieht sich die Standardisierung auf das Verhalten im Prozess.

Bei persönlich erbrachten Dienstleistungen spielt die Ritualisierung von Verhaltensweisen eine herausragende Rolle (vgl. Scheuch 2002, S. 127). Ein Ritual ist eine wiederkehrende Abfolge von Aktivitäten, die eine eigene Bedeutung erhalten (vgl. Goffman 1986, S. 104). Die Ritualisierung bezieht sich auf die Gestik, Mimik und die Sprache der handelnden Personen sowie die Reihenfolge der Sätze. Sprachregelungen im Sinne der Vorgabe von Sätzen in der Kommunikation kommt hier eine besondere

Bedeutung zu (vgl. Fließ / Möller / Momma 2003, S. 17). Beispiele hierfür sind Prozessabläufe bei McDonald's oder Starbucks. Die Ritualisierung wird Bestandteil der Dienstleistung und kann ihren Charakter sogar wesentlich prägen. Abweichungen können vom Kunden als unprofessionell wahrgenommen werden. Anders ist dies bei individualisierten Dienstleistungen, in denen der Leistungserstellungsprozess gerade für individuelle Handlungen und Interaktionen Spielraum lässt.

Werden Maschinen zur Standardisierung eingesetzt, steht die Automatisierung im Vordergrund. Hierbei lassen sich verschiedene Grade der Automation unterscheiden (vgl. Collier 1983, S. 11 ff.). So kann die Bandbreite von der Unterstützung menschlicher Arbeit durch Werkzeuge über den Einsatz von Maschinen für Teilprozesse unter der weiteren Kontrolle und Steuerung des Personals bis hin zur quasi-autonomen Leistungserstellung reichen, bei der der Kunde den Prozess nur noch anstößt.

Beispiel: Im Bankbereich können alle Formen der Automation beobachtet werden. Kundenberater werden durch Personal Computer, die häufig mit „Expertenprogrammen" ausgestattet sind, unterstützt. Diese liefern Informationen und Empfehlungen bei Kreditvergaben, Anlageberatungen oder Kontoeröffnungen. Darüber hinaus kann sich der Kunde selbst im Internet informieren, Kredite beantragen, Aktien oder Fondsanteile kaufen oder verkaufen. Hierbei handelt es sich um teilstandardisierte Prozesse, da die Abwicklung hinter der Line of Visibility durch Personen überwacht und gesteuert oder auch ausgeführt wird. Schließlich entspricht die Nutzung von Kontoauszugsdruckern und Geldautomaten vollständig automatisierten Prozessen.

6.8 Zusammenfassung

Dienstleistungsprozesse sind durch die Mitwirkung des Kunden gekennzeichnet. Das ServiceBlueprint™ mit seinen Ebenen strukturiert den Dienstleistungsprozess und verbindet die kundenorientierte mit der anbieterorientierten Sichtweise.

Bei der Gestaltung des Gesamtprozesses orientiert sich der Anbieter an der Konzeption und Positionierung des Service Value und der Bewertung von Nutzen- und Kostenelementen im Prozess – sowohl aus Kunden- als auch aus Anbietersicht. Darüber hinaus ist die Vorstellung des Kunden bezüglich der Prozessschritte, das Skript des Kunden, zu berücksichtigen. Anhaltspunkte geben verschiedene Möglichkeiten der Produktionsorganisation zwischen Production-Line-Approach und Job Shop.

Dienstleistungsprozesse können aufgrund der Mitwirkung des Kunden in arbeitsteiliger Weise organisiert werden. Verschiedene Ressourcenkombinationen von Kunde und Anbieter auf der Iso-Leistungslinie sowie Rollen des Kunden strukturieren das Problem. Leistungswille und Leistungsfähigkeit, die sie determinierenden Faktoren und möglicherweise auftretende Rollenkonflikte sind bei der Gestaltung zu berücksichtigen. Die Interaktion dient der Schaffung kundenspezifischer Erlebnisse, der Koordination der Anbieter-Nachfrager-Aktivitäten und dem Konfliktmanagement während des Dienstleistungsprozesses.

Die Gestaltung des wahrnehmbaren Bereichs erfüllt eine instrumentelle und eine kommunikative Funktion. Zur Gestaltung des sichtbaren Bereichs kann das umweltpsychologische Modell herangezogen werden. Die Zielsetzung besteht darin, Kunden zu einem Annäherungsverhalten zu bewegen und die Interaktion bzw. Durchführung der Leistungserstellung positiv zu unterstützen, aber auch Kunden von bestimmten Bereichen fernzuhalten (Vermeidungsverhalten).

Die Lage der Sichtbarkeitslinie wird vor allem durch die wettbewerblichen Ziele des Anbieters und seine Wettbewerbsstrategie bestimmt. Das Erreichen von Kundenvorteilen (und die Vermeidung von Kundennachteilen) steht hierbei im Vordergrund. Theoretische Grundlage bildet die Austauschtheorie nach Thibaut und Kelley.

Die Gestaltung des internen Bereichs bezieht sich auf die horizonale Arbeitsteilung zwischen Stellen und/oder Abteilungen. Der optimale Grad der horizontalen Differenzierung (Spezialisierung der Organisationseinheiten) kann mit Hilfe von Produktions- und Transaktionskosten bestimmt werden.

Darüber hinaus ist die Arbeitsteilung zwischen Front- und Backoffice zu koordinieren, wobei – in Abhängigkeit von der Art der Dienstleistung – der Kunde das Frontoffice oder das Backoffice dominiert.

Um das Verhältnis zwischen kundeninduzierten und kundenautonomen Aktivitäten zu gestalten, ist die Optimierung des Prozessablaufs Voraussetzung. Hierbei liegt der Schwerpunkt auf der optimalen Zeitdauer. Bei der Standardisierung des Prozesses sind die Häufigkeit und Routinisierbarkeit von Aktivitäten zu berücksichtigen.

6.9 Literaturhinweise zum vertiefenden Selbststudium

- Fließ, Sabine (2001): Die Steuerung von Kundenintegrationsprozessen. Effizienz in Dienstleistungsunternehmen, Wiesbaden.
- Fließ, Sabine (2006): Prozessorganisation in Dienstleistungsunternehmen, Stuttgart.
- Grund, Michael (1998): Interaktionsbeziehungen im Dienstleistungsmarketing. Zusammenhänge zwischen Zufriedenheit und Bindung von Kunden und Mitarbeitern, Wiesbaden.
- Jost, Peter J. (2000): Organisation und Motivation. Wiesbaden.

- Nonnenmacher, Dirk (2007): Organisation von Dienstleistungsprozessen. Rollen als Grundlage der Organisationsgestaltung, Lohmar.
- Möller, Sabine (2004): Interaktion bei der Erstellung von Dienstleistungen, Wiesbaden.

7 Ressourcenmanagement zur Erfüllung des Leistungsversprechens: das Leistungspotenzial

Im Rahmen des Ressourcenmanagements auf der Ebene des Leistungspotenzials steht die autonome Gestaltung und Disposition der Ressourcen des Unternehmens im Vordergrund. Dies betrifft vor allem drei Aspekte: 1) Wie sollen Produktionskapazitäten gestaltet und gesteuert werden? Dies sind Fragen im Rahmen des Produktionsmanagements. 2) Wie soll das Personal im Interesse der Zielerreichung des Unternehmens gesteuert werden? Dies sind zu beantwortende Fragen im Rahmen des Personalmanagements. 3) Wie soll die Arbeit zwischen verschiedenen Unternehmen und innerhalb des Unternehmens organisiert werden und welche Regeln sollen für die Zusammenarbeit gelten? Dies sind Fragen der Organisation.

Im Folgenden sollen relevante Aspekte aus den drei Bereichen näher behandelt werden.

7.1 Management von Produktionskapazitäten

Im Rahmen des Produktionsmanagements geht es um die optimale Gestaltung des Faktorkombinationsprozesses. Hierbei ist zum einen der Standort zu bestimmen, an dem der Faktorkombinationsprozess stattfinden soll. Darüber hinaus ist die Art der Faktorkombination, d.h. die zu verwendende Technologie, festzulegen. Schließlich ist die Kapazität zu dimensionieren und deren Auslastung zu steuern, indem Angebot und Nachfrage zur Deckung gebracht werden. Diese Aspekte werden im Folgenden näher betrachtet.

7.1.1 Entscheidungen über den Produktionsstandort

Bei der Festlegung des Produktionsstandortes können grundsätzlich die folgenden Möglichkeiten unterschieden werden (vgl. Frietzsche / Maleri 2008, S. 150 f.):

- Der *Ort der Dienstleistungsproduzenten*: hierbei kommt der Kunde zur Produktionsstätte des Dienstleisters und die Leistung wird dort erbracht. Beispiele sind Krankenhäuser, Arztpraxen, Hotels, Sportstadien, Fitnessstudios oder Schwimmbäder. Dies wird auch als „fixed operation" bezeichnet (vgl. Wright / Race 2004, S. 100).
- Der *Ort des Dienstleistungskunden*: Hierbei kommt der Dienstleistungsproduzent zum Dienstleistungskunden, z.B. Reparatur einer Maschine im Kundenunternehmen, Lieferung der Pizza zum Kunden, Maniküre im Heim des Kunden. Eine Besonderheit ergibt sich, wenn der Ort, an dem sich der Dienstleistungskunde befindet, sich verändern kann. Beispiele hierfür sind Reisekrankenversicherungen oder Notfall-Rettungsdienste. Hierbei muss im Rahmen der Spezifizierung der Verfügungsrechte vom Anbieter oder vom Kunden oder in Übereinkunft beider festgelegt werden, innerhalb welches räumlichen Geltungsbereichs die Dienstleistung erbracht wird, z.B. Auslandskrankenversicherung. Dies wird auch als „delivered operation" bezeichnet (vgl. Wright / Race 2004, S. 100).
- Ein *dritter Ort*, der weder der Ort des Dienstleistungsproduzenten noch des Dienstleistungskunden ist. Dieser Ort kann beispielsweise von Dritten festgelegt werden, z. B. Gericht. Auch das Internet kann als ein solcher dritter Ort betrachtet werden, an dem E-Services erbracht werden.

Eine Besonderheit stellen Dienstleistungen dar, deren Funktion in der Raumüberbrückung liegt, z.B. Transport von Gütern oder Personen per Bahn, Schiff, Flugzeug, Lkw oder Pkw, aber auch Telefonverbindungen. Hier ist der Ort der Dienstleistungserbringung nicht klar spezifizierbar; vielmehr handelt es sich um einen Raum, innerhalb dessen die Produktion stattfindet.

Die Entscheidung über den Ort der Dienstleistungserbringung ist abhängig vom Zugang des externen Faktors zum Erstellungsprozess (vgl. Meffert / Bruhn 2006 S. 616) sowie der Mobilität des Leistungspotenzials und der internen Faktoren des Anbieters. Palmer und Cole sprechen in diesem Zusammenhang von der Flexibilität von Konsumtion und Produktion (vgl. Palmer / Cole 1995, S. 195).

Lassen sich die externen Faktoren transportieren und ist dies mit geringen Kosten für den Nachfrager verbunden, so kann die Erbringung der Dienstleistung beim Anbieter erfolgen. Ist die Mobilität der externen Faktoren nicht gegeben, z.B. Grundstück, oder mit zu hohen Kosten verbunden, z.B. schwere Maschine oder häufige Integration von Informationen bei Unternehmensberatern, so ist es notwendig, die Dienstleistung beim Nachfrager zu erbringen.

Auf Anbieterseite gibt die langfristige Flexibilität der Produktion den Ausschlag. Extreme Inflexibilität liegt vor, wenn die Produktionsfaktoren des Anbieters immobil sind, wie dies etwa bei einer einzigartigen Landschaft für Reisende der Fall ist. Hohe Flexibilität ist gegeben, wenn sich die Produktionsfaktoren ohne Probleme transportieren lassen, wie dies etwa bei einem Friseur oder Unternehmensberater der Fall ist.

Demgegenüber sind Dienstleistungen, in denen spezielle Räumlichkeiten, schwere Maschinen u.ä. erforderlich sind, kaum beim Kunden zu erbringen.

Abbildung 7-1 zeigt einige Beispiele.

Abbildung 7-1: *Lokale Flexibilität der internen und externen Faktoren, Quelle: Palmer / Cole 1995, S. 195*

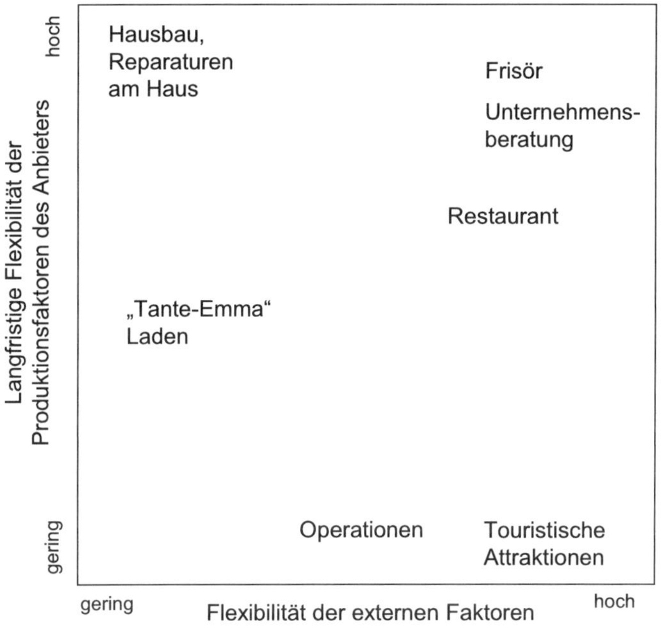

In der Literatur werden Produktions- und Distributionsstandort häufig gemeinsam betrachtet (vgl. Meffert / Bruhn 2006, S. 617). Tatsächlich handelt es sich bei Distribution und Produktion um unterschiedliche Aktivitäten, wobei die Distribution der Vereinbarung von Verfügungsrechten gilt, während die Produktion der Erstellung der Leistung gilt, auf die sich die Verfügungsrechte beziehen. Grundsätzlich können die folgenden beiden Fälle unterschieden werden:

- *Gemeinsamer* Distributions- und Produktionsstandort, z.B. Theater (Ticketkauf an der Abendkasse, Produktion im Theater), Restaurantbesuch (Bestellung des Essens Kochen und Einnahme des Essens im Restaurant), Bankgeschäfte,

- *getrennter* Distributions- und Produktionsstandort, z.B. Ticketverkauf über das Internet und Leistungserbringung im Sportstadion, Flugzeug, Hotel, Theater, Buchung der Reise im Reisebüro (Distribution) und Erstellung der Dienstleistung am Urlaubsort.

Ein gemeinsamer Distributions- und Produktionsstandort ist unter Effizienz- und Effektivitätsgesichtspunkten sinnvoll, wenn die Vereinbarung von Verfügungsrechten zeitlich und/oder räumlich eng mit der Erbringung der Leistung gekoppelt ist. Ist eine zeitliche und/oder räumliche Trennung von Verfügungsrechtsvereinbarung und Leistungserbringung möglich, so sind Distributions- und Produktionsort zu trennen.

Dienstleistungen werden häufig nicht nur an einem Standort erbracht, sondern es können mehrere Produktionsstandorte eingerichtet werden (vgl. hierzu auch die Ausführungen um Franchising in Kapitel 7.3.1).

7.1.2 Besonderheiten des Kapazitätsmanagements

Unter der *Kapazität* kann „...das Leistungsvermögen einer wirtschaftlichen oder technischen Einheit – beliebiger Art, Größe und Struktur – in einem Zeitabschnitt" (Kern 1962, S. 27) verstanden werden.

Im Hinblick auf die Kapazitätsgestaltung können die strategische und die operative Kapazitätsgestaltung unterschieden werden Die *strategische Kapazitätsgestaltung*, auch als *Kapazitätsstrategie* bezeichnet (vgl. Corsten / Gössinger 1997, S. 163), verfolgt das Ziel, das Leistungsvermögen des Produktionssystems in quantitativer und qualitativer Hinsicht so zu gestalten, dass der Wettbewerbsvorteil erhalten oder ausgebaut werden kann. Die Vorgaben kommen somit aus der Wettbewerbsstrategie und den darauf aufbauenden Prognosen. Im Rahmen der *operativen Kapazitätsgestaltung* werden die Art, der Umfang, die Struktur und das Zusammenwirken der Produktionseinheiten bestimmt und die Kapazitätsbelegungsplanung durchgeführt.

Besonderheiten des Kapazitätsmanagements resultieren daraus, dass das Leistungspotenzial zwar durch autonome Disposition und somit durch die „Produktion" aufgrund von Erwartungen gekennzeichnet ist, andererseits die tatsächliche Auslastung bei Kundenintegrationsprozessen aber dadurch bestimmt wird, ob ein externer Faktor die Kapazitäten aktiviert. Die Leistungsbereitschaft des Dienstleisters muss – unabhängig von Nachfrageschwankungen – aufrecht erhalten werden (vgl. Corsten / Gössinger 2007, S. 163). Probleme entstehen dabei insbesondere aus folgenden Gründen:

- Es ist schwierig, die Nachfrage exakt vorherzusehen (vgl. Schnittka 1998, S. 217 ff). Hier kann es zu saisonalen Schwankungen, z.B. Tourismusdienstleistungen, zu Schwankungen innerhalb der Woche, z.B. Hotelauslastung durch Geschäftsreisende, oder Schwankungen über den Tag, z.B. Restaurant, kommen.

- Der Kunde gewinnt durch seine Mitwirkung direkten Einfluss auf die Kapazitätsauslastung. Kunden können während des Leistungserstellungsprozesses Änderungen bezüglich der Eigenschaften des Leistungsergebnisses oder des gewünschten Fertigstellungstermins äußern oder auch die Bereitstellung der externen Faktoren zeitlich verzögern. Der Anbieter sieht sich bei Kapazitätsengpässen u.U. daraufhin genötigt, Ressourcen von parallel ablaufenden Leistungserstellungsprozessen abzuziehen oder den Beginn eines später beginnenden Leistungserstellungsprozesses noch weiter nach hinten zu verschieben, um die Änderungen im laufenden Leistungserstellungsprozess aufzufangen (vgl. Corsten / Gössinger 2007, S. 174).

- Durch seine Mitwirkung gewinnt der Kunde Einfluss auf den Kostendeckungsgrad des Anbieters. Da er den Leistungserstellungsprozess direkt anstößt, gewinnt der Kunde durch die Bereitstellung oder Nichtbereitstellung einen direkten Einfluss auf das Verhältnis von Leerkosten zu Nutzkosten (vgl. Corsten / Gössinger 2007, S. 238.; Woratschek 1996, S. 109) sowie die Höhe der Kosten insgesamt.

- Auslastungsschwankungen können sich auf die vom Kunden wahrgenommene oder erhaltene Qualität des gerade produzierten Leistungsergebnisses auswirken (vgl. Heskett/Sasser/Hart 1991, S. 172; Schnittka 1998, S. 138 ff.) oder beeinflussen die erwartete Qualität künftiger Leistungsergebnisse. Kapazitätsengpässe können dabei ebenso negativ wirken wie ungenutzte Kapazitäten (vgl. Kapitel 5.3.1).

Diese Besonderheiten sind bei der Kapazitätsgestaltung und der Kapazitätssteuerung zu berücksichtigen.

7.1.3 Die Gestaltung der Kapazität

Die Kapazität eines Dienstleistungsunternehmens setzt sich aus Mitarbeitern, Maschinen und Räumlichkeiten zusammen. Je nach Dienstleistung dominieren unterschiedliche Ressourcen und können daher auch Kapazitätsengpässe bilden (vgl. Lovelock / Wirtz 2007, S. 263 f.; Zeithaml/Bitner/Gremler 2006, S. 453):

- Personal (Humanressourcen), z.B. bei Rechtsanwälten, Unternehmensberatungen,

- Maschinen, Arbeitsgeräte etc., z.B. Netz in der Telekommunikation, Geräte im Fitness-Center,

- Räumlichkeiten, z.B. Züge, Hotels, Flugzeuge, Restaurants, Krankenhäuser, Theater, Museen, Schulen, Kirchen.

Im Folgenden wird die Kapazitätsgestaltung in Bezug auf das Personal und die Räumlichkeiten näher betrachtet.

Die Gestaltung der *Personalkapazität* bezieht sich auf die Ermittlung der qualitativen und quantitativen Humanressourcen, die zu einem bestimmten Zeitpunkt erforderlich sind, um die betrieblichen Funktionen zu erfüllen (vgl. Hentze / Kammel 2001, S. 189). Hierzu werden eine quantitative und eine qualitative Personalbedarfsplanung durchgeführt.

Im Rahmen der *quantitativen Bedarfsplanung* werden die nach Qualifikationsniveaus differenzierten Personalbestände zum Planungszeitpunkt ermittelt (Ist-Bestand), ihre Veränderung bis zum Planungshorizont prognostiziert (Bestandsveränderung) und die erwünschte Bestandsstruktur zum Planungshorizont festgelegt (Soll-Bestand) (vgl. Drumm 2005, S. 286). Der Netto-Personalbedarf zu einem bestimmten Zeitpunkt ergibt sich als Differenz zwischen Bruttopersonalbedarf und Personalbestand (vgl. Abbildung 7-2)

Abbildung 7-2: *Vorgehensweise bei der Personalbedarfsplanung, Quelle: Oechsler 2006, S. 165*

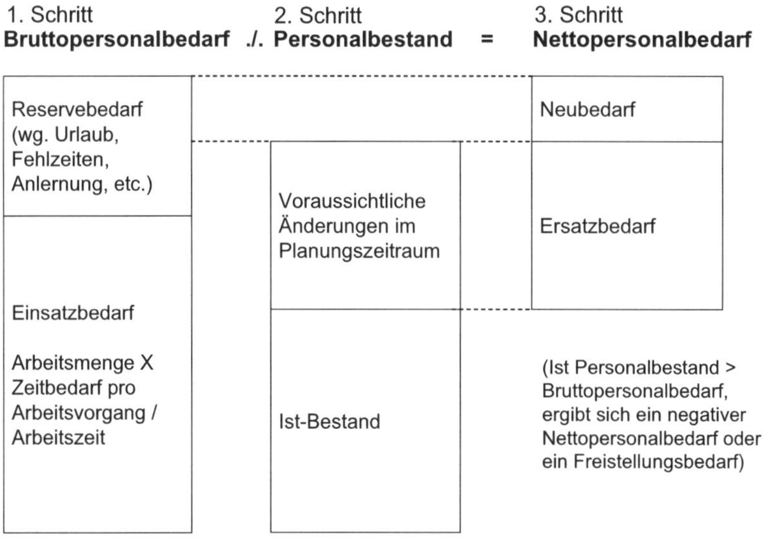

Zur Prognose des quantitativen Bruttopersonalbedarfs können verschiedene Methoden eingesetzt werden (vgl. Bühner 2005, S. 56 ff.). Häufig werden dabei Kennzahlen verwendet. Gebräuchlich ist dabei der Produktionskoeffizient (vgl. Abbildung 7-2), bei dem benötigte Zeit je Arbeitsvorgang mit einer geplanten Anzahl von Arbeitsvorgängen multipliziert wird, so dass sich die benötigte Gesamtkapazität ergibt. Eine weitere Grundlage für die Prognose des Bruttopersonalbedarfs bildet die Arbeitsproduktivität, z.B. Zahl der Aufträge je Mitarbeiter, Umsatz je Mitarbeiter oder Kundenanzahl je Mitarbeiter oder Stunde.

Die Planung des quantitativen Personalbestands zum Prognosezeitpunkt kann auf der Basis von Stellenplänen ermittelt werden. Hierbei wird der gegenwärtige Personalbestand um geplante Abgänge vermindert (Ruhestand, statistisch erfassbarer Absentismus, Fluktuation) abzüglich bereits geplanter Zugänge (z.B. Ausbildungsabschlüsse) (vgl. Bühner 2005, S. 66 f.)

Der Nettopersonalbedarf ergibt sich als Differenz zwischen Bruttopersonalbedarf und Personalbestand. Bei einer Unterdeckung muss Personal beschafft werden, bei einer Überdeckung ist Personal freizusetzen.

Bei der *qualitativen Personalbedarfsplanung* wird der gegebene, prognostizierte und erwünschte Personalbestand nach verschiedenen Kriterien analysiert und festgelegt. Solche Kriterien können beispielsweise Kenntnismerkmale, wie Bildungsabschlüsse und Zusatzkenntnisse sein, psychische Fähigkeiten, wie Belastbarkeit und Motivation, soziale Fähigkeiten, wie Kontaktfähigkeit, aber auch Geschlecht und Alter (vgl. Drumm 2005, S. 287).

Im Rahmen der Prognose des qualitativen Personalbedarfs werden die künftig an das Personal zu stellenden Anforderungen festgelegt. Die Anforderungsprofile können auf unterschiedlichen Ebenen ermittelt werden (vgl. Scholz 1994, S. 171 ff.):

- Auf der Unternehmensebene resultieren die Anforderungen aus der Strategischen Planung des Unternehmens und der dort eingeschlagenen Strategie. Ein Unternehmen, das als Konsequenz aus dem Marktwachstums-Marktanteils-Portfolio beschließt, den Bereich der Stars zu stärken, benötigt neue Dienstleistungen und daher Personal in diesem Bereich, an das besondere Anforderungen hinsichtlich Kreativität, Methodenwissen etc. zu stellen sind.
- Darüber hinaus können Anforderungsprofile für verschiedene Aufgabenbereiche erstellt werden, z.B. Führungskräfte, Kundenkontaktmitarbeiter, Backoffice-Personal.
- Auf der Ebene der Stellen bzw. Rollen sind Anforderungsprofile je Aufgabenkomplex zu erstellen, z.B. Kundenberatung, Verkauf, Erstellung der Dienstleistung.

Die Personalbestandsplanung ermittelt die vorhandenen Qualifikationen. Auch hier lassen sich die Qualifikationen auf den verschiedenen Ebenen in aggregierter oder elementarer Form ermitteln. Aus dem Abgleich von Anforderungs- und Qualifikationsprofil resultiert der qualitative Netto-Personalbedarf.

Grundsätzlich können Schlüsselqualifikationen und Zusatzqualifikationen unterschieden werden. *Schlüsselqualifikationen* werden auch als Kernkompetenzen, Soft skills und competencies oder Querschnittsqualifikationen bezeichnet. Unter Schlüsselqualifikationen sollen hier Merkmale verstanden werden, „die zur Bewältigung von ge-

genwärtigen oder zukünftigen beruflichen Anforderungen, welche über eine aktuelle Position oder Tätigkeit hinausgehen, bedeutsam sind" (Eilles-Matthiessen / el Hage / Janssen / Osterholz. 2002, S. 13).

Im Dienstleistungsbereich kommt der *Kundenintegrationskompetenz* besondere Bedeutung zu. Dies gilt insbesondere für Personen, die an der Schnittstelle zum Kunden tätig sind. Die Kundenintegrationskompetenz setzt sich aus den folgenden drei Teilkompetenzen zusammen (vgl. Jacob 2003):

- *Gestaltungskompetenz*: Sie bezieht sich auf die Fähigkeit, interne und externe Faktoren sinnvoll zu kombinieren und den Produktionsprozess durchzuführen.
- *Kommunikationskompetenz*: Sie bezieht sich auf die Fähigkeit, die für die Gestaltung und Steuerung des Kundenintegrationsprozesses relevanten Informationen vom Kunden zu gewinnen.
- *Steuerungskompetenz*: Hier geht es um die Fähigkeit, den Kunden zu einer effizienten und effektiven Integration in den Dienstleistungsprozess zu bewegen und diesen entsprechend zu steuern.

Kundenintegrationskompetenz ist insbesondere dort von besonderer Bedeutung, wo individuelle Dienstleistungen gemeinsam mit dem Nachfrager entwickelt werden, aber auch in hochintegrativen Prozessen, in denen der Nachfrager durch seine Mitwirkung einen starken Einfluss auf das Leistungsergebnis ausübt. Der Einfluss der Kundenintegrationskompetenz auf den Markterfolg eines Unternehmens konnte für den Business-to-Business-Bereich empirisch nachgewiesen werden (vgl. Jacob 2006).

Die *räumliche Kapazitätsgestaltung* orientiert sich an folgenden Aspekten (vgl. Wright / Race 2004, S. 109 f.):

- *Optimierung der Bewegung* im Raum: Im Einzelhandel besteht das Ziel der Bewegungsoptimierung darin, so viel Kontakt des Kunden wie möglich mit den verschiedenen Produkten herzustellen. In einem Büro sollen demgegenüber die Wege minimiert werden. Es hängt somit in starkem Maße von der Art der Dienstleistung und von dem zu vermittelnden Service Value ab, wie die Bewegung im Raum optimiert wird.
- Vermeidung *von Überlastung bzw. Überfüllung*: Überfüllung führt zu Wartezeiten, die vom Kunden häufig negativ bewertet werden, zu Unzufriedenheit führen und ggf. auch dafür sorgen, dass der Kunde sich entscheidet, die Dienstleistung nicht in Anspruch zu nehmen.
- *Maximierung der Raumnutzung*: Leerräume bzw. ungenutzte Räume verursachen Kosten, daher ist es wichtig, die vorhandenen Räumlichkeiten so gut wie möglich zu nutzen. Supermärkte weisen häufig nur im Eingangsbereich Fenster auf, während die anderen drei Seiten des Raumes Regale mit Waren beinhalten; Fenster würden die Stellfläche und damit die für die Warenpräsentation zur Verfügung

stehende Fläche reduzieren. Die Räumlichkeiten mit dem besten Blick sind in Hotels den Gästen vorbehalten; Aufenthaltsräume für das Personal sind in den weniger attraktiven Bereichen des Hotels angesiedelt.

Um die räumliche Kapazität zu gestalten, werden in der Praxis häufig Kennzahlen genutzt, z.B. Umsatz / qm.

Hinsichtlich der Anordnung der „Produktionsanlagen" lassen sich vier verschiedene Layout-Typen unterscheiden (vgl. Wright / Race 2004, S. 110 ff.):

- *Funktionsorientiertes Layout*: Hierbei werden Bereiche mit vergleichbaren Funktionen zusammengefasst. Ein Beispiel hierfür ist eine Bibliothek mit Computerarbeitsplätzen, Arbeitstischen für Bücher, Präsenzbestand, Zeitschriftenbestand und der Ausleihe. Auch Hotels und Einzelhändler folgen diesem Prinzip. Der Kunde bewegt sich zwischen den verschiedenen Bereichen, je nachdem, welche Funktion er nutzen will. Das funktionsorientierte Layout wird häufig gewählt, wenn eine Automatisierung nicht möglich ist, der Kunde nicht alle Angebote in Anspruch nimmt, sondern eine Auswahl trifft und sich Kunden auch unterschiedlich lange in bestimmten Bereichen aufhalten wollen. Aufgrund unterschiedlicher Präferenzen der Kunden kann es zu Wartezeiten, aber auch zu Leerzeiten kommen. Häufig ist speziell ausgebildetes Personal für die einzelnen Bereiche erforderlich.
- *Prozessorientiertes Layout*: Hier orientiert sich die Anordnung am Prozess der Leistungserstellung. So sind in einer Mensa etwa die verschiedenen Bereiche hintereinander angeordnet (vgl. Abbildung 7-3). Viele Selbstbedienungs-Dienstleistungen folgen diesem Prinzip. Ein anderes Beispiel ist das Krankenhaus. Das prozessorientierte Layout ist dadurch gekennzeichnet, dass der Dienstleistungsprozess standardisiert ist und mit Maschinen unterstützt wird, wenn nicht sogar vollständig automatisiert ist. Die Durchlaufzeiten sind ein kritischer Faktor; Ziel ist es, innerhalb einer bestimmten Zeitspanne so viele Kunden wie möglich zu bedienen. Einen Engpassfaktor stellt die Bevorratung mit internen Verbrauchsfaktoren dar, die während des Prozesses benötigt werden, z.B. Vorrat an Hauptgerichten oder Beilagen im Beispiel der Mensa. Durch fehlende Just-in-Time-Lieferungen kann es hier zu Wartezeiten für die Kunden und damit zu einem Rückstau kommen.
- *Layout mit fixen Positionen*: Im funktions- und prozessorientierten Layout bewegt sich der Kunde durch die verschiedenen Stationen. Beim Layout mit fixen Positionen gibt es einen Arbeitsplatz, an dem der Kunde bedient wird und an dem der Mitarbeiter alle zur Erstellung der Dienstleistung notwenigen Gerätschaften in Griffweite hat. Beispiele hierfür sind der Zahnarzt mit dem Behandlungsstuhl und allen Instrumenten, die in Griffweite des Zahnarztes angeordnet sind, das Cockpit in einem Flugzeug oder der Frisierstuhl eines Frisörs.
- *Hybrides Layout*: Hierbei handelt es sich um eine Mischung aus zwei oder drei der oben dargestellten Prinzipien. Ein Beispiel ist ein Restaurant mit einem Selbstbe-

dienungs-Buffet (prozessorientiertes Layout) und verschiedenen Tischen, an denen bedient wird, und einem Bar-Bereich (funktionsorientieres Layout).

Abbildung 7-3: *Beispiel für das Layout einer Mensa*

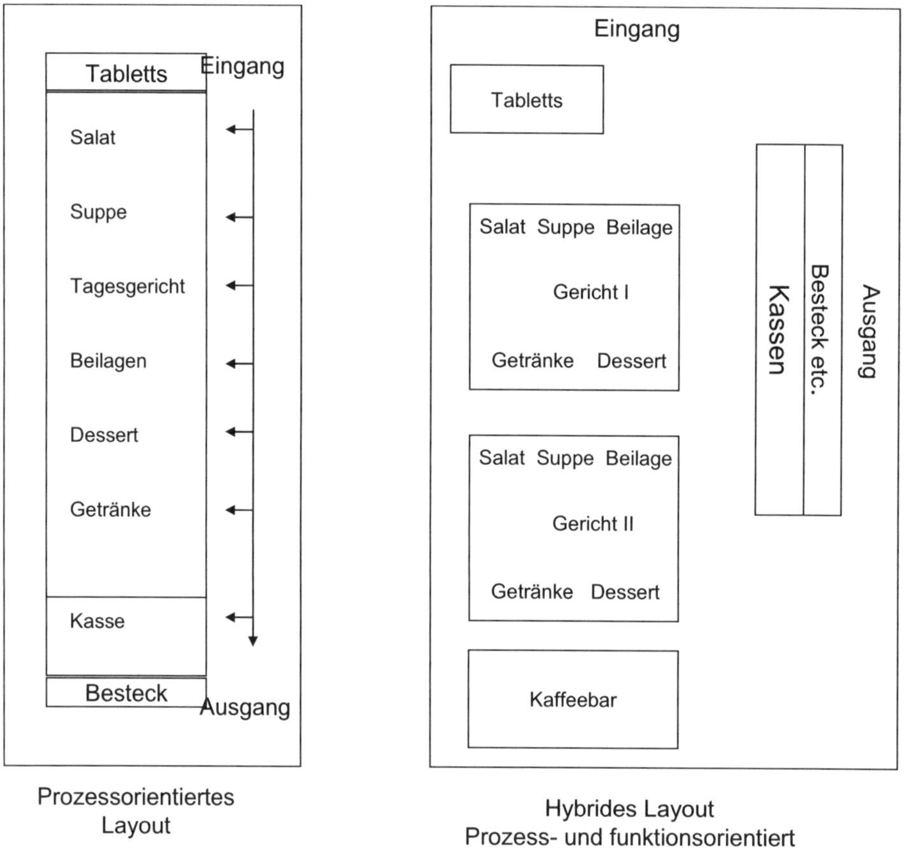

7.1.4 Die Steuerung der Kapazitätsauslastung

Im Rahmen der Kapazitätssteuerung sind Nachfrage und Kapazität aneinander anzugleichen. Zu berücksichtigen ist hierbei, dass die Nachfrage im Dienstleistungsbereich häufig schwankt (vgl. Abbildung 7-4). Die optimale Kapazitätsauslastung entspricht einer Auslastung, bei der der Kunde die vom Dienstleister intendierte Qualität erhält und dies auch in einer für ihn akzeptablen Zeit. Liegt die Nachfrage im Bereich der Optimalkapazität, so sind Angebot und Nachfrage ausbalanciert (vgl. Maleri / Frietzsche 2008, S. 211). Bei dieser Kapazitätsauslastung sind auch die fixen Kosten gedeckt. Übersteigt die Nachfrage die optimale Kapazitätsauslastung, so sinkt die Qualität der Dienstleistung. Diese zeigen sich beispielsweise in Warteschlangen (vgl. Corsten / Gössinger 2007, S. 177; Schnittka 1998, S. 164 ff.), wie sie etwa vor Kassen typisch sind, aber auch bei Ämtern beobachtet werden können. Hinzu kommt, dass auch die Kundenkontaktmitarbeiter überbeansprucht sind oder – bei Production-Line-Approach – das Backoffice nicht mit dem Auffüllen der Selbstbedienungsfacilitäten nachkommt. Liegt die Kapazitätsauslastung unterhalb der optimalen Auslastung, werden die Kosten nicht gedeckt – es kommt zu Verschwendung.

Abbildung 7-4: *Nachfrageschwankungen im Verhältnis zur Kapazität, Quelle: Lovelock 1994, S. 241.*

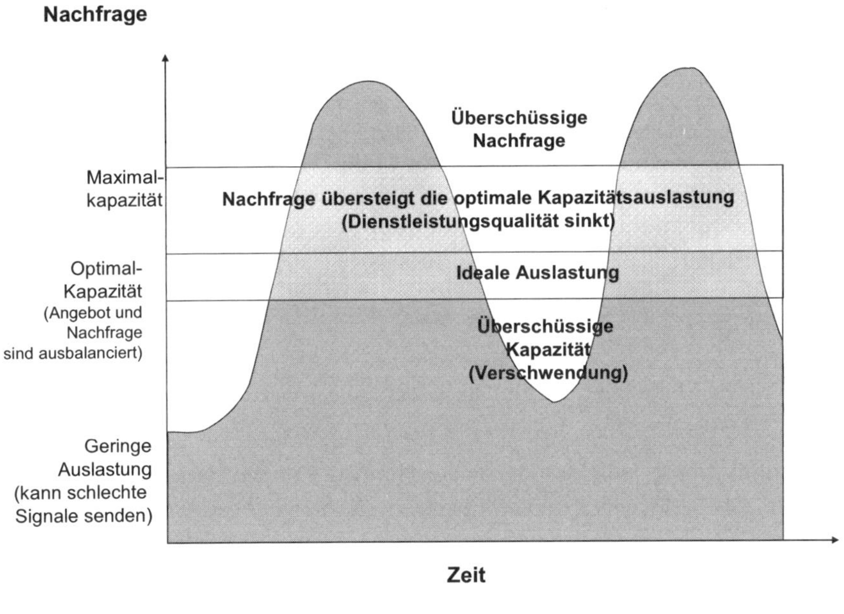

Um die Kapazitätsauslastung zu steuern, stehen dem Anbieter zwei Ansatzpunkte zur Verfügung:

- Die Nachfrageschwankungen zu glätten oder

- die Kapazität zu flexibilisieren.

Bei den nachfragebezogenen Maßnahmen ist zu unterscheiden, ob die Nachfrage zu hoch oder zu niedrig ist. Im ersten Fall geht es darum, die Nachfrage so zu verteilen, dass Nachfrageschwankungen ausgeglichen und Nachfrage aus Spitzenzeiten in Zeiten geringer Nachfrage verschoben werden können. Bei zu geringer Nachfrage ist die Nachfrage zu stimulieren.

Um Nachfrage aus Spitzenzeiten in Zeiten unausgelasteter Kapazitäten zu verschieben, können *Maßnahmen zur Dämpfung der Nachfrage* in Spitzenzeiten ergriffen werden (vgl. Lovelock / Wirtz 2007, S. 260 ff.; Zeithaml / Bitner / Gremler 2006, S. 457 ff.):

- Marktsegmentierungsansätze, um Kunden mit unterschiedlichen Bedarfen zusammenzufassen und auf die Kapazität zu verteilen, z.B. Führungen im Museum für Schulklassen in der Woche und für Privatpersonen am Wochenende,
- Kommunikationspolitische Maßnahmen, um die Kunden darüber zu informieren, wann die Kapazitäten ausgelastet sind und mit Wartezeiten zu rechnen ist,
- Preispolitische Maßnahmen, indem während nachfragestarker Zeiten keine Rabatte gewährt werden oder sogar höhere Preise zu zahlen sind, z.B. Reisen während der Schulferien,
- Reservierungssysteme, um die Nachfrage zeitlich besser steuern zu können, z.B. Termine beim Arzt, beim Frisör. Bei den Öffnungszeiten ist für die Synchronisation ebenfalls das kundenseitige Ausmaß des Einflusses auf die Terminfixierung, das Vorhandensein von Informationen über Zeitpunkte und Dauer der Dienstleistung sowie der Grad an Verbindlichkeit zeitlicher Zusagen von besonderer Bedeutung (vgl. Stauss 1991, S. 87),
- Bevorzugung langjähriger, loyaler, regulärer oder besonders gewinnträchtiger Kunden, z.B. Privat- und Kassenpatienten.

Häufiger bieten Marketingmaßnahmen jedoch Anreize, weniger stark frequentierte Zeiten zu nutzen:

- Kommunikationspolitische Maßnahmen, um die Kunden darauf aufmerksam zu machen, dass außerhalb der Stoßzeiten keine Warteschlangen existieren,
- Preispolitische Maßnahmen, um die Nachfrage in diese Zeiten zu ziehen, z.B. Happy hour in der Cocktail-Bar,
- Leistungsprogrammpolitische Maßnahmen, um die Angebote in auslastungsschwachen Zeiten attraktiver zu gestalten, z.B. Familienwochenende im Business-Hotel oder Seminaraufenthalte im Skigebiet im Sommer,
- Distributionspolitische Maßnahmen, um die Erreichbarkeit und Zugänglichkeit zu verbessern, z.B. Lieferservice.

Neben *Ansätzen, die Nachfrageschwankungen zu glätten*, stehen dem Anbieter Maßnahmen zur Ausdehnung oder Flexibilisierung seiner Kapazitäten offen.

Maßnahmen dieser Art zielen auf die Anpassung der Kapazität an die Nachfrageschwankungen ab. Hierzu gehören insbesondere die folgenden Maßnahmen (vgl. Hoffman / Bateson 2002, S. 147 f.; Lovelock / Vandermerwe / Lewis 1999, S. 521 ff.; Palmer / Cole 1995, S. 118 ff.; Zeitham / Bitner / Gremler 2006, S. 460 ff.):

- Zeit, Arbeit, Einrichtungen und Geräte oder Werkzeuge flexibilisieren: Hierbei wird die Kapazität nicht generell ausgedehnt, sondern den Nachfrageschwankungen angepasst. Dazu gehört etwa, dass mehr Arbeitskräfte zu Spitzenzeiten arbeiten, dass Arbeitskräfte länger oder schneller arbeiten oder dass Einrichtungen während Spitzenzeiten geöffnet werden, z.B. eine neue Kasse im Supermarkt, wenn die Warteschlange eine bestimmte Länge überschreitet.
- Job Hopping oder Springer: Arbeitskräfte beherrschen mehrere Aufgaben und können daher dort eingesetzt werden, wo „Not am Mann" ist.
- Einstellung von Teilzeitkräften: Es entstehen keine zusätzlichen Kosten in weniger gut ausgelasteten Zeiten, aber ein Problem kann darin bestehen, dass sie u.U. schlechtere Qualität bieten und – da die Arbeit hohe Anforderungen an ihre Belastbarkeit stellt – eine entsprechende Arbeitseinstellung an den Tag legen.
- Umorganisation: Während der Spitzenzeiten werden solche Arbeiten erledigt, die für den Kunden von Bedeutung sind, andere Arbeiten werden auf auslastungsschwache Zeiten verschoben. Voraussetzung hierfür ist, dass es möglich ist, Schlüsselelemente des Prozesses, die für den Kunden von Bedeutung sind, zu identifizieren.
- Kapazitäten von anderen Unternehmen mieten oder mit anderen Anbietern kooperieren, z.B. Hotel kooperiert mit anderem Hotel,
- Outsourcing von Teilaktivitäten an Subunternehmer,
- Verlagerung von Dienstleistungen auf das Internet,
- Kapazitätssegmentierung, indem Kunden nach ihrem jeweiligen Anliegen und dem dafür erforderlichen Zeitbedarf segmentiert werden, so dass das räumliche und personelle Angebot darauf abgestimmt werden kann.

  Beispiel: Ein Kreditinstitut hat erkannt, dass Kunden eine Filiale mit unterschiedlichen Bedürfnissen aufsuchen: Eine Gruppe möchte Geld abheben oder Kontoauszüge drucken. Eine zweite Gruppe benötigt eine schnelle persönliche Information oder will sich die aktuellen Immobilienangebote anschauen und eine dritte Gruppe sucht das ausführliche Gespräch über eine Baufinanzierung oder eine langfristige Anlagestrategie. Um die personelle und räumliche Kapazität optimal auszulasten, können für die erste Gruppe Selbstbedienungsterminals angeboten werden; diese befinden sich im äußeren und von außen leicht zugänglichen Bereich des Kreditinstituts. Für die zweite Gruppe können Stellwände und frei ansprechbare Kundenberater mit einer geringereren Qualifikation an einem Empfangscounter bereit gestellt werden. Diese werden im mittleren Bereich des Kreditinstituts bedient. Für die dritte Gruppe schließlich sind gut ausgebildete Kundenberater vorgesehen, die in Büros im hinteren und schwerer zugänglichen abgeschirmten Bereich des Kreditinstituts tätig sind.

In auslastungsschwachen Zeiten können folgende Maßnahmen ergriffen werden:

- Urlaub für die Mitarbeiter,
- Weiterbildungs- und Trainingsmaßnahmen, z.B. werden in Hotels Mitarbeiter außerhalb der Saison geschult,
- Durchführung von Wartungs- und Reparaturarbeiten oder sonstigen Veränderungen, z.B. Einführung neuer Software, Ablage von Akten.

Nachfragerbezogene Maßnahmen bieten sich immer dann an, wenn die Kunden eine gewisse Flexibilität hinsichtlich ihres Nachfrageverhaltens erkennen lassen. Ist dies nicht der Fall, müssen anbieterbezogene Maßnahmen ergriffen werden. Darüber hinaus sind Konkurrenz- und Kostenaspekte zu beachten.

Um Kapazitäten optimal auszulasten und Nachfrage und Angebot aneinander anzupassen, ist häufig der kombinierte Einsatz verschiedener Instrumente sinnvoll. Mit dem *Yield-Management* oder *Revenue-Management* ist eine Methoden geschaffen worden, Kapazitäten so auszulasten, dass Erlöse optimiert werden können (vgl. Zeithaml / Bitner / Gremler 2006, S. 464 ff.; Tscheulin / Lindenmeier 2003).

Der Begriff „Yield" lässt sich mit Gewinn oder Ergebnis übersetzen und bezeichnet den Quotienten von tatsächlichen Erlösen und potenziellen Erlösen (vgl. Zeithaml / Bitner / Gremler 2006, S. 465):

$$\text{Yield} = \frac{\text{Tatsächliche Erlöse} = \text{genutzte Kapazität x durchschnittlicher Preis}}{\text{Mögliche Erlöse} = \text{Gesamtkapazität x Maximalpreis}}$$

Yield-Management wird angewandt, um die Kapazitäten eines Dienstleisters möglichst vollständig auszunutzen, ohne jedoch mehr Erlösminderungen hinnehmen zu müssen als unbedingt notwendig. Yield-Management basiert auf unterschiedlichen Preisbereitschaften der Nachfrager, wobei die Preise entsprechend der prognostizierten Nachfrage im Zeitablauf über verschiedene Preissegmente gesetzt werden. Dabei zahlen Käufer des am wenigsten preissensible Segment den höchsten Preis, während preissensiblere Kunden einen geringeren Preis zahlen. Da bei weniger preissensiblen Käufern häufig der Kaufzeitpunkt näher an der Inanspruchnahme der Dienstleistung liegt, muss für solche Kunden Kapazität frei gehalten werden. Beispielsweise buchen

Geschäftsleute ihre Flüge, Hotels und Mietwagen zeitnah zum Abflugtermin, sind aber weniger preissensibel als Urlaubsreisende, die sich dafür häufig weit im Voraus für eine Flugreise entscheiden. Um die verschiedenen Nachfragersegmente voneinander zu trennen und ein Wandern zwischen den Segmenten zu verhindern, werden sog. Fences (Tarifrestriktionen) bestimmt. Im Beispiel der Flugreise kann dies durch unterschiedliche Klassen, Buchungszeitpunkte und Vertriebswege erfolgen (vgl. Abbildung 7-5). Yield-Management lässt sich somit als „Ansatz einer simultanen und dynamischen Preis- und Kapazitätssteuerung" verstehen (Tscheulin / Lindenmeier 2003).

Abbildung 7-5: *Preis- und Kapazitätsbereiche in Abhängigkeit von der Nachfrage am Beispiel einer Fluggesellschaft, Quelle: Lovelock / Wirtz 2004, S. 164*

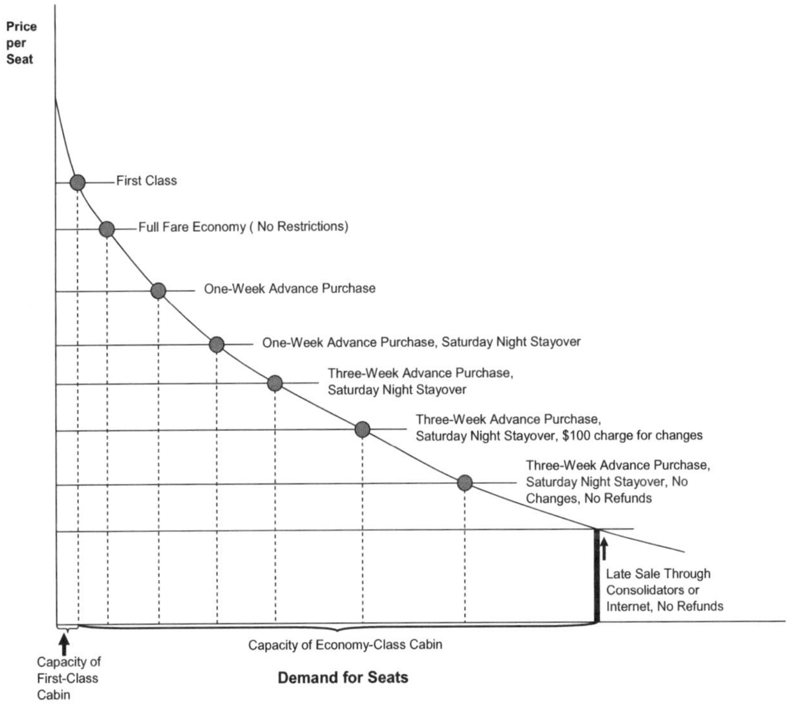

Ein Yield-Management-System besteht in der Regel aus folgenden *Komponenten* (vgl. Abbildung 7-6): einer Buchungsdatenbank, einem Computer-Reservierungssystem und einem Planungs- und Prognosesystem.

Abbildung 7-6: *Komponenten des Yield-Managements, Quelle: Vollmar 1994*

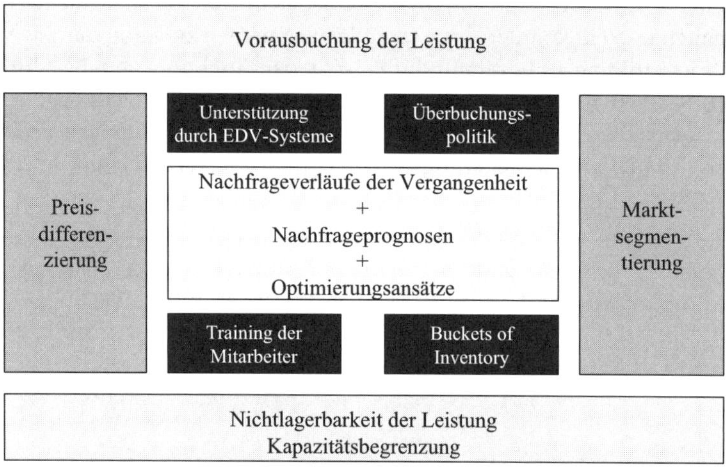

In der *Buchungsdatenbank* werden die Buchungen der Nachfrager festgehalten. Diese Daten werden benötigt, um einen Bezug zwischen dem Buchungszeitpunkt, der Kapazitätsauslastung und dem jeweiligen Preis der Dienstleistung herzustellen. Mithilfe der Preisdifferenzierung werden nun Anreize für den Kunden geschaffen, früher oder später zu buchen, so dass die möglichst vollständige Auslastung der Kapazitäten erreicht werden kann. Ob eher höhere oder niedrigere Preise den Buchungszeitpunkt beeinflussen, hängt von der Preisreaktionsfunktion der Nachfrager ab. Das Yield-Management bedient sich somit der aus den mikroökonomischen Modellen bekannten Preis-Absatz-Funktion, die in der Regel steigende Mengen (Fluggäste) mit sinkenden Preisen unterstellt. Dabei geht es darum, die Preise im Zeitablauf so zu senken, dass die Kapazitäten bis zum Termin der Inanspruchnahme der Dienstleistung möglichst vollständig ausgelastet sind, gleichzeitig aber auch der Erlös des Anbieters maximiert wird. Preise dürfen somit nicht zu schnell gesenkt werden, da dann Möglichkeiten zur Abschöpfung der Konsumentenrente „verschenkt" werden. Dies kann mit einer Überbuchungspolitik verbunden werden, wenn der Anbieter mit einiger Sicherheit weiß, wie viel Prozent der Nachfrager die Leistung buchen, ohne sie in Anspruch zu nehmen. Im Falle einer optimalen Überbuchung gleichen sich zum Zeitpunkt der Inanspruchnahme der Dienstleistung nämlich Stornierungen bzw. die sog. No-Shows sowie die überbuchten Kapazitätseinheiten aus.

Das *Computer-Reservierungssystem* als zweiter Baustein des Yield-Managements informiert die verschiedenen Buchungs- und Reservierungsstellen über die jeweilige Kapazitätsauslastung, die geltenden Preise und Konditionen. Es erlaubt, Reservierungen und Buchungen vorzunehmen und Bestätigungen zu erhalten. Die Informationen werden dabei in Echtzeit übermittelt, koordinieren die Aktivitäten der verschiedenen Buchungsstellen und erhöhen somit die Planungssicherheit des Anbieters. Das Reservierungssystem basiert auf dem auf Basis der Marktsegmentierung entwickelten differenzierten Tarifsystem und den Ergebnissen des Prognose- und Planungssytems.

Das *Prognose- und Planungssystem* ist das Kernstück des Yield-Managements. Mit seiner Hilfe werden die aus dem Buchungs- und Reservierungssystem erhaltenen Informationen ausgewertet. Sie bildet die Grundlage für die im Reservierungssystem übermittelten Informationen über Preise und Konditionen. Hierbei werden für verschiedene Preis-Kapazitäts-Kombinationen Kosten und Erlöse simuliert. Dabei werden Wahrscheinlichkeiten für den Eintritt der jeweiligen Kombinationen berücksichtigt, um die Gewinnmöglichkeiten zu bewerten. Mithilfe des Prognosesystems wird eine Unsicherheitssituation, die durch eine Vielzahl von Einzelfällen gekennzeichnet ist (jeder Fluggast ist zunächst einmal in seinem Buchungsverhalten anders) durch die Bildung von (Tarif-)Klassen und die Ermittlung von Wahrscheinlichkeiten in eine Risikosituation überführt (vgl. Tschulin / Lindenmeier 2003). Dabei gilt: „Die einzelnen Ertragsanteile einer Tarifklasse pro Sitz werden mit den jeweiligen Wahrscheinlichkeiten multipliziert. Eine optimale Kapazitätsaufteilung wird erwartet, wenn die jeweiligen Werte für alle marginalen Sitzplätze einer Tarifklasse gleich sind" (Vollmar 1994). In einer solchen Situation wurde ein vollständiger Risikoausgleich erreicht.

Yield-Management eignet sich für Anbieter mit relativ fixer Kapazität, mit hohen Fixkosten, einer teilbaren Kapazität, Vorabverkauf der Leistung bzw. des Rechts auf die Leistung, schwankender, unsicherer Nachfrage und unterschiedlicher Preisbereitschaft und Preissensitivität der Nachfrager mit daran geknüpfter Segmentierbarkeit des Marktes. Daher wird es vor allem im Tourismusbereich angewandt, insbesondere bei Fluggesellschaften, Hotels oder Autovermietern (vgl. Tschuelin / Lindenmeri 2003).

Obwohl das Yield-Management eine weite Verbreitung in der Praxis gefunden hat, wird insbesondere das Ziel der Erlösoptimierung kritisch hinterfragt. So wird zum Teil kritisiert, dass Yield-Management zur Zerstörung der Kundenloyalität führt (vgl. Shoemaker 2003), da die Kunden lediglich auf ihre Zahlungsfunktion reduziert werden. Emotionale Aspekte der Kundenbindung werden durch die starke ökonomische Fokussierung ausgehebelt. Kritisch zu betrachten ist auch die Überbuchungspolitik der Anbieter, die nur dann zu Kundenzufriedenheit führt, wenn die Prognose der gebuchten, aber nicht in Anspruch genommenen Kapazität relativ sicher ist. Stimmt die Prognose nicht, müssen Nachfrager trotz Buchung von der Dienstleistung ausgenommen werden – eine Praxis, die zum Teil im Flugverkehr zu heftigen Unmutsäußerungen der Passagiere führt.

Wie herausgestellt wurde und auch die Bezeichnung hervorhebt (yield = Ertrag), betont das Yield-Management die Erlösaspekte einer Dienstleistung. Die folgende Methode, das Benchmarking, kann sowohl im Rahmen des Erlösmanagements als auch im Rahmen des Kostenmanagements eingesetzt werden.

7.2 Die Steuerung von Mitarbeitern im Unternehmen

Auch wenn aufgrund der technologischen Entwicklung menschliche Arbeitskraft vielfach durch Maschinen ersetzt und/oder unterstützt wird, kommt der Ressource „Mensch“ gerade im Dienstleistungsbereich große Bedeutung zu (vgl. Palmer / Cole 1995, S. 168 ff.; Lovelock / Vandermerwe / Lewis 1999, S. 544 ff.):

- Personalkosten machen in vielen Dienstleistungsunternehmen den größten Anteil an den Gesamtkosten aus.
- Das Personal ist der (Co-)Produzent der Dienstleistung. An der Interaktionslinie (vgl. die Ausführungen zum Blueprinting in Kapitel 6.2) steht es im Kontakt mit dem Kunden, nimmt seine Wünsche entgegen und erstellt gemeinsam mit ihm die Leistung. Im sichtbaren Bereich führt das Personal – wie auf einer Bühne – seine Aktivitäten für den Kunden sicht- und beurteilbar aus und ist daher ihrer Aufmerksamkeit ausgesetzt. Bei persönlich erbrachten Dienstleistungen wird die Dienstleistung vom Kunden mit dem Personal gleichgesetzt: Das Personal ist gewissermaßen die Dienstleistung.
- Als Co-Produzent ist das Personal Träger der Marke und entscheidender Faktor in der Sicherstellung gleich bleibender Qualität. Schwankungen in der Personalqualität je nach Tagesform oder Stimmung wirken sich unmittelbar auf die vom Kunden wahrgenommene Qualität der Dienstleistung aus. Dies gilt insbesondere für individualisierte hoch-integrative Dienstleistungen.
- Insbesondere das Kundenkontaktpersonal ist vielfältigen Anforderungen von Seiten der Kunden und des Unternehmens ausgesetzt. Es nimmt vielfältige Rollen wahr: Teil des Produkts, Teil des Liefersystems, Berater, Lehrer, Verkäufer oder – bei Kunden, die sich nicht an die Regeln halten – Polizist (vgl. Lovelock / Vandermerwe / Lewis 1999, S. 545). In dieser Situation leistet das Kundenkontaktpersonal ein hohes Maß an emotionaler Arbeit (vgl. Nerdinger 2001, S. 504 f.). Aufgrund dieser zum Teil widerstreitenden Anforderungen kann es zu Rollenkonflikten bis hin zum Burn-out kommen.
- In einer Strategie der Kostenführerschaft kann freundliches Personal den Unterschied zum Wettbewerb darstellen und dies bei – aufgrund der Kostenorientierung des Unternehmens – notwendigerweise geringerer Entlohnung.
- Durch den engen Kundenkontakt sind Kundenkontaktmitarbeiter die Schnittstelle zum Markt; sie erfahren frühzeitig von Veränderungen in den Kundenbedürfnissen und –wünschen und können dies an das Unternehmen weitergeben (vgl. Kleinaltenkamp / Dahlke 2006).

Die Ressource „Personal“ ist daher in vielerlei Hinsicht entscheidend für den Erfolg des Unternehmens(vgl. Heskett / Sasser / Schlesinger 1997), bei der die Produktivität und Ergebnisqualität der Mitarbeiter den Treiber des Service Value darstellen, wobei die Fähigkeiten der Mitarbeiter die interne Dienstleistungsqualität bestimmen, von der wiederum die Ergebnisqualität der Dienstleistung abhängt. Die Produktivität wird in hohem Maße durch die Loyalität der Mitarbeiter bestimmt, die sich in geringer Fluktuation äußert. Treiber der Loyalität oder Mitarbeiterbindung ist die Zufriedenheit der Mitarbeiter mit dem Unternehmen (vgl. Heskett / Sasser / Schlesinger 1994, S. 166 f.).

7.2.1 Ansatzpunkte der Personalsteuerung

Wesentlich für eine hohe Mitarbeiterzufriedenheit, die über die Mitarbeiterbindung die Arbeitsproduktivität positiv beeinflusst, ist ein aus Sicht der Anreiz-Beitrags-Theorie positives Verhältnis von Anreizen und Beiträgen. Die *Anreiz-Beitrags-Theorie* beruht auf der Vorstellung eines inneren Gleichgewichts des Unternehmens (vgl. Barnard 1938; Kupsch / Marr 1978, S. 540 f.; March / Simon 1976, S. 81 ff.). Grundlegende Annahme ist, dass jeder Mitarbeiter die Anreize, die er vom Unternehmen erhält, wie z.B. Entlohnung, Aufstiegsmöglichkeiten, Anerkennung des Vorgesetzten, im Lichte seiner eigenen Beiträge, wie beispielsweise seiner Arbeitsleistung, bewertet. Solange die erhaltenen Anreize den geleisteten Beiträgen entsprechen bzw. diese sogar übersteigen, zeigt der Mitarbeiter unverändertes Verhalten und bleibt im Unternehmen. Sinken in den Augen des Mitarbeiters die erhaltenen Anreize unter die geleisteten Beiträge, zeigt er ein anderes Verhalten oder verlässt das Unternehmen. Das Ungleichgewicht zwischen Anreizen und Beiträgen wirkt als Motor des Handelns. Das vom Mitarbeiter gewählte Verhalten richtet sich dabei nach den Alternativen, die ihm offen stehen. Diese reichen vom Unternehmenswechsel über geringere Leistungen bis hin zu Absentismus (Fehlen) oder auch zu opportunistischen Verhaltensweisen, wie Lügen und Betrügen.

Der Anreiz-Beitrags-Theorie zufolge hat das Unternehmen auf ein ausbalanciertes Verhältnis von Anreizen und Beiträgen zu achten. Gelingt es, gleichzeitig auf Personenebene ein Anreiz-Beitrags-Gleichgewicht zu etablieren, so wird auch das Effizienzziel des Unternehmens (z.B. Arbeitsproduktivität) erreicht. Mitarbeiter neigen dann dazu, die erhaltenen Anreize durch entsprechende Leistungen zu honorieren, so dass sich ein für das Unternehmen günstiges Input-Output-Verhältnis einstellt.

Zur Gestaltung von Anreizen und Beiträgen stehen dem Unternehmen die folgenden Ansatzpunkte zur Verfügung (vgl. Fließ 2006b):

- *Vergütungssystem*: Im Rahmen des Vergütungssystems wird festgelegt, wie Mitarbeiter entlohnt werden sollen. Hierbei geht es um Entscheidungen über den Anteil fixer und variabler Vergütungsanteile, um die Entlohnungsstruktur innerhalb des

Unternehmens (Gehaltsklassen) sowie um zusätzliche Vergütungen, wie beispielsweise Altersversorgung, Dienstwagen u.ä.

- *Führungssystem,* d.h. direkte, personale Beeinflussung des Mitarbeiterverhaltens durch Vorgesetzte.
- *Aufstiegs- und Qualifikationssystem*: Es umfasst die vorgesehenen Aufstiegsleitern und die Personalentwicklung (Laufbahnplanung, Weiterbildungs- und Qualifizierungsprogramme für zu übernehmende Positionen). Die Maßnahmen im Rahmen der Personalentwicklung können zum Qualifikationssystem zusammengefasst werden.
- *Informationssystem*: Das Informationssystem regelt den Informationsfluss innerhalb des Unternehmens. Für die Steuerung von Mitarbeitern ist insbesondere relevant, welche Informationen vorhanden sind und welche Mitarbeiter Zugang zu diesen erhalten.
- *Arbeitsgestaltung*: Hierzu zählen sowohl die Gestaltung der Arbeitsinhalte, d.h. der Aufgaben, als auch die Gestaltung des Arbeitsplatzes und der Arbeitszeit.

Die Ausgestaltung dieser Systeme bildet die Basis für die erfolgreiche Steuerung der Handlungen des Personals im Sinne der Anreiz-Beitrags-Theorie. Dabei kann die Ausgestaltung der Systeme im Hinblick auf zwei grundlegend unterschiedliche Zielrichtungen erfolgen: Steuerung über das Verhalten oder Steuerung über das Ergebnis.

Bei ausschließlich ergebnisorientierten Steuerungssystemen wird das zu erreichende Ziel definiert. Welche Maßnahmen ergriffen werden, welche Leistungen der Mitarbeiter erbringt, um dieses Ergebnis zu erreichen, wird ihm überlassen. Ergebnisorientierte Steuerungssysteme setzen messbare Ziele voraus. Nur dann kann festgestellt werden, ob der Mitarbeiter effektiv arbeitet bzw. gearbeitet hat oder nicht. Und nur dann ist die Leistung der Mitarbeiter messbar.

Bei ausschließlich verhaltensorientierten Steuerungssystemen werden demgegenüber die zu erfüllende Aufgabe, die zu leistenden Tätigkeiten genau vorgeschrieben, während die Ergebnisse sich als Folge der Prozessfestlegung einstellen sollen, häufig aber auch – weil solche standardisierten „Produktionstechnologien" nicht möglich sind – offen bleiben.

Im Folgenden soll die Steuerung des Mitarbeiterverhaltens im Vordergrund stehen. Die theoretische Grundlage bildet die Prinzipal-Agenten-Theorie.

7.2.2 Grundlagen der Prinzipal-Agenten-Theorie

Jeder Mitarbeiter übernimmt für das Unternehmen, für das er tätig ist, bestimmte Aufgaben, z.B. die Kundenberatung, die Auftragsakquisition oder die Erstellung der

Dienstleistung. Derjenige, der im Auftrag eines anderen handelt (Auftragnehmer), wird als *Agent* bezeichnet. Derjenige, in dessen Auftrag der Mitarbeiter handelt (Auftraggeber), wird als *Prinzipal* bezeichnet (vgl. Arrow 1985; Kaas 1992, S. 888; Kleinaltenkamp 1992, S. 812 f.). In einer Vorgesetzten-Mitarbeiter-Beziehung ist i.d.R. der Mitarbeiter der Agent, der Vorgesetzte der Prinzipal. In einer Anbieter-Kunden-Beziehung ist i.d.R. der Kunde der Prinzipal, der Anbieter der Agent.

Der Agent verfügt bei der Erfüllung seiner Aufgaben über einen *Informationsvorsprung* gegenüber dem Prinzipal, den er ausnutzen kann, um das Ergebnis zu beeinflussen. Beispielsweise weiß der Mitarbeiter, welche Zeit er tatsächlich benötigt, um eine bestimmte Dienstleistung zu erbringen. Dieser Informationsvorsprung gegenüber seinem Vorgesetzten oder anderen für ihn relevanten Vertretern des Unternehmens gewährt dem Mitarbeiter einen Verhaltensspielraum, den er zu seinem eigenen Nutzen und zum Schaden des Prinzipals, hier des Unternehmens, ausnutzen kann (vgl. Laux 1988; Spremann 1988, S. 614; Kleinaltenkamp 1992, S. 812 f.). Dieser Verhaltensspielraum ermöglicht opportunistisches Verhalten (vgl. Williamson 1990, S. 54 f.). So kann bspw. ein Mitarbeiter angeben, dass die Erstellung einer Dienstleistung mehr Zeit benötigt als dies den tatsächlichen Gegebenheiten entspricht. In diesem Falle schädigt er sein Unternehmen, da er weniger produktiv ist als er sein könnte (vorausgesetzt, es gibt genügend Nachfrage nach der von ihm ausgeübten Tätigkeit). Das Unternehmen erhält also nicht das Ergebnis, das es bei Unterlassen dieser opportunistischen Verhaltensweisen erhalten hätte.

Die Informationsvorsprünge sind jedoch nicht als gegeben anzunehmen, sondern hängen von der jeweiligen Situation ab; daher wechseln die Rollen. Dies gilt im Unternehmen in mehrfacher Hinsicht. So hat in Unternehmen mit mehreren Hierarchieebenen der Vorgesetzte auch eine ihm übergeordnete Person, in deren Auftrag er gewissermaßen seinen Aufgaben nachkommt.

> **Beispiel:** In der Filialleiter-Regionalleiter-Beziehung ist der Filialleiter als Agent anzusehen und der Regionalleiter als Prinzipal. Gleichzeitig ist der Filialleiter im Verhältnis zu seinen Filialmitarbeitern als Prinzipal zu betrachten, die Filialmitarbeiter als Agenten. Der Regionalleiter ist wiederum als Agent im Verhältnis zu seinem Vorgesetzten anzusehen.

Gleichzeitig kann sich die Rolle des Prinzipals bzw. des Agenten auch in Abhängigkeit vom jeweiligen Handlungsbereich ändern. So ist es beispielsweise in manchen Unternehmen üblich, dass der Vorgesetzte Gehaltserhöhungen seiner Mitarbeiter im Unternehmen vertritt. Er handelt hier im Auftrag seiner Mitarbeiter, ist also Agent, während der Mitarbeiter die Rolle des Prinzipals übernimmt. Für die Personalsteuerung ist allerdings die Beziehung, in der der Vorgesetzte als Prinzipal und der Mitarbeiter als Agent anzusehen ist, wesentlich typischer. Sie soll daher auch den Schwerpunkt der Betrachtungen bilden.

Informationsvorsprünge zwischen Unternehmen bzw. Vorgesetztem und Mitarbeiter treten dabei in unterschiedlichen Formen auf.

7.2.3 Formen der Informationsasymmetrie

Drei Formen von Informationsasymmetrien sind zu unterscheiden (vgl. zu den folgenden Ausführungen auch Fließ 2000): Qualitätsunsicherheit, 'Hidden Intention' und 'Hidden Action'.

Qualitätsunsicherheit (vgl. Stigler 1960) oder *'Hidden Characteristics'* (vgl. Spremann 1990, S. 566) ist dadurch gekennzeichnet, dass der Prinzipal unsicher ist über die Qualifikation des Agenten. Dies ist vor allem im Rahmen von Personalauswahlentscheidungen von Bedeutung. Der Arbeitgeber ist unsicher, ob der einzustellende oder zu befördernde Mitarbeiter über die für die Position erforderlichen Kenntnisse und Fähigkeiten verfügt. Das Vorhandensein von Qualitätsunsicherheit führt dazu, dass der Arbeitgeber nicht in der Lage ist, qualifizierte Mitarbeiter von nicht qualifizierten Mitarbeitern zu unterscheiden. Dem Unternehmen droht die Gefahr, ungeeignete Mitarbeiter einzustellen oder zu befördern. Dies gilt allerdings auch im umgekehrten Fall (vgl. Alewell 1994, S. 60). Auch der sich auf eine Stelle bewerbende Mitarbeiter ist nicht vollständig informiert über die Arbeitsbedingungen und die Art der zu erfüllenden Aufgaben. Auch für ihn besteht die Gefahr, sich für ein Unternehmen zu entscheiden, das nicht seinen Vorstellungen entspricht und so – falls er sich aus ungekündigter Position bewirbt – seinen als nicht zufrieden stellend eingestuften Arbeitsplatz gegen einen noch schlechteren einzutauschen. In beiden Fällen kann von 'adverse selection' gesprochen werden.

'Hidden Intention' charakterisiert den Fall, dass der Agent eine dem Prinzipal verborgene Absicht verfolgt. Die Aufdeckung der Absicht kommt zu spät, um den Schaden zu begrenzen (vgl. Spremann 1990, S. 566 ff). 'Hidden Intention' kann auch mit *'Hold up'* (Überfall) bezeichnet werden (vgl. Goldberg 1976; Alchian / Woodward 1988, S. 67). Opportunistisches Verhalten ergibt sich beispielsweise aus der Ausnutzung von Vertragslücken zum Vorteil des Agenten und zum Nachteil des Prinzipals. Hold up-Situationen ergeben sich erst nach Vertragsabschluss, d.h. nach Einstellung eines Mitarbeiters oder nach dessen Beförderung. Der Arbeitgeber vermag seine Entscheidung nicht mehr zu revidieren, wenn der Mitarbeiter das zu beanstandende Verhalten zeigt. Da die Hauptpflicht des Arbeitgebers zur Lohnzahlung explizit geregelt und in ihrer Ausgestaltung genau spezifiziert ist, betreffen Verhaltensweisen des Hold up eher Mitarbeiter. Allerdings können Mitarbeiter bei Zusatzleistungen hiervon betroffen sein, etwa wenn Pensionsrückstellungen zweckentfremdet werden.

Beispiel: Nach Ablauf der Probezeit zeigt der bisher engagierte Mitarbeiter nur noch mäßiges Interesse an seiner Arbeit, ohne dass ihm jedoch eine direkte Verletzung des Arbeitsverhältnisses nachzuweisen wäre. Ein anderer Mitarbeiter ist nach Ende seiner Probezeit häufig krank und fehlt daher im Unternehmen. Ein Kündigungsgrund ist dadurch jedoch nicht gegeben. Dem neu eingestellten Mitarbeiter wird vor Antritt seiner Stelle mitgeteilt, dass der Arbeitsvertrag leider nicht aufrechterhalten werden kann.

'Hidden Action' oder *'Moral Hazard'* ist gegeben, wenn der Agent nach Vertragsabschluss, z.B. nach Einstellung, Beförderung oder Gehaltserhöhung, Maßnahmen zum eigenen Vorteil ergreift, ohne dass es dem Prinzipal möglich ist, diese kostenfrei zu beobachten oder zu beurteilen (vgl. Arrow 1980). Ein häufig genanntes Beispiel ist in dieser Situation die Reduktion der Arbeitsanstrengung durch den Mitarbeiter. Erfolge beruhen zum einen auf der Anstrengung, der Arbeitsleistung des Mitarbeiters, zum anderen auf einem gewissen Anteil an Glück. Dem Vorgesetzten bzw. dem Unternehmen ist es nicht kostenlos möglich festzustellen, ob die Auftragserfolge eines Mitarbeiters überwiegend auf Glück oder überwiegend auf Anstrengung beruhen. „Durch Glück bei Faulheit kann dieselbe Gegenleistung zustande kommen wie durch Pech und Fleiß" (Spremann 1990, S. 571). Welches Verhältnis gegeben ist, kann der Mitarbeiter wesentlich besser einschätzen als der Vorgesetzte. 'Hidden Action' liegt vor, wenn der Mitarbeiter sich wesentlich weniger anstrengt als er sich anstrengen könnte.

Beispiel: Der Kundenberater der Bank konzentriert sich in der Beratung auf die ihm bekannten Anlageformen, obwohl andere Anlageformen höhere Renditen für die Bank abwerfen würden. Darüber hinaus ermittelt er nicht die für den Kunden am besten geeignete Anlageform, sondern empfiehlt diejenige, die er kennt.

7.2.4 Personalsteuerung aus Sicht der Prinzipal-Agenten-Theorie

In einer Situation vollkommener Information – das Unternehmen kann alles über den Mitarbeiter und seine Verhaltensweisen kostenlos in Erfahrung bringen – ist es für den Mitarbeiter nicht möglich, Informationsvorsprünge zu bilden und auszunutzen. Die divergierenden Zielvorstellungen werden schlicht durch Verhandlungen beigelegt. Ein Beispiel möge dies verdeutlichen.

Beispiel: Herr Flaskamp möchte ein hohes Einkommen erzielen, dafür aber möglichst wenig arbeiten. Sein Vorgesetzter, Herr Vormann, hat als Vertreter der Unternehmensinteressen demgegenüber ein großes Interessen an möglichst großen Anstrengungen auf Seiten Herrn Flaskamps und möglichst geringen Zahlungen. Da alle Versuche Herrn Flaskamps, sich vor der Arbeit zu drücken, von Herrn Vormann kostenlos beobachtet werden können (Informationsvorsprünge existieren nicht), lohnt es sich für Herrn Flaskamp nicht, seine Arbeitsleistung zurückzuhalten. Für Herrn Vormann lohnt es sich nicht, die Zahlungen niedrig zu halten, da Herr Flaskamp vollkommene Markttransparenz besitzt und genau weiß, was er bei anderen Arbeitgebern verdienen würde. Beide werden sich daher darum bemühen, einen Kompromiss zu erzielen. Dieser Kompromiss wird genau dort liegen, wo sich beide nicht mehr verbessern können. Herr Flaskamp kann im Verhältnis zu seinen Anstrengungen nicht mehr verdienen, Herr Vormann kann im Verhältnis zu seinen Zahlungen nicht mehr Leistung bzw. Einsatz fordern. Die Situation ist pareto-optimal.[11]

In einer solchen Situation besteht kein Bedarf für ein Personalsteuerungssystem. Alle Interessen können durch Verhandlungen befriedigt werden und niemand kann sich durch andere Verhaltensweisen verbessern. Wir sprechen in diesem idealtypischen Fall von einer sog. *First-best-Lösung* (vgl. Spremann 1989, S. 6).

Informationsasymmetrien und die dem Unternehmen Kosten verursachende Beschaffung von Informationen führen jedoch dazu, dass der skizzierte Idealzustand nicht erreicht werden kann, sondern dass das Unternehmen Wohlfahrtsverluste, d.h. Abweichungen der erreichten Ergebnisse von den in einer Situation vollkommener Information erreichbaren Ergebnissen, hinnehmen muss. Die dabei erzielten Ergebnisse stellen die sog. Second-best-Lösung dar. Die Einbußen, die Prinzipal und Agent tragen müssen, werden als sog. *Agency-Costs* bezeichnet (vgl. Jensen / Meckling 1976). Sie entstehen auf Grund des Prinzipal-Agenten-Problems, d.h. auf Grund der Möglichkeit, Informationsvorsprünge missbräuchlich auszunutzen. Die Steuerungssituation verdeutlicht Abbildung 7-7. Am Ergebnis, z.B. Umsatz, Kundenzufriedenheit ist nicht ablesbar, welches Verhältnis von Glück und Anstrengung zu seiner Erreichung geführt hat. Dies liegt daran, dass der Vorgesetzte zwar das Ergebnis, nicht aber den Einsatz beobachten kann. Der Mitarbeiter kennt demgegenüber sowohl das Ergebnis als auch seinen Arbeitseinsatz, d.h. das Verhältnis aus Glück und Anstrengung. Der Vorgesetzte ist nun daran interessiert, dass bei gleichem Arbeitsergebnis die Anstrengung einen höheren Anteil am Input hat als das Glück (rechter Pfeil in der Abbildung), denn der Mitarbeiter könnte bei höherem Einsatz sein Ergebnis steigern. Der Mitarbeiter hat demgegenüber ein Interesse an einem höheren Anteil von Glück (linker Pfeil in der Abbildung), da er sich so weniger anzustrengen braucht.

Aus Sicht der Prinzipal-Agenten-Theorie besteht die Aufgabe der Personalsteuerung nun darin, die Ausnutzung der Verhaltensspielräume so zu steuern, dass die Second-best-Lösung der First-best-Lösung möglichst nahe kommt bzw. dass die Agency-Kosten so gering wie möglich ausfallen. Als Ansatzpunkte bieten sich das Ergebnis oder das Verhalten der Mitarbeiter an.

Bei der Ergebnissteuerung wirkt der Mitarbeiter an der Festlegung der Ziele mit und kann daher seinen Input selbst steuern. Bestimmt er allein die Ziele, wählt er sie tendenziell niedriger als sie sein könnten, um seinen Input zu minimieren. Werden die Ziele vom Management vorgegeben, versucht der Mitarbeiter, die Ziele zu erreichen und seinen Input dennoch zu minimieren. Eine Lösung dieses Dilemmas besteht dar-

11 Pareto-optimal bedeutet, dass sich keine der beiden Personen verbessern kann, ohne dass sich die andere Person verschlechtert.

in, Selbstwahlschemata zu offerieren oder Anreizsysteme zu konzipieren, die möglichst das gewünschte Ergebnis herbeiführen.

Abbildung 7-7: *Problem der Personalsteuerung aus Sicht der Prinzipal-Agenten-Theorie*

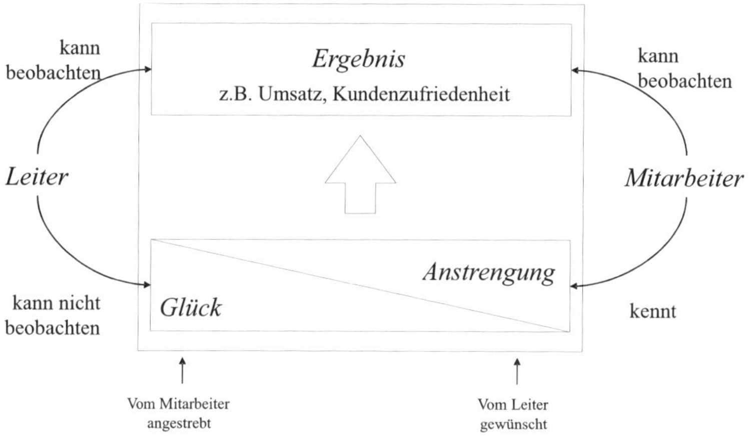

Bei der Verhaltenssteuerung wird nicht das Ergebnis vorgegeben, sondern das Verhalten, das zum gewünschten Ergebnis führen soll. Das Verhalten wird entweder kontrolliert oder es wird ein Anreizsystem geschaffen, um das gewünschte Verhalten herbeizuführen. Anreize können beispielsweise in bestimmten Verhaltensweisen liegen, die zum Aufstieg führen. Voraussetzung ist allerdings, dass das Verhalten beobachtbar ist. So wird beispielsweise die Zahl der zu bedienenden Kunden vorgegeben. Vorgesetzte beobachten das Verhalten der Mitarbeiter, z.B. durch Anwesenheit in der Dienstleistungsumgebung oder Einschaltung in Gespräche bei Call Centern.

Das Problem solcher Vorgehensweisen liegt darin, dass sich der Mitarbeiter kontrolliert fühlt. Statt des möglichen Einsatzes wird nur noch der erforderliche, von dem Vorgesetzten oder dem System vorgeschriebene Einsatz, erbracht. Mitarbeiter nutzen ihren Informationsvorsprung und Verhaltensspielraum, um neue Möglichkeiten der Aufwandsminimierung zu finden. Beispiele hierfür sind Spesenbetrug, falsches Ausfüllen der Kontrollbögen etc.

Im Folgenden soll gezeigt werden, wie ein Vergütungssystem auf der Basis der Prinzipal-Agenten-Theorie konzipiert werden kann.

7.2.5 Die Entlohnung von Mitarbeitern auf prinzipal-agenten-theoretischer Basis

Um ein Vergütungssystem zu entwickeln, können die folgenden Komponenten benutzt werden:

- Festgehalt,
- Provision und
- Prämie.

Beim *Festgehalt* erhält der Mitarbeiter ein festes monatliches Einkommen, das um Urlaubsgeld und/oder Weihnachtsgeld (13. oder 14. Monatsgehalt) erhöht ist. Der Vorteil für das Unternehmen besteht darin, dass es leicht zu berechnen ist, der Nachteil ist in seiner Inflexibilität (Fixkosten) zu sehen. Dem Mitarbeiter ist ein beständiges Einkommen sicher, das er allerdings durch seine Leistung nicht zu beeinflussen vermag (vgl. Witt 1995, S. 95 ff.).

Bei der *Provision* handelt es sich um einen variablen Einkommensbestandteil. Bei der Festlegung von Provisionen sind die Provisionsbasis und der Provisionsverlauf zu bestimmen.

Gebräuchliche Provisionsbasen sind Umsatz und Deckungsbeitrag. Umsatzprovisionen können sich bei Mitarbeitern mit Kundenkontakt auf den Gesamtumsatzes eines Mitarbeiters innerhalb einer bestimmten Zeitperiode, üblicherweise ein Monat, beziehen oder auf differenzierte Umsatzbasen (vgl. Koinecke / Wolter 1978, S. 94; Stein 1983, S. 77 ff.). So können dem Produktlebenszyklus, den notwendigen Verkaufsanstrengungen oder dem Preis der Dienstleistungen entsprechend unterschiedliche Provisionssätze gezahlt werden. Provisionssätze lassen sich gemäß den Marketingstrategien des Unternehmens differenzieren, z.B. fördert eine höhere Provision für neue Dienstleistungen den Absatz dieser Dienstleistungen gegenüber bereits eingeführten. Dienstleistungen, die stark beworben werden, bedürfen geringerer Vertriebsanstrengungen und können daher mit einer geringeren Provision versehen werden. Als Hauptargument gegen Umsatzprovisionen gilt die Umsatz-, nicht Gewinnbetonung. Die umsatzstärksten Produkte eines Unternehmens müssen nicht mit den gewinnträchtigsten Produkten identisch sein.

Dieser Überlegung tragen Deckungsbeitragsprovisionen Rechnung. Sie honorieren den Verkauf besonders „gewinnträchtiger" Dienstleistungen. Um jedoch den Mitarbeitern keine zu große Transparenz über die Höhe der jeweiligen Deckungsbeiträge zu gewähren, werden Deckungsbeitragsprovisionen häufig nicht auf die absoluten Deckungsbeiträge bezogen, sondern auf Indizes oder sogar auf den Umsatz umgerechnet. Die Konzentration auf deckungsbeitragsstarke Produkte kann zu einer einseitigen Betonung einzelner Dienstleistungen und zur Vernachlässigung des Leistungsprogramms insgesamt führen (vgl. Witt 1995, S. 98). Voraussetzung für den Deckungsbeitrag als Provisionsbasis ist natürlich das Vorhandensein einer entsprechenden Deckungsbeitragsrechnung. Auch beim Deckungsbeitrag können die Provisionen nach Kundengruppen, Dienstleistungen oder Dienstleistungskategorien differenziert werden.

Der Provisionsverlauf kann sich linear, degressiv oder progressiv verhalten. Um einen linearen Provisionsverlauf handelt es sich, wenn ein fester Prozentsatz in Abhängigkeit von der Provisionsbasis gezahlt wird, z.B. 5 % vom Umsatz oder 7% vom Deckungsbeitrag. Um einen degressiven Provisionsverlauf handelt es sich, wenn der Prozentsatz in Abhängigkeit von der Provisionsbasis sinkt, um einen progressiven Verlauf, wenn er steigt.

Zusätzlich können Staffelprovisionen vereinbart werden, die je nach Produkt- oder Kundenumsatz unterschiedlich sind (vgl. Witt 1995, S. 97). Häufig wird die Provision erst bei Erreichen eines bestimmtes Umsatzsockels an gezahlt (vgl. Stein 1983, S. 82). Der Umsatzsockel repräsentiert den gewissermaßen unvermeidbaren Umsatz (vgl. Stein 1982, S. 77).

Bei der *Prämie* handelt es sich um eine Zusatzvergütung zum Festgehalt oder zur Provision. Sie wird als einmaliger Betrag für die Erreichung spezieller Zielvorgaben gezahlt. Gegenstand von Prämien können das Erreichen von Umsatz- oder Deckungsbeitragsvorgaben sein, die Bewältigung von Schwerpunktaufgaben, z.B. die Akquisition von Neukunden generell oder einer bestimmten Zahl von Neukunden, oder für bestimmte Leistungsvorgaben, z.B. die Zahl der Besuche je Tag. In der Praxis gebräuchlich sind auch Mitarbeiter- oder Teamprämien (vgl. Ridder 2007, S. 271 f.). In gewisser Weise stellen auch Trinkgelder, die ja in der Gastronomie und Hotellerie besonders verbreitet sind, eine Form von Prämien dar, die jedoch nicht vom Unternehmen, sondern vom Kunden bei Zufriedenheit gezahlt werden.

Für Führungskräfte werden statt Provisionen oder Prämien auch häufig Gewinnbeteiligungen vorgesehen (vgl. Holtbrügge 2005, S. 161 ff.). Hierbei wird ein bestimmter Prozentsatz des Unternehmensgewinns an die Führungskräfte ausgeschüttet. Andere Möglichkeiten bestehen in der Koppelung der Managergehälter auf der ersten Führungsebene an den Aktienkurs des Unternehmens. Eine relativ neue Entwicklung ist die Kopplung der Vergütung an die Werterzeugung des Unternehmens. Die Grundlage bildet beispielsweise der Economic Value Added (EVA), der sich aus der Differenz des Geschäftsergebnisses und dem Produkt aus Geschäftsvermögen und Kapitalkostensatz ergibt (vgl. Hostettler 2002; Stern / Shiely 2002).

Die Kombination aus fixen und variablen Einkommensbestandteilen sowie die Vielzahl der Kombinationsmöglichkeiten von Provisionsbasis, Provisionsverlauf und Provisionshöhe, Prämienbasis und Prämienanzahl sowie zusätzlicher Einkommensbestandteile führt zu einer Vielzahl in der Praxis vorzufindender Vergütungssysteme.

Die Vergütung oder Entlohnung kann – wie bereits bei der ergebnis- und verhaltensbezogenen Steuerung diskutiert – am Ergebnis oder am Verhalten des Mitarbeiters ansetzen. Die ergebnisorientierte Entlohnung entlohnt die zu erreichenden Zielgrößen, etwa den Umsatz, den Deckungsbeitrag, die Zahl der zu gewinnenden Kunden, das Ausmaß der Kundenzufriedenheit. Die zu erreichenden Ergebnisse werden in Art und Höhe vorgegeben. Die Erreichung der Ergebnisse wird belohnt, im Falle des Vergütungssystems durch ein entsprechendes Einkommen.

Das zu belohnende bzw. zu vergütende Ergebnis ist aber nicht allein den Anstrengungen des Mitarbeiters zu verdanken, sondern wird auch durch die Art der Umstände beeinflusst. Große Anstrengungen des Mitarbeiters und missliche Umstände führen zum gleichen Ergebnis wie geringe Anstrengungen des Mitarbeiters und günstige Umstände. Im Gegensatz zum Prinzipal weiß der Mitarbeiter, ob er sich stark oder wenig angestrengt hat.

Mitarbeiter neigen dazu, diesen Informationsvorsprung zu ihren Gunsten zu nutzen (so die Annahme der Prinzipal-Agenten-Theorie): Sie erhalten – vereinfacht ausgedrückt – lieber das gleiche Geld für geringe Anstrengung als für starke Anstrengung. Sie werden daher bestrebt sein, die Umstände so günstig wie möglich zu wählen.

Welche Hinweise lassen sich nun daraus für die Gestaltung des Vergütungssystems gewinnen? Offensichtlich sind *Umweltunsicherheit*, *Verhaltensunsicherheit* der Mitarbeiter sowie die *Messbarkeit* des Leistungsergebnisses wichtige Einflussfaktoren für die Wahl des entsprechenden Systems (vgl. Basu / Lal / Srinivasan / Staelin 1985; John / Weiss / Weitz 1987; John / Weitz 1989; vgl. auch die Übersicht bei Krafft 1995):

- Je unsicherer die Umwelt ist, desto schwieriger ist es, erreichbare Ziele zu prognostizieren und desto höher ist der „Glücksanteil" am Input. Es hängt dann immer weniger von der Anstrengung des Mitarbeiters ab, ob er das vorgegebene Ziel erreicht oder nicht.

- Je größer die Verhaltensunsicherheit aus Sicht der Unternehmensleitung ist, d.h. je größere Verhaltensspielräume der Informationsvorsprung eröffnet, desto eher verhält sich ein Mitarbeiter opportunistisch und desto eher muss seine Vergütung variable Anteile enthalten. Variable Anteile am Einkommen hindern ihn nämlich daran, sich allzu opportunistisch zu verhalten. Dabei hängt es von der Wahl der Bezugsgrößen ab, wie groß der opportunistisch ausnutzbare Verhaltensspielraum ist. Erhält er beispielsweise eine Umsatzprovision auf den erreichten Gesamtumsatz, so kann er leicht zu verkaufende Produkte bevorzugen (Verhaltensspielraum). Dieser Möglichkeit wird entgegengewirkt, wenn die Höhe der Provision nach Produktgruppen differenziert wird, was eine Einengung des Verhaltensspielraumes darstellt.

- Je besser das Leistungsergebnis gemessen werden kann, desto eher kann seine Erreichung belohnt werden. Größen wie Kundenzufriedenheit können daher zwar zum Ziel gemacht werden, es ist aber schwierig, sie zu messen. Hierbei ist auch dem Umsatz gegenüber dem Deckungsbeitrag der Vorzug zu geben. Generell lassen sich qualitative Ziele schlechter messen und belohnen als quantitative Zielvorgaben.

Abbildung 7-8 zeigt die Konsequenzen der drei Einflussfaktoren für das Vergütungssystem. Je höher die Umweltunsicherheit ist, je niedriger die Verhaltensunsicherheit ist und je schlechter das Leistungsergebnis gemessen werden kann, desto eher ist dem Festgehalt der Vorzug zu geben. Je niedriger die Umweltunsicherheit ist, je höher die Verhaltensunsicherheit ist und je besser das Leistungsergebnis gemessen werden kann, desto höher kann der variable Einkommensanteil sein. Bei anderen als diesen Extremausprägungen der Variablen sind entsprechende Mischformen aus Fixum und variablem Einkommensanteil zu wählen. Über die Art des variablen Anteils kann dann eine weitere Feinsteuerung vorgenommen werden. Ergänzend hierzu sind die übrigen Steuerungssysteme einzusetzen, um das Vergütungssystem zu unterstützen bzw. seine Versäumnisse nachzuholen.

Abbildung 7-8: *Einflussfaktoren der Vergütung*

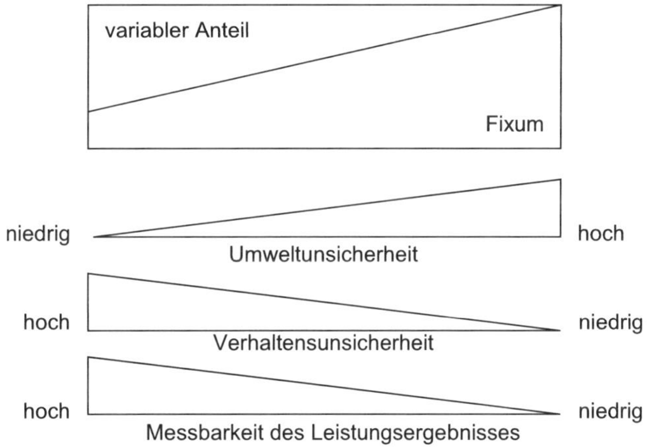

7.3 Organisationsformen im Dienstleistungsbereich

Die Organisation bezieht sich auf die Arbeitsteilung zur Vermarktung und Erbringung der Dienstleistung und hierbei insbesondere auf die Koordination der Leistungsbeiträge und die Motivation der Beteiligten im Hinblick auf das gemeinsame Ziel des Leistungsabsatzes und der Leistungserstellung. Folgende Besonderheiten der Organisation sollen in den kommenden Abschnitten betrachtet werden:

- Unternehmensübergreifende Organisation: Die hybride Organisationsform von Dienstleistungsnetzen und hier als spezielle Ausprägung eines Dienstleistungsnetzwerks das Franchisesystem, das in den letzten Jahren zunehmend an Bedeutung gewonnen hat,
- die interne Organisation von Unternehmen als Cost-Center, Profit-Center, Bürogemeinschaft und autonomes Team,
- die Rollenorganisation als besondere Form der Verbindung von Stellenbildung und Verhaltensweisen,
- Empowerment als eine besondere Form der Motivation von Mitarbeitern.

7.3.1 Franchisesysteme als Dienstleistungsnetzwerke

Zur Koordination der Aktivitäten bieten sich als Extremformen der Markt (Verträge und Preise) und die Unternehmung (Hierarchie) an. Darüber hinaus existiert eine Vielzahl sog. hybrider Organisationsformen zwischen Markt und Hierarchie. Zu diesen zählen auch die im Dienstleistungsbereich typische Form der Leistungsvermarktung und -erbringung durch rechtlich Selbstständige in einem Dienstleistungsnetzwerk. Ein typisches Dienstleistungsnetzwerk ist bei der Vermarktung und Erbringung von Pauschalreisen tätig: der Reiseveranstalter konzipiert die Reise und kontrahiert die Kontingente bei der Fluggesellschaft und dem Hotel. Das Reisebüro vermarktet die Reise, die Incoming-Agentur nimmt die Reisenden am Flughafen in Empfang, das Busunternehmen bringt sie vom Flughafen zum Hotel und später auch wieder zurück, die Incoming-Agentur organisiert Ausflüge und führt diese ggf. auch selbst oder wiederum in Kooperation mit einem Busunternehmen und einem möglicherweise selbstständigen Reiseführer durch. Eine Sonderform von Dienstleistungsnetzwerken stellen Franchisesysteme dar. Diese werden daher im folgenden Abschnitt betrachtet.

Ein *Franchisesystem* ist eine auf Dauer angelegte Kooperation zwischen einem Franchisegeber und einem Franchisenehmer zur Vermarktung und Erstellung einer Dienstleistung nach einheitlichen Regeln, wobei der Franchisenehmer in der Regel Arbeitskraft und Kapital einbringt (vgl. Zentes / Ferring / Janz 2001, S. 675).

Das Franchisesystem basiert auf einer vertraglichen Vereinbarung zwischen dem Franchisegeber und dem Franchisenehmer. Hiernach überlässt der Franchisegeber spezifizierte Verfügungsrechte an einem festgelegten Franchisepaket. Das Franchisepaket umfasst zumeist ein Konzept, das Beschaffungs-, Absatz-, Produktions- und Organisationsaufgaben enthält, die Verpflichtung des Franchisenehmers, bestimmte Schutzrechte (z.B. Gebietsschutz) zu gewähren, den Franchisenehmer auszubilden und ihn aktiv und laufend zu unterstützen und das Konzept ständig weiterzuentwickeln. Das Franchisepaket beinhaltet häufig das Recht, aber auch die Verpflichtung zur Nutzung des Markennamens, des Logos sowie weiterer im Vertrag festgelegter Bausteine. Darüber hinaus wird dem Franchisegeber häufig das Recht eingeräumt, die Einhaltung von Standards zu überprüfen.

Der Franchisenehmer ist rechtlich und unternehmerisch selbstständig; er verpflichtet sich zur Einhaltung bestimmter Handlungsweisen, z.B. Weitergabe von Informationen, Nutzung der entsprechenden Verbrauchsmaterialien, Maschinen u.ä. sowie die Befolgung spezifizierter Arbeitschritte. Für die Nutzung des Franchisepakets verpflichtet er sich zur Zahlung von Entgelten, typischerweise einer Einmalzahlung sowie laufenden Zahlungen, die häufig umsatz- oder mengenabhängig sind.

Abbildung 7-9: *Anforderungen an den Franchisenehmer bei McDonald's, Quelle: http://www.mcdonalds.de/html.php?&nt=Zahlen%20%26%20Fakten*

McDonald's stellt die folgenden Anforderungen an einen Franchisenehmer:

- Unternehmergeist, Streben nach Erfolg
- Kaufmännische Erfahrung, insbesondere im Bereich Personalführung und Kostenmanagement
- Bereitschaft zur persönlichen, direkten Restaurantführung unter Verzicht auf jede andere berufliche Aktivität
- Bereitschaft den Wohnort zu wechseln
- Bereitschaft ein umfangreiches Franchise-Nehmer-Ausbildungsprogramm zu ab-solvieren, wobei der zeitliche Ablauf individuell vereinbart werden kann

Die Möglichkeit, die finanziellen Voraussetzungen aus eigenen Mitteln entsprechend den Richtlinien von McDonald's zu erfüllen (25% des Marktwertes des Restaurants an Eigenkapital, mindestens aber 500.000 €).

Franchisekonzepte haben in den letzten Jahren an wirtschaftlicher Bedeutung gewonnen. Wie die Statistik des Deutschen Franchise-Verbands (DFV) zeigt, ist die Zahl der Franchisegeber von 1997 bis 2007 von 600 auf 910 gestiegen; dies entspricht einem

Wachstum von 51,7 %. Die Zahl der Franchisenehmer hat sich im gleichen Zeitraum nahezu verdoppelt (1997: 28.000; 2007: 55.700). Die Zahl der Beschäftigten ist um mehr als 50% gestiegen; 441.000 Beschäftigte waren 2007 in Franchiseunternehmen beschäftigt. Dies zeigt, dass die meisten Franchisenehmer kleine Unternehmen sind, häufig mit nur wenigen oder keinen Angestellten. Der Umsatz betrug 2007 41,5 Mrd € (http://www.dfv-franchise.com).

Franchising wird insbesondere im Dienstleistungsbereich eingesetzt. Es finden sich 29% im Handel, 11% im Gastgewerbe únd 52% im sonstigen Dienstleistungsbereich. Auf das Handwerk entfallen ca. 8%. Damit ist es eine für den Dienstleistungsbereich besonders bedeutsame Form der Organisation.

Tabelle 7-1 zeigt die 20 größten Franchisesysteme in Deutschland. Die Anzahl der Betriebe setzt sich aus allen Franchise-Betrieben und den von der Zentrale geführten Outlets zusammen.

Der Erfolg eines Franchisesystems hängt von seiner Konzeption und Implementierung ab. Ein besonderes Problem, das auch durch vertragliche Absicherungen nicht zu lösen ist, stellen Informationsasymmetrien dar, die sowohl von Franchisegeber als auch Franchisenehmer opportunistisch ausgenutzt werden können (vgl. Hempelmann 2000, S. 17 ff.). Da es sich um eine Kooperation mit Arbeitsteilung und dem entsprechenden Rechten und Pflichten auf beiden Seiten handelt, können sowohl Franchisegeber als auch Franchisenehmer als Agent und Prinzipal auftreten. Insbesondere bei den folgenden Aufgaben können Unsicherheiten und möglicherweise opportunistische Verhaltensweisen auftreten (vgl. Steiff 2004, S. 41 ff.):

- *Auswahl neuer Franchisenehmer*: Bei der Auswahl neuer Franchisenehmer kann auf Seiten des Prinzipals (Franchisegeber) Qualitätsunsicherheit bestehen, da unternehmerische Fähigkeiten oder kaufmännische Erfahrungen im Vorfeld schwierig einzuschätzen sind. Aber auch der Franchisenehmer kann unter Qualitätsunsicherheit leiden, da gerade bei neuen Konzepten der Erfolg des Gesamtkonzeptes auf dem Markt auch von Anstrengungen aller Franchisenehmer abhängt. Gelingt es dem Franchisegeber nicht, leistungsstarke Franchisenehmer auszuwählen, kann der Erfolg gefährdet sein. Adverse selection von Seiten des Prinzipals (Franchisegeber) kann insbesondere dann auftreten, wenn ein Gebiet vakant ist, wenig neue Bewerber vorhanden sind, die Anforderungen gesenkt werden, um schnell zu Einnahmen zu kommen u.ä.

- *Betreuungsleistungen*: Beim Angebot von Betreuungsleistungen kann es zu Hold-up-Situationen kommen. Da sich der Franchisenehmer (Agent) vertraglich verpflichtet hat, diese in Anspruch zu nehmen und häufig für den Erfolg des Unternehmens auch darauf angewiesen ist, kann der Franchisegeber (Prinzipal) diese Abhängigkeit aufgrund der bereits vorher geleisteten spezifischen Investitionen, insbesondere des eingesetzten und gebundenen Kapitals, nutzen, um die Preise für

Betreuungsleistungen zu erhöhen oder Betreuungskapazitäten und/oder –angebote zu reduzieren.

- *Weiterentwicklung des Systems*: Bei der Weiterentwicklung des Systems kann es zu Hidden Action (Moral Hazard) kommen, wenn der Franchisegeber (Agent) das System nicht mit den erforderlichen Anstrengungen und/oder Mitteln weiterentwickelt. Dies ist für den Franchisenehmer nur schwer nachzuweisen, da es sich um Leistungen mit Vertrauens- bzw. Erfahrungsgutcharakter handelt. Allerdings würde der Franchisegeber sich selbst seines Wettbewerbsvorteils berauben, wenn er sein System nicht wettbewerbsorientiert weiterentwickelt.

- *Einhaltung von Standards*: Der Franchisenehmer (Agent) hat sich zur Einhaltung bestimmter Standards verpflichtet, kann sich aber insbesondere um Kosten zu senken veranlasst sehen, auf die Einhaltung dieser Standards zu verzichten (Hidden Action; Moral Hazard). Hieraus können Qualitätseinbußen entstehen, die – wenn es sich bei der Dienstleistung um ein Vertrauensgut handelt – erst spät oder gar nicht von den Kunden des Franchiseunternehmens bemerkt werden (vgl. Fließ 2004). Der Verhinderung von Qualitätseinbußen dienen die Kontrollen von Seiten des Franchisegebers.

- *Gebühren*: Die zu zahlenden Gebühren orientieren sich häufig am Umsatz oder an der Absatzmenge. Hier könnte der Franchisenehmer (Agent) falsche Zahlen melden (Hidden Action; Moral Hazard) und hierbei nicht nur Informationsvorsprünge ausnutzen, sondern sogar gezielt gegen die vertraglich vereinbarten Regelungen verstoßen. Der Vereinbarung und Kontrolle nachprüfbarer Zahlen kommt damit eine große Bedeutung zu.

Tabelle 7-1: *Die TOP-20 Franchise-Hitliste 2007, Quelle: Deutscher Franchise Verband e.V. – http://www.franchiseverband.com*

Rang	System	Bereich	Betriebe in Deutschalnd
1	TUI	Reisebüros	1405*
2	McDonald's	Systemgastronomie	1264
3	Schülerhilfe	Nachhilfe	1090
4	Studienkreis	Nachhilfe	1040
5	KampsBakeries	Bäckereien	950
	Foto Quelle	Fotohandel	950
6	Ihr Platz	Einzelhandel	717

7	Fressnapf	Tiernahrung	625
8	Ad-Auto-Dienst	Autoreparatur	600
9	Musikschule Fröhlich	Musikpädagogik	541
10	Burger King	Systemgastronomie	525
11	DATAC	Buchhaltung	524
12	Apollo-Optik	Augenoptikgeschäfte	522
13	SUNPOINT	Sonnenstudios	515
14	Reno	Schuhhandel	490
15	Quick-Schuh	Schuhhandel	400
16	Topa Team	Schreinerfachbetriebe	370
17	Refill24	Tinte & Toner	368
18	Avis Rent a Car	Autovermietung	340
19	OBI	Heimwerkermärkte	335
	Holiday Land	Reisebüros	335
20	Mobilcom	Mobilfunkgeräte	331

* Vertriebsstellenzahl 2005

7.3.2 Formen der unternehmensinternen Organisation

Auch wenn die Dienstleistung insgesamt in einem Dienstleistungsnetzwerk erbracht wird, ist ein Teil der Leistung doch innerhalb eines Unternehmens zu erstellen. Hierfür stellt sich die Frage, wie das Dienstleistungsunternehmen zu organisieren ist. In Abhängigkeit von der Art der Dienstleistung empfehlen Osterloh und Boos die folgenden vier Formen der Organisation: (1) Profit-Center, (2) autonome Teams, (3) Cost-Center und (4) Bürogemeinschaften (Osterloh / Boos 2001, S. 794) (vgl. Tabelle 7-2). Die Ausführungen konzentrieren sich auf wissens- oder know-how-intensive Dienstleistungen. Wissensintensive Dienstleistungen sind dadurch gekennzeichnet, dass es sich um weitgehend individualisierte Leistungen handelt, die zentralen Werttreiber das Wissen der Mitarbeiter sind, daraus folgend ein großer Teil der Wertschöpfung immaterieller Art ist und die Arbeitsleistung vorwiegend in intellektueller Arbeit besteht (vgl. Alevsson 2000, S. 110 ff.)

Entsprechend der Leistungstypologie von Engelhardt, Kleinaltenkamp und Reckenfelderbäumer können Leistungen nach der Immaterialität des Leistungsergebnisses und der Integrativität des Leistungserstellungsprozesses systematisiert werden (Engelhardt / Kleinaltenkamp / Reckenfelderbäumer 1993). Jeder Leistungstyp unterscheidet sich hinsichtlich des Grades der externen Motivationssensibilität und der Verflechtung der Leistungsträger (vgl. Osterloh / Boos 2001, S. 793 f.).

Extrinsische Motivation liegt vor, wenn Mitarbeiter ihre Arbeit lediglich als Mittel zum Zweck betrachten, z.B. um Geld zu verdienen, mit dessen Hilfe Bedürfnisse befriedigt werden können. *Intrinsische Motivation* ist gegeben, wenn die Handlung selbst der Bedürfnisbefriedigung dient. Hierbei können drei Formen unterschieden werden: (1) die Tätigkeit selbst bereitet Freude, z.B. der Mitarbeiter berät Kunden gern, (2) die Einhaltung von Normen bereitet Freude, z.B. in Übereinstimmung mit dem Teamgeist zu arbeiten, die Standards des Unternehmens zu erfüllen, und (3) das Erreichen selbst gesetzter Ziele bereitet Freude, z.B. ein zufriedener Kunde, eine Tätigkeit innerhalb einer bestimmten Zeit erledigt zu haben (vgl. Osterloh / Boos 2001, S. 790).

Sind Leistungen bzw. ihre Ergebnisse messbar, so ist extrinsische Motivation ausreichend. Dies ist insbesondere bei materiellen Leistungsergebnissen der Fall, aber auch immaterielle Leistungsergebnisse können z.T. materialisiert oder zumindest zählbar gemacht werden; es liegt ein Erfahrungsgut vor. Bei immateriellen Leistungen ist intrinsische Motivation erforderlich, da das Ergebnis der Arbeitsleistung hinsichtlich seiner Qualität nicht beurteilt werden kann und somit ein Vertrauensgut darstellt.

Das Ausmaß der Verflechtung der Leistungsträger bezeichnet die Notwendigkeit, während der Erstellung der Dienstleistung Wissen an die an der Leistungserstellung Beteiligten zu übertragen. Wissensübertragung an Kollegen ist für viele Dienstleistungen charakteristisch, z.B. müssen bei der Pflege im Krankenhaus Informationen über die Patienten, ihren Zustand und ihre Gefühlslage an die neue Schicht übergeben werden. Erschwerend wirkt sich aus, dass Wissen häufig implizit und schlecht oder gar nicht kodifizierbar ist (Polanyi 1985). Die Bereitstellung impliziten Wissens kann nicht kontrolliert werden und ist daher von der intrinsischen Motivation abhängig.

Bei Leistungen, die von einer Person erbracht werden, ist die Übertragung von Wissen im Leistungserstellungsprozess nicht erforderlich; bei Leistungen, die im Team erbracht werden, hängt es davon ab, ob die Aufgaben in voneinander separierbare Teilaufgaben zerlegt werden können. Dies ist bei standardisierten Leistungen mit klar abgrenzbaren Prozessschritten möglich, ebenso bei Leistungen, deren Leistungsergebnisse überwiegend immateriell sind.

Leistungen vom Typ I, II und III (vgl. Tabelle 7-2) stellen Erfahrungsgüter dar (vgl. zu Erfahrungseigenschaften Kapitel 5.1.2). Hierbei ist eine extrinsische Motivation der Mitarbeiter ausreichend, da die Qualität der Dienstleistung nach ihrer Erbringung beurteilbar ist und somit einfach festgestellt werden kann, ob die Mitarbeiter gut gearbeitet haben oder nicht. Bei Dienstleistungen vom Typ IV handelt es sich um Vertrauensgüter, deren Qualität nicht ohne Probleme feststellbar ist. Daher kommt der intrinsischen Motivation, d.h. der inneren Verpflichtung zu hoher Qualität, besondere Bedeutung zu.

Hinsichtlich des Ausmaßes der Leistungsverflechtungen ist anzunehmen, dass diese von Quadrant I über II bis zu IV ansteigen. Hiermit steigt auch gleichzeitig die Schwierigkeit, dem Output eingebrachten Inputleistungen, z.B. dem Arbeitsaufwand oder der Anstrengung, zuzurechnen.

Tabelle 7-2: *Idealtypen der organisatorischen Gestaltung von Dienstleistungsunternehmen, Quelle: Osterloh / Boos 2001, S. 794*

	Materieller Charakter des Ergebnisses dominiert	Immaterieller Charakter des Ergebnisses dominiert
Starke Einbindung des Kunden in den Prozess der Leistungserstellung (Kunde wirkt aktiv mit)	III Cost-Center	IV Bürogemeinschaft, Linking-Pin-Organisation
Geringe Einbindung des Kunden in den Prozess der Leistungserstellung (Kunde wirkt passiv mit)	I Profit-Center	II Autonome Teams

Für die vier Leistungstypen werden vier verschiedene Organisationsformen innerhalb eines Dienstleistungsunternehmens vorgeschlagen (vgl. Osterloh / Boos 2001, S. 294 ff.):

- *Profit-Center*: Da der Kunde nur in geringem Maße eingebunden ist und/oder der materielle Charakter des Ergebnisses dominiert, kann die Leistungsqualität leicht festgestellt werden; somit ist eine extrinsische Motivation ausreichend. Aus der Materialität der Leistung bzw. der Standardisierung des Leistungserstellungsprozesses ergibt sich, dass der Leistungserstellungsprozess einfach in Teilaufgaben zerlegt werden kann. Das zur Erledigung der Teilaufgaben notwendige Wissen kann in Modulen zusammengefasst werden. Eingriffe von Seiten des Kunden sind aufgrund der geringen Integrativität nicht notwendig, so dass der Output den Inputleistungen zugerechnet werden kann. Für diese Art von Leistungen bietet sich die Profit-Center-Organisation an, bei der ein Bereich wie ein eigenes Unternehmen geführt wird, dessen Leistung anhand seines Gewinnes bewertet wird. Beispiele für Leistungen dieses Typs sind beispielsweise der Journalismus.

- *Autonome Teams*: Leistungen des Typs II sind Erfahrungsgüter mit überwiegend immateriellem Ergebnis und geringer Kundenintegration. Beispiele hierfür sind Orchester, Theateraufführungen oder Sportveranstaltungen. Leistungen des Typs II sind dadurch charakterisiert, dass im Außenverhältnis extrinsische Motivation ausreicht (die Leistung ist gut zu beurteilen), im Innenverhältnis jedoch intrinsische Motivation erforderlich ist. Trittbrettfahrer reduzieren die Qualität der Dienstleistung. Die Leistung wird von einer Gruppe von Personen erbracht, die aufeinander angewiesen sind und bei der es auf die Übertragung von Wissen ankommt. Daher ist die Organisation als autonomes Team gut geeignet.

- *Cost-Center*: Leistungen des Typs III sind solche mit überwiegend immateriellem Ergebnis, die jedoch die Integration des Kunden erfordern. Die erforderliche Zusammenarbeit unterschiedlicher Spezialisten ist temporär erforderlich; zudem ist die Abstimmung mit dem Kunden notwendig. Die Einbindung der Spezialisten lässt sich als Cost-Center organisieren. Beispiele für Leistungen dieser Art sind komplexe Finanzierungsprojekte, komplexe Versicherungsfälle oder Krankenhausleistungen.
- *Bürogemeinschaft*: Bei Leistungen des Typs IV sind zwei Fälle zu unterscheiden: a) eine tiefe Verflechtung zwischen den internen Leistungsträgern, z.B. bei Rechtsanwälten oder Ärzten, die spezialisiert sind, oder b) hohe Leistungsverflechtung, wenn das Ergebnis durch Teamproduktion entsteht. Aufgrund des immateriellen und integrativen Charakters ist eine Aufteilung des Wissens in separate, transferierbare Teilaufgaben nicht möglich. Bei selbstständigen Spezialisten, wie Rechtsanwälten oder Ärzten, ist dies kein Problem, da sowohl intrinsische als auch extrinsische Motivation in die Leistung einfließen. Sie können als Bürogemeinschaft Selbstständiger organisiert werden. Bei einem Teamprodukt jedoch muss Wissen transferiert werden, das in hohem Maße Erfahrungswissen und daher nicht kodifizierbar ist. Dies gilt beispielsweise für eine Unternehmensberatung, aber auch ein Ärzteteam im OP. Lösungen bietet hierbei eine Teilstandardisierung des Prozesses bzw. die Vereinbarung von Standards. Hohe intrinsische Motivation ist erforderlich, um die Leistung gemeinsam zu erbringen. Hier empfiehlt sich die Linking-Pin-Organisation nach Likert, bei der Personen Mitglieder in mehreren Teams sind, so dass das Wissen in die Leistungserstellung eingebracht werden kann.

7.3.3 Stellenbeschreibungen und Rollen: Die Rollenorganisation

Wie bereits bei der Diskussion der Aufgaben des Personalmanagements angesprochen, bildet die Organisationsstruktur den Rahmen für das Verhalten der Organisationsmitglieder. Für Dienstleistungsunternehmen wird als ein neuartiges und besonders geeignet erscheinendes Organisationskonzept die Rollenorganisation vorgeschlagen (vgl. Nonnenmacher 2007). Dieses lässt sich in herausragender Weise mit dem Konzept des Empowerments verbinden.

Der wesentliche Unterschied der Rollenorganisation gegenüber einer funktionalen Organisation über Stellen besteht darin, dass die Rollenbeschreibung – im Gegensatz zur Stellenbeschreibung – neben einer Aufgabenbeschreibung die *Erwartungen* expliziert, die an den Rolleninhaber gerichtet werden. Während die Aktivitätenzuordnung die Aufgaben der Rolle fokussiert (das „Was" der Rolle), illustrieren die an eine Rolle gerichteten Erwartungen die Ausführungsweise der Aufgaben, sprich das „Wie" der Rolle (vgl. Nonnenmacher 2007, S. 106).

Von der Einführung der Rollenorganisation verspricht man sich folgende Vorteile (vgl. Nonnenmacher 2007, S. 179 ff.): Die Rollendefinition macht neben Aufgaben, Kompetenzen und Verantwortlichkeiten vor allem die Verhaltenserwartungen für Mitarbeiter transparent. Rollenkonflikten, Rollenambiguität und dem Burn-Out-Syndrom wird entgegengewirkt. Aufgrund der transparenten Definition der Rolle identifiziert sich der Mitarbeiter mit der Rolle und seine Motivation steigt. Die Kommunikation und Kooperation zwischen den einzelnen Rolleninhabern wird verstärkt, wodurch die Prozessevidenz zwischen den einzelnen Prozessteilnehmern erhöht wird

Die Rollenorganisation wird in folgenden *Schritten* konkretisiert (vgl. auch Weisbecker / Groh 1998, S. 45; Bullinger / Meiren 2001, S. 168):

1. Ableitung einzelner Aktivitäten aus dem Prozess,

2. Zuordnung von Rollen zu Aktivitäten; dabei kann eine Rolle eine oder mehrere Aktivitäten umfassen,

3. Zuordnung von Rolleninhabern zu den Rollen; dabei kann eine Person eine oder mehrere Rollen beinhalten; eine Rolle kann von einer oder von mehreren Personen wahrgenommen werden.

Die Rollen wiederum werden durch das Konzept des Rolleninhabers organisatorischen Einheiten zugeordnet. Dabei ist eine Rolle nicht mit einer Stelle gleichzusetzen (vgl. Bullinger / Meiren 2001, S. 168).

Die Grundlage für die Definition der Rollen bildet die *Rollenbeschreibung* (Weisbecker / Groh 1998, S. 204 ff.; Frings / Weisbecker 1999, S. 20; Bullinger / Meiren 2001, S. 167 f.). Sie setzt sich aus dem Namen, der Auflistung der wichtigsten Aufgaben, den Qualifikationsanforderungen für die Durchführung der Aufgaben, der Beschreibung der Interdependenzen zu anderen Rollen und den an die Rolle gerichteten Erwartungen zusammen (vgl. Tabelle 7-3). Die Rollenbeschreibung ordnet jedoch nicht die Rolle einer bestimmten Person zu (vgl. Bullinger / Meiren 2001, S. 168).

Das Rollenkonzept ermöglicht eine enge Verbindung von Rollenbeschreibungen und *Personalkonzept*. Die Rollenbeschreibungen repräsentieren dabei die Stellenbeschreibungen der aufgabenbezogenen Organisation, während das Personalkonzept durch die Beschreibung der mit den Rollen zu betrauenden Personen konkretisiert wird. Die Wahrnehmung unterschiedlicher Rollen erfordert Rollenkompetenz, um situationsadäquat handeln und in der Lage zu sein, mit wechselnden Kompetenzanforderungen umzugehen.

Im Weiteren werden dann die definierten Rollen weiter konkretisiert, Verhaltensweisen operationalisiert und in den Kundenbeziehungsprozess integriert (vgl. Tabelle 7-3).

Tabelle 7-3: *Spezifizierung der Rolle des Gästebetreuers im Kundenforum eines Automobilkonzerns (Auszug) Quelle: Fließ / Nonnenmacher / Schmidt 2004, S. 194*

Aufgaben	Erwartungen	Qualifikationsanforferungen	Interdependenz zu anderen Rollen
– Herstellung Erstkontakt – Verkaufsunterstützende Markenbindungsmaßnahmen – Kunden-/ Interessentenkontaktpflege	– Menschlich: Offen, freundlich, verantwortlich – Leidenschaftlich: Emotional, spontan – Führend: Eigeninitiative, Selbstverantwortung – Visionär: Zukunftsorientiert	– Fachliche Kompetenz: Analytisches Denken und Verstehen, – Methodenkompetenz: Selbst- und Zeitmanagement – Soziale Kompetenz: Kontakt- und Kommunikationsverhalten, Aktivität	– Rolle des Verkäufers

7.3.4 Empowerment in Dienstleistungsorganisationen

Empowerment bezieht sich auf das Engagement und das Selbstmanagement von Mitarbeitern im Dienstleistungsprozess. Hierbei werden verschiedene Ausprägungen des Empowerments zwischen den beiden Extrempunkten des kontrollorientierten Ansatzes und des involvement- oder commitment-orientierten Ansatzes eingeordnet.

Beim *kontrollorientierten Ansatz* werden die Verhaltensspielräume der Mitarbeiter stark eingeschränkt. Hierzu dienen enge Aufgabenbeschreibungen, eine starke Arbeitsteilung mit der damit einhergehenden Spezialisierung, eine daraus resultierende sehr hierarchische pyramidenförmige Organisationsstruktur mit einer entsprechend starken Bürokratie in Form von Regeln und Routinen. Die Zielsetzungen des Unternehmens werden dadurch erreicht, dass den Mitarbeitern die Wege zur Bewältigung von Aufgaben genauestens vorgeschrieben werden. Der kontrollorientierte Ansatz harmoniert mit dem Production-Line-Approach der Produktionsorganisation.

Der *commitment- oder involvement-orientierte Ansatz* setzt demgegenüber auf Ergebniskontrolle der Mitarbeiter. Die Mitarbeiter des Unternehmens sind frei, ihre Mittel und Wege selbst zu wählen. Die Steuerung der Mitarbeiter erfolgt durch Anreize bei der

Zielerreichung. Dementsprechend ist die Arbeitsteilung und Spezialisierung weniger weit fortgeschritten und die Organisationshierarchie ist flacher. Der commitment- oder involvement-orientierte Ansatz ist eng mit dem Begriff Empowerment verbunden.

Zwischen den Extremausprägungen des kontrollorientierten und des involvement-orientierten Ansatzes lassen sich das Suggestion Involvement und das Job Involvement einordnen (vgl. zum Folgenden Bowen / Lawler III 1995, S. 1431; Hoffman / Bateson 2002, S. 259 ff.):

Suggestion Involvement bezieht sich darauf, dass Mitarbeiter Vorschläge zur Verbesserung des Dienstleistungsprozesses machen können und sollen. Ausgangspunkt der Überlegungen ist, dass Mitarbeiter, die Teil des Dienstleistungsprozesses sind, diesen besser kennen als das Management und daher eher in der Lage sind, geeignete Verbesserungen zu erkennen. Typische Instrumente sind das betriebliche Vorschlagswesen und Qualitätszirkel (vgl. Schanz 2000, S. 633). *Qualitätszirkel* setzen sich dabei in der Regel aus Mitarbeitern unterschiedlicher Unternehmensbereiche oder gleicher Funktionsbereiche in unterschiedlichen Niederlassungen zusammen. Sie haben die Aufgabe, durch Brainstorming und Austausch von Erfahrungen und Informationen Verbesserungen, insbesondere in den Arbeitsabläufen, zu erarbeiten und umzusetzen. Suggestion Involvement ist für Dienstleistungsprozesse geeignet, deren Aktivitätenfolge nach dem Production-Line-Approach organisiert ist.

Tabelle 7-4: *Empowerment und Production-Line-Approach im Vergleich, in Anlehnung an Bowen / Lawler III 1995, S. 309*

Bedingungen	Spricht für einen Production-Line-Approach	Spricht für Empowerment
Wettbewerbs- und Marketingstrategie	Niedrige Kosten, Hohe Absatzmenge	Differenziert gegenüber dem Wettbewerb, indivualisiert, personalisiert
Bindungs des Kunden	Transaktion, kurzfristig	Geschäftsbeziehung, langfristig
Technologie, Aufgaben	Routine, einfach	Keine Routine, komplex
Umwelt	Parametrische Unsicherheit	Strukturelle, radikale Unsicherheit
Arten von Menschen	Theorie X-Manager, Mitarbeiter mit geringen Wachstumsbedürfnissen, geringen sozialen Bedürfnissen, schwacher sozialer Interaktionskompotenz	Theorie Y-Manager, Mitarbeiter mit hohen Wachstumsbedürfnissen, hohen sozialen Bedürfnissen und starker sozialer Interaktionskompetenz

Job Involvement erlaubt den Mitarbeitern, ihre eigenen Arbeitsinhalte zu durchleuchten und ihre Rolle im Dienstleistungsprozess zu finden. Sie sind relativ frei in der Wahl ihrer Verhaltensweisen und können eigenständig Abläufe ändern, soweit dies lediglich ihr eigenes Arbeitsgebiet umfasst. Im Vergleich zum Suggestion Involvement werden höhere Anforderungen an die Fähigkeiten und das Engagement der Mitarbeiter gestellt, die eben auch größere Gestaltungsfreiräume besitzen.

Empowerment ist nicht unter allen Bedingungen zu empfehlen. Tabelle 7-4 gibt einen Überblick über die Voraussetzungen des Empowerments im Vergleich zu dem mit dem kontrollorientierten Ansatz verbundenen Production-Line-Approach.

Empowerment ist somit insbesondere für Dienstleistungsprozesse mit hohem Integrativitätsgrad (individualsierte Dienstleistungen), geringem Externalisierungsgrad (hohem Bedienungsanteil des Kunden) und hohem Interaktionsgrad geeignet.

Vom Einsatz des Empowerments verspricht man sich folgende Vorteile: Mitarbeiter mit einem größeren Verhaltensspielraum können schneller und angemessener auf unerwartete Situationen reagieren. Dies betrifft etwa den Umgang mit ausgefallenen Kundenwünschen, auffallendem oder ausfallendem Kundenverhalten oder sich beschwerenden Kunden. Mitarbeiter fühlen sich wohler bei ihrer Arbeit und sind zufriedener mit sich selbst. Mitarbeiter zeigen mehr Enthusiasmus und Einfühlungsvermögen im Umgang mit den Kunden. Engagierte Mitarbeiter haben neue Ideen, wie Kunden besser als bisher bedient werden können, was in einem Dienstleistungsprozess verbessert werden kann. Sie sind aufmerksamer gegenüber den Kunden und sind auch bereit, die erhaltenen Informationen weiterzugeben. Engagierte Mitarbeiter führen zu besseren Ergebnissen für das Unternehmen. Dies bedeutet zufriedenere Kunden, höhere Umsätze und u.U. höhere Gewinne. So zeigt etwa eine Studie von Stock, dass die Mitarbeiterzufriedenheit einen hohen Einfluss auf die Kundenzufriedenheit hat. Diese ist umso höher, je höher die Mitarbeitermerkmale Empathie (Einfühlungsvermögen), Leistungskompetenz und Zuverlässigkeit ausgeprägt sind (vgl. Stock 2001, S. 225 f.).

Als Nachteile des Empowerments werden höhere Investitionen in die Mitarbeiterauswahl und Mitarbeiterschulungen angeführt, höhere Arbeitskosten, da für höher qualifizierte Mitarbeiter mit anspruchsvolleren Tätigkeiten auch höhere Gehälter zu zahlen sind, stärkere Schwankungen der Dienstleistungsqualität, da sich möglicherweise beim stärkeren Eingehen auf individuelle Kundenwünsche längere Wartezeiten ergeben sowie Entscheidungen, die stärker im Sinne des Kunden sind als im Sinne des Unternehmens (vgl. Bowen / Lawler III 1995, S. 281 ff.).

7.4 Zusammenfassung

Im Rahmen des Ressourcenmanagements sind die Voraussetzungen zu schaffen, um das Leistungsversprechen zu erfüllen. Dies umfasst das Management der Produktionskapazitäten, das Management der Humanressourcen und die Organisation der Aktivitäten auf den Märkten und im Unternehmen.

Produktionskapazitäten umfassen das Personal, die räumlichen Gegebenheiten und die eingesetzten Maschinen (sog. Facilities). Im Rahmen der Produktionskapazitäten ist zunächst festzulegen, wo produziert werden soll. Im Hinblick auf das Kapazitätsmanagement von Dienstleistungen sind die folgenden Besonderheiten zu berücksichtigen: die Nachfrage schwankt häufig, der Kunde gewinnt durch seine Mitwirkung direkten Einfluss auf die Kapazitätsauslastung und damit auf das Verhältnis von Nutz- zu Leerkosten, die Kapazitätsauslastung wird vom Kunden als Qualitätsindikator interpretiert. Diese Besonderheiten sind bei der Kapazitätsplanung zu berücksichtigen und werfen insbesondere im Hinblick auf die Kapazitätssteuerung Probleme auf. Auf schwankende Nachfrage kann der Anbieter mit Maßnahmen der Nachfrageanpassung oder der Kapazitätsanpassung reagieren. Eine besondere Maßnahme stellt das Instrument des Yield-Managements dar, mit dessen Hilfe die Auslastung fixer Kapazitäten gewinnoptimierend gesteuert wird.

Bezüglich des Personalmanagements wurde der Schwerpunkt bei der Personalmotivation gesetzt, da Dienstleistungen häufig von Personen erbracht werden und daher der Motivation neben Fähigkeiten und Fertigkeiten des Personals besondere Bedeutung zukommt. Grundlegend können ergebnis- oder verhaltensorientierte Systeme der Personalsteuerung unterschieden werden. Aus prinzipal-agententheoretischer Sicht wurde das Entlohnungssystem betrachtet. Hiernach ist ein Festgehalt zu zahlen, wenn hohe Umweltunsicherheit vorliegt, geringe Messbarkeit des Leistungsergebnisses gegeben ist und die Verhaltensunsicherheit des Mitarbeiters gering ausgeprägt ist.

Bei der Organisation geht es um die Koordination der Arbeitsteilung und die Motivation der Beteiligten im Hinblick auf die zu erreichenden Ziele bzw. die zu erbringende Leistung. Als hybride Organisationsform wurde das Franchisesystem vorgestellt. Für die interne Organisation wurden in Abhängigkeit vom Motivationserfordernis und der wissensbasierten Verflechtung der Mitarbeiter die Organisationsformen Profit-Center, autonome Arbeitsgruppe, Cost-Center und Bürogemeinschaft darstellt. Eine Sonderform der Aufbauorganisation stellt die Rollenorganisation dar, die sich mit dem Empowerment verbinden lässt.

7.5 Literaturhinweise zum vertiefenden Selbststudium

- Maleri, Rudolf / Frietzsche, Ursula (2008): Grundlagen der Dienstleistungsproduktion, 5. Aufl., Berlin .
- Holtbrügge, Dirk (2005): Personalmanagement, 2. Auflage, Berlin u.a.
- Ridder, Hans-Gerd (2007): Personalwirtschaftslehre, 2. Auflage, Stuttgart.
- Staehle, Wolfgang H. (1999): Management: Eine verhaltenswissenschaftliche Perspektive, München 1999, S. 162 ff.
- Picot, Arnold / Dietl, Helmut / Franck, Egon (2008): Organisation. Eine ökonomische Perspektive, 5. Auflage, Stuttgart.

Literatur

AAKER, DAVID A. (1998): Strategic Market Management, New York.

ABELL, DEREK F. (1980): Defining the Business. The Starting Point of Strategic Planning, London.

ABELSON, ROBERT P. (1976): Script Processing in Attitude Formating and Decision Making, in: Carroll, J. S. / Payne, J. (Hrsg.): Cognition and Social Behavior, Hillsdale, S. 33-45.

ADAMS, JOHN S. (1963): Toward an Understanding of Inequity, in: Journal of Abnormal and Social Psychology, Vol. 67, Issue 3, S. 422-436.

ADAMS, JOHN S. (1965): Inequity in Social Exchange, in: Berkowitz, L. (Hrsg.): Advances in Experimental Social Psychology, New York, S. 267-299.

ADAMS, WILLIAM JAMES / YELLEN, JANET L. (1976): Commodity Bundling and the Burden of Monopoly, in: Quarterly Journal of Economics, Vol. 90, Issue 3, S. 475-498.

ADLER, JOST (1996): Informationsökonomische Fundierung von Austauschprozessen: Eine nachfrageorientierte Analyse, Wiesbaden.

AGARWAL, SANJEEV / ERRAMILLI, KRISHNA / DEV, CHEKITAN S. (2003): Market Orientation and Performance in Service Firms: Role of Innovation, in: Journal of Services Marketing, Vol. 17, Issue 1, S. 68-82.

AHN, HEINZ / DYCKHOFF, HARALD (1997): Organisatorische Effizienz und Effektivität, in: Wirtschaftswissenschaftliches Studium, Vol. 26, Issue 1, S. 2-6.

ALBACH, HORST (1989): Dienstleistungen in der modernen Industriegesellschaft, München.

ALCHIAN, ARMEN A. (1984): Specificity, Specialization, and Coalitions, in: Journal of Institutional and Theoretical Economics, Vol. 140, S. 34-49.

ALCHIAN, ARMEN A. / DEMSETZ, HAROLD (1972): Production, Information Costs, and Economic Organization, in: The American Economic Review, Vol. 62, Issue 5, S. 777-795.

ALCHIAN, ARMEN A. / DEMSETZ, HAROLD (1973): The Property Rights Paradigm, in: Journal ofEconomic History, Vol. 33, Issue 1, S. 16-27.

ALCHIAN, ARMEN A. / WOODWARD, SUSAN (1988): The Firm Is Dead; Long Live the Firm. A Review of Oliver E. Williamson's The Economic Institutions of Capitalism, in: Journal of Economic Literature, Vol. 26, Issue 1, S. 65-79.

ALDERSON, WROE (1965): Dynamic Marketing Behavior - A Functionalist Theory of Marketing, Homewood.

ALDERSON, WROE / MARTIN, MILES W. (1965): Toward a Formal Theory of Transactions and Transvections, in: Journal of Marketing Research, Vol. 2, Issue 2, S. 117-127.

ALEVSSON, MATS (2000): Social Identity and the Problem of Loyalty in Knowledge-Intensive Companies, in: Journal of Management Studies, Vol. 37, S. 1101-1123.

ALEWELL, DOROTHEA (1994): Informationsasymmetrien in Arbeitsverhältnissen, in: Zeitschrift für Betriebswirtschaft, Bd. 64, Heft 1, S. 57-79.

ALLERT, RENATE / FLIEß, SABINE (1998): Blueprinting - eine Methode zur Analyse und Gestaltung von Prozessen, in: Kleinaltenkamp, M. / Ehret, M. (Hrsg.): Prozeßmanagement im Technischen Vertrieb. Neue Konzepte und erprobte Beispiele für das Business-to-Business-Marketing, Berlin, S. 193-212.

ALTENBURGER, OTTO A. (1980): Ansätze zu einer Produktions- und Kostentheorie der Dienstleistung, Berlin.

ALTOBELLI, CLAUDIA FANTAPIÉ / BOUNCKEN, RICARDA B. (1998): Wertkettenanalyse von Dienstleistungs-Anbietern, in: Meyer, A. (Hrsg.): Handbuch Dienstleistungsmarketing, Stuttgart, S. 282-296.

ANDERSON, JAMES C. / NARUS, JAMES A. (1999): Business Market Management. Understanding Creating, and Delivering Value, London.

ANDERSON, JAMES C. / NARUS, JAMES A. (1999): Welchen Wert hat Ihr Angebot für den Kunden?, in: Harvard Business manager, Vol. 26, Issue 4, S. 97-107.

ARMISTEAD, COLIN / CLARK, GRAHAM (1993): Resource Activity Mapping: The Value Chain in Service Operations Strategy, in: Service Industries Journal, Vol. 13, Issue 4, S. 221-239.

ARNOULD, ERIC J. / PRICE, LINDA L. (1993): River Magic: Extraordinary Experience and the Extended Service Encounter, in: Journal of Consumer Research, Vol. 20, Issue 1, S. 24-45.

ARONSON, ELLIOT / WILSON, TIMOTHY D. / AKERT, ROBIN M. (2004): Sozialpsychologie, 4. Aufl., München.

ARROW, KENNETH (1985): The Economics of Agency. The Structure of Business, in: Pratt, J. W. / Zeckhauser, R. (Hrsg.): Principals and Agents, Boston, S. 37-54.

ARROW, KENNETH J. (1980): Wo Organisation endet. Management an den Grenzen des Machbaren, Wiesbaden.

ARROW, KENNETH J. (1986): Agency and the Market, in: Arrow, K. J. (Hrsg.): Handbook of Mathematical Economics, Amsterdam, S. 1183-1195.

ARTHUR, WILLIAM BRIAN (1989): Competing Technologies, Increasing Returns, and Lock-In by Historical Events, in: Economic Journal, Vol. 99, Issue 394, S. 116-131.

BACKHAUS, KLAUS / ERICHSON, BERND / PLINKE, WULFF / WEIBER, ROLF (2003): Multivariante Analysemethoden. Eine Anwendungsorientierte Einführung, Berlin u.a.

BACKHAUS, KLAUS / VOETH, MARKUS (2007): Industriegütermarketing, 8. Aufl., München.

BAETHGE, MARTIN (2000): Der unendlich langsame Abschied vom Industrialismus und die Zukunft der Dienstleistungsbeschäftigung, in: WSI Mitteilungen, Vol. 53, Issue 3, S. 149-156.

BAILOM, FRANZ / HINTERHUBER, HANS H. / MATZLER, KURT / SAUERWEIN, ELMAR (1996): Das Kano-Modell der Kundenzufriedenheit, in: Marketing ZFP, 18. Jg., Heft 2, S. 117-126.

BARNARD, CHESTER I. (1938): The functions of the executive, Cambridge, Mass.

BARNEY, JAY B. (1986): Strategic Market Factors: Expectations, Luck and Business Strategy, in: Management Science, Vol. 32, Issue 10, S. 1231-1241.

BARNEY, JAY B. (2007): Gaining and Sustaining Competitive Advantage, 3. Aufl., Upper Saddle River.

BARZEL, YORAM (1982): Measurement Cost and the Organization of Markets, in: Journal of Law and Economics, Vol. 25, Issue 1982, S. 27-48.

BASU, A. / LAL, R. / SRINIVASAN, NARASIMHAN / STAELIN, RICHARD (1985): Sales Force Compensation Plans, in: Marketing Science, Vol. 4, Issue 4, S. 267-291.

BATESON, JOHN E. G. (1983): The Self-Service-Customer: Empirical Findings, in: Berry, L. L. / Shostack, L. G. / Upah, G. (Hrsg.): Emerging Perspectives on Service Marketing, Chicago, S. 50-53.

BATESON, JOHN E. G. (1985): Perceived Control and the Service Encounter, in: Czepiel, J. A. / Solomon, M. R. / Surprenant, C. F. (Hrsg.): The Service Encounter, Lexington, S. 67-82.

BATESON, JOHN E. G. (1995): Managing Service Marketing. Text and Readings, 3. Aufl., Fort Worth.

BEA, FRANZ-XAVER (2000): Wissensmanagement, in: Wirtschaftswissenschaftliches Studium, Bd. 29, Heft 7, S. 362-367.

BECKER, JOCHEN (2006): Marketing-Konzeption: Grundlagen des ziel-strategischen und operativen Marketing-Managements, 8. Aufl., München.

BEHME, WOLFGANG (1998): Das Data Warehouse-Konzept, in: Das Wirtschaftsstudium, Bd. 27, Heft 7, S. 148-150.

BENKENSTEIN, MARTIN (1994): Die Gestaltung der Fertigungstiefe als wettbewerbsstrategisches Entscheidungsproblem - Eine Analyse aus transaktions- und produktionstheoretischer Sicht, in: Zeitschrift für betriebswirtschaftliche Forschung, Bd. 46, S. 483-499.

BENKENSTEIN, MARTIN / FORBERGER, DIRK (2001): Wirkung emotionaler Erlebnisse im Dienstleistungserstellungsprozess - eine konzeptionelle Analyse zur Integration kognitiver und emotionaler Bewertungsprozesse, in: Bruhn, M. / Stauss, B. (Hrsg.): Dienstleistungsmanagement Jahrbuch 2001, Wiesbaden, S. 319-340.

BENKENSTEIN, MARTIN / HENKE, NICOLAUS (1993): Der Grad vertikaler Integration als strategisches Entscheidungsproblem. Eine transaktionskostentheoretische Analyse, in: Die Betriebswirtschaft, Bd. 53, Heft 1, S. 77-91.

BEREKOVEN, LUDWIG (1974): Der Dienstleistungsbetrieb. Wesen - Struktur - Bedeutung, Wiesbaden.

BEREKOVEN, LUDWIG (1983): Der Dienstleistungsmarkt in der Bundesrepublik Deutschland, Göttingen.

BITNER, MARY JO (1992): Servicescapes: The Impact of Physical Surroundings on Customers and Employees, in: Journal of Marketing, Vol. 56, Issue 2, S. 57-71.

BLACKWELL, ROGER D. / MINIARD, PAUL W. / ENGEL, JAMES F. (2006): Consumer Behavior, 10. Aufl., Mason.

BLEICHER, KNUT (2001): Das Konzept integriertes Management. Visionen, Missionen, Programme, 6. Aufl., Frankfurt.

BLÜMELHUBER, CHRISTIAN (1998): Über die Szenerie der Dienstleistung: Aufgaben, Wahrnehmungs- und Gestaltungsaspekte von "Geschäftsräumen", in: Meyer, A. (Hrsg.): Handbuch Dienstleistungs-Marketing, Stuttgart, S. 1194-1215.

BOKRANZ, RAINER / KASTEN, LARS (2000): Organisations-Management in Dienstleistung und Verwaltung. Gestaltungsfelder, Instrumente und Konzepte, 2. Aufl., Wiesbaden.

BOKSBERGER, PHILIPP (2006): Perceived Risk as a Determinant of Perceived Value of Services, Bamberg.

BOOMS, BERNARD H. / BITNER, MARY J. (1981): Marketing Strategies and Organization Structures for Service Firms, in: Donnelly, J. H. / George, W. R. (Hrsg.): Marketing of Services, Chicago, S. 47-51.

BOUNCKEN, RICARDA B. (2001): Transfer, Speicherung und Nutzung von Wissen bei Dienstleistungsunternehmen, in: Bruhn, M. / Stauss, B. (Hrsg.): Dienstleistungsmanagement Jahrbuch 2001, Wiesbaden, S. 203-223.

BOWEN, DAVID E (1986): Managing Customers as Human Resources in Service Organizations, in: Human Resource Management, Vol. 25, Issue 3, S. 371-383.

BOWEN, DAVID E. / LAWLER III, EDWARD E. (1995): The Empowerment of Service Workers: What, Why, How and When, in: Bateson, J. E. G. (Hrsg.): Managing Service Marketing, Fort Worth, S. 303-312.

BOWERS, MICHAEL R. / MARTIN, CHARLES L. / LUKER, ALAN (1990): Trading Places: Employees as Customers, Customers as Employees, in: Journal of Services Marketing, Vol. 4, Issue 2, S. 55-69.

BOZINOFF, LORNE (1982): A Script Theoretic Approach to Information Processing. An Energy Conservation Application, in: Advances in Consumer Research, Vol. 9, Issue 1, S. 481-486.

BRINKMANN, THOMAS / PEILL, EBERHARD (1996): Kundenbindung durch Servicegarantien, in: Die Bank, Bd. 96, Heft 5, S. 284-287.

BULLINGER, HANS-JÖRG / MEIREN, THOMAS (2001): Service Engineering. Entwicklung und Gestaltung von Dienstleistungen, in: Bruhn, M. / Meffert, H. (Hrsg.): Handbuch Dienstleistungsmanagement, 2. Aufl., Wiesbaden, S. 149-177.

BUMBACHER, URS (2001): Konfliktentstehung und -eskalation in der Dienstleistungsinteraktion, in: Bruhn, M. (Hrsg.): Dienstleistungsmanagement-Jahrbuch 2001. Interaktionen im Dienstleistungsbereich, Wiesbaden, S. 405-432.

BURR, WOLFGANG / STEPHAN, MICHAEL (2006): Dienstleistungsmanagement. Innovative Wertschöpfungskonzepte im Dienstleistungssektor, Stuttgart.

BUSSE VON COLBE, WALTHER / LAßMANN, GERT (1975): Betriebswirtschaftstheorie. Band 1: Grundlagen. Produktions- und Kostentheorie, Berlin.

BÜTTGEN, MARION / LUDWIG, MARC (1997): Mass-Customization von Dienstleistungen, Köln.

CAPUNE, THOMAS / CRONES, JOACHIM (2003): Preisverhandlungen, in: Diller, H. / Herrmann, A. (Hrsg.): Handbuch Preispolitik, Wiesbaden, S. 643-666.

CARLZON, JAN (1989): Alles für den Kunden. Jan Carlzon revolutioniert ein Unternehmen, Frankfurt.

CARP, HANS JÜRGEN (1974): Der Transformationsprozess in Dienstleistungsunternehmen. Eine Untersuchung der Leistungserstellung im außerindustriellen Bereich, dargestellt am Beispiel der Verkehrsunternehmung, Berlin.

CHASE, RICHARD B. (1978): Where Does the Customer Fit in a Service Operation?, in: harvard business review, Vol. 56, Issue 6, S. 137-140.

CHASE, RICHARD B. (1981): The Customer Contact Approach to Services. Theoretical Bases and Practical Extensions, in: Lovelock, C. H. (Hrsg.): Managing Service. Marketing, Operations and Human Ressources, London, S. 43-49.

CHASE, RICHARD B. (1995): Where Does the Customer Fit in a Service Operations?, in: Bateson, J. E. G. (Hrsg.): Managing Service Marketing. Text and Readings, 3. Aufl., Fort Worth, S. 95-100.

CHASE, RICHARD B. / HAYNES, RAY M. (2000): Service Operations Management: A Field Guide, in: Swartz, T. A. / Iacobucci, D. (Hrsg.): Handbook of Services Marketing & Management, Thousand Oaks, S. 455-472.

CLARK, COLIN (1957): The Conditions of Economic Progress, London.

COASE, RONALD H. (1992): The Institutional Structure of Production, in: American Economic Review, Vol. 82, Issue 4, S. 713-719.

COLLIER, DAVID A. (1983): The Service Sector Revolution. The Automation of Services, in: Long Range Planning, Vol. 16, Issue 6, S. 10-20.

COOL, KAREL / COSTA, LUIS AMEIDA / DIERICKX, INGEMAR (2002): Constructing Competitive Advantage, in: Whittington, R. (Hrsg.): Handbook of Strategy and Management, London, S. 55-72.

CORSTEN, HANS (1985): Die Produktion von Dienstleistungen. Grundzüge einer Produktionswirtschaftslehre des tertiären Sektors, Berlin.

CORSTEN, HANS (1985): Rationalisierungsmöglichkeiten in Dienstleistungsunternehmungen, Wiesbaden.

CORSTEN, HANS (1985): Zur ökonomischen Bedeutung von Dienstleistungen. Möglichkeiten und Grenzen der Erfassung, Wiesbaden.

CORSTEN, HANS (1997): Dienstleistungsmanagement, 3. Aufl., München.

CORSTEN, HANS (1998): Der Integrationsgrad als Gestaltungsparameter der Dienstleistungsproduktion, in: Schriften zum Produktionsmanagement, Nr. 19, Universität Kaiserslautern

CORSTEN, HANS (2000): Der Integrationsgrad des externen Faktors als Gestaltungsparameter in Dienstleistungsunternehmen - Voraussetzungen und Möglichkeiten der Externalisierung und Internalisierung, in: Bruhn, M. / Stauss, B. (Hrsg.): Dienstleistungsqualität, 3. Aufl., Wiesbaden, S. 145-168.

CORSTEN, HANS / STUHLMANN, STEPHAN (1997): Kapazitätsmanagement in Dienstleistungsunternehmen. Grundlagen und Gestaltungsmöglichkeiten, Wiesbaden.

CORSTEN, HANS / STUHLMANN, STEPHAN (1998): Kapazitätsmanagement von Dienstleistungs-Anbietern, in: Meyer, A. (Hrsg.): Handbuch Dienstleistungsmarketing, Stuttgart, S. 483-508.

COWELL, DONALD (1984): The Marketing of Services, London.

COX, DONALD F. (1967): Risk Taking and Information Handling in Consumer Behavior, Boston.

CRONIN, J. JOSEPH / BRADY, MICHAEL K. / BRAND, RICHARD R. / JR, ROSCOE HIGHTOWER / SHEMWELL, DONALD J. (1997): A Cross-Sectional Test of the Effect and Conceptualization of Service Value, in: Journal of Services Marketing, Vol. 11, Issue 6, S. 375.

CSIKSZENTMIHALYI, MIHALY (1975): Beyond Boredom and Anxiety, San Francisco et al.

CUNNINGHAM, SCOTT M. (1967): Perceived Risk as a Factor in Informal Consumer Communications, in: Cox, D. F. (Hrsg.): Risk Taking and Information Handling in Consumer Behavior, Boston, S. 265-289.

CURRAN, JAMES M. / MEUTER, MATTHEW L. / SURPRENANT, CAROL (2003): Intentions to Self-Service Technologies: A Confluence of Multiple Attitudes, in: Journal of Service Research, Vol. 5, Issue 3, S. 209-224.

DAHLKE, BEATE / KERGAßNER, RUDOLF (1996): Customer Integration und die Gestaltung von Geschäftsbeziehungen, in: Kleinaltenkamp, M. / Fließ, S. / Jacob, F. (Hrsg.): Customer Integration. Von der Kundenorientierung zur Kundenintegration, Wiesbaden, S. 177-192.

DANIELS, JOHN D. / RADEBAUGH, LEE H. (2001): International Business. Environments and Operations, 9. Aufl., Upper Saddle River.

DECKER, FRANZ (1975): Einführung in die Dienstleistungsökonomie, Paderborn.

DELLMANN, KLAUS (1992): Eine Systematisierung der Grundlagen des Controlling, in: Spremann, K. / Aeberhard, K. (Hrsg.): Controlling. Grundlagen, Informationssysteme, Anwendungen, Wiesbaden, S. 113-140.

DEMSETZ, HAROLD (1967): Toward a Theory of Property Rights, in: American Economic Review, Vol. 57, Issue 2, S. 347-359.

DICHTL, MARKUS (1998): Standardisierung von Beratungsleistungen, Wiesbaden.

DIERICKX, INGEMAR / COOL, KAREL (1989): Asset Stock Accumulation and Sustainability of Competitive Advantage, in: Management Science, Vol. 35, Issue 12, S. 1504-1511.

DIETL, HELMUT (1993): Institutionen und Zeit, Tübingen.

DILLER, HERMANN (2000): Preispolitik, 3. Auflage. Aufl., Stuttgart.

DREYER, DIRK / OEHLER, ANDREAS (2002): Werttreiber im Dienstleistungsprozess. Eine Analyse anhand der Wertkette nach Porter, in: Diskussionsbeiträge des Lehrstuhls für Betriebswirtschaftslehre, insbesondere Finanzwirtschaft, Nr. 21, Universität Bamberg

EGGERT, AXEL (2006): Intangibility and Perceived Risk in Online Environments, in: Journal of Marketing Management, Vol. 22, Issue 5/6, S. 553-572.

EIGLIER, PIERRE / LANGEARD, ERIC (1999): Servuction. Le marketing de service, Paris.

EIGLIER, PIERRE / LANGEARD, ERIC / LOVELOCK, CHRISTOPHER H. / BATESON, JOHN E. G. / YOUNG, ROBERT (1977): Marketing Consumer Services: New Insights

EILLES-MATTHIESSEN, CLAUDIA / EL HAGE, NATALIJA / JANSSEN, SUSANNE / OSTERHOLZ, ANTJE (2002): Schlüsselqualifikationen in Personalauswahl und Personalentwicklung. Ein Arbeitsbuch für die Praxis, Bern.

EISENHARDT, KATHLEEN M. (1989): Building Theories from Case Study Research, in: Academy of Management Review, Vol. 14, Issue 4, S. 532-550.

ELSNER, WOLFRAM (1986): Ökonomische Institutionenanalyse, Berlin.

ENGELHARDT, WERNER H. (1989): Dienstleistungsorientiertes Marketing - Antwort auf die Herausforderung durch neue Technologien, in: Adam, D. (Hrsg.): Integration und Flexibilität, Wiesbaden, S. 269-288.

ENGELHARDT, WERNER H. / FREILING, JÖRG (1995): Die integrative Gestaltung von Leistungspotentialen, in: Zeitschrift für betriebswirtschaftliche Forschung, Vol. 47, Issue 10, S. 899-918.

ENGELHARDT, WERNER HANS / FREILING, JÖRG (1995): Integrativität als Brücke zwischen Einzeltransaktion und Geschäftsbeziehung, in: Marketing - Zeitschrift für Forschung und Praxis, Bd. 17, Heft 1, S. 37-43.

ENGELHARDT, WERNER H. / FREILING, JÖRG / RECKENFELDERBÄUMER, MARTIN (1995): Die Bedeutung der Integrativität für das Marketing, in: Marketing - Zeitschrift für Forschung und Praxis, Bd. 17, S. 37-43.

ENGELHARDT, WERNER H. / KLEINALTENKAMP, MICHAEL / RECKENFELDERBÄUMER, MARTIN (1993): Leistungsbündel als Absatzobjekte. Ein Ansatz zur Überwindung der Dichotomie von Sach- und Dienstleistungen, in: Zeitschrift für betriebswirtschaftliche Forschung, Bd. 45, Heft 5, S. 395-426.

ESCH, FRANZ RUDOLPH (2008): Strategie und Technik der Markenführung, 5. Aufl., München.

ESCH, FRANZ RUDOLF / GEUS, PATRICK (2005): Ansätze zur Messung des Markenwerts, in: Esch, F. R. (Hrsg.): Moderne Markenführung, Wiesbaden, S. 1263-1305.

ESCH, FRANZ-RUDOLF / HERRMANN, ANDREAS / SATTLER, HENRIK (2006): Marketing. Eine managementorientierte Einführung, München

EWERT, OTTO (1983): Ergebnisse und Probleme der Emotionsforschung, in: Graumann, C. F. (Hrsg.): Enzyklopädie der Psychologie, Göttingen, S. 397-452.

FAMA, EUGENE F. / JENSEN, MICHAEL C. (1983): Separation of Ownership and Control, in: Journal of Law and Economics, Vol. 26, Issue 2, S. 301-325.

FANDEL, GÜNTHER / BLAGA, STEFFEN (2004): Aktivitätsanalytische Überlegungen zu einer Theorie der Dienstleistungsproduktion, in: Zeitschrift für Betriebswirtschaft - Ergänzungsheft, Bd. 64, S. 1-21.

FANDERL, HARALD SEBASTIAN (2005): Prominente in der Werbung, Wiesbaden.

FARNY, DIETER (1989): Versicherungsbetriebslehre, Karlsruhe.

FASSNACHT, MARTIN (2003): Preisdifferenzierung, in: Diller, H. / Herrmann, A. (Hrsg.): Handbuch Preispolitik, Wiesbaden, S. 483-502.

FASSNACHT, MARTIN / HOMBURG, CHRISTIAN (1997): Preisdifferenzierung als Instrument eines Kapazitätsmanagement, in: Corsten, H. / Stuhlmann, S. (Hrsg.): Kapazitätsmanagement in Dienstleistungsunternehmen. Grundlagen und Gestaltungsmöglichkeiten, Wiesbaden, S. 137-152.

FERRELL, O. C. / LUCAS JR., G. H. / LUCK, D. (1994): Marketing Strategy, Cincinnati.

FINEMAN, STEPHEN (2000): Emotion in Organizations, 2. Aufl., London.

FISCHER, MARC / HÜSER, ANNETTE / MÜHLENKAMP, CLAUDIA / SCHADE, CHRISTIAN / SCHOTT, EBERHARD (1993): Make-or-Buy-Entscheidungen im Marketing. Transaktionskostenorientierte Überlegungen am Beispiel der Distributionspolitik, Frankfurt.

FISHER, ALLAN G.B. (1952): A Note on Tertiary Production, in: Economic Journal, Vol. 62, S. 820-834.

FLIEß, SABINE (1994): Messeselektion. Entscheidungskriterien für Investionsgüteranbieter, Wiesbaden.

FLIEß, SABINE (1996): Interaktionsmuster bei der Integration externer Faktoren, in: Meyer, A. (Hrsg.): Grundsatzfragen und Herausforderungen des Dienstleistungsmarketing, Wiesbaden, S. 1-19.

FLIEß, SABINE (1996): Prozeßevidenz als Erfolgsfaktor der Kundenintegration, in: Kleinaltenkamp, M. / Fließ, S. / Jacob, F. (Hrsg.): Customer Integration. Von der Kundenorientierung zur Kundenintegration, Wiesbaden, S. 91-105.

FLIEß, SABINE (2000): Industrielles Kaufverhalten, in: Kleinaltenkamp, M. / Plinke, W. (Hrsg.): Technischer Vertrieb. Grundlagen des Business to Business Marketing, Berlin, S. 251-369.

FLIEß, SABINE (2001): Die Steuerung von Kundenintegrationsprozessen. Effizienz in Dienstleistungsunternehmen, Wiesbaden.

FLIEß, SABINE (2004): Qualitätsmanagement bei Vertrauensgütern, in: Marketing - Zeitschrift für Forschung und Praxis, Bd. 26, S. 33-44.

FLIEß, SABINE (2004): Qualitätsmanagement bei Vertrauensgütern, in: Marketing - Zeitschrift für Forschung und Praxis, Bd. 25, Spezialausgabe "Dienstleistungsmarketing", S. 37 - 48.

FLIEß, SABINE (2006a): Prozessorganisation in Dienstleistungsunternehmen, Stuttgart.

FLIEß, SABINE (2006b): Vertriebsmanagement, in: Kleinaltenkamp, M. / Plinke, W. / Jacob, F. / Söllner, A. (Hrsg.): Markt- und Produktmanagement. Die Instrumente des Business-to-Business-Marketing, Wiesbaden, S. 369-387.

FLIEß, SABINE / VÖLKER-ALBERT, JAN-HENDRIK (2002): Going Virtual - Blueprinting als Basis des Prozessmanagements von E-Service-Anbietern, in: Stauss, B. / Bruhn, M. (Hrsg.): Jahrbuch für Dienstleistungsmanagement 2002: E-Services, Wiesbaden, S. 263-291.

FLIEß, SABINE / HOGREVE, JENS (2007): Mit Dienstleistungsgarantien zur Service Excellence, in: Gouthier, M. / Coenen, C. / Schulze, H. S. / Wegmann, C. (Hrsg.): Service Excellence als Impulsgeber, Strategien - Management - Innovationen – Branchen, Wiesbaden, S. 235-254.

FLIEß, SABINE / MÖLLER, SABINE / MOMMA, SABINE BEATE (2003): "Sprachregelungen" für Mitarbeiter im Kundenkontakt - Möglichkeiten und Grenzen, in: Diskussionsbeiträge an der Fakultät für Wirtschaftswissenschaft, Nr. 334, FernUniversität Hagen

FLIEß, SABINE / NONNENMACHER, DIRK / SCHMIDT , HEIKO (2004): ServiceBlueprint als Methode zur Gestaltung und Implementierung von innovativen Dienstleistungsprozessen, in: Bruhn, M. / Stauss, B. (Hrsg.): Forum Dienstleistungsmanagement: Dienstleistungsinnovationen, Wiesbaden, S. 173-202.

FLIEß, SABINE / WITTKO, OLE / KUDERMANN, SARAH (2006): Kundenintegration als Gestaltungsdimension in Kulturbetrieben, in: Hausmann, A. / Helm, S. (Hrsg.):

Kundenorientierung im Kulturbetrieb. Grundlagen - Innovative Konzepte - Praktische Umsetzung, 1. Aufl., Wiesbaden, S. 59-78.

FLIEß, SABINE / MAEß, ROLAND (2007): Der Kundenkontaktarbeiter als Nutzer der Marke, in: Bruhn, M. / Stauss, B. (Hrsg.): Jahrbuch DLM 2008: Dienstleistungsmarke (in Druck), Wiesbaden, S. 275-299

FOURASTIÉ, JEAN (1954): Die große Hoffnung des 20. Jahrhunderts, 2. Aufl., Köln.

FREILING, JÖRG (2001): Resource-based View und ökonomische Theorie. Grundlagen und Positionierung des Ressourcenansatzes, Wiesbaden.

FREILING, JÖRG / RECKENFELDERBÄUMER, MARTIN (1996): Integrative und autonome Prozeßkonstellationen als Basis und Herausforderung eines auf Handlungsebene bezogenen Marketing - Eine strukturierte Systematisierung vor dem Hintergrund des Dienstleistungsbereiches, in: Meyer, A. (Hrsg.): Grundsatzfragen und Herausforderungen des Dienstleistungsmarketing, Wiesbaden, S. 21-68.

FREILING, JÖRG / THELEN, EVA (2002): Der Wandel vom industriellen Produkt- zum Dienstleistungsgeschäft - dargestellt am Beispiel der Umsetzung von Betreibermodellen im mitteleuropäischen Maschinenbau, in: Mühlbacher, H. / Thelen, E. (Hrsg.): Neue Entwicklungen im Dienstleistungsmarketing, Wiesbaden, S. 203-222.

FRETER, HERRMANN (2001): Marktsegmentierung im Dienstleistungsbereich, in: Bruhn, M. / Meffert, H. (Hrsg.): Handbuch Dienstleistungsmanagement, Wiesbaden, S. 279-314.

FREY, DIETER / STAHLBERG, DAGMAR / GOLLWITZER, PETER M. (1993): Einstellung und Verhalten: Die Theorie des überlegten Handelns und die Theorie des geplanten Verhaltens, in: Frey, D. / Irle, M. (Hrsg.): Theorien der Sozialpsychologie. Kognitive Theorien, 2. Aufl., Bern, S. 361-398.

FRIED, ANNA (2005): Konstruktivismus, in: Weik, E. / Lang, R. (Hrsg.): Moderne Organisationstheorien, 2. Aufl., Wiesbaden, S. 31-61.

FRIEGE, CHRISTIAN (1995): Preispolitik für Leistungsverbunde im Business-to-Business Marketing, Wiesbaden.

FRINGS, SANDRA / WEISBECKER, ANETTE (1999): Role Concept in Software Development, in: Ergonomics and User interfaces, Issue 1, S. 1189-1193.

FURUBOTN, EIRIK / PEJOVICH, SVETOZAR (1972): Property Rights and Economic Theory: A Survey of Recent Literature, in: Journal of Economic Literature, Vol. 10, Issue 4, S. 1137-1162.

FURUBOTN, EIRIK / PEJOVICH, SVETOZAR (1974): The Economics of Property Rights, Cambridge.

GARTNER, ALAN / RIESSMANN, F. (1978): Der aktive Konsument in der Dienstleistungsgesellschaft. Zur politischen Ökonomie des tertiären Sektors, Frankfurt.

GEHRKE, NICK / BURGHARDT, MARKUS (2002): Strategien der Produktbündelung, in: Wirtschaftsstudium, 31. Jg. Heft 3, S. 346-351.

GERHARDT, JÜRGEN (1987): Dienstleistungsproduktion. Eine produktionstheoretische Analyse der Dienstleistungsprozesse, Bergisch Gladbach.

GERSUNY, CARL / ROSENGREN, WILLIAM R. (1973): The Service Society, Cambridge, Mass.

GIBBS, RAYMOND W. / TENNEY, YVETTE J. (1980): Concept of Scripts in Understanding Stories, in: Journal of Psycholinguistic Research, Vol. 9, Issue 3, S. 275-284.

GIERL, HERIBERT / KONCZ, JULIA (2005): Kurzfristige Imagetransfereffekte durch Werbung mit Prominenten auf ein ausgewähltes Imagemerkmal, in: Die Unternehmung, Bd. 59, Heft 1, S. 55-77.

GIERSBERG, GEORG (2007): 23000 Euro für einen Arbeitsplatz, Frankfurter Allgemeine Zeitung vom 16. 07. 2007.

GILBERT, XAVIER / STREBEL, PAUL (1987): Strategies to Outpace the Competition, in: Journal of Business Strategy, Vol. 8, Issue 1, S. 28-36.

GILMORE, AUDREY (2003): Services Marketing and Management, London.

GLADEN, WERNER (2003): Kennzahlen- und Berichtssysteme: Grundlagen zum Performance Measurement, 2. Aufl., Wiesbaden.

GMEINER, ALOIS (2003): Hotel kreativ. 333 kreative Hotel- und Gastroideen aus Las Vegas und dem Rest der Welt, München.

GÖBEL, ELISABETH (2002): Neue Institutionenökonomik. Konzeption und betriebswirtschaftliche Anwendungen, Stuttgart.

GOFFMAN, ERVING (1986): Interaktionsrituale. Über Verhalten in direkter Kommunikation, Frankfurt a.M.

GOLDBERG, VICTOR P. (1976): Regulation and Administered Contracts, in: Bell Journal of Economics and Management Science, Vol. 7, S. 426-448.

GÖRGENS, EGON (1975): Die Drei-Sektoren-Hypothese, in: Wirtschaftsstudium, Jg. 4, Heft 6, S. 287-292.

GÖTZFRIED, AUGUST (2004): Anstieg der europäischen Beschäftigung im Dienstleistungssektor und insbesondere bei wissensintensiven Dienstleistungen, in: Statistik - kurz gefasst - Wissenschaft und Technologie, Issue 10, S. 1-8.

GOUTHIER, MATTHIAS H. J. (2003): Kundenentwicklung im Dienstleistungsbereich, Wiesbaden.

GOUTHIER, MATTHIAS H. J. / SCHMID, STEFAN (2001): Kunden und Kundenbeziehung als Ressourcen von Dienstleistungsunternehmen, in: Die Betriebswirtschaft, Bd. 61, Heft 2, S. 223-239.

GRACE, DEBRA / O'CASS, ARON (2005): Service Branding: Consumer Verdicts on Service Brands, in: Journal of Retailing and Consumer Services, Vol. 12, Issue 2, S. 125-139.

GREMLER, DWAYNE D / BROWN, STEPHEN W. (1998): Worth Beyond Revenue: the Full Value of a Loyal Customer, in: Scheuing, E. E. / Brown, S. W. / Edvardsson, B. / Johnston, R. (Hrsg.): Pursuing Service Excellence, Warwick, S. 119-128.

GRÖMLING, MICHAEL / LICHTBLAU, KARL / WEBER, ALEXANDER (1998): Industrie und Dienstleistungen im Zeitalter der Globalisierung, Köln.

GRÖNROOS, CHRISTIAN G. (1990): Relationship Approach to Marketing in Service Context: The Marketing and Organizational Behavior Interface, in: Journal of Business Research, Vol. 20, Issue 1, S. 3-11.

GROVE, STEPHEN J. / FISK, RAYMOND P. (1997): The Impact of Other Customers on Service Experiences: A Critical Incident Examination of 'Getting Along', in: Journal of Retailing, Vol. 1997, Issue 73, S. 63-85.

GRUHLER, WOLFRAM (1993): Gesamtwirtschaftliche Bedeutung und einzelwirtschaftlicher Stellenwert industrieller Dienstleistungen, in: Simon, H. (Hrsg.): Industrielle Dienstleistungen, Stuttgart, S. 23-40.

GRUHLER, WOLFRAM (1994): Outsourcing von Dienstleistungen zu Dienstleistungsunternehmen, in: Corsten, H. / Hilke, W. (Hrsg.): Dienstleistungsproduktion. Absatzmarketing - Produktivität - Haftungsrisiken - Serviceintensität - Outsourcing, Wiesbaden, S. 153-175.

GUILTINAN, JOSEPH P. (1995): The Price Bundling of Services: A Normative Framework, in: Bateson, J. E. G. (Hrsg.): Managing Service Marketing, 3. Aufl., Fort Worth, S. 79-392.

GÜNTER, BERND (2001): Kundenwert - mehr als nur Erlös, in: Günter, B. / Helm, S. (Hrsg.): Kundenwert, Wiesbaden, S. 213-237.

GUTENBERG, ERICH (1962): Unternehmensführung, Organisation und Entscheidung, Wiesbaden.

GUTENBERG, ERICH (1983): Grundlagen der Betriebswirtschaftslehre. Erster Band: Die Produktion, 24. Aufl., Berlin.

GUTENBERG, ERICH (1984): Grundlagen der Betriebswirtschaftslehre. Zweiter Band: Der Absatz, Berlin.

HAAS, ALEXANDER (2003): Discounting als strategische Konzeption, in: Diller, H. / Herrmann, A. (Hrsg.): Handbuch Preispolitik, Wiesbaden, S. 213-240.

HAASE, MICHAELA (2000): Institutionenökonomische Betriebswirtschaftstheorie: Allgemeine Betriebswirtschaftslehre auf sozial- und institutionentheoretischer Grundlage, Wiesbaden.

HAASE, MICHAELA / KLEINALTENKAMP, MICHAEL (2004): From the Old Economy towards the New Economy: Managing the Transformation from the Marketing Point of View, in: Fandel, G. (Hrsg.): Modern Concepts of the Theory of the Firm: Managing Enterprises of the New Economy, Berlin, S. 85-109.

HAMPRECHT, MARKUS (2000): Grundlagen eines betrieblichen Zeitmanagements, in: Götze, U. / Mikus, B. / Bloech, J. (Hrsg.): Management und Zeit, Heidelberg, S. 57-72.

HANSEN, URSULA / HENNING-THURAU, THORSTEN / SCHRADER, ULF (2001): Produktpolitik, Stuttgart.

HART, CHRISTOPHER W. L. (1988): The Power of Unconditional Service Guarantees, in: Harvard Business Review, Vol. 66, Issue 4, S. 54-62.

HART, CHRISTOPHER W. L. (1993): Extraordinary Guarantees, New York.

HART, CHRISTOPHER W. L. (1993): The Power of Unconditional Service Guarantee, in: Harvard Business Review, Vol. 66, Issue 4, S. 54-62.

HART, CHRISTOPHER W.L. / SCHLESINGER, LEONARD A. / MAHER, DAN (1992): Guarantees Come to Professional Service Firms, in: Sloan Management Review, Vol. 33, Issue 3, S. 19-29.

HAYEK, FRIEDRICH AUGUST VON (1952): Individualismus und wirtschaftliche Ordnung, Erlenbach-Zürich.

HAYS, JULIE M. / HILL, ARTHUR V. (2001): A Longitudinal Study of the Effect of a Service Guarantee on Service Quality, in: Production and Operations Management, Vol. 10, Issue 4, S. 405-423.

HELM, SABRINA (2007): Unternehmensreputation und Stakeholder-Loyalität, Wiesbaden.

HENTSCHEL, BERT (1992): Dienstleistungsqualität aus Kundensicht - Vom merkmals- zum ereignisorientierten Ansatz, Wiesbaden.

HERRMANN, ANDREAS (1998): Produktmanagement, München.

HESKETT, JAMES C. (1977): Logistics-Essential to Strategy, in: Harvard Business review, Vol. 55, Issue 6, S. 86-96.

HESKETT, JAMES C. / SASSER JR, W. EARL / SCHLESINGER, LEONARD A. (1997): The Service Profit Chain. How Leading Companies Link Profit and Growth to Loyalty, Satisfaction and Value, New York.

HESKETT, JAMES L. / JONES, THOMAS O. / LOVEMAN, GARY W. / SASSER, EARL / SCHLESINGER, LEONARD A. (1994): Dienstleister müssen die ganze Service-Gewinn-Kette nutzen, in: Harvard Business manager, Heft 4, S. 50-61.

HESKETT, JAMES L. / SASSER, EARL / SCHLESINGER, LEONARD A. (1997): The Service Profit Chain. How Leading Companies Link Profit and Growth to Loyalty, Satisfaction, and Value, New York.

HESKETT, JAMES L. / SASSER, W. EARL / HART, CHRISTOPHER W. L. (1991): Bahnbrechender Service: Standards für den Wettbewerb von morgen, Frankfurt.

HILDEBRANDT, VOLKER G. (1997): Individualisierung als strategische Option der Marktbearbeitung. Determinanten und Erfolgswirkung kundenindividueller Marketingkonzepte, Wiesbaden.

HILKE, WOLFGANG (1989): Grundprobleme und Entwicklungstendenzen des Dienstleistungs-Marketing, in: Hilke, W. (Hrsg.): Dienstleistungs-Marketing, Wiesbaden, S. 5-44.

HOFFMAN, DOUGLAS K. / BATESON, JOHN E. G. (2002): Essentials of Service Marketing. Concepts, Strategies & Cases, 2. Aufl., Fort Worth.

HOGREVE, JENS (2007): Die Wirkung von Dienstleistungsgarantien auf das Konsumentenverhalten. Eine empirische Analyse, Wiesbaden.

HOGREVE, JENS / WITTKO, OLE (2006): Die Wirkungen von Zertifikaten auf das Kaufverhalten bei Dienstleistungs-Angeboten, in: Kleinaltenkamp, M. (Hrsg.): Innovatives Dienstleistungsmarketing in Theorie und Praxis, Wiesbaden, S. 103-120.

HOLBROOK, MORRIS B. (1994): The Nature of Customer Value: An Axiology of Services in the Consumption Experiences, in: Rust, R. T. / Oliver, R. L. (Hrsg.): Service Quality. New Directions in Theory and Practice, Thousand Oaks, S. 21-71.

HOLTBRÜGGE, DIRK (2005): Personalmanagement, 2. Aufl., Berlin.

HOMANN, KARL / SUCHANEK, ANDREAS (2000): Ökonomik - Eine Einführung, Tübingen.

HOMBURG, CHRISTIAN / BECKER, ANNETTE / HENTSCHEL, FREDERIKE (2005): Der Zusammenhang von Kundenzufriedenheit und Kundenbindung, in: Bruhn, M. / Homburg, C. (Hrsg.): Handbuch Kundenbindungsmanagment. Grundlagen - Konzepte - Erfahrungen, 5. Aufl., Wiesbaden, S. 93-124.

HOMBURG, CHRISTIAN / GARBE, BERND (1996): Industrielle Dienstleistungen. Bestandsaufnahme und Entwicklungsrichtungen, in: Zeitschrift für Betriebswirtschaft, Bd. 66, Heft 3, S. 253-282.

HOMBURG, CHRISTIAN / GIERING, ANNETTE (1996): Konzeptualisierung und Operationalisierung komplexer Konstrukte, in: Marketing - Zeitschrift für Forschung und Praxis, Bd. 18, Heft 1, S. 5-24.

HOMBURG, CHRISTIAN / KROHMER, HARLEY (2006): Marketingmanagement. Strategie - Instrumente - Umsetzung - Unternehmensführung, 2. Aufl., Wiesbaden.

HOPF, MICHAEL (1983): Ausgewählte Probleme zur Informationsökonomie, in: Wirtschaftswissenschaftliches Studium, 10. Jg., S. 313-318.

HOSTETTLER, STEPHAN (2002): Economic Value Added (EVA). Darstellung und Anwendung auf Schweizer Aktiengesellschaften, 5., unveränd. Aufl.. Aufl., Bern u.a.

INSTITUT DER DEUTSCHEN WIRTSCHAFT (2000): Zahlen zur wirtschaftlichen Entwicklung für die Bundesrepublik Deutschland, Köln.

JACOB, FRANK (1995): Produktindividualisierung. Ein Ansatz zur innovativen Leistungsgestaltung im Business-to-Business-Bereich, Wiesbaden.

JACOB, FRANK (2003): Kundenintegrations-Kompetenz, in: Marketing - Zeitschrift für Forschung und Praxis, Bd. 2, Heft 25, S. 83-98.

JACOB, FRANK (2006): Preparing Industrial Suppliers for Customer Integration, in: Industrial Marketing Management, Bd. 35, Heft 1, S. 45-56.

JACOB, FRANK / KLEINALTENKAMP, MICHAEL / LEIB, RÜDIGER (1997): Outsourcing kaufmännischer Dienstleistungen, in: Beschaffung aktuell, Heft 10, S. 34-36.

JACOB, FRANK / PLÖTNER, OLAF (1998): Prozeßorientiertes Kommunikationsmanagement (ProKom), in: Kleinaltenkamp, M. / Ehret, M. (Hrsg.): Prozeßmanagement im Technischen Vertrieb. Neue Konzepte und erprobte Beispiele für das Business-to-Business-Marketing, Berlin, S. 121-140.

JENSEN, MICHAEL C. / MECKLING, WILLIAM H. (1976): Theory of the Firm: Managerial Behavior, Agency Costs, and Ownership Structure, in: Journal of Financial Economics, Vol. 3, Issue 4, S. 305-360.

JOHN, GEORGE / WEISS, ALLEN M. / WEITZ, BARTON (1987): An Organizational Coordination Model of Salesforce Compensation Plans: Theoretical Analysis and Empirical Test, in: Journal of Law, Economics, and Organization, Vol. 3, Issue 2, S. 373-395.

JOHN, GEORGE / WEITZ, BARTON (1989): Salesforce Compensation: An Empirical Investigation of Factors Related to Use of Salary Incentive Compensation, in: Journal of Marketing Research, Vol. 26, Issue 1, S. 1-14.

JOST, PETER-J. (2000): Organisation und Koordination. Eine ökonomische Einführung, 1. Aufl., Wiesbaden.

KAAS, KLAUS-PETER (1990): Marketing als Bewältigung von Informations- und Unsicherheitsproblemen am Markt, in: Die Betriebswirtschaft, Bd. 50, Heft 4, S. 539-548.

KAAS, KLAUS PETER (1992): Kontraktgütermarketing als Kooperation zwischen Prinzipalen und Agenten, in: Zeitschrift für betriebswirtschaftliche Forschung, Bd. 44, Heft 10, S. 884-901.

KAAS, KLAUS PETER (1994): Ansätze einer institutionenökonomischen Theorie des Konsumentenverhaltens, in: Verhalten, F. K. u. (Hrsg.): Konsumentenforschung, München, S. 245-260.

KAHN, HERMAN / WIENER, ANTHONY (1967): Ihr werdet es erleben: Voraussagen der Wissenschaft bis zum Jahre 2000, Wien.

KAHN, ROBERT L. / WOLFE, DONALD M. / QUINN, ROBERT P. / SNOEK, J. DIEDRICK / ROTHENTAHL, ROBERT A. (1964): Organizational Stress: Studies in Role Conflict and Ambiguity, New York.

KANO, NORAKI (1984): Attractive Quality and Must-be Quality, in: The Journal of the Japanese Society for Quality Control, Vol. 1, Issue 4, S. 39-48.

KAPLAN, LEON B. / SZYBILLO, GEORGE J. / JACOBY, JACOB (1974): Components of Perceived Risk in Product Purchase: A Cross-Validation, in: Journal of Applied Psychology, Vol. 59, Issue 3, S. 287-291.

KAPLAN, STEPHEN (1987): Aesthetics, Affect, and Cognition, in: Environment and Behavior, Vol. 19, Issue 1, S. 3-32.

KASPER, HANS / VAN HELSDINGEN, PIET / DE VRIES, WOUTER (1999): Services Marketing Management. An International Perspective, New York.

KELLEY, SCOTT W. / SKINNER, STEVEN J. / DONNELLY JR., JAMES H. (1992): Organizational Socialization of Service Customers, in: Journal of Business Research, Vol. 25, Issue 3, S. 197-214.

KERFOOT, SHONA / DAVIES, BARRY / WARD, PHILIPPA (2003): Visual Merchandising and the Creation of Discernible Retail Brands, in: International Journal of Retail and Distribution Management, Vol. 31, Issue 3, S. 143-152.

KERN, WERNER (1962): Die Messung industrieller Fertigungskapazitäten und ihrer Ausnutzung: Grundlagen und Verfahren, Köln.

KERN, WERNER (1976): Die Produktionswirtschaft als Erkenntnisbereich der Betriebswirtschaftslehre, in: Zeitschrift für betriebswirtschaftliche Forschung, Bd. 28, Heft 10/11, S. 756-768.

KINGMAN BRUNDAGE, JANE (1995): Service Mapping: Back to Basics, in: Glynn, W. J. / Barnes, J. G. (Hrsg.): Understanding Services Management. Integrating Marketing, Organisational Behavior, Operations and Human Resource Management, Chichester, S. 119-142.

KINGMAN-BRUNDAGE, JANE (1989): The ABC's of Service System Blueprinting, in: Bitner, M. J. / Crosby, L. A. (Hrsg.): Designing a Winning Service Strategy, Chicago, S. 30-33.

KINGMAN-BRUNDAGE, JANE (1993): Service Mapping: Gaining a Concrete Perspective on Service System Design, in: Scheuing, E. E. / Christopher, W. F. (Hrsg.): The Service Quality Handbook, New York, S. 148-163.

KIRZNER, ISRAEL M. (1978): Wettbewerb und Unternehmertum, Tübingen.

KLEIN, BENJAMIN (1988): Vertical Integration as Organizational Ownership, in: Journal of Law, Economics, and Organization, Vol. 4, Issue 1, S. 199-213.

KLEIN, BENJAMIN / CRAWFORD, ROBERT G. / ALCHIAN, ARMEN A. (1978): Vertical Integration, Appropriable Rents, and the Competitive Contracting Process, in: The Journal of Law and Economics, Vol. 21, Issue 2, S. 297-326.

KLEINALTENKAMP, MICHAEL (1992): Investitionsgüter-Marketing aus informationsökonomischer Sicht, in: Zeitschrift für betriebswirtschaftliche Forschung, Bd. 44, Heft 2, S. 809-829.

KLEINALTENKAMP, MICHAEL (1995): Standardisierung und Individualisierung, in: Tietz, B. / Köhler, R. / Zentes, J. (Hrsg.): Handwörterbuch des Marketing, Stuttgart, S. 2354-2366.

KLEINALTENKAMP, MICHAEL (1997): Integrativität als Kern einer umfassenden Leistungslehre, in: Backhaus, K. / Günther, B. / Kleinaltenkamp, M. / Plinke, W. / Raffee, H. (Hrsg.): Marktleistung und Wettbewerb. Strategische und operative Perspektiven der marktorientierten Leistungsgestaltung, Wiesbaden, S. 83-115.

KLEINALTENKAMP, MICHAEL (1997): Kundenintegration, in: Wirtschaftswissenschaftliches Studium, Bd. 26, Heft 7, S. 350-355.

KLEINALTENKAMP, MICHAEL (1998): Kundenbindung durch Kundenintegration, in: Bruhn, M. / Homburg, C. (Hrsg.): Handbuch Kundenbindungsmanagement: Grundlagen - Konzepte - Erfahrungen, 2. Aufl., Wiesbaden, S. 257-272.

KLEINALTENKAMP, MICHAEL (1999): Auswahl von Vertriebswegen, in: Kleinaltenkamp, M. / Plinke, W. (Hrsg.): Markt- und Produktmanagement. Die Instrumente des Technischen Vertriebs, Berlin, S. 321-368.

KLEINALTENKAMP, MICHAEL (2000a): Einführung in das Business to Business Marketing, in: Kleinaltenkamp, M. / Plinke, W. (Hrsg.): Technischer Vertrieb. Grundlagen des Business-to- Business Marketing, Berlin, S. 171-247.

KLEINALTENKAMP, MICHAEL (2000b): Marktsegmentierung, in: Kleinaltenkamp, M. / Plinke, W. (Hrsg.): Strategisches Business to Business Marketing, Berlin, S. 191-234.

KLEINALTENKAMP, MICHAEL (2000c): Wettbewerbsstrategie, in: Kleinaltenkamp, M. / Plinke, W. (Hrsg.): Strategisches Business to Business Marketing, Berlin, S. 57-190.

KLEINALTENKAMP, MICHAEL (2000d): Customer Integration im Electronic Business, in: Weiber, R. (Hrsg.): Handbuch Electronic Business, Informationstechnologien - Electronic Commerce - Geschäftsprozesse. Aufl., Wiesbaden, S. 333-358.

KLEINALTENKAMP, MICHAEL (2006): Auswahl von Vertriebswegen, in: Kleinaltenkamp, M. / Plinke, W. / Jacob, F. / Söllner, A. (Hrsg.): Markt- und Produktmanagement. Die Instrumente des Business-to-Business-Marketing, 2. Aufl., Wiesbaden, S. 321-367.

KLEINALTENKAMP, MICHAEL / FLIEß, SABINE / JACOB, FRANK (1996): Customer Integration. Von der Kundenorientierung zur Kundenintegration, Wiesbaden.

KLEINALTENKAMP, MICHAEL / GINTER, THOMAS (1998): Dienstleistungsprogrammpolitische Entscheidungen, in: Meyer, A. (Hrsg.): Handbuch Dienstleistungs-Marketing, 1. Aufl., Stuttgart, S. 751-765.

KLEINALTENKAMP, MICHAEL / HAASE, MICHAELA (1999): Externe Faktoren in der Theorie der Unternehmung, in: Albach, H. / Eymann, E. / Luhmer, A. / Stevens, M. (Hrsg.): Die Theorie der Unternehmung in Forschung und Praxis, Berlin, S. 167-194.

KLEINALTENKAMP, MICHAEL / JACOB, FRANK / LEIB, RÜDIGER (1997): Outsourcing kaufmännischer Dienstleistungen, in: Information Management, Vol. 12, Issue 1, S. 65-72.

KLEINALTENKAMP, MICHAEL / MARRA, ANDREAS (1997): Kapazitätsplanung bei Integration externer Faktoren, in: Corsten, H. / Stuhlmann, S. (Hrsg.): Kapazitätsmanagement in Dienstleistungsunternehmungen. Grundlagen und Gestaltungsmöglichkeiten, Wiesbaden, S. 56-80.

KLODT, HENNING (1994): Standort Deutschland: Strukturelle Herausforderungen im neuen Europa, Tübingen.

KLODT, HENNING (1995): Auf dem Weg in die Dienstleistungsgesellschaft. Geht die industrielle Basis verloren?, in: Wirtschaftswissenschaftliches Studium, 24. Jg., Heft 6, S. 297-300.

KOELEMEIJER, KITTY / PREVO, OLAF / PIETERS, RIK / ROEST, HENK (1995): Service Evaluation Process: An Investigation into Hierarchy-of-Effects

KRAFFT, MANFRED (1995): Außendienstentlohnung im Licht der Neuen Institutionenlehre, Wiesbaden.

KROEBER RIEL, WERNER / WEINBERG, PETER (2003): Konsumentenverhalten, 8. Aufl., München.

KRÜGER, ROLF / STEVEN, MARION (2000): Supply Chain Management im Spannungsfeld von Logistik und Management, in: Wirtschaftswissenschaftliches Studium, 29. Jg., Heft 9, S. 501-507.

KÜHN, RICHARD / FASNACHT, ROGER (2002): Dienstleistungsmarketing. Planung und Gestaltung der Kundenbeziehungen, Zürich.

KULLVEN, HAKAN / MATTSSON, JAN (1994): A Management Control Model Based on the Customer Service Process, in: International Journal of Service Industry Management, Vol. 5, Issue 3, S. 14-25.

KUß, ALFRED (2003): Subjektive Preiskalküle und Nutzenpreise, in: Diller, H. / Herrmann, A. (Hrsg.): Handbuch Preispolitik, Wiesbaden, S. 285-302.

LAAKMANN, KAI (1995): Value Added Services als Profilierungsinstrument im Wettbewerb: Analyse, Generierung und Bewertung, Fankfurt.

LACHMANN, LUDWIG M. (1984): Marktprozess und Erwartungen: Studien zur Theorie der Markt, München.

LANGEARD, ERIC / BATESON, JOHN E. G. / LOVELOCK, CHRISTOPHER H. / EIGLIER, PIERRE (1981): Services Marketing: New Insights from Consumers and Managers, Cambridge.

LANGLOIS, RICHARD N. / ROBERTSON, PAUL L. (1995): Firms, Markets, and Economic Change. A Dynamic Theory of Business Institutions, London.

LAROCHE, MICHEL / BERGERON, JASMIN / GOUTLAND, CHRISTINE (2001): A Three-Dimensional Scale of Intangibility, in: Journal of Service Research, Vol. 4, Issue 1, S. 26-38.

LARSSON, RICHARD C. / BOWEN, DAVID E. (1995): Organization and Customer: Managing Design and Coordination of Services, in: Bateson, J. E. G. (Hrsg.): Managing Service Marketing, Fort Worth, S. 101-118.

LASSHOF, BRITTA / FLIEß, SABINE (2005): Optimising Customer-Supplier Co-Production in Services

LAUX, HELMUT (1988): Optimale Prämienfunktionen bei Informationsasymmetrie, in: Zeitschrift für Betriebswirtschaft, Bd. 58, S. 588-612.

LEVITT, THEODORE (1972): Production-Line Approach to Service, in: Harvard Business Review, Vol. 50, Issue 5, S. 41-52.

LILJANDER, VERONICA / STRANDVIK, TORE (1997): Emotions in Service Satisfaction, in: International Journal of Service Industry Management, Vol. 8, Issue 2, S. 148-169.

LOITISBERGER, ERICH (2002): Paradigmenwechsel und Notwendigkeit eines neuen Paradigmas in der Betriebswirtschaftslehre, in: Journal für Betriebswirtschaft, Bd. 59, Heft 2, S. 4-15.

LOVELOCK, CHRISTOPHER H. (1988): Managing Services. Marketing, Operations and Human Resources, Englewood Cliffs.

LOVELOCK, CHRISTOPHER H. (1990): Managing Interactions between Operations and Marketing and Their Impact on Customers, in: Bowen, D. E. / Chase, R. B. / Cummings, T. G. (Hrsg.): Service Management Effectiveness. Balancing Strategy, Organization and Human Resources, Operations, and Marketing, San Francisco, S. 343-368.

LOVELOCK, CHRISTOPHER H. (1994): Product Plus. How Product + Service = Competitive Advantage, New York.

LOVELOCK, CHRISTOPHER H. (2000): Services Marketing. People, Technology, Strategy, 4. Aufl., Upper Saddle River.

LOVELOCK, CHRISTOPHER H. / VANDERMERWE, SANDRA / LEWIS, BARBARA (1999): Services Marketing - A European Perspective, London.

LOVELOCK, CHRISTOPHER H. / WIRTZ, JOCHEN (2007): Services Marketing. People, Technology, Strategy, 6. Aufl., Upper Saddle River.

MAAS, PETER / GRAF, ALBERT (2004): Leadership by Customers? New Roles of Service Companies' Customers, in: Zeitschrift für Personalforschung, Bd. 18, Heft 3, S. 329-345.

MACHARZINA, KLAUS / WOLF, JOACHIM (2005): Unternehmensführung. Das internationale Managementwissen - Konzepte - Methoden - Praxis, 5. Aufl., Wiesbaden.

MAGRATH, A. J. (1986): When Markting Services, 4 P's Are not Enough, in: Business Horizons, Vol. 29, Issue 3, S. 44-50.

MAISTER, DAVID H. / LOVELOCK, CHRISTOPHER H. (1982): Managing Facilitator Services, in: Sloan Management Review, Vol. 23, Issue 4, S. 19-31.

MALERI, RUDOLF (1997): Grundlagen der Dienstleistungsproduktion, 4. Aufl., Berlin.

MALERI, RUDOLF / FRIETZSCHE, URSULA (2008): Grundlagen der Dienstleistungsproduktion, 5., vollst. überarb. Aufl. Aufl., Berlin.

MARCH, JAMES G. / SIMON, HERBERT A. (1976): Organisation und Individuum. Menschliches Verhalten in Organisationen, Wiesbaden.

MATZLER, KURT (1997): Kundenzufriedenheit und Involvement, Wiesbaden.

MATZLER, KURT (2003): Preiszufriedenheit, in: Diller, H. / Herrmann, A. (Hrsg.): Handbuch Preispolitik, Wiesbaden, S. 303-332.

MAYER, RAINER (1993): Strategien erfolgreicher Produktgestaltung: Individualisierung und Standardisierung, Wiesbaden.

MCCOLLOUGH, MICHAEL A / GREMLER, DWAYNE D (2004): A Conceptual Model and Empirical Examination of the Effect of Service Guarantees on Post-Purchase Consumption Evaluations, in: Managing Service Quality, Vol. 14, Issue 1, S. 58-74.

MCDOUGALL, GORDON H.G. / LEVESQUE, TERRENCE / VANDERPLAAT, PETER (1998): Designing the Service Guarantee: Unconditional or Specific?, in: Journal of Services Marketing, Vol. 12, Issue 4, S. 278-293.

MEFFERT, HERIBERT / BRUHN, MANFRED (2006): Dienstleistungsmarketing. Grundlagen - Konzepte - Methoden, 5. Aufl., Wiesbaden.

MEHRABIAN, A. (1980): Basic Dimensions for a General Psychological Theory: Implications for Personality, Social, Environmental, and Developmental Studies, Cambridge.

MEHRABIAN, ALBERT / RUSSEL, JAMES A. (1974): A Verbal Measure of Information Rate for Studies in Environmental Psychology, in: Environment and Behavior, Vol. 6, Issue 2, S. 233-252.

MENGEN, ANDREAS (1993): Konzeptgestaltung von Dienstleistungsprodukten. Eine Conjoint-Analyse im Luftfrachtmarkt unter Berücksichtigung der Qualitätsunsicherheit beim Dienstleistungskauf, Stuttgart.

MEUTER, MATTHEW L. / OSTROM, AMY L. / ROUNDTREE, ROBERT I. / BITNER, MARY JO (2000): Self-Service Technologies: Understanding Customer Satisfaction with Technology-Based Service Encounters, in: Journal of Marketing, Vol. 64, Issue 3, S. 50-64.

MEYER, ANTON (1983): Dienstleistungsmarketing, Augsburg.

MEYER, ANTON (1987): Die Automatisierung und Veredelung von Dienstleistungen - Auswege aus der dienstleistungsinhärenten Produktivitätsschwäche, in: Jahrbuch der Absatz und Verbrauchsforschung, Bd. 33, Heft 1, S. 25-46.

MEYER, ANTON (1991): Dienstleistungs-Marketing, in: Die Betriebswirtschaft, Vol. 51, Issue 2, S. 195-209.

MEYER, ANTON (1993): Dienstleistungs-Marketing, in: Meyer, P. W. / Meyer, A. (Hrsg.): Marketing-Systeme. Grundlagen des institutionellen Marketing, Stuttgart, S. 173-220.

MEYER, ANTON / BLÜMELHUBER, CHRISTIAN (1994): Interdependenzen zwischen Absatz und Produktion in Dienstleistungsunternehmen und ihre Auswirkungen auf konzeptionelle Fragen des Absatzmarketing, in: Corsten, H. / Hilke, W. (Hrsg.): Dienstleistungsproduktion. Absatzmarketing - Produktivität - Haftungsrisiken - Serviceintensität - Outsourcing, Wiesbaden, S. 5-41.

MEYER, ANTON / DAVIDSON, J. HUGH (2001): Offensives Marketing. Gewinnen mit POISE. Märkte gestalten - Potenziale nutzen, Freiburg u.a.

MEYER, ANTON / STREICH, KATJA (1998): Preispolitik für Dienstleistungen, in: Meyer, A. (Hrsg.): Handbuch Dienstleistungsmarketing, Stuttgart, S. 846-865.

MIEBACH, BERNHARD (2006): Soziologische Handlungstheorie. Eine Einführung, 2. Aufl., Wiesbaden.

MILGROM, PAUL / ROBERTS, JOHN D. (1982): Predation, Reputation, and Entry Deterrence, in: Journal of Economic Theory, Vol. 27, Issue 2, S. 280-312.

MILLS, PETER K. (1985): The Control Mechanism of Employees at the Encounter of Service Organizations, in: Czepiel, J. A. / Solomon, M. R. / Surprenant, C. F. (Hrsg.): The Service Encounter. Managing Employee/Customer Interaction in Service Business, Lexington, S. 163-177.

MILLS, PETER K. / CHASE, RICHARD B. / MARGULIES, NEWTON (1983): Motivating the Client/Employee System as a Service Production Strategy, in: Academy of Management Review, Vol. 8, Issue 2, S. 301-310.

MILLS, PETER K. / MOBERG, DENNIS J. (1982): Perspectives on the Technology of Service Operations, in: Academy of Management Review, Vol. 7, Issue 3, S. 467-478.

MILLS, PETER K. / MORRIS, JAMES H. (1986): Clients as "Partial" Employees of Service Organizations: Role Development in Client Participation, in: Academy of Management Review, Vol. 11, Issue 4, S. 726-735.

MITCHELL, V.-W. / GRETOREX, M. (1993): Risk Perception and Reduction in the Purchase of Consumer Services, in: The Service Industries Journal, Vol. 13, Issue 4, S. 179-200.

MÖLLER, SABINE (2002): Theoretische Grundlagen zur Koordination des Interaktionsverhaltens bei der Erstellung integrativer Leistungen, in: Diskussionsbeiträge des Fachbereichs Wirtschaftswissenschaft, Nr. 321, Fernuniversität in Hagen

MÖLLER, SABINE (2004): Interaktion bei der Erstellung von Dienstleistungen, Wiesbaden.

MÜLLER, WOLFGANG (1996): Grundzüge des Preisbeurteilungsverhaltens von Dienstleistungsnachfragern, in: der markt, Bd. 35, Heft 1, S. 23-48.

NAGLE, THOMAS T. (1987): The Strategy and Tactics of Pricing, Englewood Cliffs.

NELSON, PHILIP J. (1970): Information and Consumer Behavior, in: Journal of Political Economy, Vol. 78, Issue 2, S. 311-329.

NERDINGER, FRIEDEMANN W. (1994): Zur Psychologie der Dienstleistung. Theoretische und empirische Studien zu einem wirtschaftspolitischen Forschungsgebiet, Stuttgart.

NERDINGER, FRIEDEMANN W. (1998): Interaktionsmanagement - Verbale und nonverbale Kommunikation als Erfolgsfaktoren in den Augenblicken der Wahrheit, in: Meyer, A. (Hrsg.): Handbuch Dienstleistungsmarketing, Stuttgart, S. 1177-1193.

NERDINGER, FRIEDEMANN W. (2001): Gefühlsarbeit in Dienstleistungsinteraktionen, in: Bruhn, M. / Stauss, B. (Hrsg.): Dienstleistungsmanagement Jahrbuch 2001 - Interaktionen im Dienstleistungsbereich, Wiesbaden, S. 501-519.

NIESCHLAG, ROBERT / DICHTL, ERWIN / HÖRSCHGEN, HANS (2002): Marketing, 19. Aufl., Berlin.

NOCH, RAINER (1995): Dienstleistungen im Investitionsgütermarketing. Strategien und Umsetzung, München.

NONNENMACHER, DIRK (2007): Organisation von Dienstleistungsprozessen. Rollen als Grundlage der Organisationsgestaltung, Lohmar.

NORTH, DOUGLASS C. (1990): Institutions, Institutional Change and Economic Performance, Cambridge u. a.

OBERMILLER / BITNER, MARY JO (1984): Store Atmosphere: A Peripheral Cue for Product Evaluation, in: American Marketing Association (Hrsg.): Proceedings of the Division of Consumer Psychology, Washington, S. 52-53.

OSTERLOH, MARGIT / BOOS, LEO (2001): Organisatorische Entwürfe von wissensintensiven Dienstleistungsunternehmen, in: Bruhn, M. / Meffert, H. (Hrsg.): Handbuch Dienstleistungsmanagement, 2. Aufl., Wiesbaden, S. 781-823.

OSTROM, AMY L. / IACOBUCCI, DAWN (1998): The Effect of Guarantees on Consumers' Evaluation of Services, in: Journal of Services Marketing, Vol. 12, Issue 5, S. 362-378.

OTTO, ANDREA / RECKENFELDERBÄUMER, MARTIN (1993): Zeit als strategischer Erfolgsfaktor im "Dienstleistungsmarketing", in: Arbeitspapiere zum Marketing, Nr. 27, Ruhr-Universität Bochum.

PALMER, ADRIAN / COLE, CATHERINE (1995): Services Marketing. Principles and Practice, Englewood Cliffs.

PANZAR, JOHN C. / WILLIG, ROBERT D. (1981): Economies of Scope, in: American Economic Review, Vol. 71, Issue 2, S. 268-272.

PARASURAMAN, A. (2000): Technology Readiness Index (TRI): A Multiple-Item Scale to Measure Readiness to Embrace New Technologies, in: Journal of Service Research, Vol. 2, Issue 4, S. 307-321.

PARASURAMAN, A. / GREWAL, DHRUV (2000): The Impact of Technology on the Quality-Value-Chain: A Research Agenda, in: Journal of the Academy of Marketing Science, Vol. 28, Issue 1, S. 168-174.

PARASURAMAN, A. / ZEITHAML, VALARIE A. / BERRY, LEONARD L. (1985): A Conceptual Model of Service Quality and Its Implications for Future Research, in: Journal of Marketing, Vol. 49, Issue Fall, S. 41-50.

PAWLOWSKI, TADEUSZ (1980): Begriffsbildung und Definition, Berlin.

PERLITZ, MANFRED (2000): Internationales Management, Stuttgart.

PERREY, JESKO (1998): Nutzenorientierte Marktsegmentierung: Ein integrativer Ansatz zum Zielgruppenmarketing im Verkehrsdienstleistungsbereich, Wiesbaden.

PETERAF, MAGARET A. (1993): The Cornerstones of Competitive Advantage: A Resource Based View, in: Strategic Management Journal, Vol. 14, Issue 3, S. 179-191.

PICOT, ARNOLD (1982): Transaktionskostenansatz in der Organisationstheorie: Stand der Diskussion und Aussagewert, in: Die Betriebswirtschaft, Bd. 35, Heft 2, S. 267-283.

PICOT, ARNOLD / DIETL, HERBERT (1990): Transaktionskostentheorie, in: Wirtschaftswissenschaftliches Studium, Bd. 19, Heft 4, S. 178-184.

PICOT, ARNOLD / DIETL, HELMUT / FRANCK, EGON (1999): Organisation. Eine ökonomische Perspektive, 2. Aufl., Stuttgart.

PICOT, ARNOLD / FRANCK, EGON (1991): Ökonomische Theorie der Organisation, in: Ordelheide, D. (Hrsg.): Betriebswirtschaftslehre und ökonomische Theorie, Stuttgart, S. 143-170.

PICOT, ARNOLD / SCHNEIDER, DIETRAM / LAUB, ULF (1989): Transaktionskosten und innovative Unternehmensgründung. Eine empirische Analyse, in: Zeitschrift für betriebswirtschaftliche Forschung, Bd. 41, Heft 5, S. 358-387.

PILLER, FRANK (2006): Mass Customization: Ein wettbewerbsstrategisches Konzept im Informationszeitalter, 4. Aufl., Wiesbaden.

PINE, JOSEPH B. (1994): Maßgeschneiderte Massenfertigung. Neue Dimensionen im Wettbewerb, Wien.

PIONTKOWSKI, URSULA (1967): Psychologie der Interaktion. Grundfragen der Interaktion, München.

PLINKE, WULFF (2000): Grundlagen des Marktprozesses, in: Kleinaltenkamp, M. / Plinke, W. (Hrsg.): Technischer Vertrieb. Grundlagen des Business-to-Business Marketing, 2. Aufl., Berlin, S. 3-100.

PLINKE, WULFF (2000): Unternehmensstrategie, in: Kleinaltenkamp, M. / Plinke, W. (Hrsg.): Strategisches Business to Business Marketing, Berlin, S. 1-56.

PLINKE, WULFF / RESE, MARIO (2000): Analyse von Erfolgsquellen, in: Kleinaltenkamp, M. / Plinke, W. (Hrsg.): Technischer Vertrieb: Grundlagen des Business-to-Business Marketing, 2. Aufl., Berlin, S. 691-760.

PLÖTNER, OLAF (1993): Risikohandhabung und Vertrauen des Kunden, in: Business to Business Marketing, Nr. 2, Freie Universität Berlin

POLANYI, MICHAEL (1985): Implizites Wissen, Frankfurt.

PORTER, MICHAEL (1999): Wettbewerbsstrategie. Methode zur Analyse von Branchen und Konkurrenten, Frankfurt.

PORTER, MICHAEL (2000): Wettbewerbsvorteile. Spitzenleistungen erreichen und behaupten, Frankfurt.

PRAHALAD, C. K. / HAMEL, GARY (1990): The Core Competence of the Corporation, in: Harvard Business review, Vol. 68, S. 79-91.

PRELEC, DRAZEN / LOEWENSTEIN, GEORGE (1998): The Red and The Black: Mental Accounting of Savings and Debt, in: Marketing Science, Vol. 17, Issue 1, S. 4-28.

PRICE, LINDA L. / ARNOULD, ERIC J. / DEIBLER, SHEILA L. (1995): Consumers' Emotional Responses to Service Encounters. The Influence of the Service Provider, in: International Journal of Service Industry Management, Vol. 6, Issue 3, S. 34-63.

PRIEM, RICHARD L. (2007): A Consumer Perspective on Value Creation, in: Academy of Management Review, Vol. 32, Issue 1, S. 219-235.

PRIEMER, VERENA (2000): Bundling im Marketing. Potentiale - Strategien - Käuferverhalten, Frankfurt.

PRIEMER, VERENA (2003): Preisbündelung, in: Diller, H. / Herrmann, A. (Hrsg.): Handbuch Preispolitik, Wiesbaden, S. 503-520.

RAFFÉE, HANS (1974): Grundprobleme der Betriebswirtschaftslehre, Göttingen.

RASMUSSEN, THOMAS (1983): Sektorale Strukturpolitik in der Bundesrepublik Deutschland. Theoretische Vorgaben, Maßnahmen und Ergebnisse, Göttingen.

RATHMELL, JOHN M. (1974): Marketing in the Service Sector, Cambridge.

RECKENFELDERBÄUMER, MARTIN (1998): Entwicklungsstand und Perspektiven der Prozeßkostenrechnung, Wiesbaden.

REICHHELD, FREDERICK F. / SASSER, EARL (1991): Zero-Migration: Dienstleister im Sog der Qualitätsrevolution, in: Harvard Business manager, Bd. 13, Heft 4, S. 108-116.

REICHWALD, RALF / PILLER, FRANK (2006): Interaktive Wertschöpfung. Open Innovation, Individualisierung und neue Formen der Arbeitsteilung, Wiesbaden.

REIMER, ANJA (2004): Die Bedeutung des Dienstleistungsdesigns für den Markterfolg, Bern.

RICHTER, RUDOLF / FURUBOTN, EIRIK (1999): Neue Institutionenökonomik, 2. Aufl., Tübingen.

RIDDER, HANS-GERD (2007): Personalwirtschaftslehre, Stuttgart.

RIEBEL, PAUL (1965): Typen der Markt- und Kundenproduktion in produktions- und absatzwirtschaftlicher Sicht, in: Zeitschrift für betriebwirtschaftliche Forschung, Bd. 17, S. 663-685.

RIES, AL / TROUT, JACK (2001): Positioning: The Battle for Your Mind, 20. ed. Aufl., New York.

RIESENBECK, HAJO / PERREY, JESKO (2005): Mega-Macht Marke. Erfolg messen, machen, managen, Frankfurt.

RIZZO, JOHN R. / HOUSE, ROBERT J. / LIRTZMANN, SIDNEY I. (1970): Role Conflict and Ambiguity in Complex Organisations, in: Administrative Science Quarterly, Vol. 15, Issue 2, S. 150-163.

RUMELT, RICHARD P. (1984): Toward a Strategic Theory of the Firm, in: Lamb, R. (Hrsg.): Competitive Strategic Management, Englewood Cliffs, S.

RUSHTON, ANGELA M. / CARSON, DAVID J. (1989): The Marketing of Services: Managing the Intangibles, in: European Journal of Marketing, Vol. 23, Issue 8, S. 23-44.

SASSER, W. EARL / OLSEN, PAUL R. / WYCKOFF, D. DARYL (1978): Management of Service Operations: Text, Cases, and Readings, Boston.

SAY, JEAN-BAPTISTE (1876): Traité d'économie politique ou simple exposition de la manière dont se forment, se distribuent et se consomment les richesses, Paris.

SCHADE, CHRISTIAN (1995): Marketing für Unternehmensberatungen: Ein institutionenökonomischer Ansatz, Wiesbaden.

SCHADE, CHRISTIAN / SCHOTT, EBERHARD (1993): Kontraktgüter im Marketing, in: Marketing - Zeitschrift für Forschung und Praxis, Vol. 4, Issue 1, S. 15-25.

SCHANZ, GÜNTHER (2000): Personalwirtschaftslehre. Lebendige Arbeit in verhaltenswissenschaftlicher Perspektive, 3. Aufl., München.

SCHEUCH, FRITZ (2002): Dienstleistungsmarketing, 2. Aufl., München.

SCHINZER, HEIKO (1999): Supply Chain Management, in: Wirtschaftsstudium, Vol. 28, Issue 6, S. 857-863.

SCHLISSEL, MARTIN R. / CHASIN, JOSEPH (1991): Pricing of Services: An Interdisciplinary Review, in: The Service Industries Journal, Vol. 11, Issue 3, S. 271-286.

SCHLOSSER, ANN E. (1998): Applying the Functional Theory of Attitudes to Understanding the Influence of Store Atmosphere on Store Inferences, in: Journal of Consumer Psychology, Vol. 7, Issue 4, S. 345-369.

SCHMALEN, HELMUT (1995): Preispolitik, 2. Aufl., Stuttgart.

SCHMALEN, HELMUT / PECHTL, HANS (2007): Grundlagen und Probleme der Betriebswirtschaft. Übungsbuch, 5. Aufl., Stuttgart.

SCHMIDT, KLAUS-DIETER (1978): Das "Drei-Sektoren-Schema" aus der Sicht der empirischen Konsumforschung, in: Bombach, G. / Gahlen, B. / Ott, A. E. (Hrsg.): Neuere Entwicklungen in der Theorie des Konsumentenverhaltens, Tübingen, S. 325-346.

SCHNÄBELE, PETER (1997): Mass Customized Marketing. Effiziente Individualisierung von Vermarktungsobjekten und -prozessen, Wiesbaden.

SCHNEIDER, B / BOWEN, DAVID E. (1983): New Services Design, Development and Implementation, in: George, W. R. / Marshall, C. E. (Hrsg.): Developing New Services, Chicago, S. 82-101.

SCHNITTKA, MATTHIAS (1998): Kapazitätsmanagement von Dienstleistungsunternehmungen - Eine Analyse aus Anbieter- und Nachfragersicht, Wiesbaden.

SCHOLZ, CHRISTIAN (1992): Effektivität und Effizienz, organisatorische, in: Frese, E. (Hrsg.): Handwörterbuch der Organisation, Stuttgart, S. 533-552.

SCHUMPETER, JOSEPH (1997): Theorie der wirtschaftlichen Entwicklung, 9. Aufl., Berlin u.a.

SELNES, FRED / HANSEN, HARVARD (2001): The Potential Hazard of Self-Service in Developing Customer Loyalty, in: Journal of Service Research, Vol. 4, Issue 2, S. 79-90.

SHACKLE, GEORGE L. S. (1957): Expectation in Economics, in: Carter, C. F. (Hrsg.): Uncertainty and Business Decisions: A Symposium on the Logic, Philosophy and Psychology of Business Decision-Making under Uncertainty, Liverpool

SHAMIR, BOAS (1980): Between Service and Servility: Role Conflict in Subordinate Services Roles, in: Human Relations, Vol. 33, Issue 10, S. 741-756.

SHOEMAKER, STOWE (2003): The Future of Pricing in Services, in: Journal of Revenue and Pricing Management, Vol. 2, Issue 3, S. 271-279.

SHOSTACK, LYNN (1982): How to Design a Service, in: European Journal of Marketing, Vol. 16, Issue 1, S. 49-63.

SHOSTACK, LYNN (1984): Designing Services that Deliver, in: Harvard Business Review, Vol. 62, Issue 1, S. 133-139.

SHOSTACK, LYNN (1987): Service Positioning through Structural Change, in: Journal of Marketing, Vol. 51, Issue 1, S. 34-43.

SIEMS, FLORIAN / BRUHN, MANFRED (2003): Preiswahrnehmung von Dienstleistungen. Konzeptualisierung und Integration in das Relationship Marketing, Wiesbaden.

SILVESTRO, RHIAN / FITZGERALD, LIN / JOHNSTON, ROBERT / VOSS, CHRISTOPHER A. (1992): Towards a Classification of Service Processes, in: International Journal of Service Industry Management, Vol. 3, Issue 3, S. 62-75.

SIMCOCK, PETER / SUDBURY, LYNN / WRIGHT, GILLIAN (2006): Age, Perceived Risk and Satisfaction in Consumer Decision Making: A Review and Extension, in: Journal of Marketing Management, Vol. 22, Issue 3/4, S. 355-377.

SIMON, HERMANN (1992): Preismanagement. Analyse - Strategie - Umsetzung, 2. Aufl., Wiesbaden.

SKIERA, BERND (1999): Mengenbezogene Preisdifferenzierung bei Dienstleistungen, Wiesbaden.

SKIERA, BERND / SPANN, MARTIN (2000): Flexible Preisgestaltung im Electronic Business, in: Weiber, R. (Hrsg.): Handbuch Electronic Business. Informationstechnologien - Electronic Commerce - Geschäftsprozesse, Wiesbaden, S. 539-558.

SKIERA, BERND / SPANN, MARTIN (2003): Auktionen, in: Diller, H. / Herrmann, A. (Hrsg.): Handbuch Preispolitik, Wiesbaden, S. 623-642.

SOLOMON, MICHAEL R. / SURPRENANT, CAROL F. / CZEPIEL, JOHN A. / GUTMAN, EVELYN G. (1985): A Role Theory Perspective on Dyadic Interactions: The Service Encounter, in: Journal of Marketing, Vol. 49, Issue 1, S. 99-111.

SPENCE, A. MICHAEL (1974): Market Signaling: Informational Transfer in Hiring and Related Screening Processes, London.

SPERL, KLAUS-ULRICH (2000): Garantiemanagement: Produkt-, Preis-, Service- und Zufriedenheitsgarantien im Privatkundengeschäft von Kreditinstituten, München.

SPREMANN, KLAUS (1988): Reputation, Garantie, Information, in: Zeitschrift für Betriebswirtschaft, Bd. 58, Heft 5/6, S. 613-629.

SPREMANN, KLAUS (1989): Transaktionsrisiken, in: Zeitschrift für Betriebswirtschaft, Bd. 59, S. 94-112.

SPREMANN, KLAUS (1990): Asymmetrische Information, in: Zeitschrift für Betriebswirtschaft, Vol. 60, Issue 5/6, S. 561-586.

STABELL, CHARLES B. / FJELDSTAD, OYSTEIN D. (1998): Configuring Value for Competitive Advantage: On Chains, Shops, and Networks, in: Strategic Management Journal, Vol. 19, Issue 5, S. 413-437.

STALK, GEORGE / HOUT, THOMAS M. (1990): Zeitwettbewerb - Schnelligkeit entscheidet auf den Märkten der Zukunft, Frankfurt.

STAUSS, BERND (1991): Dienstleister und die vierte Dimension, in: Harvard Manager, Vol. 13, Issue 2, S. 81-89.

STAUSS, BERND (2001): Markierungspolitik bei Dienstleistungen, in: Bruhn, M. / Meffert, H. (Hrsg.): Handbuch Dienstleistungsmanagement. Auflage. Von der strategischen Konzeption zur praktischen Umsetzung, 2., überarb. und erw. Aufl. Aufl., Wiesbaden, S. 573-607.

STEIFF, JULIAN (2004): Opportunismus in Franchisesystemen: Ein Beitrag zur Führung und Bewertung von Franchisesystemen, Wiesbaden.

STERN, JOEL M. / SHIELY, JOHN . S. (2002): Wertorientierte Unternehmensführung mit E(conomic) V(alue) A(dded), Berlin.

STEVEN, MARION / BEHRENS, SVEN (2000): Kernkompetenzen aus produktionstheoretischer Sicht, in: Hammann, P. / Freiling, J. (Hrsg.): Die Ressourcen- und Kompetenzperspektive des Strategischen Managements, Wiesbaden, S. 439-463.

STOCK, RUTH (2001): Der Zusammenhang zwischen Mitarbeiter- und Kundenzufriedenheit. Direkte, indirekte und moderierende Effekte, Wiesbaden.

STREICH, DERYK / WAHL, DOROTHEE (2006): Moderne Dienstleistungen. Impulse für Innovation, Wachstum und Beschäftigung. Beiträge der 6. Dienstleistungstagung des BMBF, Frankfurt/New York.

TEECE, DAVID J. / PISANO, GARY / SHUEN, AMY (1997): Dynamic Capabilities and Strategic Management, in: Strategic Management Journal, Vol. 18, Issue 7, S. 509-533.

THALER, RICHARD (1980): Toward a Positive Theory of Consumer Choice, in: Journal of Economic Behavior and Organization, Vol. 1, S. 39-60.

THALER, RICHARD (1985): Mental Accounting and Consumer Choice, in: Marketing Science, Vol. 4, Issue 3, S. 199-214.

THIBAUT, JOHN W. / KELLEY, HAROLD H. (1959): The Social Psychology of Groups, New York.

THOMPSON, JAMES D. (1967): Organizations in Action. Social Science Bases of Administrative Theory, New York.

TOFFLER, ALVIN (1980): Die Dritte Welle: Zukunftschance - Perspektiven für die Gesellschaft des 21. Jahrhunderts, München.

TREIBEL, ANNETTE (2004): Einführung in die soziologischen Theorien der Gegenwart, 6. Aufl., Opladen.

TSCHEULIN, DIETER K. / LINDENMEIER, JÖRG (2003): Yield-Management - erlösoptimale Steuerung von Preisen und Kapazitäten, in: Wirtschaftswissenschaftliches Studium, 32 Jg., Heft 12, S. 1513-1518.

TVERSKY, AMOS / KAHNEMAN, DANIEL (1986): Rational Choice and the Framing of Decisions, in: Journal of Business, Vol. 59, Issue 4, S. 251-278.

ULAGA, WOLFGANG / CHACOUR, SAMIR (2001): Measuring Customer-Perceived Value in Business Markets: A Prerequisite for Marketing Strategy Development and Implementation, in: Industrial Marketing Management, Vol. 30, Issue 6, S. 525-540.

VAN RAAIJ, W. FRED / PRUYN, AD TH. H. (1998): Customer Control and Evaluation of Service Validity and Reliability, in: Psychology & Marketing, Vol. 15, Issue 8, S. 811-832.

VARIAN, HAL R. (2001): Grundzüge der Mikroökonomie, 5. Aufl., München.

VEN, A. VAN DE / FERRY, D. L. (1980): Measuring and Assessing Organizations, New York.

VERHALLEN, THEO / ROBBEN, HENRY (1995): Unavailability and the Evaluation of Goods, in: Kyklos, Vol. 48, Issue 3, S. 369-387.

VOIGT, KAI INGO (2003): Preisbildung für neue Produkte und Dienstleistungen, in: Diller, H. / Herrmann, A. (Hrsg.): Handbuch Preispolitik, Wiesbaden, S. 691-718.

VOLCK, STEFAN (1997): Prozessorientierung, in: Volck, S. (Hrsg.): Die Wertkette im Prozessorientierten Controlling, Wiesbaden, S. 21-29.

VOLLMAR, TILL (1994): Yield-Management. Begriff, Inhalt und Einsatzmöglichkeiten im Dienstleistungsbereich, in: Arbeitspapiere zum Marketing, Nr. 28, Ruhr Universität Bochum, Seminar für Angewandte Wirtschaftslehre.

VOLZ, AXEL / MARTI, EMANUEL (2001): Die Potenziale des Internet in der Tourismusbranche am Beispiel ausgewählter Destinationen, in: Arbeitspapiere der Universität Bern, Nr. 129, Universität Bern.

VON MISES, LUDWIG (1940/1980): Nationalökonomie. Theorie des Handelns und Wirtschaftens, München.

WEIBER, ROLF / ADLER, JOST (1995a): Informationsökonomisch begründete Typologisierung von Kaufprozessen, in: Schmalenbachs Zeitschrift für betriebswirtschaftliche Forschung, Bd. 47, Heft 1, S. 43-65.

WEIBER, ROLF / ADLER, JOST (1995b): Positionierung von Kaufprozessen im informationsökonomischen Dreieck. Operationalisierung und verhaltenswissenschaftliche Prüfung, in: Zeitschrift für betriebswirtschaftliche Forschung, Bd. 47, Heft 2, S. 99-123.

WEIBER, ROLF / JACOB, FRANK (2000): Kundenbezogene Informationsgewinnung, in: Kleinaltenkamp, M. / Plinke, W. (Hrsg.): Technischer Vertrieb. Grundlagen des Business to Business Marketing, Berlin, S. 523-612.

WEISBECKER, ANETTE / GROH, GERALD (1998): PROMPT. Organisationsgestaltung und Methoden für menschengerechte Software-Entwicklungsprozesse, Stuttgart.

WELGE, MARTIN K. / FESSMANN, KLAUS-D. (1980): Organisatorische Effizienz, in: Grochla, E. (Hrsg.): Handwörterbuch der Organisation, 2. Aufl., Stuttgart, S. 577-592.

WENGER, EKKEHARD / TERBERGER, EVA (1988): Die Beziehung zwischen Agent und Prinzipal als Baustein einer ökonomischen Theorie der Organisation, in: Wirtschaftswissenschaftliches Studium, 17. Jg., Heft 10, S. 506-514.

WILDEMANN, HORST (1997): Geschäftsprozessorganisation in indirekten Bereichen, in: Wildemann, H. (Hrsg.): Geschäftsprozessorganisation, München, S. 13-42.

WILLIAMSON, OLIVER E. (1975): Markets and Hierarchies: Analysis and Antitrust Implications, New York.

WILLIAMSON, OLIVER E. (1985): The Economic Institutions of Capitalism. Firms, Markets, Relational Contracting, New York.

WILLIAMSON, OLIVER E. (1990): Die ökonomischen Institutionen des Kapitalismus: Unternehmen, Märkte, Kooperationen, Tübingen.

WIRTZ, JOCHEN (1998): Development of a Service Guarantee Model, in: Asia Pacific Journal of Management, Vol. 15, Issue 1, S. 51-75.

WIRTZ, JOCHEN / KUM, DOREEN (2001): Designing Service Guarantees - Is Full Satisfaction the Best You Can Guarantee?, in: Journal of Services Marketing, Vol. 15, Issue 4/5, S. 282-299.

WIRTZ, JOCHEN / KUM, DOREEN (2004): Consumer Cheating on Service Guarantees, in: Journal of the Academy of Marketing Science, Vol. 32, Issue 2, S. 159-175.

WORATSCHEK, HERBERT (1996): Die Typologie von Dienstleistungen aus informationsökonomischer Sicht, in: der markt, Bd. 35, Heft 136, S. 59-71.

WORATSCHEK, HERBERT (1998): Preisbestimmung von Dienstleistungen: markt- und nutzenorientierte Ansätze im Vergleich, Frankfurt.

WORATSCHEK, HERBERT / ROTH, STEFAN (2006): Die Ermittlung von Preisbereitschaften und Preisreaktionen als Basis zur Bestimmung des Kundenwerts, in: Günter, B. / Helm, S. (Hrsg.): Kundenwert, 3. Aufl., Wiesbaden, S. 369-395.

WORATSCHEK, HERBERT / ROTH, STEFAN / PASTOWSKI, SVEN (2002): Geschäftsmodelle und Wertschöpfungskonfiguration im Internet, in: Marketing - Zeitschrift für Forschung und Praxis, Bd. 24, S. 57-71.

WRIGHT, NEVAN J. / RACE, PETER (2004): The Management of Service Operations, 2. Aufl., London.

WÜBKER, GEORG (2006): Power Pricing für Banken, Frankfurt a.M.

ZEITHAML, VALARIE A. (1988): Consumer Perception of Price, Quality, and Value: A Means-End Model and Synthesis of Evidence, in: Journal of Marketing, Vol. 52, Issue July, S. 2-22.

ZEITHAML, VALERIE A. / BERRY, LEONHARD L. / PARASURAMAN, C. A. (1991): Kommunikations- und Kontrollprozesse bei der Erstellung von Dienstleistungsqualität, in: Bruhn, M. / Stauss, B. (Hrsg.): Dienstleistungsqualität. Konzepte - Methoden - Erfahrungen, Wiesbaden, S. 115-145.

ZEITHAML, VALARIE A. / BITNER, MARY JO / GREMLER, DWAYNE D. (2006): Services Marketing. Integrating Customer Focus across the Firm, 4. Aufl., New York.

ZENTES, JOACHIM / FERRING, NATASCHA / JANZ, MARKUS (2001): Vertriebssysteme für nationale und internationale Dienstleistungsanbieter, in: Bruhn, M. / Meffert, H. (Hrsg.): Handbuch Dienstleistungsmanagement. Von der strategischen Konzeption zur praktischen Umsetzung, 2. Aufl., Wiesbaden, S. 661-687.

ZERR, KONRAD (1994): Systemmarketing, Wiesbaden.

Stichwortverzeichnis

K

L

M

N

O

P

Q

R

Y

Z

Zusatzleistungen 101

Mehr wissen – weiter kommen

Dienstleistungen professionell vermarkten

Heribert Meffert und Manfred Bruhn vermitteln in dem deutschsprachigen Standardwerk zum Dienstleistungsmarketing umfassend, wie Herausforderungen und Probleme, die sich bei der Vermarktung von Dienstleistungen stellen, professionell gelöst werden können.

Ohne den Anspruch auf Aktualität und Relevanz der Inhalte anzugreifen, wurde der Umfang bei der 6. Auflage deutlich reduziert. Die bewährte Gliederung wurde beibehalten. Alle Kapitel wurden überarbeitet, dabei wurden einige Fragestellungen inhaltlich angepasst oder erweitert: so z. B. die theoretische Fundierung des Dienstleistungsmarketing, die Spezifika des Kaufverhaltens von Dienstleistungskunden, die Neustrukturierung der Kommunikationsinstrumente des Dienstleistungsmarketing, preispolitische Aspekte des Internet (Electronic Pricing) oder auch die konsequente Betrachtung der Personalpolitik in einer Perspektive des Internen Marketing.

Zahlreiche neue Praxisbeispiele und Übungsfragen ermöglichen dem Leser die Inhalte des Buches zu wiederholen und sein Verständnis zu überprüfen.

Heribert Meffert | Manfred Bruhn
Dienstleistungsmarketing
Grundlagen – Konzepte – Methoden
6., vollst. neubearb. Aufl. 2009.
Ca. 530 S., mit 136 Abb. in Farbe
Geb. ca. EUR 49,90
ISBN 978-3-8349-1012-7

Änderungen vorbehalten Stand: September 2008.
Erhältlich im Buchhandel oder beim Verlag.
Gabler Verlag . Abraham-Lincoln-Str. 46 . 65189 Wiesbaden . www.gabler.de

GABLER

Mehr wissen – weiter kommen

Führung von Dienstleistungsmarken

Markenführung bei Dienstleistungsunternehmen ist nicht nur eine Aufgabe des externen Marketing, sondern muss unter Berücksichtigung der unternehmensinternen Perspektive betrachtet werden. Renommierte Autoren im „Forum Dienstleistungsmanagement" die Besonderheiten und Herausforderungen bei der Führung von Dienstleistungsmarken auf.

Manfred Bruhn |
Bernd Stauss (Hrsg.)
Dienstleistungsmarken
Forum Dienstleistungsmanagement
2008. XII, 486 S.
Geb. EUR 98,00
ISBN 978-3-8349-0609-0

Gestaltung, Realisierung und Kontrolle

In vielen Dienstleistungsbranchen zwingen Veränderungen von Kundenerwartungen und -verhalten, technologische Innovationen sowie Verschiebungen in der internationalen Wettbewerbssituation die Unternehmen dazu, ihre Wertschöpfungsprozesse auf den Prüfstand zu stellen und über neue Prozesskonfigurationen und -konstellationen nachzudenken. Dabei kommt es zu neuartigen Wertschöpfungspartnerschaften und Organisationsformen, zur Auflösung traditioneller Branchengrenzen und zu innovativen – „hybriden" – Angeboten, die sich nicht mehr eindeutig dem industriellen oder dienstleistungsbezogenen Sektor zuordnen lassen. Dadurch verändern sich die Herausforderungen an das Dienstleistungsmanagement. Das Buch will der Diskussion dieser Entwicklung ein Forum bieten.

Manfred Bruhn |
Bernd Stauss (Hrsg.)
Wertschöpfungsprozesse bei Dienstleistungen
Forum Dienstleistungsmanagement
2007. XII, 473 S.
Geb. EUR 99,00
ISBN 978-3-8349-0341-9

Umfassende Konzepte und Erfolgsbeispiele

Im Forum Dienstleistungsmanagement 2006 beschäftigen sich renommierte Autoren mit relevanten Aspekten des Dienstleistungscontrolling wie z.B. Value Based Management, Performance Management von Intangible Assets, Qualitätscontrolling im Dienstleistungsbereich, Produktivitätsmessung und-management bei interaktiven Dienstleistungen, Kostenmanagement bei Dienstleistungen, Kosten-Nutzen-Controlling im Customer Service, Controlling im internationalen Dienstleistungsmarketing u.a.m. Darüber hinaus wird ein umfassender Serviceteil rund um das Thema Dienstleistungsmanagement geboten.

Manfred Bruhn |
Bernd Stauss (Hrsg.)
Dienstleistungscontrolling
Forum Dienstleistungsmanagement
2006. XII, 508 S.
Geb. EUR 99,00
ISBN 978-3-409-14315-8

Änderungen vorbehalten. Stand: Juli 2008.
Erhältlich im Buchhandel oder beim Verlag
Gabler Verlag · Abraham-Lincoln-Str. 46 · 65189 Wiesbaden · www.gabler.de

GABLER